《东北春玉米主要农业气象灾害及减灾保产调控关键技术》

编 委 会

主　编： 孙　磊

副主编： 游松才　李　晶　刘淑霞　周于毅　路运才　高中超

编　委： 魏　丹　周宝库　王　爽　刘媛媛　王　海　余　兰　佟玉欣　矫　江　王天野　田礼欣　黄　浩　郝小雨　王丽华　杜春影

前　言

东北地区属于温带大陆性季风气候，四季分明、雨热同期、昼夜温差大、日照充足、土壤肥沃，适合玉米生长发育，2018 年东北 3 省玉米播种面积达 1.99 亿亩（1 亩 = $667m^2$，全书同），占全国玉米总播种面积的 31.5%；总产 8 444.9 万 t，占全国玉米总产量的 32.8%，其玉米丰歉直接关系到我国玉米的粮食安全。东北地区是我国玉米主产区，也是我国受气候变化影响的敏感区域之一，特别是近年来随着全球气候的变化，极端气候事件发生频率增加，对农业可持续发展提出重大挑战。全球气候变化背景下，东北玉米生产受到怎样的影响？目前和未来如何应对气候变化？这正是学术界和农业生产部门十分关心的问题。

东北地区玉米的主要气象灾害为干旱、低温冷害和涝渍灾害。本书编委会，在国家重点研发计划课题“东北春玉米减灾保产调控关键技术研究（2017YFD0300405）”的支持下，针对东北区干旱、低温冷害和涝渍主要气象灾害易发频发交互发生问题，分析在生产技术变革新形势下，农业气象灾害对春玉米生育与产量的影响；应用生物、物理和化学调控技术，研究东北春玉米灾害防控技术，重点提升北部地区低温冷害、涝渍防控技术和松嫩平原西部干旱防控技术；针对东北玉米灾变过程，筛选适宜玉米品种，通过培肥地力、可降解地膜及秸秆覆盖、节水灌溉、化学调控等关键技术，集成不同类型区域春玉米综合防控技术，研究确定各种灾害致灾时期，建立东北玉米品种抗逆特性库和技术库，构建东北春玉米灾前避灾、灾中抗灾、灾后救灾的技术体系。编委会将相关研究成果编辑整理，形成本书。

本书共分 8 章：第一章 绪论，主要介绍了东北自然地理条件及气候概况，第一节东北自然地理条件及气候概况，主要介绍东北 3 省地理、地貌、土壤类型及气候条件；第二节东北春玉米生产概况及与气候条件关系，阐述东北春玉米生产与气候条件关系，明确气候变化对春玉米生产的影响；第三节东北春玉米气象灾害特点及类别，对东北春玉米气象灾害特点及类别进行概括。第二章 东北地区主要农业气象灾害识别，第一节干旱灾害，玉米干旱灾害从 4 个方面进行识别，一是根据玉米本身的形态特征变化进行识别；二是根据区域降水和玉米需水规律识别干旱灾害；三是根据土壤水分变化范围进行识别；四是根据地域季节规律性分析等对旱为进行识别。第二节低温冷害，当灾害发生时，根据农艺性状的变化及玉米生长季积温的变化进行识别。第三节涝渍灾害，主要根据东北地区发生洪涝灾害的时序性、地理性及季节性进行识别。第三章 主要农业气象灾害指标确定及其等级划分，第一节干旱灾害指标确定及等级划分，主要根据土壤相对含水率、降水距平百分率、季节性降雨天数及农业干旱灾害评估指标及等级标准进行划分；第二节低温冷害指标确定及等级划分，主要依据作物生长指标：芽期成活率及3叶1心期玉米存活指数法及幼苗期温差持续变化进行等级的化分；代谢指标：光合能力及酶的活力；理化指标依据：电导法、不饱和脂肪酸指数；涝渍灾害指标确定及等级划分，根据玉米的干物质、Pn、POD、脯氨酸和抗折力等指标进行等级分类。第四章 主要农业气象灾害时空分布特征，第一节干旱灾害发生，介绍干旱发生的范围和频率空间变化；时间、空间分布特征及区域分布；第二节低温冷害，介绍冷害发生的频率、强度时空分布及区域分布；第三节涝渍灾害，介绍涝渍发生范围和频率及区域分布。第五章 东北春玉米主要农业气象灾害风险评估，第一节概述，主要对灾害风险评估进行介绍，包括评估的步骤、内容及方法；第二节东北玉米区单种农业气象灾害危险性评估，分别介绍灾害低温、干旱、洪涝危险性评估；第三节东北玉米区多种农业气象灾害危险性评估，主要包括多灾种综合风险评估方法和东北玉米发育阶段主要气象灾害风险评价指标体系及典型案例分析；第四节东北3省玉米种植区暴露性评估，对暴露性评估进行概述、典型案例分析及气候变化对未来东北玉米暴露性的影响；第五节东北3省玉米种植区脆弱性评估，对承灾体脆弱性评估进行概述及东北3省玉米种植区脆弱性评估典型案例分析；第六节东北3省玉米区防灾减灾能力评估，主要对防灾减灾能力概述、典型案例评估及防灾减灾能力提升路径。第六章 农业气象3种灾害对玉米生长发育的影响，第一节干旱灾害的危害，对干旱灾害进行分类，介绍干干旱灾害的危害及危害机制；第二节低温冷害的危害，简述低温对玉米种子萌发和幼苗生长、对玉米生理生化的影响及对玉米幼苗根尖超微结构的变化等影响；第三节 涝渍灾害的危害，主要介绍涝渍灾害对玉米农艺性状、玉米叶片抗氧化系统、叶片渗透调节物质、叶片光合特性及涝渍灾害对玉米灌浆特性、产量及其构成因素的影响。第七章 玉米主要农业气象灾害的致灾机理，第一节 干旱灾害的致灾机理，主要阐述灾害对细胞膜及细胞器的机械性损伤，改变了正常的生理代谢过程；第二节低温冷害的致灾机理，主要阐述根系代谢组学响应机理和响应基因ZmASR1表达及外源ABA调控玉米植株耐冷基因超表达；第三节 涝渍灾害的致灾机理，主要介绍涝渍灾害对根系呼吸代谢、土壤理化特性、作物农艺性状的影响、作物抗氧化系统及对作物光合特性及对作物产量及其构成因素等影响。第八章 玉米主要农业气象灾害的预防及应对措施，第一节干旱灾害的预防及应对措施，主要从选用抗旱品种、播种、耕作、施肥并采用增墒保水、节水灌溉等措施；第二节低温冷害的预防及应对措施，主要从选用抗逆品种、适期早播；同时采用耕作、施肥、种子处理及增温保产技术；第三节涝渍灾害的预防及应对措施，主要从筛选抗逆品种、适时早播及机械改土、优化施肥、培肥技术，附加外源物质处理防御涝渍灾害。

本书涉及的农业气象灾害及领域较多，由于研究的阶段性以及研究农业气候本身的复杂性，气候变化对东北春玉米生产的影响以及玉米生产对气候变化适应领域研究和认知还有待不断挖掘，本书观点不足和疏漏之处在所难免，恳切同行批评指正。

编著者

2020 年 8 月

目　录

第一章 绪 论

第一节 东北自然地理条件及气候概况

东北位于中国东北方，地处中国最北、最东面，与俄罗斯接壤，自古以来，泛称东北。东北地区主要包括黑龙江省、吉林省、辽宁省，是我国一个比较完整而相对独立的自然地理区域[1]。东北地域辽阔、土壤肥沃，是世界三大黑土带之一，耕地平坦且集中连片，适合大规模机械化作业，为农林牧渔业的发展提供了优越的自然条件，是全国最大的商品粮生产基地[2]。东北玉米区主要分布在松嫩平原、三江平原和辽河平原，为中国的黄金玉米带。东北地区光、热、水资源丰富且时空分布合理[3]，与玉米生育进程同步，日照充足，水分能够满足玉米生长需求，昼夜温差大，省利于干物质积累。东北是我国的重要商品粮生产基地，2018 年粮食产量 16 022. 1 万 t，占全国粮食产量的 24. 4%；人均粮食产量 1 340. 2kg，是全国平均水平的 2. 84 倍；玉米产量 10 504. 7 万 t，占全国玉米产量的 40. 8%[4]。东北承担我国粮食贮备及特殊调度任务，为支援国家经济建设和维持社会安定作出了重要贡献[5]，今后在国家粮食安全战略中将继续发挥重大作用。

一、东北自然地理条件

（一）黑龙江省

黑龙江省是中国第一产粮大省，位于中国最东、最北部，是纬度最高、经度最东的省份。黑龙江省西起东经 121°11′，东至 135°05′，东西跨 14 个经度，3 个湿润区；南起北纬 43°25′，北至 53°33′，南北跨 10 个纬度，2 个热量带。东部和北部与俄罗斯相邻，西接内蒙古自治区，南连吉林省，地域面积为 4 525. 4 万 hm^2，边境线长 3 045km，是亚洲与太平洋地区陆路通往俄罗斯远东和欧洲大陆的重要通道[6]。黑龙江省地貌特征为“五山一水一草三分田”，五山指山地面积占黑龙江省土地面积一半；一水指水域面积较大，占全省土地面积近 1/10；一草指黑龙江拥有全国十大草原之一；三分田指耕地面积约占本省土地面积的 30%。地势大致是西北部、北部和东南部高，东北部、西南部低，主要由山地、台地、平原和水面构成[7]。西北部为东北—西南走向的大兴安岭山地，北部为西北—东南走向的小兴安岭山地[8]，东南部为东北—西南走向的张广才岭、老爷岭、完达山；海拔高度超过300m的丘陵地带约占全省的35.8%。山地海拔高度大多在300~1 000m，面积约占全省总面积的58%；台地海拔高度在200~350米，面积约占全省总面积的14%；平原海拔高度在50~200m，面积约占全省总面积的28%。中国最大的平原是东北平原，包括东北部的三江平原、西部的松嫩平原。黑龙江、松花江、乌苏里江是黑龙江省的三大水系，四处较大湖泊包括兴凯湖、镜泊湖、连环湖和五大连池，还有星罗棋布的泡沼。全省流域面积在50km^{2}以上的河流有1 918条，其中，松花江流域面积为56.12万km^2。最新统计数据显示，2018年黑龙江省地表水资源量为842.2亿m^3，地下水资源量347.5亿m^3，人均水资源量2 675.1m^3[4]。全省多年平均地表水资源量为686.0亿m^3，多年平均地下水资源量为297.44亿m^3，扣除两者之间重复计算量173.14亿m^3，全省多年平均水资源量为810.3亿m^3，人均水量2 160m^3，均低于全国平均水平。全省土壤面积4 437万hm^2，占全省土地总面积的97.7%。全省耕地和林地面积居全国第一位，牧草地面积居第七位。待开发土地居第四位，可开垦后备耕地在全国居第二位[9]。2017年统计，全省耕地面积1 586.6万hm^2，林地面积2 183.7万hm^2，草地面积206.3万hm^2。黑龙江土地肥沃，有机质含量高。适宜农耕土壤占全省土壤总面积的40%，黑土、黑钙土、草甸土面积占全省耕地总面积的67.6%，是世界上有名的三大黑土带之一[10]。全省农业后备资源面积479.3万hm^2，占全省土地总面积的10.5%[11]。2018年统计，农业播种面积为14 673.3千hm^2，占全国播种面积的8.8%；粮食播种面积14 214.5千hm^2，占全国播种面积的12.1%；玉米播种面积6 317.8千hm^2，占全国播种面积的15.0%；玉米产量3 703.1万t，占全国玉米产量的15.5%，而黑龙江玉米产量占东北玉米总产量的37.9%[4]。黑龙江玉米生产对东北乃至全国的粮食发展具有举足轻重的作用。

（二）吉林省

吉林省是东北第二玉米生产大省，地处东经121°38′~131°19′，北纬40°50′~46°19′，面积18.74万km^2，占全国面积2%[12]。位于中国东北中部，处于日本、俄罗斯、朝鲜、韩国、蒙古与中国东北部组成的东北亚几何中心地带[1]。北接黑龙江省，南接辽宁省，西邻内蒙古自治区，东与俄罗斯接壤，东南部以图们江、鸭绿江为界，与朝鲜民主主义人民共和国隔江相望。吉林省东西地貌形态差异明显，地势由东南向西北倾斜，呈现明显的东南高、西北低的特征。以中部大黑山为界，可分为东部山地和中西部平原两大地貌区[13]。东部山地分为长白山中山低山区和低山丘陵区，中西部平原分为中部台地平原区和西部草甸、湖泊、湿地、沙地区[14]。松辽分水岭以北为松嫩平原，以南为辽河平原。2018 年统计，吉林省山地占土地面积的 36%，平原占 30%，丘陵占 5.8%，台地还有其他占 28.2%[15]。现代流水侵蚀作用对地貌的影响很广泛，山地、丘陵、台地、平原、盆地、谷地等多受侵蚀、剥蚀、堆积、冲积等综合作用，形成了各种流水地貌，如河漫滩、冲积洪积平原、冲沟等[13]。吉林省河流众多，主要为五大水系[16]。东部延边朝鲜族自治州（以下简称延边州）主要为图们江水系，包括布尔哈通河、嘎呀河、海兰江和珲春河等；东南部为绿江水系，浑江流经白山和通化；西南部四平辽源一带为辽河水系，主要为东辽河和西辽河；延边州汪清和敦化一小部分是绥芬河水系；其余均为松花江水系，支流有辉发河、伊通河、牡丹江，拉林河、饮马河、洮儿河、嫩江等。吉林省河流和湖泊水面积为 26.55 万 hm^2，省内流域面积在 20km^2 以上的大小河流有 1 648 条[17]，松花江流域 389.39 亿 m^3，辽河流域 91.8 亿 m^3。2017 年统计，吉林省耕地面积 698.7 万 hm^2，较上年减少 0.1%。最新统计数据显示，2018 年吉林省地表水资源 422.23 亿 m^3，地下水资源 137.9 亿 m^3，人均水资源量 1 775.3m^3/人[4]。农业播种面积为 6 086.2 千 hm^2，占全国播种面积的 3.7%；粮食播种面积 5 599.7 千 hm^2，占全国粮食播种面积的 4.9%；玉米播种面积 4 231.5 千 hm^2，占全国播种面积的 10.0%；玉米产量 2 799.9 万 t，占全国玉米产量的 10.9%，而吉林省玉米产量占东北 26.6%[4]。吉林省玉米总产量仅次于黑龙江省，玉米单产是东北地区最高的省份，其产量为 6 616.8kg/hm^2，吉林省玉米的发展对中国粮食的发展具有举足轻重的作用[15]。

（三）辽宁省

辽宁省位于中国东北地区南部，南临黄海、渤海，东与朝鲜一江之隔，与韩国隔海相望，是东北地区唯一既沿海又沿边的省份，也是东北及内蒙古自治区东部地区对外开放的门户[18]。地处东经 118°53′~125°46′、北纬 38°43′~43°26′。全省陆地总面积 14.86 万 km^2，占全国陆地总面积的 1.5%。辽宁省地形概貌大体是“六山一水三分田”，山地（高山、丘陵）占 60%，河流湖泊占 10%，耕地占 30%。在全省陆地总面积中，山地为 8.8 万 km^2，占 59.5%；平地为 4.8 万 km^2，占 32.4%；水域和其他为 1.2 万 km^2，占 8.1%[19]。全省农业用地面积 1 152.82 万 hm^2，其中，耕地面积 496.81 万 hm^2，占农业用地面积的 43.1%；园地面积 46.73 万 hm^2，占 4.05%；林地面积 561.32 万 hm^2，占 48.69%；牧草地面积 0.32 万 hm^2，占 0.03%；其他农业用地面积 47.64 万 hm^2，占 4.13%。大陆岸线长度 2 110km，省内流域面积为 14.55 万 km^2，河流主要是辽河、鸭绿江、沿海诸河、第二松花江、滦河及冀东沿海。最新统计数据显示，2018 年辽宁省水资源总量 235.43 亿 m^3，地表水资源量为 209.31 亿 m^3，地下水资源量 79.31

亿 m^3，人均水资源量 539.4m^3/人[4]。地势大致为自北向南，自东西两侧向中部倾斜，山地丘陵分列东西两厢，向中部平原下降，呈马蹄形向渤海倾斜。辽东、辽西两侧为平均海拔 800m 和 500m 的山地丘陵；中部为平均海拔 200m 的辽河平原；辽西渤海沿岸为狭长的海滨平原，称为“辽西走廊”[20]。农业播种面积为 4 172.3 千 hm^2，占全国播种面积的 2.5%；粮食播种面积 3 484.0 千 hm^2，占全国粮食播种面积的 3.0%；玉米播种面积 2 173.0 千 hm^2，占全国玉米播种面积的 6.4%；玉米产量 1 662.8 万 t，占全国玉米产量的 6.5%，而辽宁省玉米产量占东北玉米产量的 15.8%[4]。辽宁省玉米总产量仅次于黑龙江省、吉林省，其玉米生产是中国粮食发展不可或缺的一部分。

二、东北地形地貌及土壤类型

东北地区地势平缓、幅员辽阔，地形主要以平原、丘陵和山地为主。东北部的三江平原、中部的松嫩平原、南部辽河平原，地势平坦、土壤肥沃，土层深厚；黑龙江、乌苏里江、图们江、松花江、鸭绿江、辽河等主要河流发源这里，河湖纵横交错构成强大的水系网络，具有巨大的经济价值和生态价值。

（一）黑龙江省

黑龙江省主要土壤类型为暗棕壤、黑土、黑钙土、白浆土、草甸土、盐土、碱土、沼泽土等，黑土分布最广。东北典型黑土耕地面积约 2.78 亿亩（1 亩 = 667m^2，全书同），黑龙江省独占半数以上，达到 1.56 亿亩。黑龙江省耕地面积 360.62 万 hm^2，占全省总土地面积的 31.23%；草甸土 302.5 万 hm^2，占全省总土地面积的 26.2%；白浆土 116.38 万 hm^2，占全省土地面积的 10.08%；暗棕壤 115.2 万 hm^2，占全省土地面积的 9.98%；沼泽土占 3.3%；水稻土占 2.11%；冲积土占 1.68%；风沙土占 1.27%，其他占 0.4%[21]。

（二）吉林省

土壤类型主要有棕壤、暗棕壤、白浆土、黑土、黑钙土、果钙土，还有盐土、草甸土、新积土、沼泽土、泥炭土、风沙土和石灰岩。黑土地总面积为 15.46 万 km^2，占吉林省国土面积的 83.3%，主要分布在吉林省中部平原粮食主产区[22]。吉林东部土壤以暗棕壤和白浆土为主，间有草甸土、沼泽土、泥炭土；中部台地平原区以土体深厚、有机质丰富、结构良好、自然肥力高的黑土为主，有草甸黑土、草甸土、新积土等零星分布；西部亚湿润平原区土壤分布以黑钙土为主，间有盐土、碱土、黑土及草甸土等[23]。

（三）辽宁省

辽宁中北部平原区土壤肥沃，地形平坦，土壤主要有草甸土、棕壤、碳酸盐草甸土。辽东土壤肥力最高，地形以山地和丘陵为主，土壤以棕壤为主，山间平地和河谷地为草甸土；辽南土壤以棕壤为主；辽西土壤肥力相对较低，土壤以棕壤、褐土为主，也有部分碳酸盐草甸土。2018 年统计显示，年末常用耕地面积 496.8 万 hm^2，水田 67.25 万 hm^2，水浇地 17.35 万 hm^2，旱田 412.2 万 hm^2。

三、东北气候条件

东北地区属于温带大陆性季风气候，但由于部分地区纬度较高，冬季受温带大陆气团影响，气候寒冷、干燥而漫长，且南北温差大。夏季受温带海洋气团或变性热带海洋气团影响，气候温暖湿润而短促，平均温度在 20~25℃；冬季降雪蒸发少，气候湿润，且南北气温差别小。东北地区 ≥ 10℃ 活动积温在 1 680~3 850℃/d，年降水量约为 300~1 000mm，60%集中在 7—9 月，由东向西递减，跨湿润、半湿润与半干旱 3 个区。此外，四季分明、雨热同期、昼夜温差大，日照充足，是东北气候的典型特征，适合玉米生长发育。东北地区近 50 年升温明显，生长季热量资源增加；农业可用水资源和光能资源呈不同程度的减少趋势，且时空分布不均[24]。东北地区年平均气温呈显著的增加趋势，但区域性较为明显，北部和东部地区的升温幅度较小，西部和南部升温幅度较大[25]。东北年降水量逐年减少，其中，西部地区降水减少较多。东北地区气候变化对农业总体上是产生积极影响，表现为作物适宜生育期延长，发育进程加快，籽粒饱满度高；积温增加且积温带北移东扩明显，主栽作物适宜种植区域扩大；作物品种由中晚熟替换为早中熟；作物生长季内光、温、水集中程度高、配合好，特别适合玉米的种植[24]。另外，气候在一定程度上是决定一个地区农业生产水平的高低与发展的潜力的关键因素，人类进行农业生产就是一个利用气候条件的过程，人类在粮食生产过程中应怎样适应气候变化带来的冲击，已成为人们普遍关注不可逾越的现实难题。东北农业对我国粮食安全起保障作用，在国民经济中占有重要地位，并易受气候变化影响，是我国受气候变化影响敏感区域[26-28]。21 世纪人类正面临着全球环境变化和农业可持续发展的巨大挑战，全球气候变化是人类迄今为止面临的最大环境问题和最复杂的挑战之一[29]。及时准确预测异常气候的发生及其带来的影响，已成为当前农业生产和气象部门亟待解决的关键问题。应对气候变化问题的前提是我们对气候变化特征特点及其影响要有足够的科学认识，不断提高对气候和气候变化科学问题的认识水平，为应对气候变化提供有利基础。在我国乃至全球，农业高产高效是不容逆转的现实要求，加强农业生产体系对愈演愈烈的极端气候变化抵御能力和适应能力研究，是未来农业发展的大方向。

（一）黑龙江省气候

黑龙江省属于寒温带季风气候，冬季漫长寒冷，夏季短促，西北部没有夏天。气温由东南向西北逐渐降低，南北温差接近10℃。全年平均气温-6~-4℃，是中国最冷的省份，1月温度在-32~-17℃，7月温度在16~23℃。夏季温度高，降水量大，光照充足，适宜农作物生长。春季风大，风能资源丰富，大风多在松嫩平原和三江平原。全年无霜期多在90~120d。年平均降水量50~700mm，其中，小兴安岭和张广才岭迎风坡降水最多，全年降水的60%集中在6—8月，1957年7月15日克山降水177.9mm，为本省历史上最大日降水量。黑龙江省的云量较南方少，日照时间长且辐射强度大，作物在生长季节有充分的光照，年日照时数一般在2 300~2 800h。尤其是6—8月，平均每日日照时间长达11~13h，北部夏至当天日照最长可达15~17h[30]。太阳辐射年总量多在100~120kcal/cm^2，冬半年辐射总量少，夏半年辐射总量几乎翻番。黑龙江省的自然气候为农作物和林木生长提供了有利条件，因而松嫩平原成为我国的粮仓，兴安岭成为森林的海洋；黑龙江省小麦蛋白质含量较其他气候区高；全省许多地方都可种植水稻，而且大米的质量好。晚秋天气晴朗，日照充分，干爽无雨，也有利于大田秋作物的成熟和收获工作的进行。

黑龙江省年平均气温一般较同纬度其他地区低5~8℃，大致与偏北6~10个纬度的纬圈平均气温相当。冬季的低温限制了农作物生长和江河航运，但这种寒冷气候适宜耐寒力很强的红松和落叶松等珍贵树种生存，适宜耐寒的珍贵皮毛动物和脂肪丰富的鱼类繁衍生息。夏季“雨热同季”的气候优势，可促使一年生作物迅速生长发育成熟。玉米、高粱等在海洋性气候区不能种植栽培，而在黑龙江省却能种植，黑龙江省的气候正好能满足喜温作物生长最佳温度（夏季夜间不低于10℃，白天不高于30℃）要求。在小麦灌浆期，黑龙江省气温高而又不过热，正好使小麦籽粒成熟饱满，收获蛋白质含量高的优质麦粒。黑龙江省气候资源充足丰富，具有巨大的开发利用潜力，然而也有许多不利因素，容易出现极端天气，产生气候灾害。春旱、夏涝、秋霜冻为该省主要自然灾害。

（二）吉林省气候

吉林省属于温带季风气候，具有明显的大陆性。夏季高温多雨，冬季寒冷干燥。全年平均气温5.8℃，年降水量687mm[15]。吉林省位于北半球的中纬地带，欧亚大陆的东部，相当于我国温带的最北部，接近亚寒带[31]。东部近黄海、日本海，气候湿润多雨；西部距离海洋远，接近干燥的蒙古高原，气候干燥，全省形成了显著的温带大陆性季风气候特点，四季分明，雨热同季[32]；有明显的四季更替，春季干燥风大，夏季高温多雨，秋季天高气爽，冬季寒冷漫长[17]。全省大部分地区年平均气温2~6℃，全年日照2 200~3 000h，年活动积温平均在2 700~3 200℃，可以满足一季作物生长的需要。全省年降水量400~900mm，自东部向西部形成明显的湿润、半湿润和半干旱的差异。全省无霜期中部以西

150d 左右，东部山区 130d 左右。初霜期一般在 9 月下旬，终霜在 4 月下旬至 5 月中旬[1]。

吉林省气温四季变化显著。1 月是最冷月份，全省冬季平均气温在-11℃以下。春季中西部平原区平均气温为 6~8℃，东部山地在 6℃以下。夏季平原平均气温在 23℃以上，东部山地在 20℃以下，长白山天池一带为 8℃。秋季西部平原降至 6~8℃，东部山地多在 6℃以下。全省气温年较差为 35~42℃，日较差一般为 10~14℃，夏季最小，春秋季最大，全省极端最高气温在 34~38℃，历史最高温度出现在 1965 年的白城（40.6℃），历史最低温度出现在 1970 年的桦甸（-45℃）。

吉林省的霜期东部山区早，西部平原晚。长白山天池一带初霜出现在 8 月末至 9 月初，平原地区出现在 9 月下旬。西部平原终霜在 4 月下旬，中部和东部在 5 月上、中旬。全年无霜期一般为 110~160d[33]。

全省多年平均日照时长为 2 259~3 016h，夏季最多、冬季最少，西部较多、东部较少[34]。吉林省年均降水量一般在 400~1 300mm，东南部降水量大，西部平原降水量少。长白山天池的年降水量最多，为 1 349mm，镇赉县年降水量最少，为 389mm。这种空间分布造成吉林省降水分布不均，中西部地区干旱频繁发生，东南部地区经常出现洪涝灾害。受季风气候影响，吉林省夏季降雨最多，占全年降水量的 60%以上，满足作物生长对水分的需求。4—5 月降水量仅占全年的 13%，因此，吉林省旱春旱发生频繁，尤其西部地区有“十年九春旱”之说。

吉林省自然灾害以低温冷害、干旱、洪涝、霜冻为主，其次是冰雹及风灾[17]。由于全球性的气候变暖和西部草原遭到破坏，逐年加重的土壤盐碱化和沙化，东部地区的森林采育失调，生态失去平衡以及河流水域遭受污染等原因，吉林省自然灾害频率有所增加。

（三）辽宁省气候

辽宁省地处欧亚大陆东岸、中纬度地区，属于温带大陆性季风气候[35]。雨热同季，日照充足，积温较高，春秋季短，四季分明，雨量分布不均，东湿西干。全省年日照辐射总量在 100~200cal/cm^2，年平均日照时数 214.8h。春季大部地区日照不足；夏季前期不足，后期偏多；秋季大部地区偏多；冬季光照明显不足。全年平均气温在 9.5℃，最高气温 30℃，极端高温可达 40℃以上，最低气温-30℃[36]。年平均无霜期一般在 150d 以上，由西北向东南逐渐增多。辽宁省是东北地区降水量最多的省份，年降水量在 600~1 100mm。东部山地丘陵区年降水量在 1 100mm 以上；西部山地丘陵区年降水量在 400mm 左右，是全省降水最少的地区；中部平原降水量比较适中，年平均降水量在 600mm 左右[37]。全年降水主要集中在夏季，6—8 月降水量约占全年降水量的 60%～70%。

全省自沿海向内陆地区温度逐渐降低，辽东半岛及沿海地区年平均气温均在 9℃以上，而西丰至新宾一带以东地区在 5℃以下。最高气温历史极值出现在朝阳市，2000 年 7 月 14 日最高温为 43.3℃；最低气温历史极值出现在铁岭市西丰县，2008 年 1 月 13 日最低温为-43.4℃。由于海陆分布的影响，内陆气温年较差（最热月与最冷月平均温度之差）高于沿海，南部沿海地区为 27～31℃，其余地区为 31～38℃。最低气温低于零度天数，沿海地区为 140～180d，其他地区在 180～220d。

第二节　东北春玉米生产概况及与气候条件关系

一、东北地区玉米生产概况

玉米是世界性作物，起源于中南美洲热带和亚热带地区，玉米是世界上种植范围最广、面积大的谷类作物之一。玉米是中国重要的粮食作物，2018 年中国玉米播种面积 42 130 千 hm^2，在农作物中播种面积占第一位，玉米总产量达 25 717.4 万 t[4]。籽粒中淀粉含量占 70%～75%，含有人体所需的必需氨基酸，主要用作粮食和饲料，也可以作为原材料生产淀粉、食用油、甜味剂、酒精等，应用在食品工业、轻化工业和医药业等诸多领域，在国民经济中占有重要地位。

东北地区是中国玉米主产区之一，其中，吉林省玉米种植带与同纬度的美国玉米种植带和乌克兰玉米种植带并称为三大“世界黄金玉米带”[38]。近年来随着气候状况的改善，“黄金玉米带”有扩大趋势，黑龙江省南部、辽宁省北部和内蒙古自治区东部部分地区开始推广种植吉林高产玉米，使得“东北玉米带”逐渐形成。东北 3 省 2018 年玉米播种面积达 17 004.3 千 hm^2，占全国总播种面积的 40.4%；总产 10 509.4 万吨，占全国总产的 10.9%[4]。据联合国粮农组织统计，1960—2009 年，世界玉米收获面积从 1.02 亿 hm^2 增至 1.52 亿 hm^2，增加了 49.0%，单产从 2 293 kg/hm^2 增至 4 400 kg/hm^2，提高了 91.9%；总产从 2.278 亿 t 增至 7.887 亿 t，增加了 246.2%。中国是玉米种植大国，种植面积和总产量仅次于美国，位居世界第二[39]。近年来中国玉米播种面积呈逐年增加趋势（图 1-1），而东北玉米播种面积占比较高，其变化对我国玉米播种总面积影响较大。因此，研究东北 3 个省玉米主要农业气象灾害的特点和风险，对优化玉米种植结构，高效利用气候资源，保障我国的粮食安全有重要作用。

我国各地区气候有明显差异，玉米种植形式也不同，东北、华北北部种植春

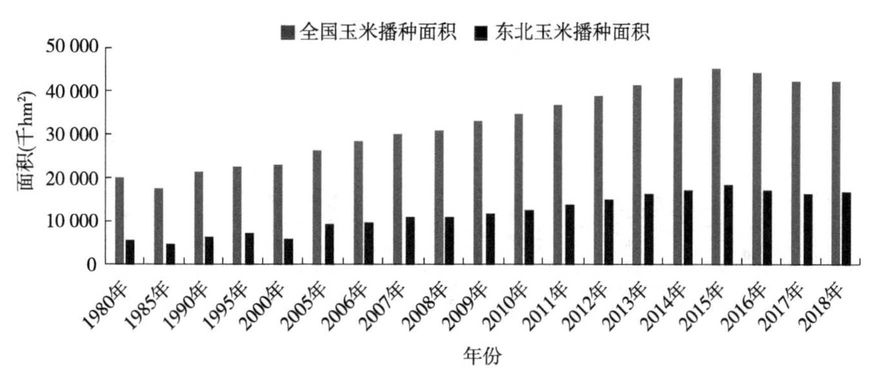

图 1-1　近 40 年来中国及东北玉米播种面积情况

玉米；黄淮海种植夏玉米；长江流域种植秋玉米；在海南及广西等省区冬季温暖地区可以种植冬玉米，但我国还是春玉米和夏玉米的种植面积大。春玉米主要分布在黑龙江、吉林、辽宁、内蒙古、宁夏等省区，河北、陕西两省的北部，山西省大部，甘肃省的部分地区，西南诸省的高山地区及西北地区[40]。东北地区地处的纬度及海拔高，积温不足以进行一年多熟种植，多以一年一熟春玉米为主。国家统计局数据表明，从 1978—2018 年中国玉米播种面积从 1 996. 1 万 hm^2 扩大到 4 213. 0 万 hm^2，增长 2. 11 倍；玉米总产量从 5 594. 5 万 t 增加到 25 907. 0 万 t，增长了 4. 63 倍；1949—2018 年中国玉米从单产 961. 5kg/hm^2 增长到 6 104. 3kg/hm^2，玉米单产增长 6. 67 倍[4]。近 40 年来，东北玉米播种面积、单产和总产量均呈增加趋势（图 1-2、图 1-3、图 1-4）。东北春玉米播种面积为 4 888. 6~18 472. 6 万公顷，占全国 27. 6%~41. 1%；东北春玉米总产量 6 382. 6~26 499. 2 万 t，占全国玉米总产量的 29. 1%~44. 5%。近年来，东北春玉米产量增加明显，在我国粮食安全和国民经济发展中具有关键性的地位[4]。2018 年全国玉米播种面积排名前 10 的省份，见表 1-1。黑龙江省、吉林省和辽宁省玉米播种面积分别位于全国第一位、第二位、第七位，因此，东北地区玉米产量的丰歉会直接关系到中国的粮食安全[41-42]。

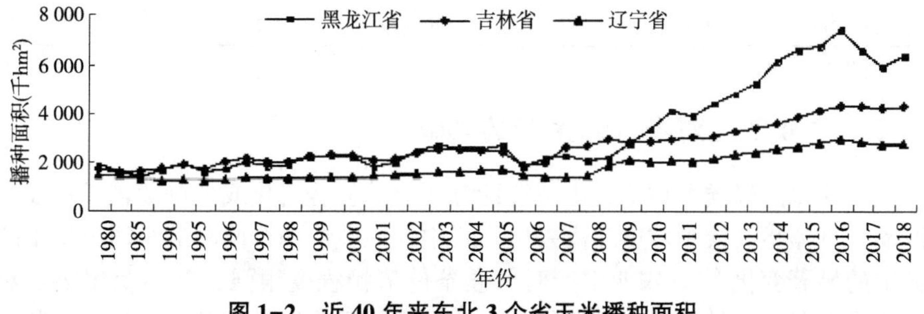

图 1-2　近 40 年来东北 3 个省玉米播种面积

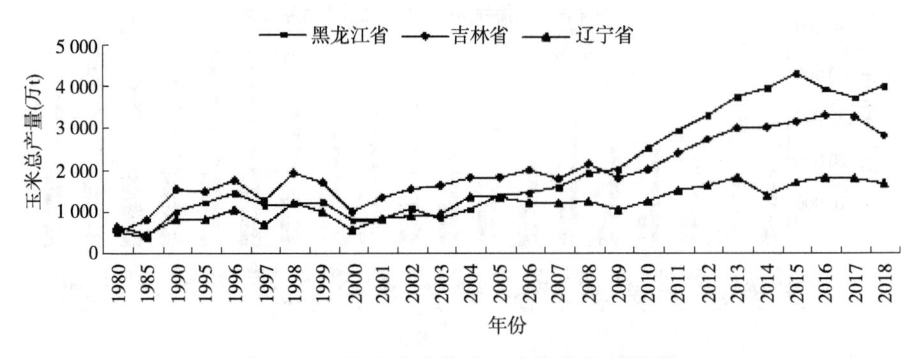

图 1-3　近 40 年来东北 3 个省玉米总产量

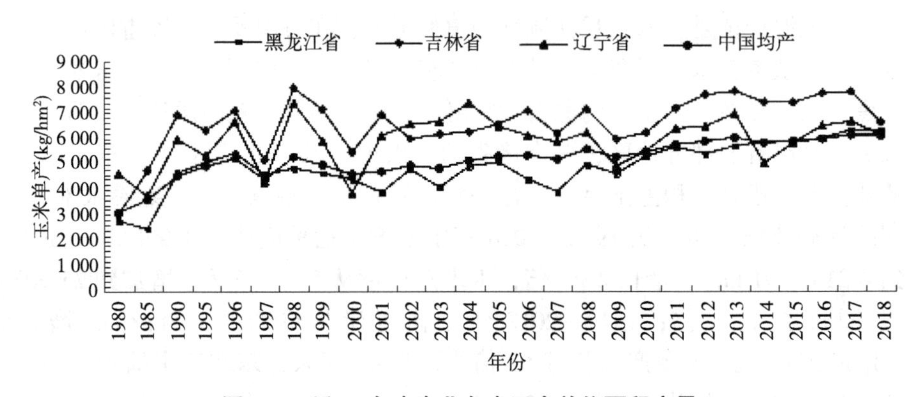

图 1-4　近 40 年来东北各省玉米单位面积产量

表 1-1　各省区农业耕种面积在全国排名　（单位：khm^2）

省份	玉米播种面积	排名	省份	粮食作物播种面积	排名
黑龙江省	6 317.8	第一	河北省	3 437.7	第六
吉林省	4 231.5	第二	辽宁省	2 713.0	第七
山东省	3 934.7	第三	四川省	1 856.0	第八
河南省	3 919.0	第四	云南省	1 785.2	第九
内蒙古自治区	3 742.1	第五	山西省	1 747.7	第十

（中国统计年鉴，2019）

二、气候变化对春玉米生产的影响

气候变化是气候平均状态出现统计意义上的显著变化或者持续较长一段时间的波动，具体指气候平均值和离差值两者中的一个或两个同时随时间出现了统计意义上的显著变化[43]。农业生产对气候条件依赖程度很强，气候变化必定对农业产生重大影响。随着温度的增加，农业生产的不稳定性也随之增加，局部干旱高温危害加重，由于气候变暖后作物发育期提前，遭受春季霜冻危害加重。如果不采取适当应对措施，我国种植业生产能力在总体上可能会受到冲击，产量下降5%~10%，其中，小麦、水稻和玉米三大作物生产力下降显著。2050年后受气候变化的冲击会更大，主要农作物产量进一步下降，品质变差，病虫害加重，肥料和水分的有效性降低，农业使用的化肥和灌溉水量将增加，生产成本将提高[44]。东北作为我国的重要粮食生产基地，在粮食生产上怎样应对气候变化，已普遍成为人们关心的问题。20世纪80年代以来，在全球气候变暖的大背景下，东北平原已出现了持续而显著的增温现象[45]。气候变化最直接的影响就是气候资源数量和要素配置的变化，从而影响到作物生长和产量形成[46]。东北地域跨度大，地处复杂的自然地理环境及地形地貌特征，热量资源和降水资源分布不均匀，年际间变化幅度较大，是我国对气候变化最敏感，受气候变化影响最显著的地区之一[15,47]。东北地区又是我国增温速率最快、范围最大的地区之一[48-50]。近50年我国热量资源总体呈增加趋势，冬季和夜间增温幅度较大，北方地区增加幅度大于南方地区[51]。1961—2006年，东北地区农耕期、生长期内积温均增多，≥10℃积温带向北移东扩[52]。气候条件是影响农作物生长发育过程中最重要的因子，生长季持续时间的长短与当地气温、降雨的变化以及其变化的数值累计对农作物地理位置的选择、种植的方法及产量的多少都有重要影响[53]。气候变化导致极端气候现象频发，极端气候现象是指在特定地区和时间的不寻常气候事件，包括干旱、洪涝、低温暴雪、飓风、致命热浪等。极端气候事件现象的出现和全球变暖有关[54]，在全球气候变暖的大背景下，大气的环流特征和要素发生了变化，引发复杂的大气、海洋、陆面相互作用，大气水分循环加剧，气候变化幅度加大，不稳定因素增多，导致这些小概率、高影响极端气候事件的发生机会增加[43]。极端气候事件对农业生产产生的影响往往大于气候平均变率所带来的影响。全球气候变化背景下，预警不可预测的天气状况以及更加明显的极端事件，特别是对处于高纬度的中国东北地区来说，自然环境下的气候对农作物造成的影响是至关重要的。气候的变化对东北春玉米种植布局、技术应用、生产管理等均产生影响。农业气候的变化直接影响到热量持续分布及降水的时空变化，间接影响到春玉米种植区域和种植界限，最终影响到春玉米的产量，其具体表现为：

（一）气候变化对热量资源的影响

中国近100年来平均气温明显升高，增加0.15~0.18℃，比同期全球增温平均值略高。近50年变暖尤其明显，主要发生在20世纪80年代中期以后[55]。年平均温度上升1℃，大于或等于10℃活动积温的持续日数全国平均可增加15d左右，这对农作物生产来讲具有重要意义。东北地区对温度变化最为敏感，是我国增温最显著的地区之一[56-57]。近地面平均温度增加显著，且存在着季节性和地域性差异，冬季增温最强，秋季增温最弱。区域变化表现为吉林、黑龙江、内蒙古自治区 3 个省区交界区增温最强，辽宁中部的中心靠近边境区域为增温较弱的地区，最低气温的增温率是最高气温的 2 倍左右[58-59]。根据 1961—2005 年气象资料分析，东北地区年平均气温为 2.45 ~5.72℃[50]。近 20 多年，年均气温呈现显著上升趋势，升温幅度为 1.5℃，比北半球和全国同期平均增温速率明显偏高[49]，高于全球平均增温幅度（0.74℃）。东北地区气候变暖趋势存在着季节性差异，尽管东北地区年平均气温和四季平均气温均呈现增高的趋势[48]，但冬季气温增幅最大，夏季和秋季气温增幅最小，很不稳定，时有偏低温度发生，或出现高温日数增多等极端异常气候事件。东北地区年平均气温和季节平均气温年际变化呈现明显的升高趋势，年均温、春季均温和冬季均温均在 1981—1990 年开始增加，夏季均温和秋季均温在 1991—2000 年开始增加，且气温增加幅度随纬度的升高而增大[50]。玉米是喜温作物，热量条件主要影响其生长发育速度[60]，10℃以上的温度通常被认为是玉米的生物学有效温度。使用 5 日滑动平均法[61]，确定稳定通过 10℃起止日期，计算 1961—2017 年东北地区≥10℃积温空间分布（图 1-5），三时段 1961—1980 年、1981—2010 年和 2011—2017 年≥10℃积温比较，见表 1-2。

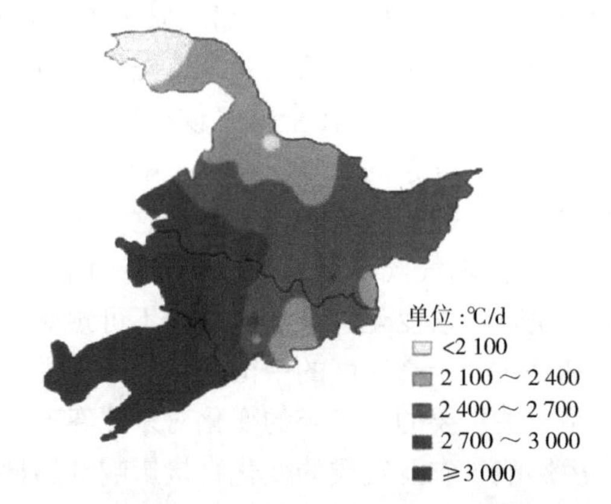

图 1-5　1961—2017 年东北地区≥10℃积温空间分布

由图 1-5 可以看出，东北 3 省≥10℃积温呈现明显的纬向分布，由南向北逐渐降低。黑龙江省北部和吉林省东部地区最低，≥10℃积温均低于 2 400℃/d；辽宁省吉林省西部南部和黑龙江省西南部≥10℃积温最高，均高于 2 700℃/d。东北 3 省之间，辽宁省≥10℃积温最高，其次是吉林省，黑龙江省≥10℃积温最低。

表 1-2　1961—2017 年东北≥10℃积温　（单位：℃/d）

时间	项目	黑龙江省	吉林省	辽宁省
时段Ⅰ 1961—1980 年	最低值	1 637.0	1 901.4	2 790.3
	最高值	2 857.1	3 090.0	3 559.7
	平均值	2 374.4	2 645.6	3 300.0
时段Ⅱ 1981—2010 年	最低值	1 647.8	2 016.2	2 976.3
	最高值	2 983.7	3 227.5	3 812.5
	平均值	2 543.7	2 806.2	3 474.0
时段Ⅲ 2011—2017 年	最低值	2 608.3	3 042.2	3 259.2
	最高值	3 239.22	3 591.4	3 832.1
	平均值	2 936.7	3 307.2	3 603.5

由表 1-2 可以看出，1961—2017 年东北 3 省≥10℃积温均呈现明显的上升趋势。1961—1980 年，东北 3 省≥10℃积温在 1 637.0~3 559.7℃/d，平均为 2 754.5℃/d；1981—2010 年，东北 3 省≥10℃积温在 1 647.8~3 812.5℃/d，平均为 2 922.8℃/d；东北 3 省 2011—2017 年≥10℃积温在 2 608.3~3 832.1℃/d，平均为 3 282.4℃/d，时段Ⅱ较时段Ⅰ≥10℃积温平均值增加了 168.3℃/d，时段Ⅲ较时段Ⅱ≥10℃积温平均值增加了 359.6℃/d。其中，黑龙江省≥10℃积温平均值增加速率为 11.96℃·d/a，时段Ⅲ中≥10℃积温平均值较时段Ⅱ增加了 393℃/d，时段Ⅱ较时段Ⅰ增加了 169.3℃/d。吉林省≥10℃积温平均值增加速率为 14.07℃·d/a，时段Ⅲ中≥10℃积温平均值较时段Ⅱ增加了 501℃/d，时段Ⅱ较时段Ⅰ增加了 160.6℃/d。辽宁省≥10℃积温平均值增加速率分别为 6.45℃·d/a，时段Ⅲ中≥10℃积温平均值较时段Ⅱ增加了 129.5℃/d，时段Ⅱ较时段Ⅰ增加了 174℃/d。

温度升高使得玉米播期提前，全球变暖也使得秋霜延后，使得玉米收获推迟，从而延长了玉米潜在生育期[62]。近 50 年来，随着东北 3 省热量资源的普遍增加，玉米的生长季普遍延长，在中部和北部地区以 2~4d/10a 的趋势显著增加[63]。玉米生长季内可利用的热量资源也显著增加，温度适宜度增加[64-65]。东北地区平均温度的升高速率高于全国平均地表气温的升高速率（0.22℃/10a），同时，也明显高于全球或北半球同期平均增温速率（0.13℃/10a）[66]。未来 RCP4.5 气候背景下，玉米生育期日数和≥10℃积温将分别增加约 15d 和 300℃/d。气候变化背景下东北地区各气象要素已经发生了显著的变化[67]，总体上表现为温度升高，热量资源丰富，降水资源减少，太阳直射辐射和散射辐射减少。玉米生长发育的一生，需要充足的积温，而不同玉米品种所需要积温也不尽相同（表 1-3、表 1-4）。热量资源直接影响到玉米生长发育进程，进而影响干物质积累、转化效率的高低，最终影响到玉米产量。玉米产量的增加有约25%左右的贡献可用热量资源的增加来解释[68]。东北地区近60年的气象资料（图1-6、图1-7）分析结果显示，气象因子与玉米生产密切相关，它们的变化将对东北地区的玉米生产带来影响。冶明珠根据全球气象变化，预测2011—2091年东北平均气温约为6.68℃，热量资源作为整个玉米生长过程中最不可缺少的最重要因素之一，一直备受关注[53]。

表1-3　不同品种玉米及各生育阶段热量指标　（单位：℃/d）

品种	播种-出苗期	出苗-拔节期	拔节-抽雄期	抽雄-成熟期	播种-成熟期
早熟	209.7	576.6	413.8	1 045.2	2 245.3
中熟	226.3	912.7	385.5	1 130.0	2 645.5
中晚熟	248.1	967.8	493.5	1 234.0	2 943.4
晚熟	231.1	994.4	538.4	1 321.1	3 085.0

（徐延红，2014）

表1-4　东北玉米3个基点温度　（单位：℃）

界限温度	播种-出苗期	出苗-拔节期	拔节-抽雄期	抽雄-成熟期
生长上限温度	10	12	16	15
最适上限温度	20	22	27	22
最适下限温度	28	26	30	27
生长下限温度	35	35	35	35

（王培娟，2011）

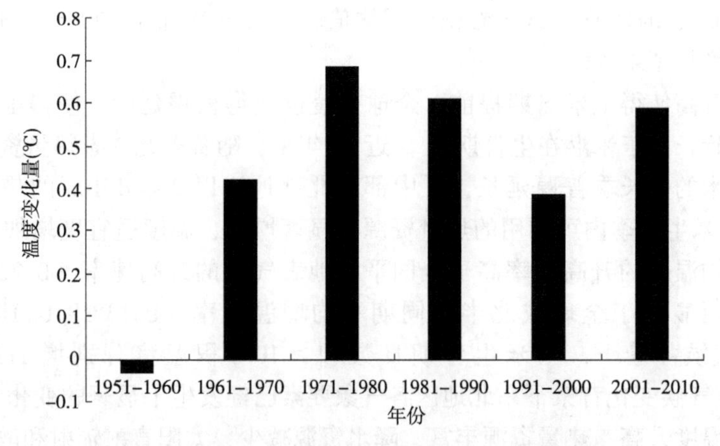

图1-6　1951—2010年东北地区每10年增温情况

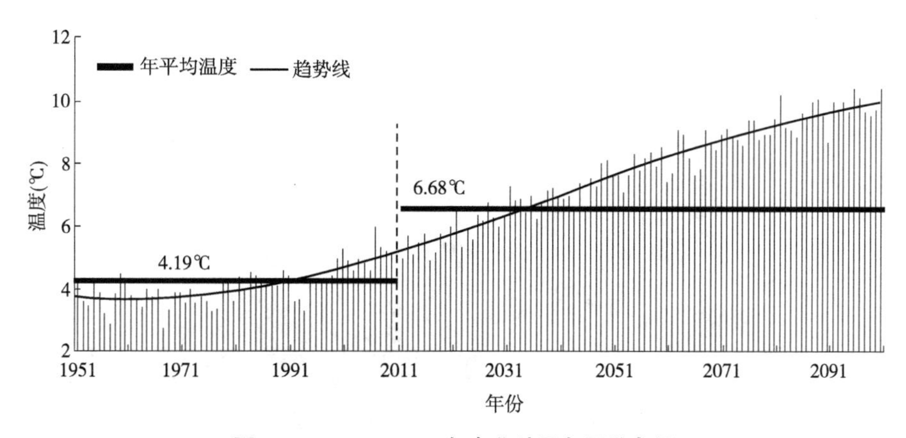

图 1-7 1951—2100 年东北地区年平均气温

（二）气候变化对降水资源的影响

气候变化导致降水出现区域性与季节性不均衡。温度的升高会加速地表水分的蒸发，导致水循环进程提速，发生暴雨的概率增加，各地的降水量和蒸发量的时空分布也会随暴雨显著改变[43]。过去一直认为中国西北部缺水，但近年在中国南方已经出现季节性干旱，水资源短缺和分布不均将成为一个严峻的问题。气候变暖的大背景下，虽然年降水量线性变化趋势并不明显，但降水量年际间和地域间分布不均匀性表现明显，降水有向极端化发展的趋势，一定程度上增加了东北地区旱涝事件发生频率，不同地域旱涝事件同发现象加剧[59,69]，东北地区年降水量呈显著下降趋势[70]；东北地区年总降水日数减少趋势非常明显，年降水强度则表现为明显的增强趋势。旱涝灾害的发生与总降水量和短时内强降水量存在一定的关系，但很大程度上由于降水在时间和空间上的不均匀分布造成，即与降水事件的频率和强度有直接的关系。

近 50 年，我国年降水量变化不明显，但降水空间格局发生明显变化，西部和华南地区降水普遍增多，东北、华北和西南大部分地区降水显著减少，气候变化加剧了我国南涝北旱的局面（图 1-8）。东北玉米生长季内降水量呈微弱的减少趋势，且年际间波动增加[71-72]，四季降水量变化呈不同的趋势，其中，春季和冬季降水量呈增多的趋势，夏季和秋季降水量呈减少的趋势。未来随着气温的持续升高，东北地区降水增加趋势很弱，蒸发量显著上升，地表径流减少，农业水资源将日益短缺。东北年降水日数减少了 3~4d，尤其是黑龙江省东部、吉林省西部、辽宁省东南部降水量减少更为明显[24]，自 1956 年以来，东北 3 省年降水量呈略减少趋势[50]。在玉米的生长季，降水量的多少会直接影响部分玉米的生育期及产量，6—9 月是东北地区玉米对水分需求量最大的阶段，也是东北地

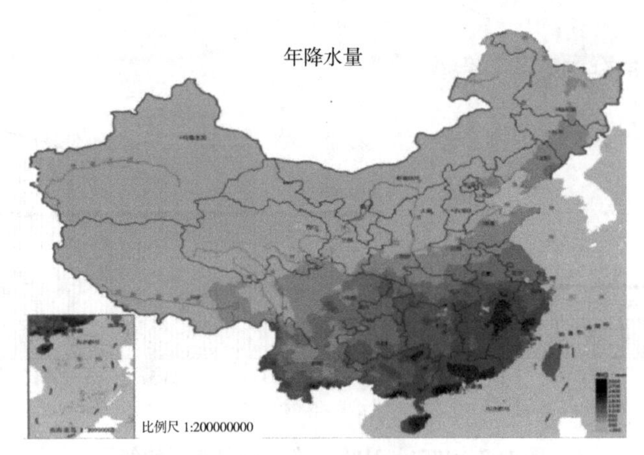

图 1-8　1981—2010 中国年降水均值

（图片来自国家气象信息中心）

区玉米生长的重要阶段，处在该阶段的作物其生长期能否顺利进行会对作物的最终产量产生巨大影响。分析 1960—2012 年平均降水，由图 1-9 看出，2010 年降水量最大，为 758. 63mm；而降水量最少出现在 1999 年，为 475. 32mm。年降水量呈逐渐减少趋势，降水年际分布不均，特别是近 30 年来降水量年际变化大[73]。李邦东[69]分析近 50 年来东北地区不同年份的 Cv 值（即不均匀系数），更能反映气象要素的时间分配均匀性情况，据此分析东北地区地区各年代不同等级降水量（表 1-5）。1961—2010 年暴雨量、大雨量和中雨量的年代际不均匀系数最大值（Cv）出现在 20 世纪 90 年代，小雨量、暴雪量、大雪量、中雪量和小雪量最大 Cv 值出现在 2001—2010 年。近 10 年暴雨量变率相对其他时期较小，说明暴雨量年际间分布较均匀，但是大雨量不均匀系数较大，强降水的年际变化仍不容忽视。进入 21 世纪，年小雨量及各等级降雪量分配最不均匀，尤其是降雪量分配不均匀与其他年代相比更为明显。弱降水过程的减少是干旱发生的主要

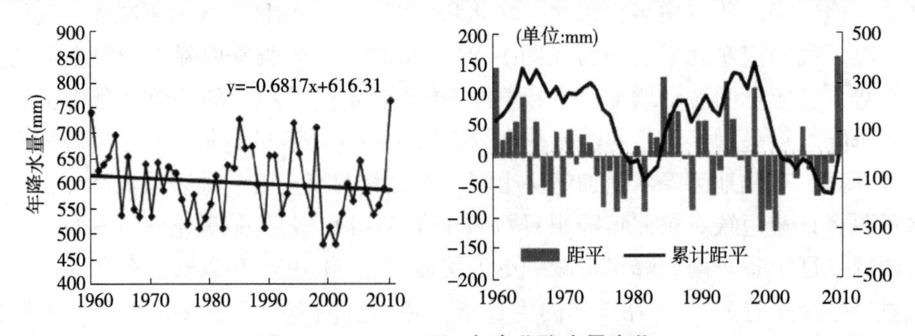

图 1-9　1961—2010 年东北降水量变化

原因，强降水过程的增加是洪涝发生的主要原因。20 世纪 60—80 年代年降水量变率较小，说明在研究时段的前 30 年间降水分布相对比较均匀，近 20 年年际间分配明显变得不均匀，降水量最少年和最多年均出现在 1991—2010 年，容易造成年际间旱涝急转现象。近年来，东北地区降水不均匀系变大，不稳定性增强，时间变化更剧烈，一定程度上表明东北地区极端旱涝事件发生可能性增大，今后更应该重视因气候带来的气象灾害。

表 1-5 1961—2010 年中国东北地区各年代不同等级降水量 Cv 值

年份段	1961-1970 年	1971-1980 年	1981-1990 年	1991-2000 年	2001-2010 年
暴雨量	0. 236 2	0. 316 2	0. 239 0	0. 411 3	0. 219 1
大雨量	0. 116 0	0. 106 2	0. 140 0	0. 229 5	0. 186 4
中雨量	0. 096 1	0. 064 9	0. 107 7	0. 140 6	0. 111 9
小雨量	0. 074 8	0. 043 6	0. 071 8	0. 082 8	0. 087 3
暴雪量	0. 596 2	0. 507 4	0. 321 5	0. 480 8	0. 862 1
大雪量	0. 267 5	0. 373 1	0. 146 5	0. 308 7	0. 488 1
中雪量	0. 153 3	0. 250 9	0. 219 0	0. 175 1	0. 346 5
小雪量	0. 120 1	0. 167 7	0. 161 7	0. 117 2	0. 265 6
年降水量	0. 088 3	0. 058 8	0. 093 0	0. 145 8	0. 107 3

（三）气候变化对东北玉米种植区域和种植界限影响

近年来气候变暖使得作物种植范围向更高纬度区域发展，导致作物种植结构变化[74-75]。气候变暖带来的积温增加使得我国主要作物种植界线显著向北扩东移[76-78]，多熟种植制度明显向北扩展[79]。作物种植区的地理位置分布主要取决于 3 类气候因子：当地最低温度；完成生活史所需的生长季长度和积温条件；用于冠层形成和维持的水分供应[80-81]。何奇瑾[82]参考前人的研究方法，筛选出全国区域及年尺度的 10 个具有明确生物学意义的气候因子作为影响中国春玉米种植分布的潜在气候因子（表 1-6），从热量累积和长度、强度方面反映热量供应情况；年降水量和湿润指数用于评价水分供应程度。筛选出影响中国春玉米种植分布的主导气候因子为≥10℃积温、日平均气温≥10℃的持续日数、最热月平均温度、年平均温度、年降水、湿润指数和气温年较差（图 1-10）。其中，对春玉米种植分布影响最大的是≥10℃积温。东北地区地处中高纬度，种植制度为一年一熟制，积温的高低及无霜期的长短直接决定了该地区种植玉米区域分布和品种特性。在全球气候变暖背景下，东北初霜期推后，并逐渐北移 3～4 个纬度，无霜期较 20 世纪 60 年代延长了 14～21d[83]。未来 RCP4. 5 气候背景下，东北 3 个省初霜日出现的时间将继续推迟。未来 20 年内东北初霜日将推迟 10d 左右，空间上则继续呈现北移趋势，但变化幅度均不大[84]。东北地区气温明显上升，同一熟性品种种植布局北移，充分利用当地热量等气候资源，同时，充分挖掘作物增产的潜力，保证高产稳产。早熟品种逐渐被中晚熟品种代替，部分地区中熟品种可以由晚熟品种代替；在品种不变条件下，随着温度的升高作物的生长发育进程加快，作物生育期长度缩短[85]，即出现中晚熟品种北移。品种的更替和种植界限的北移将不同程度地提高玉米产量[86]。2000 年以前，东北地区玉米种植面积向北扩展至北纬 44~48°，而 2000 年之后在中南部大规模发展，从北纬 42°扩展到北纬 44°，并进一步向东扩展至东经 123~127°，同时，还表现为向低海拔（100m 以下）和较高海拔（200~350m）扩展的态势[87]。近年来，随着热量资源的增加，玉米可种植区范围不断扩大，种植北界向北移东扩，玉米潜在适宜种植面积显著增加[65,67]。黑龙江省自 20 世纪 80 年代以来，玉米的种植区不断向北移，从最初的平原地区逐渐向北扩展到了大兴安岭、黑河市和伊春地区，向北推移了大约 4 个纬度[88]。通常情况下，每一个地方种植的玉米品种熟型基本没有变化，当遇高温年，晚熟品种容易获得高产，若遇低温年，则晚熟品种减产幅度也大[89]，应视气候变化，适当调整玉米种植结构。为此，如何根据当地气候状况及长期预报的资料，适当调整品种熟型的种植比例，充分利用当地的气候条件，就成为各级农业主管部门和科研人员的首要工作。特别是随着气候变暖的不断加剧，如果仍然保持目前的玉米品种熟型布局，则会造成热量资源的大量浪费。

表 1-6　影响玉米地理分布的关键气候因子

气候因子	计算方法	适宜农耕期内的热量资源
≥0℃ 积温（℃/d）	5 日滑动平均法	喜温作物生长期或喜凉作物旺盛生长期内的温度强度和持续时间
≥10℃ 积温（℃/d）	5 日滑动平均法	喜温作物生长期、喜凉作物旺盛生长期
日平均气温≥10℃的持续日数（d）	5 日滑动平均法	喜温作物生长期、喜凉作物旺盛生长期
无霜期（d）	日最低气温≥2℃的持续期	作物大田生长时期的长短
年平均温度（℃）	$\sum_{i=1}^{n} t_i/n$	年总的热量资源情况
年降水（mm）	$\sum_{i=1}^{n} p_i$	年总的水分条件
最冷月平均温度（℃）	1 月平均气温	农作物越冬条件
最热月平均温度（℃）	7 月平均气温	喜温作物所需的高温条件
气温年较差（℃）	最热月月平均气温与最冷月月平均气温之差	1 年中月平均温度的变化幅度
湿润指数	降水量与潜在蒸散的比值	某一地区气候干、湿程度的指标

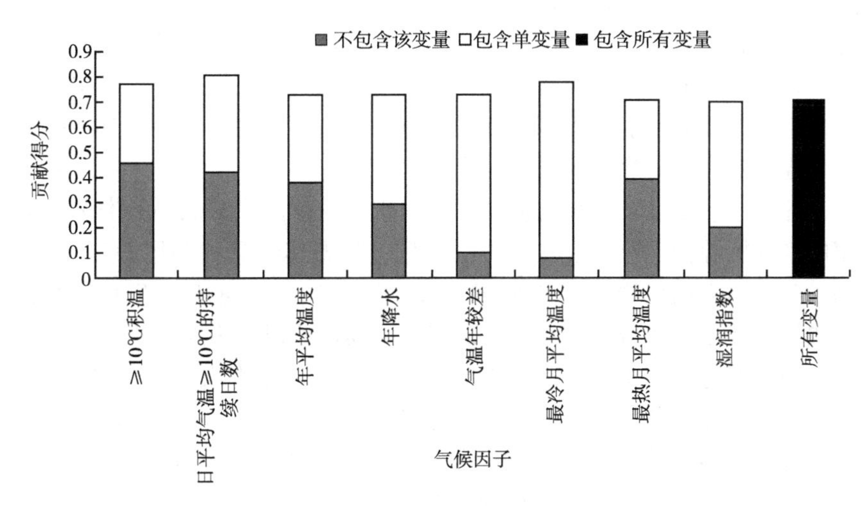

图 1-10 基于 Jackknife 的影响春玉米种植分布的主导气候因子贡献

(四) 气候变化对东北玉米生长发育过程和产量影响

在气候变暖的条件下，玉米的生育进程加快，生育期会缩短，生长量会减少，如果没有新的应对技术，这将会抵消玉米全年潜在生长期延长的效果，从而对作物产量产生影响[90]。另外，由于气温升高，玉米生育期间太阳总辐射量降低，而作物可利用的潜在热量资源增加，因不能充分利用热量资源导致玉米光温生产潜力显著下降[91]。在水分条件充足的前提下、气候变化对东北早熟春玉米的产量有显著的正效应影响[92-93]。马树庆等[94]指出，在水分满足需求的条件下，东北地区气候变暖导致玉米生长季气温升高、积温增加，使玉米生长发育和灌浆进程加快，生物量增加，从而提高单产。但气候变暖变干会作物对限制热量资源的利用，将缩短玉米灌浆时间，降低灌浆速率，籽粒不饱满，千粒重下降，从而造成明显减产，而且减产幅度明显大于温度升高带来的增产幅度。在水分条件基本得到满足的条件下，未来夏半年气候变暖对东北地区玉米生产总体是有利的，偏晚熟玉米品种比例可以适当扩大种植范围，东北玉米带可以向北移东扩，单产和总产都会增加；但如果水分不充足，气候的暖干化趋势会使东北地区的中、西部玉米主产区的农业干旱变得更加严重且频繁，造成产量下降和不稳定，给玉米生产带来严重威胁，因而更应加强农业干旱的综合防御工作[95]。

农业病虫害的发生与气象条件密切相关，气候变暖会加重农业病虫害的发生，导致因病虫害造成的粮食减产幅度加大，这是由于农作物害虫的生态学特征和分布、生长发育、繁殖和越冬等与温度条件密切相关。气候变暖会使中国主要农作物害虫虫卵的越冬北界北移，害虫繁殖能力增强，幼虫成活率提高，虫口数剧增。虫害发生期、迁入期提前，为害期延长。气候变暖会改变农作物害虫的地理分布，低温会使农作物害虫的分布范围受到一定限制，而一旦气温增高，就会使这些农作物害虫的分布范围扩大，从而使农作物的生长发育受到影响。农作物病害的发生和持续时间和温度因子有关，温度升高使细菌和真菌等有了适宜的生存环境，导致农作物病害发生频繁且严重。

东北地区地形多变，地域间差异大，玉米种植范围广，品种种类多。早熟品种利用的气候资源少，产量也比晚熟品种低；晚熟作物品种利用的气候资源多，产量高。玉米是喜温作物，在其他条件满足的前提下，作物生长发育速度和灌浆进程的快慢主要取决于温度条件。东北玉米田间试验研究表明，水分基本满足条件下，平均气温每升高 1℃，玉米出苗期提前 3d 左右，抽雄期至成熟期缩短 4d 左右，出苗速度和出苗以后的生长发育速度加快 17%[93]。由于热量资源的增加，东北玉米理论播种期普遍提前，理论收获期推后，玉米潜在生长季延长。与 20 世纪 70 年代相比，21 世纪前 10 年理论播种期平均提前了 5d，理论收获期平均延后了 5d，生长季长度平均延长了 10d，自 20 世纪 50 年代以来，潜在生长季长度以 1.4d/10a 的速度延长。同时，根据东北地区玉米生育期的实际观测数据可以看出，20 世纪 90 年代以来，春玉米播种期在黑龙江省提前了 3d，但在吉林省和辽宁省分别推后了 2d 和 3d，而收获期则分别延后了 1d、3d 和 7d，这导致实际的生育期长度平均增加了 4d。具体来讲，玉米实际出苗期以 0.4~3.5d/10a 的速率提前，实际成熟期以 2.3~3.8d/10a 的速率推后，生育期长度以 1.1~5.7d/10a 的速率延长[86]。温度的升高为玉米的发芽和出苗提供了有利条件，可以通过选择生育期相对较长的品种来适应这种变化。

东北地区玉米产量的变化与气候条件变化密切相关，当地辐射和温度是东北农业生产的主要限制因子[96]。对于同一玉米品种，生长季内日照时长和强度的显著下降是产量潜力下降的主要气候原因[97]。玉米产量变化与生长季内平均最高温度变化呈显著负相关关系，玉米产量受生长季内平均最高温度的强烈影响，最高温度每上升 1℃导致玉米产量降低 14%，而最低温度升高和降水量增加会使玉米产量微弱增加[71]。

各生育阶段气候资源变化对玉米产量有不同程度的影响。玉米吐丝至成熟期积温增加 10%，玉米百粒重增加 13%。若干燥度增加 0.1，灌浆期缩短 6d 左右，灌浆速率和产量明显下降。积温增加使玉米干物质积累阶段时间延长，干物重明显增加，生育期积温增加 100℃/d，玉米每公顷总干重增加 500kg 左右，单产增加 6.3%左右。抽雄至成熟期平均气温上升 1℃，每公顷产量增加 550kg 左右。干燥度上升 0.1，玉米每公顷产量下降 860kg 左右，抽雄至成熟期间气温在 22℃以上，干燥度为 0.75~0.90 玉米产量最高[94]。东北地区 5 月或 9 月日最低气温每升高1℃，玉米产量将增加303~284kg/hm^2。而在实际生产中，农民也会逐渐选用生育期较长的中晚熟品种，来适应热量增加生长季的延长，从而增加玉米的产量，例如在黑龙江省，1980年以来由于品种的更替玉米产量以每10年7%~17%的速率增加[98]。

此外，气候变化对各地区春玉米产量的影响也各不相同。玉米生长发育期(日均气温>10℃)，气温下降0.7℃，或活动积温减少100℃，玉米的成熟期将会延迟7d，单产减少8%；温度下降1℃，或者积温减少140℃，总生育期会延长10d，减产10%以上。黑龙江省和吉林省光和水分等因子基本能满足玉米生长，产量主要受温度因子的影响，随着气候变暖玉米产量也逐渐增加。这主要是因为该区域温度逐渐升高，达到到了玉米生长发育所需的适宜温度，同时20世纪50—70年代造成该地区玉米严重减产的低温冷害发生的频率和强度均明显降低，这都为该区域玉米增产带来有利条件。降水和日照时数是辽宁省玉米生产的限制因子，且辽宁省属于温带大陆型季风气候区，受季风气候影啊，各地气候差异较大[62]。

小结

东北地区是中国重要的粮食生产基地，也是春玉米最佳种植和生产区，在我国春玉米生产和粮食安全中占有举足轻重的地位，同时，也是我国对气候变化最敏感的区域之一，玉米产量直接受气候变化的影响。全球气候变暖的背景下，东北地区温度持续增加，这为该地区玉米生产和种植面积扩大提供了热量上的保障，而降水资源的总体减少和中晚熟玉米品种的盲目扩大，使干旱和低温冷害的发生频率增加。采取积极的措施应对气候变化对玉米生产上不利影响，对农业发展和保障粮食安全具有重要意义。

第三节　东北春玉米气象灾害特点及类别

近20年来，随着生产水平和科学技术的提高，农业气象灾害呈现下降的趋势，成灾面积也在减少（图1-11、图1-12），但其突发性及不可控性，仍困扰着农业生产的持续发展。由于自然灾害对农业生产的影响越来越严重，人们注意力更多的转向防御农业气象灾害和降低风险，即通过加强对农业气象灾害的认识和采取各种减灾措施及改善减灾计划降低灾害事件的影响。光照、热量、水分、湿度等气象因子既是农业生产的环境条件，又是农业生产中持之以恒的动力来源和不可替代的物质基础，因此，农业生产必须依赖于气象条件，当气象条件恶劣时，采取相应的应对措施，为时已晚。由于气象条件变化的不确定，人类目前还无法按照气象预警平台，依照自己的意愿来大范围、大幅度、大规模调节光、温、水等气象条件，因此，在农业生产中，防灾、抗灾、减灾的技术体系显得更加重要。

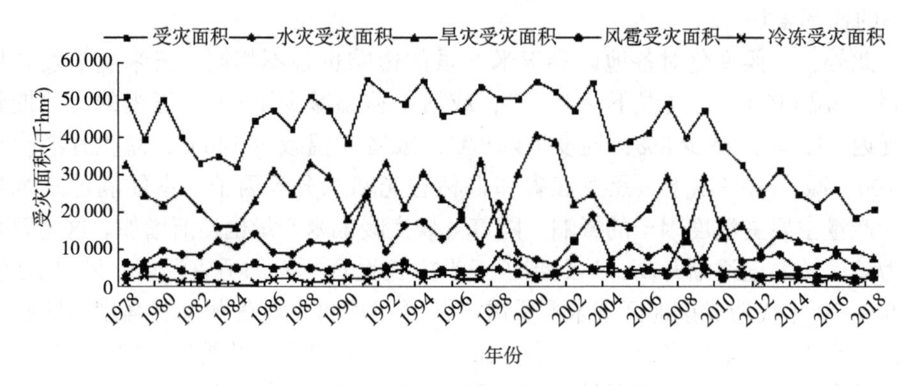

图 1-11　近 50 年来中国不同灾种受灾情况

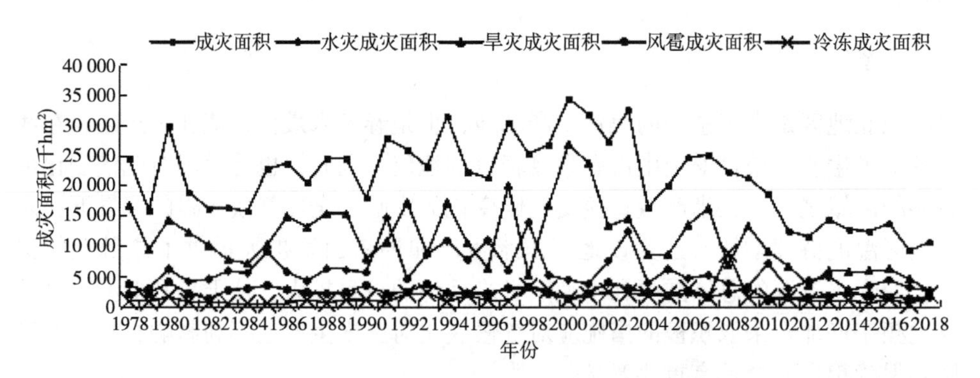

图 1-12　近 50 年来中国不同灾种成灾情况

玉米受到自然环境的影响非常大，有利的光照、热量、水分等气象条件可以使其获得高产和更好的品质，但是恶劣的气象条件往往造成减产，甚至绝产。据中国 1998—2018 年统计年鉴统计，各种自然灾害中，旱灾、低温冷害、涝渍灾害为东北地区的主要气象灾害，对农业造成的危害最重（表 1-7、表 1-8）。1998—2008 年东北地区受灾面积 4 111～1 2061 千 hm^2，其中，2007 年受灾面积最大，成灾面积 2 086 ～6 768 千 hm^2。2005 年水灾受灾面积最大，2003 年成灾面积最大。2007 年旱灾受灾面积最大，2000 年成灾面积最大。2010—2018 年东北地区受灾面积 2 603 ～6 942 千 hm^2，绝收面积 183～978 千 hm^2。2013 年和 2014 年水灾受灾面积和绝收面积最大。2016 年旱灾受灾面积最大，2018 年绝收面积最大。2018 年冷害受灾面积最大，2016 年绝收面积最大。

表 1-7 1998—2008 年东北农业受灾情况 (单位：千 hm^2)

年份	受灾面积	成灾面积	水灾		旱灾	
			受灾面积	成灾面积	受灾面积	成灾面积
1998	5 281	3 101	3 674	2 309	698	324
1999	3 844	2 368	177	95. 4	2 979	1 980
2000	9 559	6 768	88	59	9 281	6 589
2001	9 820	6 134	322	218	8 515	5 298
2002	7 167	3 888	846	615	3 191	1 797
2003	9 733	5 954	1 469	1 100	7 103	4 098
2004	7 590	2 811	302	143	6 373	2 310
2005	4 111	2 086	2 023	896	1 238	672. 2
2006	5 498	3 881	1 341	849	3 280	2 458
2007	12 061	6 231	135	53	11 640	6 044
2008	3 486	1 887	384	118	2 384	1 331

表 1-8 2010—2018 年东北农业受灾情况 (单位：千 hm^2)

年份	受灾面积	绝收面积	水灾		旱灾		冷害	
			受灾面积	绝收面积	受灾面积	绝收面积	受灾面积	绝收面积
2010	3 084	454	1 302	354	1 379	156	149	0. 1
2011	2 603	183	548	70	962	42	306	10. 5
2012	3 418	178	1 637	63	1 504	73	7	0. 4
2013	3 817	978	3 417	935	24	4	14	0. 7
2014	3 817	978	3 417	935	24	4	14	0. 7
2015	3 504	383	513	45	2 614	303	7	3. 4
2016	5 554	373	1 243	89	3 880	230	119	22. 9
2017	3 483	269	753	136	2 250	80	41	6. 9
2018	6 942	685	1 404	272	4 548	358	386	16

近 20 年来东北受灾面积占中国受灾面积的 13. 7%~46%，东北地区气候灾害的防御为我国农业防灾减灾工作的重中之重。春玉米在生长发育、生理活动和灌浆成熟过程对气象环境条件都有较严格的要求，并且依赖于气象因子的合理匹配。当气象因子的振幅与变化周期超过作物正常生理活动的要求以及可忍耐极限时，就会导致农业气象灾害的发生。因此，简单来讲，农业气象灾害就是指在农业生产过程中导致农业生物显著减产或农业设施严重损坏的各种不利天气过程和天气现象的总称，如干旱、冷害、冻害、涝渍、暴雨、风灾、冰雹等。农业生物的生活范围主要集中于地上几十米以内的大气环境以及土壤环境和水体环境中。这一范围的光、温、水、气条件与生物有机体相互联系相互制约，可看做一个整

体系统，为生物有机体的生长发育提供所必需的物质和能量，当这些因子过多或过少时会限制农业生产，并通过影响自然环境中的其他因子间接作对农业产生影响。各个气象因子的不同状况及不同组合会对农业生产造成不同的影响，只有当这些因子的量及组合处于最优状态时，才能使农业获得更高产、更优质的产品，反之，任何一个因子的不足或过量都会对农业造成损害农业气象灾害发生。农业气象灾害除了直接危害农业生物生长，损伤内部生理机能外，还诱发病虫害，间接给农业生产带来为害。

一、东北农业气象灾害的特点

（一）灾害种类不断增加

在农业发展的漫长历程中，威胁农业生产并导致灾害发生的自然因素由远古时期的水、旱、冻等少数几种，增加到隋唐宋元明清期的水、旱、风、虫、霜、雪、蝗、水土流失、沙尘暴等数种，而风、霜、雹、雪等灾害的危害性到近代大增，非古时所能比拟。农业生产是向前发展的，灾害也是在不断演进的。古时候没有出现的灾种后来有可能会发生，甚至成为危害性很大的灾害，古时候的一些次要灾害也可能成为后世的主要灾害，而古时的主要灾害则在一定时间内有减缓的可能。但从总体上看，农业灾害的发生则向多、复杂化方向发展，越到后来，灾害种类越多。通常农业生产对自然气候资源的开发利用程度越高，对其亏缺和波动也就更加敏感。

（二）发生频率不断上升

农业生产要发展，必然要将开发利用和保护生态环境平衡起来，然而，围湖造田、垦荒拓地等加剧人与自然矛盾关系的活动不断发生。科学技术的改进和农业生产水平的提高，对农业生产环境条件提出了更为严格的要求，而对农业这样一个开放性很强的系统而言，环境因素常常制约、影响着农业生产的发展，这两者之间的矛盾使得农业生产对自然变异的敏感性增强；社会的发展，人类活动领域的扩大，使人为性因素对灾害发生来越大，一次小的自然变异也可能因社会条件的恶化而酿成更大的灾害。正是反馈作用造成了农业灾害发生次数的不断上升。我国从1950—1988年每年都出现旱、涝和台风等多种灾害，平均每年出现旱灾7.5次、涝灾5.8次，登陆中国的热带气旋6.9个。自1951年以来，黑龙江省发生低温冷害的年份有：1954年、1957年、1959年、1960年、1969、1972年、1976年、1995年、1997年、1999年，有10年发生低温冷害。从1951—1991年的40年中，平均每4年发生1次冷害。更严重的是1959年、1960年连续2年发生低温冷害，粮食产量减产严重，严重威胁粮食安全。孙玉亭等[99]使用东北3个省70个站点1978年以前的生育期气温资料，计算了各地冷害的发生频率。以辽宁省南部近海地区为最低，发生频率在15%以下；其次是辽宁省中西部地区，频率为15%~20%。冷害发生频率最高的是长白山、大小兴安岭山地和蒙古高原东部，在30%以上。

（三）因灾损失不断增加

灾害有时小区域发生，但更多的是灾区连片成带，大面积受灾成荒。它从另一个侧面显示了灾害历进过程中社会危害性随社会经济的发展而增加的趋势。近年来，随着农业现代化的快速发展，抵御灾害的能力有所提升，但由于区域发展不平衡，偏远的山区，技术较落后，多数还是“靠天吃饭”，抗灾能力差。

我国灾害频繁发生，由于生态环境的恶化、绿色植被（森林覆盖率和草原）面积锐减、水土流失严重、土壤肥力逐年下降等诸多因素的影响，灾损不断增加。一般旱年玉米减产18.49%~20.6%，重旱年减产35%~48%[100]；冷害减产幅度大并在冷害发生年使作物大幅度减产，其中，喜温性作物的水稻、高粱和玉米减产幅度最大。黑龙江省1957年发生的冷害，玉米单产比1956年减产32.9%，总产量减少50.9%；1969年发生的冷害，玉米单产比1968年减产44.0%，总产量减少44.9%。历史上1957年、1969年、1972年和1976年低温冷害减产幅度大，为黑龙江省严重的低温冷害年份。吉林省1957年比1956年玉米减产20.8%，1969年比1968年减产20.6%，1972年比1971年减产20.4%。辽宁省热量资源比吉林省和黑龙江省高，减产幅度小，一般减产15%左右，最高不超20%。从历史资料分析，凡是高纬度地区，热量资源不充沛的地区，受害威胁严重，减产幅度大。

（四）影响范围不断扩大

当代农业气象灾害是在全球气候变化的背景下发生的，既具有深刻的地球物理环境背景，又紧紧依赖农业因素，具有复杂、持续、积累和交替的特点[101]。在某一时间或某一地区，几种灾害有时一起发生，形成“群发性”的特征。如雷雨、冰雹、大风、龙卷风时流性天气在每年3—8月常常一起出现。

冷害受害面积大，新中国成立以来发生10次低温早霜灾害。其受害面积之大是其他自然灾害无法比拟的。如1972—1979年的低温冷害，不但我国北方受害，整个亚洲地区均受到低温冷害影响，使作物大幅度减产。其中，日本、中国、朝鲜、蒙古等国受害较重。玉米种植面积增加的同时，受气候影响范围更广，干旱和低温发生的风险也相应增加，生产实际中防旱、抗低温技术应用至关重要。

（五）多灾并发趋势明显

东北地区南北部地区热量条件和东西部地区水分条件差异巨大，在同一季节农业生产类型存在较大的区别，气象因子的波动对不同地区、不同作物产生不同的影响。如几天连雨，对玉米可能形成涝害，对水稻则可能无害。而同一季可能同时发生多种农业气象灾害，连雨天往往伴随低温寡照，对作物生长非常不利，严重影响东北粮食安全和农业可持续发展。

二、东北主要农业气象灾害的分类

不利气候条件影响作物生长发育，农业气象灾害会造成农作物产量下降和品质降低。农业气象因子温度或水分超出作物生长发育最适宜的范围，影响作物光合或及细胞生理活动的正常进行，使作物生长发育速率明显减慢，当超过作物所能忍受的最高或最低的临界值时，作物生长发育停止，严重时导致作物死亡，由温度因子引起的有高温热害、冻害、早霜冻、低温冷害等；由水分子引起的农业气象灾害有旱灾、洪涝灾害、湿害、渍害、雪害和雹害。每一种灾害因发生机理、发生季节和天气特点等的差异，又可划分为多种类型，如干旱分为：气象干旱、农业干旱、水文干旱、社会经济干旱；冷害常分为延迟型、障碍型和混合型；涝渍分为：地势低洼型；土壤黏重型；沟塘型。影响东北春玉米生产的主要气象灾害为干旱、低温冷害和涝渍。

（一）干旱

干旱是指长时期内降水量严重不足，致使土壤因蒸发而导致水分亏损，河川水流量减少，限制人类活动和植物正常生长的灾害性天气[102]。农业干旱是由外界环境因素造成作物体内水分失去平衡，发生水分亏缺，细胞失水，影响作物的正常生长发育，或导致作物死亡，进而导致减产或绝产的现象[103]。中国大部地区干旱频发且影响严重，干旱缺水对农业生产所造成的损失比洪涝更为严重，是农业稳定发展和粮食安全的主要制约因素。据统计数据，我国每年因旱缺水受损农作物面积达 2 000 万 hm^2，成灾面积达 800 万 hm^2，受旱缺水导致每年平均减产达 100 亿~150 亿 kg，旱灾每年造成的经济损失达 2 000 亿元。全国干旱缺水的城市有 420 多个，其中，缺水受旱严重的城市有 110 个，全国每年因城市缺水影响产值达 2 000 亿~3 000 亿元[104]。气象灾害中，旱灾因其影响范围广、时间长、作用远，是对我国农业生产和人类活动影响大、最为严重的灾害，造成的农业损失和经济损失最惨重。

东北主要是春、夏季节易发生干旱，以春季旱情居多，具有“十春九旱之说”。春旱导致春播作物播种推迟、出苗率降低及幼苗生势弱，夏旱则影响农作物根系吸水，体内水分转运，正常生长发育和生理活动推迟或减弱，甚至造成减产。东北地区的西部较其他地区干旱发生的频繁，也常是重旱区。李邦东分析1961—2010 年气象数据（图 1-13），其中，有 68%的测站春季最大连续干旱日数呈下降趋势，中部地区下降显著，仅北部和南部部分地区呈上升趋势。夏季

70%的测站增加显著，表明夏季东北地区全区的干旱程度均加剧。秋季大部分地区最大连续干旱日数增加，主要集中在南部的辽东半岛和西部的内蒙古地区，表明这些地区秋季的干旱程度有可能增加，仅黑龙江北部没有增加。冬季各地区差异比较大，40%的测站冬季最大连续干旱日数增加，吉林省的西部最大连续干旱日数显著下降，其他地区尤其是吉林省东部最大连续干旱日数增加。

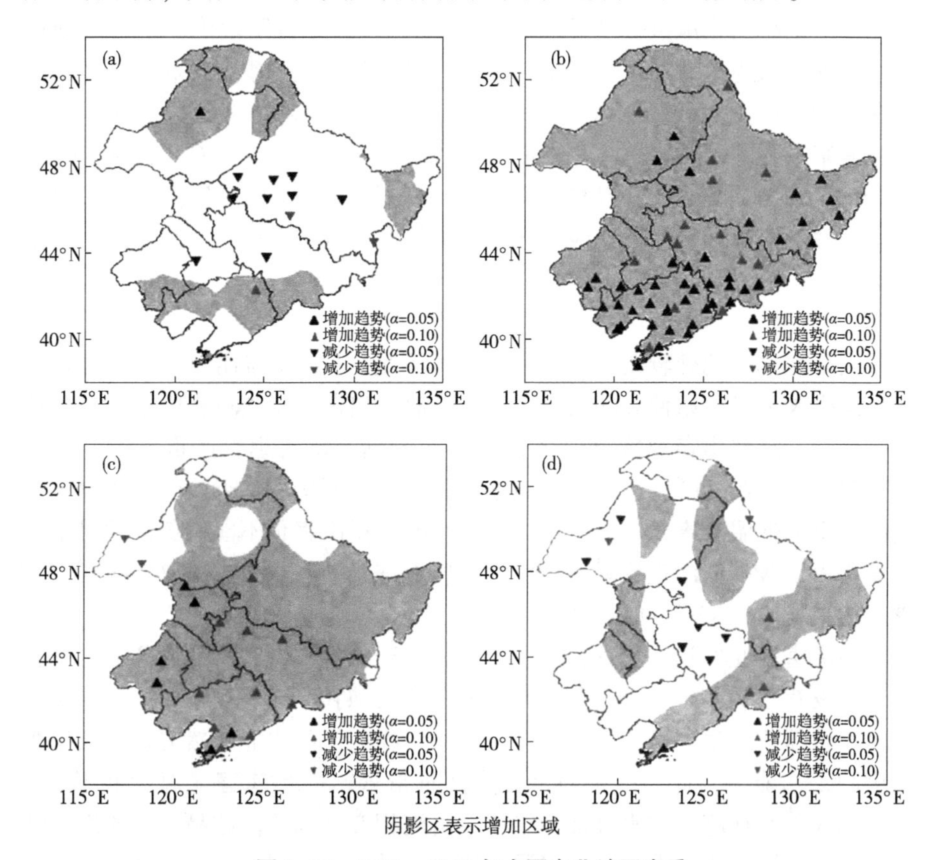

图 1-13 1961—2010 年中国东北地区春季

（a）夏季（b）、秋季（c）、冬季（d）最大连续干旱日数趋势场

目前用来判别农业干旱的指标较多，主要包括降水量、湿润指数、作物旱情及作物需水量指标等。降水量指标一般包括降水距平百分率、无雨日数等，这类指标资料容易获取，计算方便，但是不能直接反映农作物遭受干旱的程度[105]。作物旱情指标包括作物的形态指标和生理指标，该指标利用作物的长势、长相及作物生长发育过程中的生理指标来直接反映作物水分供应状况，特别是随着各种观测仪器和测试手段的不断完善和发展，利用作物生理指标判别作物水分亏缺的

方法有了很大的发展，常见指标有叶水势、气孔导度、细胞汁液浓度、冠层温度。作物需水量指标则是指土壤水分充足、作物正常生育状态下，农田消耗于作物蒸腾和棵间土壤蒸发的总水量。董秋婷等[106]通过计算东北玉米生长季内水分亏缺指数（CWDI）并划分干旱等级，认为玉米的需水量与降水量均呈现先增加后减少的变化趋势，7月下旬达到峰值，在4—6月和9月水分亏缺指数值较高，玉米易发生干旱。张淑杰等[107]通过研究东北玉米各生育阶段内的水分亏缺指数和干旱频率，认为东北地区玉米生长季内干旱呈现明显的季节性和区域性，干旱主要在苗期阶段发生较频繁，其次是灌浆成熟期。玉米苗期、拔节期、抽雄开花期、灌浆成熟期干旱发生率分别为60%~96%、30%~58%、20%~40%和30%~52%。由东北向西南干旱逐渐频发，区域性分布比较明显；辽宁省西部和南部、吉林省西部和黑龙江省西南部地区干旱发生频率较高，是东北地区干旱的主发区。

（二）冷害

我国东北地区地处较高纬度，热量资源不足，年平均温度偏低，积温不足，且年际间生长季热量条件波动较大，玉米在萌发出苗及生长过程中极易受到低温冷害的影响，造成出苗率降低，生长发育和生理活动推迟，产量下降、品质降低。随着全球气候变暖，东北地区热量资源条件有所增加，近些年基本没有发生大范围严重的低温冷害，但区域性、阶段性的低温冷害仍不能避免，同时温度波动幅度增大，极端低温现象频发。低温冷害是东北地区最主要的农业气象灾害，使农作物平均减产13%~15%[108]。

低温冷害是在作物生长发育期间，遭受低于其生长发育所需的环境温度，引起农作物发育迟缓，生育期延迟，或者生殖生长期间出现短期的强低温天气过程，使生殖器官的生理机能受到损害，导致作物减产的农业自然灾害。根据植物对温度的感知能力，低温冷害通常分为两种形式，一是冻害（温度低于0℃），此时细胞间隙和细胞外的水分都会结冰，由液相变为固相。冰晶会造成细胞结构破坏、失水、蛋白质变性、胞质渗漏、代谢活动停止、严重时导致细胞死亡。二是冷害（温度介于0~15℃），此时细胞质容易变成凝胶状，细胞膜结构遭到破坏，酶活性下降等。植物在0~15℃的温度时会感受到温度较低，受到胁迫时植物自身试图保持体内平衡以获得耐冻性，这个过程涉及大量的基因表达和代谢重组。两种胁迫形式均会不同程度的影响植物的生长发育进程，在植物的营养阶段受到低温胁迫，会导致生长发育迟缓；在生殖发育过程中，低温胁迫会导致花粉脱落，花粉不育，花粉管畸变，胚珠败育和果实减少，最终导致灌浆进程缩短且速率缓慢，降低产量。细胞膜系统是植物承受冻害的主要部位，也是最直接的部位，冷冻诱导的膜损伤主要是由于严重脱水引起的，细胞膜可能是潜在的感知或损伤部位[109]。

冷害是东北气象灾害中第二大灾害，仅次于旱灾，频繁发生，危害较大。除了春季低温冷害和秋季低温冷害，东北还易发生夏季低温冷害。东北夏季平均气温明显偏低其他地区，往往使作物生育期延迟，延迟的天数与平均温度成反比，即平均温度越低，作物生育期延迟的时间越长，成熟收获越晚，所以，当未成熟的作物遇到早秋霜冻就会造成大幅度的减产。

东北玉米低温冷害可以分为 3 种类型。延迟型：玉米在生长期遭受生育适温以下的温度，生育延迟，主要是延迟抽穗和成熟，使玉米成熟不良而减产。障碍型：玉米在生育器官分化期到抽穗开花期受到短时间低温，使生殖器官部分受害，主要是花粉败育形成空粒。混合型：在玉米生长期内，延迟型冷害与障碍型冷害混合发生。苏俊等研究分析表明，在玉米苗期和拔节期低温（比正常温度低 2.5~3.0℃）处理 20d，植株高度降低，叶片数减少，叶面积减少，玉米穗长和穗粒数减少，减少幅度 10%~15%，能正常成熟，成熟期不延迟或延迟不明显，千粒重不降低或降低很少。如果用延迟型冷害概念来解释，难于概括完全。生育前期阶段低温，主要是 5—6 月低温，使作物生长发育不良，造成作物减产而不延迟作物成熟的情况应是另一种冷害类型，可以定为生育不良型冷害，简称不良型冷害。东北地区 5—6 月短期（20d）低温（低 2~3℃）形成冷害，主要为生育不良型冷害，7 月气温相对稳定，平均气温达 20℃以上，玉米不易遭受冷害，进入 8 月气温逐渐降低，易遭受延迟型冷害。

（三）涝渍

在农田水利和农业灾害学上，将水位埋深小于 50~60cm，土壤经常或间歇性覆水、易涝或易渍的，对作物正常的生长发育产生阻碍，并导致产量严重损失的土地统称为涝渍地[110]。涝渍包含涝和渍两部分，涝是指雨后农田积水，超过作物耐淹能力而形成，而渍主要由于地下水位过高，导致土壤水分经常处于饱水状态，农作物根系活动层水分过多，空气少，不利于农作物生长，而形成渍灾[111]。但涝和渍在多数地区是共同存在的，难以截然分开，久涝必定滞水为渍，先涝后渍，涝渍相随，故而统称为涝渍灾害。一般来说，东北地区玉米容易受到涝渍胁迫的影响，当土壤含水量超过田间持水量的 80%时，玉米的生长发育将受到严重影响[112]。虽然水分是高等植物生长发育过程必不可少的因素，但当植物根际存有过多的水分时，植物根系进行无氧呼吸，产生有害物质。涝渍胁迫对植物的影响是复杂的，并且随着品种，自然环境条件，耕作栽培措施、生育时期、涝渍强度和涝渍持续时间的变化而变化，涝渍持续时间长短被认为是缺氧环境下植物能否生存的决定性因素。

玉米涝渍灾害的危害特点：一是从出苗至七叶期对涝害最为敏感，当土壤湿度占田间持水量的90%时形成苗期涝害。持续3d田间持水量90%以上，玉米三叶期表现为基部红、细、瘦弱，生长停止。连续降水超过5d，苗弱黄或死亡[113]。其中，发芽到三叶之前受涝称为“芽涝”或“奶涝”，可造成全田毁灭。二是玉米中后期耐涝性有所增强。地面淹水深度10cm持续3d，只要叶片在水面之上就不会死亡，但产量会受到很大影响。在玉米八叶期以前因生长点还未露出地面，此时受涝减产严重，甚至绝收。若出现超过10d的连阴雨天气，玉米光合作用受阻，植株瘦弱常出现空秆[114]。三是大喇叭口期以后耐涝性逐渐提高。吐丝期受涝只要时间不太长且不淹没雌穗，及时排走水分，植株仍能恢复。但花期遇连阴雨，7月下旬至8月中旬雨量之和大于200mm或8月上旬雨量大于100mm，会影响玉米的正常开花授粉，造成大量秃顶和空瘪籽粒[115]。玉米生长后期遇高温多雨天气，根系常因水位过高，缺氧而窒息坏死，造成植株生命力快速衰退，植株未熟先枯，减产严重。据调查，玉米在抽雄前后积水1～2d，对产量影响不太明显；积水3d减产20%；积水5d减产40%[116]。东北天气主要受大陆季风气候的影响，降水集中于7—8月为玉米抽雄开花期，此时期降水集中，地势低洼地不能迅速排水，造成农田积水和土壤水分过度饱和，影响玉米根系呼吸授粉，最终影响春玉米的产量。三江平原地势低洼，如果上年秋冬雨雪多，则下一年春季冰雪融化或春季雨雪多，因水分不能及时排泄，也易产生渍涝。辽河下游和松嫩平原是东北地区受涝次数较多的地区，“西旱东涝”是这一地区的旱涝分布特点[117]。

东北黑土农田发生涝渍的原因大致分为4种。

1. 地形地貌条件

东北地区的三江平原是松花江、黑龙江和乌苏里江及其支流多次改道变迁而形成的冲积低平原，河漫滩宽广，径流滞缓，古河道遍布，大小洼地星罗棋布，处于间歇性缓慢下沉阶段，地势低平，地面切割微弱，坡度小，积水过多时无法及时排泄。这些微地形地貌对地表径流的汇集起了很大的作用，加上地下水位较高，水分下渗困难，由此造成平原区涝渍灾害的频繁发生[118]。根据地势的不同，将东北玉米涝渍灾害分为3种类型如下。

（1）地势低洼型。由于地势低洼，排水工程不配套，一遇到洪水排水困难，玉米淹水受涝，轻者减产，重者绝产。

（2）土壤黏重型。黑龙江省三江平原区的白浆土，松嫩平原西部区的盐碱土，这2种土壤类型，有机质含量低，贮水能力差，渗水能力弱，一遇到较大的降雨，田里形成渍水，遭受涝害，造成玉米大幅度减产。

（3）沟塘型。牡丹江地区的地势低洼区、黑龙江省西部和西北部的水土流失区的沟塘区，遇到大雨，岗地和坡耕地产生径流，大量雨水流入沟塘区，造成土地积水，产生涝害。

2. 土壤条件

东北地区广泛分布黑土和白浆土，这种土壤质地黏重，结构性差，存在犁底层或白浆层，通透性差，当遇到连续降雨时，排水能力差，雨水在地表积留，易发生涝渍灾害。根据土壤类型和水分来源，可将三江平原涝渍地分为3种类型如下。

（1）地表残积水型涝渍。以白浆土类为代表。土壤表层很薄，芯土黏重，即使土壤饱和，重力水也很少，加上蒸发困难，降水之后常有大量地表水滞留于地表而形成涝渍。

（2）地下上层滞水型涝渍。以黑土、草甸土、泥炭沼泽土为典型。表层土壤厚，孔隙度达15%以上，心土黏重，透水性差，雨水下渗受到心土严重阻隔，形成地下上层滞水而导致涝渍。

（3）地下水位过高型涝渍。主要分布在松花江、黑龙江沿岸和兴凯湖区域。此类型土壤透水性较好，心土无明显隔水层，但降水或地表及地下径流补给的作用，短时间内抬高了地下水位从而造成季节性或长期渍泡耕层，形成涝渍。

3. 涝渍地形成的气候、水文因素

东北地区属大陆季风气候，降水量较充沛，但年际变幅大，年内分配极其不均，降水集中在6—8月。此外东北地区常会出现较长时间的连续降雨，尤其是汛期，这种降雨与特殊的土壤类型及较低的地势等多种不利的因素复合在一起，极易产生涝渍灾害。强降水过程的增多是涝渍灾害形成的主要原因，目前暴雨预报是世界级难题。强对流天气具有突发性、局限性等特点，对流系统往往发展剧烈，易在短时间内造成极端灾害天气。预报员可以预测大致的水量，也能预测被水打湿的大概区域，但水不会均匀地落在地面上，要预知地面上每个点被打湿的程度，难度很大。暴雨是不同时间、空间尺度天气系统相互作用的结果，不在一定的空间和时间范围内对与其有关的各方面条件和资料全面分析很难得出正确的预报结论。从常规高空观测系统上看，目前它所提供的有关暴雨的观测资料和信息主要是针对天气尺度的，而对直接造成暴雨的中小尺度观测并不充分，甚至十分缺乏。强对流系统的触发、演变过程，受背景天气系统、区域环境条件配置及其随时间变化的多方面影响，且与当地地形地貌特征等多种因素密切相关，这也是强对流天气精细化预报的难点所在。大气环流形势每天都在调整，天气系统时刻发生着变化，因此，应多关注滚动预报，即不断更新的天气预报。

4. 涝渍地形成的人为因素

人类活动对涝渍地的形成是多方面的，改变了下垫面的属性，造成水土流失。盲目围垦和过度开发土地；超采地下水，造成地面沉降；新建或规划排水系统不合理；灌排失调；城市化的影响等会造成涝渍地的增加。总的来说，涝渍是由于多种综合因素相互影响制约而形成的。地质、地形地貌和气候属于基础性因素，决定了涝渍形成环境与空间展布格局，水文因素实际上是前几个要素的派生因素，而人为活动的不合理性常常加重或加剧涝渍灾害的程度。

干旱、冷害和涝渍是影响东北玉米生产，导致产量和品质降低的主要三大农业气象灾害，今后应加大时间精力和科研资金投入，建设高精准预警平台，提高天气预报能力，对气象灾害发生及其规律进行提前预判，同时，农技上加强对灾害发生前进行御灾，发生时进行抗灾，发生后进行减灾相应对措施，为东北粮食生产保驾护航。

参考文献

[1] 苗正红. 吉林省生态资产遥感定量评估［D］. 长春：东北师范大学，2010.

[2] 钱正英. 东北地区有关水土资源配置、生态与环境保护和可持续发展的若干战略问题研究［M］. 北京：科学出版社，2007：1-8.

[3] 赵文媛，刘旭. 我国东北地区玉米育种方向探讨［J］. 中国种业，2013（6）：12-13，14.

[4] 国家统计局. 2019 中国统计年鉴［M］. 北京：中国统计出版社，2020.

[5] 唐华俊，周清波，杨鹏，等. 全球变化背景下农作物空间格局动态变化［M］. 北京：科学出版社，2014.

[6] 黑龙江省统计局，2018 黑龙江统计年鉴［M］. 中国统计出版社，2019.

[7] 乔雨，闫佰忠，梁秀娟，等. 黑龙江省降水混沌识别及空间分布研究［J］. 水文，2015（3）：64-68.

[8] 王莹，徐永清，李永生. 黑龙江省冬半年寒潮变化的气候特征［J］. 黑龙江气象，2012（3）：1-3.

[9] 姜虹，孙伟嘉. 黑龙江省土地资源现状及合理利用的建议［J］. 黑龙江八一农垦大学学报，2009（2）：106-108.

[10] 王睿. 黑龙江省水土流失问题和综合治理的探讨［J］. 科技致富向导，2013（3）：1.

[11] 孙香玉. 农业保险补贴的福利研究及参保方式的选择——对新疆、黑龙江与江苏农户的实证分析［D］. 南京：南京农业大学，2008.

[12] 刘祥柏. 世界港口与航线［M］. 北京：北京交通大学出版社，2010.

[13] 许淑娜. 基于 comGIS 的吉林水质管理信息系统构建研究 [D]. 哈尔滨：东北师范大学，2007.

[14] 张大伟. 近 50 年吉林省干湿指数时空分布特征分析 [D]. 哈尔滨：东北师范大学，2011.

[15] 吉林省统计局. 2019 吉林省统计年鉴 [M]. 北京：中国统计出版社，2020.

[16] 赵国忱，杨宏堂. 1990—2015 年吉林省土地覆被遥感动态监测 [J]. 测绘与空间地理信息，2018 (12)：1-3，14.

[17] 刘英. 吉林省农业资源可持续利用评价及对策 [D]. 长春：吉林农业大学，2007.

[18] 卞玉梅. 浅析辽宁省矿山水文地质环境管理中的污染 [J]. 世界有色金属，2019 (11)：247，250.

[19] 辽宁省统计局. 2019 辽宁省统计年鉴 [M]. 北京：中国统计出版社，2020.

[20] 张冰华. 辽宁省农产品物流体系现状分析 [J]. 中小企业管理与科技，2016 (34)：65-66.

[21] 黑龙江土地管理局. 黑龙江土壤 [M]. 北京：农业出版社，1992.

[22] 窦森，郭聃. 吉林省土壤类型分布与黑土地保护 [J]. 吉林农业大学学报，2018，4：449-456.

[23] 薛松. 东北林区主要树种多样性分布及环境空间异质性研究 [D]. 延吉市：延边大学，2017.

[24] 赵秀兰. 近 50 年中国东北地区气候变化对农业的影响 [J]. 东北农业大学学报，2010，41 (9)：144-149.

[25] 孙倩倩，刘晶淼. 基于聚类分析的中国东北地区气温和降水时空变化特征 [J]. 气象与环境学报，2014 (3)：59-65.

[26] 赵俊芳，杨晓光，刘志娟. 气候变暖对东北 3 省春玉米严重低温冷害及种植布局的影响 [J]. 生态学报，2009，12：6 544- 6 551.

[27] 刘志娟，杨晓光，王文峰，等. 全球气候变暖对中国种植制度可能影响 Ⅳ：未来气候变暖对东北 3 省春玉米种植北界的可能影响 [J]. 中国农业科学，2010，43 (11)：2 280- 2 291.

[28] 杨晓光，刘志娟，陈阜. 全球气候变暖对中国种植制度可能影响 Ⅰ. 气候变暖对中国种植制度北界和粮食产量可能影响的分析 [J]. 中国农业科学，2010，43 (2)：329-336.

[29] 雷光宇. 黑龙江省近 44 年来气候时空变化趋势及其对玉米生产的影

响［D］. 哈尔滨：东北农业大学，2016.
［30］ 周丽静. 气候变暖对黑龙江省水稻、玉米生产影响的研究［D］. 哈尔滨：东北农业大学，2009.
［31］ 佟蔚. 中国旅游地理［M］. 武汉：武汉大学出版社，2013.
［32］ 王宗明，张柏，张树清. 吉林省生态系统服务价值变化研究［J］. 自然资源学报，2004（1）：55-61.
［33］ 于婷婷. 吉林省玉米加工业的发展与布局优化［D］. 长春：东北师范大学，2010.
［34］ 陈英. 吉林省旅游气候舒适性评价［D］. 长春：东北师范大学，2009.
［35］ 汪凯庆. 辽宁省降水化学时空特征及影响降水酸碱性的气团来源分类［D］. 济南：山东师范大学，2011.
［36］ 陈晓颖，鲁小波，王梓，等. 基于地脉文化的辽宁旅游形象体系研究［J］. 河北旅游职业学院学报，2017（1）：24-30.
［37］ 罗娜. 辽宁省水资源生态足迹动态变化与时间序列预测分析研究［D］. 大连：辽宁师范大学，2012.
［38］ 徐世艳. 吉林省玉米生产比较优势与市场竞争力研究［D］. 北京：中国农业大学，2004.
［39］ 李强. 2013年中美玉米播种面积及影响［J］. 黑龙江粮食，2013，2013（7）：31-33.
［40］ 辽宁省科学技术协会. 玉米高产栽培与加工新技术［M］. 沈阳：辽宁科学技术出版社，2007.
［41］ 仇焕广，张世煌，杨军，等. 中国玉米产业的发展趋势、面临的挑战与政策建议［J］. 中国农业科技导报，2013，01：20-24.
［42］ 何丽媛. 2014年中国玉米市场回顾及2015年展望［J］. 中国畜牧杂志，2015，2：62-66.
［43］ 农永健. 极端气候变化对农业经济产出的影响［J］. 地球，2016（11）：413-414.
［44］ 中国绿化基金会. 林业应对气候变化之公众参与：幸福家园西部绿化行动［M］北京：中国轻工业出版社，2011.
［45］ MASSON-DELMOTTE，V.，P. ZHAI，H.-O. PöRTNER，et al. IPCC，2018：Summary for Policymakers. In：Global Warming of 1.5℃. An IPCC Special Report on the impacts of global warming of 1.5℃ above pre-industrial levels and related global greenhouse gas emission pathways，in the context of

strengthening the global response to the threat of climate change, sustainable development, and efforts to eradicate poverty. World Meteoro*log*ical Organization, Geneva, Switzerland, 32 pp.

[46] Bellon M R, Hodson D, Hellin J,. Assessing the vulnerability of traditional maize seed systems in Mexico to climate change J. Proceedings of the Nationa/ Academy of Sciences of the United States of America, 2011, 108: 13 432-13 437.

[47] 吴海燕，孙甜田，范作伟，等. 2014. 东北地区主要粮食作物对气候变化的响应及其产量效应［J］. 农业资源与环境学报，31（4）：299-307.

[48] 王石立，庄立伟，王馥棠. 近 20 年气候变暖对东北农业生产水热条件影响的研究［J］. 应用气象学报，2003，14（2）：152-164.

[49] 赵春雨，任国玉，张运福，等. 近 50 年东北地区的气候变化事实检测分析［J］. 干旱区资源与环境，2009（7）：25-30.

[50] 贺伟，布仁仓，熊在平，等. 1961—2005 年东北地区气温和降水变化趋势［J］. 生态学报，2013，3（2）：519-531.

[51] 潘根兴，高民，胡国华，等. 应对气候变化对未来中国农业生产影响的问题和挑战［J］. 农业环境科学学报，2011，9：1 707- 1 712.

[52] 何永坤，郭建平. 1961—2006 年东北地区农业气候资源变化特征［J］. 自然资源学报，2011，7：1 199- 1 208.

[53] 屈振江. 陕西农作物生育期热量资源对气候变化的响应研究［J］. 干旱区资源与环境，2010，1：75-79.

[54] 杨林菲. 气候变化对我国农业生产的影响及应对措施［J］. 中国农业信息，2016（2）：29，32.

[55] 丁一汇. 气候变化 40 问［M］. 北京：气象出版社，2008.

[56] 丁一汇，任国玉，赵宗慈. 中国气候变化的检测及预估［J］. 沙漠与绿洲气象，2007，3（2）：63-73.

[57] 任国玉，初子莹，周雅清. 中国气温变化研究最新进展［J］. 气候与环境研究. 2005，10（4）：701-716.

[58] 孙凤华，杨修群，路爽，等. 东北地区平均、最高、最低气温时空变化特征及对比分析［J］. 气象科学. 2006，26（2）：157-162.

[59] 孙凤华，杨素英，陈鹏狮. 东北地区近 44 年的气候暖干化趋势分析及可能影响［J］. 生态学杂志，2005，24（7）：751-755.

[60] 杨镇，才卓，景希强，等. 东北玉米［M］. 北京：中国农业出版

社，2007.
[61] 王树廷. 关于日平均气温稳定通过各级界限温度初终日期的统计方法[J]. 气象，1982（6）：29-30.
[62] 贾建英，郭建平. 东北地区近46年玉米气候资源变化研究[J]. 中国农业气象，2009，30（3）：302-307.
[63] 梁宏，王培娟，章建成，等. 1960—2011年东北地区热量资源时空变化特征[J]. 自然资源学报2014，29（3）：466-479.
[64] 赵俊芳，穆佳，郭建平. 近50年东北地区≥10℃农业热量资源对气候变化的响应[J]. 自然灾害学报，2015，24（3）：190-198.
[65] 冶明珠，郭建平，袁彬，等. 气候变化背景下东北地区热量资源及玉米温度适宜度[J]. 应用生态学报，2012，23（10）：2 786- 2 794.
[66] 陈长青，类成霞，王春春，等. 气候变暖下东北地区春玉米生产潜力变化分析[J]. 地理科学，2011，31（10）1 272- 1 279.
[67] 谢立勇，李艳，林森. 2011. 东北地区农业及环境对气候变化的响应与应对措施[J]. 中国生态农业学报，2019（1）：197-201.
[68] 纪瑞鹏. 干旱对东北春玉米生长发育和产量的影响[J]. 应用生态学报，2012，11：3 021- 3 026.
[69] 李邦东，赵中军，舒黎忠，等. 1961—2010年东北地区降水时间时空均匀性研究[J]. 气象与环境学报，2014，3：52-58.
[70] 姜晓艳，刘树华，马明敏，等. 东北地区近百年降水时间序列变化规律的小波分析[J]. 地理研究，2009，28（2）：354-362.
[71] 王春春，黄山，邓艾兴，等. 2010东北雨养农区气候变暖趋势与春玉米产量变化的关系分析[J]. 玉米科学，2010，6：64-68.
[72] Chen C Qian C, Deng A, et al. 2012. Progressive and active adaptations of cropping system to climate change in Northeast Chinalj. European Journa of Agronomy, 38（8）: 94 103.
[73] 候依玲，许瀚卿，王涛，等. 未来东北地区农业气候资源的时空演变特征[J]. 气象科技，2019，1：154-162.
[74] Rosenzweig C, Hillel D. 1998. Climate change and the globalharvest: Potential impacts of the greenhouse effect on agri-culture. USA: Oxford University Press.
[75] Easterling WE, Aggarwal PK, Batima P, et al. 2007. Food, fi-bre and forest products//Climate Change 2007: Impacts, Adaptation and Vulnerability. Contribution of WorkingGroup II to the Fourth Assessment Report

of the Intergovern-mental Panel on Climate Change. Parry ML, Canziani OF, Palutik of JP, et al. Eds. Cambridge, UK: Cambridge Uni-versity Press.

[76] 方修琦，盛静芬. 从黑龙江省水稻种植面积的时空变化看人类对气候变化影响的适应 [J]. 自然资源学报，2000，15（3）：213-217.

[77] 郝志新，郑景云，陶向新. 气候增暖背景下的冬小麦种植北界研究-以辽宁省为例 [J]. 地理科学进展，2001，20（3）：254-261.

[78] 云雅如，方修琦，王丽岩，等. 我国作物种植界线对气候变暖的适应性响应 [J]. 作物杂志，2007，（3）：20-23.

[79] 章秀福，王丹英. 我国稻—麦两熟种植制度的创新与发展 [J]. 中国稻米，2003，2：3-5.

[80] Woodward FI. 1987. Climate and Plant Distribution. Cam-bridge: Cambridge University Press.

[81] Fang JY, Song YC, Liu HY, et al. Vegetation-climaterelationship and its application in the division of vegetationzone in China. Acta Botanica Sinica, 2002, 44: 1 105- 1 122.

[82] 何奇瑾，周广胜. 我国夏玉米潜在种植分布区的气候适宜性研究 [J]. 地理学报，2011，66（11）：1 443- 1 450.

[83] 王培娟，梁宏，李祎君，等. 气候变暖对东北 3 省春玉米发育期及种植布局的影响 [J]. 资源科学，2011，3（10）：1 976- 1 983.

[84] 王培娟，韩丽娟，周广胜，等. 气候变暖对东北 3 省春玉米布局的可能影响及其应对策略 [J]. 自然资源学，2015，8：1 343- 1355.

[85] Lobell D, B Fickd C B, 2007. Global scale climate-crop yield relationships and the impacts of recent warming Environ. Res. Lett. 2007, 2（1）：014002.

[86] 李正国，杨鹏，唐华俊，等. 气候变化背景下东北 3 省主要作物典型物候期变化趋势分析 [J]. 中国农业科学，2011，44（20）：4 180-4189.

[87] 谭杰扬，李正国，杨鹏，等. 基于作物空间分配模型的东北 3 省春玉米时空分布特征 [J]. 地理学报，2014，69（3）：353-364.

[88] 周立威. 黑龙江省玉米低温冷害时空特征及其对玉米产量的影响 [D]. 哈尔滨：东北农业大学，2017.

[89] 王培娟，梁宏，李祎君，等. 气候变暖对东北 3 省春玉米发育期及种植布局的影响 [J]. 资源科学，2011，33（10）：1 976- 1 983.

[90] 周文魁. 气候变化对中国粮食生产的影响及应对策略 [D]. 南京：南京农业大学，2012.

[91] 陈明，寇雯红，李玉环，等. 气候变化对东北地区玉米生产潜力的影响与调控措施模拟—以吉林省为例 [J]. 应用生态学报，2017，28 (3)：821-828.

[92] 刘颖杰，林而达. 气候变暖对中国不同地区农业的影响 [J]. 气候变化研究进展，2007，3 (4)：229-233.

[93] 王玉莹，张正斌，杨引福，等. 2002—2009 年东北早熟春玉米生育期及产量变化 [J]. 中国农业科学，2012，45 (24)：4 959- 4 966.

[94] 马树庆，王琪，罗新兰. 基于分期播种的气候变化对东北地区玉米 (Zea mavs) 生长发育和产量的影响 [J]. 生态学报，2008，28 (5)：2 131- 2 139.

[95] 纪瑞野，张玉书，姜丽霞，等. 气候变化对东北地区玉米生产的影响 [J]. 地理研究，2012，31 (2)：290-29.

[96] 房世波，韩国军，张新时，等. 气候变化对农业生产的影响及其适应 [J]. 气象科技进展，2011，1 (2)：15-19.

[97] 吕硕，杨晓光，赵锦，等. 气候变化和品种更替对东北地区春玉米产量潜力的影响 [J]. 农业工程学报，2013，29 (18)：179-190.

[98] Meng Q. Hou P Lobell D B, et al,. The benefits of recent warming for maize production in high latitude China J. (imatic Change. 2011, 122 (1-2)：311-36.

[99] 孙玉亭，王书裕，杨永岐. 东北地区作物冷害研究 [J]. 气象学报，1983，41 (3)：5 967.

[100] 苏俊. 黑龙江玉米 [M]，北京：中国农业出版社，2011.

[101] 张斌. 浅谈农业气象灾害及防灾减灾对策 [J]. 科技情报开发与经济，2008 (13)：102-104.

[102] 李岩. 地球全景脉动 [M]. 武汉：武汉大学出版社，2013.

[103] 刘利生. 气象知识 [M]. 西安：陕西科学技术出版社，2008.

[104] 杨晓光，李茂松，霍治国. 农业气象灾害及其减灾技术 [M]. 北京：化学工业出版社，2010.

[105] 姚玉璧，张存杰，邓振镛，等. 气象、农业干旱指标综述 [J]. 干旱地区农业研究，2017 (1)：185-189.

[106] 董秋婷，李茂松，刘江，等. 近 50 年东北地区春玉米干旱的时空演变特征 [J]. 自然灾害学报，2011，4：52-59.

[107] 张淑杰，张玉书，陈鹏狮，等. 东北地区湿润指数及其干湿界线的变化特征 [J]. 干旱地区农业研究，2011，3：226-232.
[108] 高晓容，王春乙，张继权. 东北玉米低温冷害时空分布与多时间尺度变化规律分析 [J]. 灾害学，2012，27（4）：65-70.
[109] 王燚. 5-氨基乙酰丙酸（ALA）缓解玉米早春低温胁迫生理机制 [D]. 哈尔滨：东北农业大学，2019.
[110] 秦续娟. 东北北部黑土坡耕地涝渍成因研究 [D]. 重庆：西南大学，2006.
[111] 邹鹏飞. 蕾铃期涝渍胁迫对盆栽棉花生长发育的影响 [D]. 武汉：华中农业大学，2016.
[112] 田礼欣. 涝渍胁迫对玉米农艺性状、生理特性及产量的影响 [D]. 哈尔滨：东北农业大学，2019.
[113] 邱法展. 玉米单倍体育种及苗期耐渍性研究 [D]. 武汉：华中农业大学，2007.
[114] 霍保安. 夏玉米防涝技术措施 [J]. 现代农村科技，2013（13）：11.
[115] 于录忠. 水改旱玉米栽培的特点及技术措施 [J]. 农民致富之友，2013（17）：55.
[116] 李志方. 气象灾害对绥阳水稻玉米生产影响分析 [J]. 科技与生活，2011（20）：147.
[117] 刘引鸽. 气象气候灾害及对策 [M]. 北京：中国环境科学出版社，2005.
[118] 陈清华，朱建强，刘章勇. 农田涝渍、田间排水与涝渍地利用研究进展 [J]. 长江大学学报（自然版），2011（9）：252-255.

第二章　东北地区主要农业气象灾害识别

第一节　干旱灾害

随着全球气候变暖，降水的地理模式发生改变，极端气候事件发生频率增加。干旱造成的危害也有增加的趋势，影响范围逐渐增大。由于东北地区特殊的水文环境，极易受到干旱胁迫的影响。据统计，从1949—2017年的东北3省播种面积和干旱成灾面积分析表明，干旱严重制约了农业的发展，每年的干旱受害面积占总播种面积的50%以上[1-2]。因此，正确的预警和识别干旱灾害，对于保证农业生产和保障粮食安全具有重要的意义。

但是，由于干旱灾害的频次高，范围广和随机性强等特点，对于干旱灾害的直接识别较为困难。而且，干旱灾害具有程度复杂性，即干旱不是干旱灾害的充要条件。短期和较轻程度的干旱在复水后会很快恢复，并不会对植株造成损伤，但是长期或重度的干旱会对植株造成不可逆的损伤，从而影响作物生长，降低作物产量。因此，一套系统且完善的干旱识别方法对于预警干旱灾害，保护农业生产具有重要的意义。根据东北地区的干旱灾害特征，现将其灾害识别方法总结为以下几点。

一、依据东北春玉米的形态特征进行识别

在发生干旱时，玉米最直观的表现为形态指标的变化，如叶片卷曲和植株矮小，严重且长时间的干旱可以造成植株的死亡。同时，处于不同时期的玉米遭受干旱胁迫时，其形态变化也不完全一致。若干旱发生在玉米播种前，种子没有充足的水分进行吸胀，这样种子就不会萌发。若干旱发生在播种后出苗前，这时对玉米的伤害是最大的，因为此时正处于种子的萌发期，种子萌发后没有充足的水分进行生长和破土出苗，会使幼芽干死从而造成缺苗和断垄。干旱会影响种子出苗，当种子出苗率80%以上，保苗率90%左右，苗齐、苗壮时，无旱情发生，当低于这个值，且幼苗卷起呈暗色，甚至青干或枯死时，为干旱。因此，当玉米在苗期发生干旱灾害时，玉米生长缓慢，叶片卷曲，叶色变浅，严重时失水萎

蔫。在出苗到拔节期间，苗长势好，叶片展开，挺拔，色泽浓绿时为不旱，当午后玉米叶片变软萎蔫甚至底部叶片枯死时，为干旱。另外，干旱会抑制和延缓生长，造成植株矮小和幼苗软弱。玉米在拔节到抽雄期间生长最为迅速，干旱会影响干物质的积累，主要表现为株高的降低。因此，当玉米叶色浓绿，植株挺拔健壮，生长旺盛时为不旱，当植株长势弱，茎秆细，白天叶片卷曲，夜间恢复时为干旱。另外，植株的水分会优先供给幼嫩的新叶，因此，在拔节期，若底部叶片出现变黄和干枯，则很有可能是缺水干旱造成的，应及时进行灌水。从玉米开始抽雄到吐丝期间，玉米的营养生长期过渡到生殖生长期，这个阶段若发生干旱灾害，会发生严重的减产。这个阶段最明显的标志是抽雄（雄穗抽出顶叶2cm）到吐丝（花丝露出苞叶2cm）之间的时间间隔，正常的间隔为1~3d，干旱会造成间隔延长，从而影响授粉，降低穗粒数，影响产量。另外，也有研究表明，干旱可造成雄穗减小，从而减少散粉量。从玉米抽雄到乳熟期，若植株健壮，叶色浓绿，抽雄抽穗快，且整齐无黄叶时为不旱，当叶色浅绿，多数叶片卷曲，不易恢复，底部叶片变黄时为干旱。玉米的乳熟期到完熟期为重要的生殖生长期，这个时期的干旱主要影响玉米籽粒，主要体现为千粒重的下降。当此时期发生干旱灾害时，玉米上半部叶片卷曲，下半部叶片枯黄，灌浆不充实，籽粒不饱满，穗苞叶变黄，果穗细小，秃尖，早衰。多数“低头”。另外，干旱可造成玉米早衰，主要体现为叶片提早干枯或所有生育期较正常提前而衰老。综上可得，鉴别玉米遭受干旱胁迫的方法有很多，不同时期有不同的形态鉴别法，对于预警干旱，及时灌溉补水具有重要的作用。

二、依据区域降水和玉米需水规律识别干旱灾害

发生干旱的原因有很多，它是多种因素的综合结果，包括自然因素和人为因素，但是自然因素中的天然降水占主要作用，天然降水制约着供水、灌溉、生活生产等用水事件，是干旱发生的根本因素。东北地区作为春玉米的主产区，玉米栽培技术较为成熟，因此，每年的播种日期，生育期和收获时期都是固定的，因此，特定生育时期的降水量可以反应干旱程度。不同生育时期的玉米需水量是不同的，满足其最少水分需求，可以避免干旱灾害的发生。有研究表明，在玉米特定的生育时期，降水量低于一定值则会发生干旱胁迫，通过对往年的降水量和玉米的需水规律分析，得出玉米各发育期的降水量干旱指标：出苗—拔节期为<112.8mm；拔节—抽雄期为<102.9mm；抽雄—乳熟期为<139.6mm；乳熟—成熟期为<32.2mm[3]。另外，也可以在关键生育期节点分析降水情况来判别干旱，如玉米的需水临界期（抽雄—吐丝期），该期前后长时间不降水则会造成干旱灾害。因此，把握好玉米各生育时期的需水特点，分析降雨情况，可以有效预测干

旱灾害，及时灌水。

三、依据土壤水分进行识别

土壤是植物获得水分的主要来源，根系是玉米吸收水分最重要的器官，因此，土壤含水量可以准确的表明植物是否遭受干旱胁迫。东北地区的土壤类型有许多种，主要有黑土、黑钙土、草甸土和白浆土等类型。同一类型土壤的储水能力基本一致，因此，可通过评估土壤的含水率来反映植物是否遭受了干旱胁迫。有研究表明，当土壤相对含水率达到60%以上时，玉米生长水分充足；当土壤相对含水率在50%~60%时，干旱等级为轻旱；当土壤相对含水率在40%~50%时，干旱等级为中旱；当土壤相对含水率在30%~40%时，干旱等级为重旱；当土壤相对含水率小于30%时，干旱等级为特旱。因此，了解土壤墒情，可以更直观的分析出玉米所处的水分状态，保护农业生产。

四、地域性季节规律性干旱分析

研究表明，东北地区近55年来异常气象频繁，干旱灾害整体呈现增加的趋势，干旱的程度也越来越重。从整体上看，随着时间增加，干旱范围增大，干旱区域由西部向东部渗透。东北3个省在作物生长季均有不同程度，不同频次的干旱灾害发生。东北地区降水具有从东南向西北递减的空间分布特点。因此，东部地区降水较为充足，干旱灾害发生的频率和程度较低；中部地区常有旱情发生，但干旱程度较弱；西部地区干旱较重，且旱情较为明显，尤其是吉林省和辽宁省西部地区。同时，以5月、8月、11月和翌年2月分别代表春季、夏季、秋季和冬季，分析其发生干旱的频率，得出东北地区季节干旱发生频率空间分布，结果表明，春季发生极旱主要分布在辽宁省西部、黑龙江省西部和东部，吉林省几乎无极旱发生；夏秋两季极旱灾害胁迫严重，发生频次高，范围广且主要集中在黑龙江省中部和西部、吉林省西部地区；冬季极旱只发生在黑龙江省中部。在重旱发生方面，春夏两季易发生重旱灾害，秋冬两季发生重旱的情况较少，主要集中在吉林省和辽宁省西部地区。在中旱发生方面，在春夏两季发生中旱的频次较高，且主要发生在黑龙江省，秋冬两季发生频次较低，且主要发生在东北3个省的西南区域。同样，降水也具有季节性差异，按照春季（3-5月），夏季（6-8月），秋季（9-11月），冬季（12-翌年2月），通过分析四季的降水判定东北地区在不同季节纬度下发生干旱灾害的可能性发现，春季极旱发生频率为1.37%~1.77%，重旱发生频率为5.11%~5.56%，而中旱发生频率为10.32%~11.28%；夏季极旱发生频率约为1.7%，重旱发生频率为5.51%~5.99%，而中旱发生频率为10.47%~11.07%；秋季极旱发生频率为1.21%~1.68%，重旱发生频率为

5.66%~5.87%，而中旱发生频率为 10.47%~10.62%；冬季极旱发生频率约为 1.83%，重旱发生频率为 3.21%~5.62%，而中旱发生频率为 10.49%~14%[4]。因此，根据所处区域和时间，可以有效评估和预测干旱灾害的发生。

如今，风险管理是农业干旱灾害管理的必然趋势和有效途径，而农业干旱的识别是农业干旱灾害风险管理的基础，它是以作物不同生育阶段为切入点，从作物播种到成熟期间监测作物发生干旱的可能性，以便对作物干旱实施先兆预报。据统计，在我国 7 个子区域干旱灾害的损失情况当中，东北综合损失率多年的平均值是最大的，为 9.6%，表明干旱灾害对东北农业生产的影响是最大的[5]。因此，正确地识别干旱灾害并采取适宜的栽培灌溉措施，对保护农业生产具有重要的意义。

第二节　低温冷害

低温冷害会影响玉米生长周期的营养阶段和生殖阶段。在生殖发育过程中，低温冷害会导致花粉脱落，花粉不育，花粉管畸变，胚珠败育和果实减少，最终降低产量。低温带来的植株变化严重程度取决于低温冷害的强度和持续时间。把造成减产 5%~10%的定义为一般冷害，减产 10%以上为严重冷害。

一、玉米冷害发生的农艺性状识别

东北地区玉米冷害主要发生在苗期和生育中后期。播种至出苗，冷害发生种子不能发芽，出苗延迟，“粉种”、缺苗断垄出现，玉米黑穗病孢子侵染机会增加。当温度低于 5℃时，严重抑制玉米种子发芽；大于 6℃时开始发芽；低于 17.5℃时，种子的发芽势、发芽率和种子活力均显著受到抑制；在 20~25℃时，种子的发芽势、发芽率和种子活力较低；在 25~35℃时，种子的各项萌发指标均较高。苗期至拔节期，遭遇冷害，叶片发生慢，长势弱，产量变化不大的为短时间一般冷害，地上部和地下部根系生长受阻，叶片不能进行光合作用，导致叶片的叶绿素含量下降，叶片减少，产量降低表现为中重度冷害。抽雄至成熟期，低温影响玉米籽粒灌浆速度，导致灌浆速度减慢，还影响乳熟末期、蜡熟初期的种子含水量，温度越低，玉米籽粒脱水越慢；低温延迟玉米后期生育，生育期长的中晚熟品种延迟最多可达 14d；中熟品种延迟天数可达 8d。株高、叶龄、百粒重受低温影响，随低温强度增加而显著；6℃、10℃低温处理的幼苗株高分别比自然温度降低 11.89cm 和 11.19cm；6℃的叶龄减少了 1.13 个，10℃叶龄减少了 0.96 个；株重变化最明显，6℃、10℃低温处理的鲜重分别比对照减少了 61%和 56%；干重减少 64%和 60%；百粒重分别比对照下降 9%和 3.6%。

二、玉米冷害发生的生育期识别

李袆君[6]针对吉林玉米不同生育阶段低温冷害研究，提出主导指标、辅助指标和参考指标3部分组成的低温冷害综合。主导指标是长春站1961—2002年平均出苗至平均七叶期、平均七叶至平均抽雄期、平均抽雄至平均成熟期大于等于10℃积温负距平，辅助指标由前、中、后3个时段逐日负积温累积指数（TSP）和各个发育时段的延迟日数构成，产量损失作为低温冷害综合指标的一个参考指标，见表2-1。

表2-1　不同生育时段玉米低温冷害综合指标

综合指标	时期	一般低温冷害	严重低温冷害
主导指标	前期	积温负距平大于-50℃，小于-20℃	积温负距平小于-45℃
	中期	积温负距平大于-50℃，小于-20℃	积温负距平小于-50℃
	后期	积温负距平大于-60℃，小于-20℃	积温负距平小于-60℃
辅助指标	前期	发育延迟天数3~5d	发育延迟5d以上
	中期	发育延迟天数3~5d	发育延迟5d以上
	后期	发育延迟天数4~6d	发育延迟6d以上
参考指标	后期	减少大于5%，小于15%	产量减少大于15%

王石立等[7]根据玉米抽雄期的延迟天数统计分析资料，以20%概率对应的抽雄期距平值作为判断延迟型冷害的标准，确定低温冷害的不同等级。利用12个站点的抽雄期距平值的平均值作为地区指标划分为5个类别。抽雄期距平为<-3定义为特暖年；抽雄期距平为-3~1定义为暖年；抽雄期距平为-1~1定义为正常年；抽雄期距平为1~4定义为轻冷害年、抽雄期距平为≥4定义为重冷害年。尽管这种指标与发育期相结合，但只能判断抽雄期的延迟天数，即发育期距平指标主要针对的是生殖生长阶段，缺少对于前后时期低温冷害发生情况的综合分析，因此，得出的低温冷害年与实际情况有一定的差异。

三、玉米冷害发生的生长季积温识别

玉米是喜温作物，生物学下限温度是10℃，最适温度是20~24℃。玉米从播种至生理成熟的积温与其产量呈线性增加，每100℃日积温对产量贡献呈抛物线增加。5—9月平均气温上升1℃，晚熟玉米品种单产可增加10%以上。活动积温在2 900~3 000℃/d的东北玉米带中部，玉米主要生长发育期内平均气温降低0.7℃，或≥10℃活动积温较常年减少100℃/d左右，在选择中晚熟或晚熟玉米品种情况下，玉米成熟期将延迟7天左右，生物量和产量要减少8%左右，即发生一般低温冷害；气温下降1℃，或积温减少140℃/d，生育期延迟10d左右，减产10%以上，发生严重低温冷害。马树庆等[8]认为，对于玉米中晚熟品种，生长季内≥10℃积温比玉米所需的积温指标少60~70℃/d为一般冷害指标，少70℃/d以上为严重低温冷害指标。潘铁夫等将玉米生育期的总积温距平小于100℃的年份定义为一般冷害年，总积温距平小于200℃的年份定义为严重冷害年。用5—9月平均气温之和的距平值作为玉米延迟型冷害指标。研究表明，5—9月平均气温之和低于常年2~3℃，会导致粮豆作物减产5%~15%，发生一般性冷害；距平达到3~4℃，则会产生严重低温冷害，减产15%以上。

第三节　涝渍灾害

一、东北地区发生洪涝灾害的时序性识别

农业洪涝灾害可分为湿害、涝灾、洪灾，三者密不可分[9]。洪涝不仅与气象条件有关，自然环境、作物生育期以及防洪设施等也是其形成的重要因素。由暴雨或持续性暴雨引发的洪涝造成江河洪水泛滥，淹没或冲毁农田，造成作物减产甚至绝收[10]。严重的时候会冲毁房屋甚至造成人员伤亡，其危害往往比旱灾大。黑龙江省近2年有效灌溉面积占总播种面积的44%，全省大部耕地靠自然降水耕作。因此，黑龙江省农作物生长季降水量的多少对产量增减起着重要作用。黑龙江省年降水量集中在夏季，雨季来临，降水量增多，洪涝灾害时有发生，是影响粮食产量的关键农业气象灾害。据1998—2017年黑龙江省洪涝灾害发生面积资料统计（表2-2），历年平均受灾面积为0.63×10^6hm^2，成灾面积为0.36×10^6hm^2，绝收面积为0.15×10^6hm^2。1998年和2013年是黑龙江省近30年以来最严重的洪涝灾害年，受灾面积分别达2.43×10^6hm^{2}和2.65×10^6hm^2，主要洪涝区发生在嫩江流域、黑河流域。从1974—2016年黑龙江省洪涝受灾比时间序列（图2-1）可知，近40年，黑龙江省洪涝灾害的发生具有明显的阶段性。逐年洪涝受灾比趋势线呈下降趋势。发生洪涝灾害严重的几个典型年（1988年、1998年、2013年），其年受灾比也达到高峰值，同年降水量也相对较大。整体来看，1974—2016年可以大致分为3个时段，其中，第一阶段为1974—1980年，是洪涝灾害的稳定期，此时期受灾比数值均很小，受灾较小，说明期间洪涝灾害对作物的影响不大。第二阶段为1981—1998年，此时期洪涝灾害发生较为剧烈，受灾面积较大，尤其是20世纪90年代后期，大概每2~3年有1次较大洪涝灾害发生，期间对农作物影响较大，受灾较为严重。第三阶段是21世纪初期（1999—2016年），相对第二阶段，洪涝面积又呈减少趋势，严重程度不如前一

阶段剧烈，但每隔几年，仍有一次较大的洪涝灾害发生，至2013年洪涝灾害面积达到近10年的高峰值。

表2-2　1998—2017年黑龙江省洪涝灾害的发生面积　（单位：10^4hm^2）

年份	洪涝灾害		
	受灾	成灾	绝收
1998	242.9	160.6	93.7
1999	14.2	8.3	1.7
2000	3.0	2.0	1.0
2001	15.5	11.5	1.3
2002	40.5	28.4	11.5
2003	13.5	10.2	3.3
2004	15.0	7.9	1.5
2005	131.4	43.4	5.0
2006	112.2	75.3	28.1
2007	6.9	2.0	–
2008	15.9	5.3	0.7
2009	157	80	22
2010	22.1	12.5	4.3
2011	23.4	6.9	1.1
2012	35	0.2	3.3
2013	265.4	185	81.5
2014	51.3	26.9	6.9
2015	48.2	32	4
2016	28.4	6.5	0.9
2017	18.8	9.6	–

二、东北地区发生洪涝灾害的地理性识别

依据洪涝出现频次划定的洪涝灾害风险，黑龙江省主要的涝区分布于：齐齐哈尔北部的讷河和克山；黑河南部的北安；绥化北部的庆安和海伦；哈尔滨东部的巴彦、通河和延寿；牡丹江市辖区附近；三江平原东部的抚远和饶河；伊春以北的乌伊岭地区；大兴安岭北部的塔河与漠河。其中，主涝中心位于双鸭山的饶河、大兴安岭的塔河、三江平原北部的海伦以及哈尔滨的延寿、巴彦和通河等地。

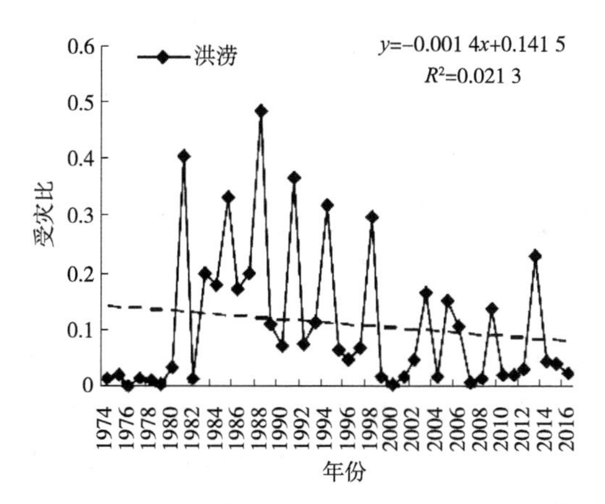

图 2-1　黑龙江省 1974—2016 年洪涝受灾比时间序列

（杨传苹和刘宝慧，2014）[11]

三、东北地区发生洪涝灾害的季节性识别

对于洪涝灾害的指标，可根据不同季节的降水分布特征来分别确定春、夏、秋各季节的洪涝指标和出现的频率。

（一）春涝

春涝指春季 4—5 月降水量过多或桃花水而形成的春季内涝现象，影响春耕生产，农作物因春播晚致使作物生育期拖后，遭秋霜危害而减产歉收。春涝指标：4 月降水量 R>40%蒸散量或前一年 10 月降水量 R>32. 0mm；当年 4—5 月降水量 R>90. 0mm 为春涝指标。表 2-3 是以黑龙江省嫩江本站为例，统计 1981—2010 年 30 年的气象资料，对春涝进行分析，按以上指标对春季的洪涝年份统计结果。从表 2-3 中可以看出：春涝按以上 4 个指标来分析，1981—2010 年 30 年中出现春涝的次数为 10 次，出现频率为 33%；按 4 月 R>40%E 来分析春涝出现 7 次，频率为 23%；按上年 10 月 R>32. 0mm 来分析，春涝出现 4 次，频率为 13%；按 4 月 R>90. 0mm，没有出现；按 5 月 R>90. 0mm，出现 1 次，频率为 3%；符合上述条件之一，即可认为嫩江县春涝发生，那么出现春涝的次数为 10 次。

（二）夏涝

夏涝是夏季 6—8 月洪涝主要由于暴雨和强降水造成的。降水过多，造成江河水位猛涨，山洪暴发、冲、淹农田，人民生命财产受到损失。6—8 月降水量 R>430. 0mm，为夏涝指标，根据以上指标对嫩江夏涝的年份进行统计。1981—2010 年 30 年中有 3 年出现夏季降水量达 430mm 以上，出现夏涝，概率为 10%。

表 2-3　春季洪涝年份统计

春季洪涝	4 月 R>40%E	上半 10 月 R>32.0	4 月 R>90.0	5 月 R>90.0	符合前 3 个条件之一即为洪涝
洪涝次数	7	4	无	1	10
30 年出现频率	23%	13%	无	3%	33%

（杨传莘和刘宝慧，2014）[11]（4 月蒸散量 E=30.9mm）

（三）秋涝

秋涝主要是因 8—9 月连续降大雨、暴雨而形成的，给麦收和大田作物成熟造成严重影响或绝产。8—9 月降水量 R>3 倍蒸散量或降水峰值月出现在 8 月，或 8 月降水量≥150mm，或 9 月降水量>89.0mm 为秋涝。1981—2010 年 8 月平均蒸散量 E=73.13mm，9 月平均蒸散量 E=76.79mm。从表 2-4 中可以看出，按秋涝的这 4 个标准来分析，嫩江县 1981—2010 年 30 年中出现秋涝的年份有 8 年，出现秋涝的频率为 27%。按 8 月降水 R>3E 来分析，出现秋涝的年份较少，为一年；9 月 R>3E 来分析，没有能达到秋涝的标准的，如果这个指标达到，那么将是罕见的严重秋涝；按 8 月降水量来分析有 3 年秋涝出现；按 9 月降水量来分析有 5 年秋涝。各标准只要有一个符合条件，就认为有秋涝发生，那么按这个标准分析出嫩江县秋涝 1981—2010 年 30 年中出现 8 次。

表 2-4　秋季洪涝年份统计

秋季洪涝	8 月 R>3E	9 月 R>3E	8 月 R>150mm	9 月 R>89mm	符合前 4 个条件之一即为洪涝
洪涝次数	1	无	3	5	8
30 年出现频率	3%	无	10%	17%	27%

（杨传莘和刘宝慧，2014）[11]

参考文献

[1] 郭鸿鹏. 东北粮食主产区“两型”农业生产体系构建研究［J］. 环境保护，2011（1）：33-35.

[2] 李蓉，辛景峰，杨永民. 1949—2017 年东北地区旱灾时空规律分析［J］. 水利水电技术，2019，50（S2）：1-6.

[3] 李筱杨，朱克云，范广洲，等. 吉林省春玉米生长期干旱指标研究［J］. 四川农业大学学报，2017，035（001）：1-9.

[4] 蔡思扬，左德鹏，徐宗学，等. 基于 SPEI 干旱指数的东北地区干旱时

空分布特征［J］. 南水北调与水利科技，2017（5）.
［5］ 韩兰英. 气候变暖背景下中国农业干旱灾害致灾因子、风险性特征及其影响机制研究［D］. 兰州大学，2016.
［6］ 李祎君，王春乙. 东北地区玉米低温冷害综合指标研究. 自然灾害学报，2007，16（6）：15-20.
［7］ 王石立，郭建平，马玉平. 从东北玉米冷害预测模型展望农业气象灾害预测技术的发展［J］. 气象与环境学报，2006，22（1）：45-50.
［8］ 马树庆，刘玉英，王琪. 玉米低温冷害动态评估和预测方法，应用生态学报，2006，17（10）：1 905- 1 910.
［9］ 卢丽萍，程丛兰，刘伟东，等. 30 年来我国农业气象灾害对农业生产的影响及其空间分布特征［J］. 生态环境学报. 2009，18（04）：1 573- 1 578.
［10］ 刘昕，秦铜. 中国农业气象灾害对作物产量的影响［J］. 农业与技术. 2020，40（12）：97-98.
［11］ 杨传苹，刘宝慧. 嫩江地区近三十年的洪涝灾害及其危害［J］. 林业勘查设计. 2014（2）：54-55.

第三章　主要农业气象灾害指标确定及其等级划分

第一节　干旱灾害指标确定及等级划分

在我国自然灾害的影响当中，干旱具有频次高、范围广和损失重的特点。随着气候变暖，我国干旱问题加剧，全国范围内的极端干旱事件都有增加的趋势，干旱灾害风险不断加剧[1]。我国农业以雨养为主，其直接受到气候变化的影响。因此，明确干旱指标和准确的干旱等级划分，有助于量化干旱灾害的危害，及时采取对应的栽培措施，保护农业生产。量化干旱灾害，需要用旱情指标来表示。旱情指标是用于研究和评定干旱情况的定量标准，目前有多达 100 多个不同的旱情指标[2]。经过分析和验证后，本文筛选出适合东北地区的几种干旱灾害指标和响应的等级划分。

一、土壤水分干旱等级（GBT20481—2006）

判定农业生产中干旱程度的最重要指标就是土壤相对含水率。土壤是作物吸收水分最重要最直接的来源，因此，土壤相对含水率能都最直接反映作物遭受的胁迫程度[3]。土壤相对含水率指土壤实际含水量与土壤田间持水量的比值，以百分率（%）表示，其计算公式为：

$$R(\%) = \frac{W}{f_c} \times 100$$

R——土壤相对含水率。单位为百分率（%）；

W——土壤重量含水率（土壤湿度），单位为克/克（g/g）；

f_c——土壤田间持水量。单位为克/克（g/g）。

土壤实际含水量（W）通常指土壤的重量含水率，是指单位重量土壤中的水分含量占土壤烘干后质量的百分比，以百分率（%）表示。其计算方法为：

$$W = \frac{W_1 - W_2}{W_2}$$

W——土壤重量含水率（土壤湿度），单位为克/克（g/g）；

W_1——原土重。单位为克（g）；

W_2——烘干土重。单位为克（g）。

田间持水量（Field moisture capacity）指的是在土壤正常条件下，土壤所能稳定维持的最高土壤含水率，它通常是一个参数，是土壤性质的体现[4]。田间持水量的形式上，包括吸湿水+膜状水+悬着毛管水。田间持水量的测定方法是需要先在自然状态下挖取土壤剖面，用环刀进行取土，然后对土样进行风干和去杂，之后对土壤进行浸泡和下渗，按照土壤重量含水率的方法计算田间持水量，可将土壤干旱划分为5个等级（表3-1）。

表3-1　根据土壤相对含水率划分干旱灾害

干旱等级	土壤相对含水率（%）
无旱	R>60
轻旱	50<R≤60
中旱	40<R≤50
重旱	30<R≤40
特旱	R≤30

二、降水距平百分率干旱等级（GBT20481—2017）

降水量距平百分率（PA）反映某一时段降水量与同期平均状态的离散程度，它能够通过降水对干旱灾害进行分级。它可以直观的反映某一特定时段的降水较往年平均量出现偏差，是判定是否干旱和涝渍的重要指标。其适用范围主要是半湿润和半干旱区，其计算公式为：

$$PA = \frac{P - \overline{P}}{\overline{P}} \times 100$$

PA——某时段降水量距平百分率。单位为（%）；

P——某时段降水量。单位为毫米（mm）；

$\overline{P}$——计算时段同期气候平均降水量。单位为毫米（mm）。

$$\overline{P} = \frac{1}{n}\sum_{i=1}^{n} Pi$$

n——一般取30，至30日（月或年）；

Pi——计算时段第i日（月或年）降水量。单位为毫米（mm）。

在不同的时间维度条件下，依据降水量距平百分率（PA）将干旱等级划分，如表3-2。

表 3-2　根据 PA 划分干旱灾害

干旱等级	降水量距平百分率（%）		
	月尺度	季尺度	年尺度
无旱	$-40<PA$	$-25<PA$	$-15<PA$
轻旱	$-60<PA\leqslant-40$	$-50<PA\leqslant-25$	$-30<PA\leqslant-15$
中旱	$-80<PA\leqslant-60$	$-70<PA\leqslant-50$	$-40<PA\leqslant-30$
重旱	$-95<PA\leqslant-80$	$-80<PA\leqslant-70$	$-45<PA\leqslant-40$
特旱	$PA\leqslant-95$	$PA\leqslant-80$	$PA\leqslant-45$

三、农业干旱灾害评估指标及等级标准（SL 663—2014）

农业干旱灾害评估包括 2 个指标：粮食因旱损失量和因旱损失率。粮食因旱损失指标评估农业干旱灾害时，其计算公式为：

$$W_{gl}=q\left[(A_1-A_2)\times20\%+(A_2-A_3)\times55\%+A_3\times90\%\right]$$

W_{gl}——评估区粮食因旱损失量。单位为吨（t）；

q——评估区正常年份的粮食平均单产量（评估年前 3 年且剔除严重水旱灾害等灾害年的单产平均值），单位为吨每公顷（t/hm^2）；

A1、A2、A3——评估区粮食作物因旱受灾面积、成灾面积和绝收面积。单位为吨每公顷（t/hm^2）。

粮食因旱损失率的计算公式为：

$$P_{gl}=\frac{W_{gl}}{W_{gt}}\times100$$

P_{gl}——评估区粮食因旱损失率。单位为（%）；

W_{gt}——评估区正常年份或夏（秋）粮的粮食总产量。单位为吨（t）。

农业干旱灾害等级划分标准，如表 3-3 所示。

表 3-3　农业干旱灾害等级划分标准

干旱等级	粮食因旱损失率 P_{gl}（%）			
	全国	省	市	县级行政区
轻度旱灾	$4.5\leqslant P_{gl}<6.0$	$10\leqslant P_{gl}<15$	$15\leqslant P_{gl}<20$	$20\leqslant P_{gl}<25$
中度旱灾	$6.0\leqslant P_{gl}<7.5$	$15\leqslant P_{gl}<20$	$20\leqslant P_{gl}<25$	$25\leqslant P_{gl}<30$
严重旱灾	$7.5\leqslant P_{gl}<9.0$	$20\leqslant P_{gl}<25$	$25\leqslant P_{gl}<30$	$30\leqslant P_{gl}<35$
特大旱灾	$9.0\leqslant P_{gl}$	$25\leqslant P_{gl}$	$30\leqslant P_{gl}$	$35\leqslant P_{gl}$

四、依据季节性降水天数进行干旱等级的划分

农业水源主要为气象降水，因此，干旱的主因通常是长期少雨造成的。依据

降水情况和经验分析，可将干旱分为 5 个等级[5]。分级如表 3-4 所示。

表 3-4　干旱的等级划分

干旱等级	连续无降雨天数（d）			特征
	春季	夏季	秋冬季	
无旱	-	-	-	降水正常，土壤湿润且有一定黏度，无旱象
轻旱	16~30	16~25	31~50	降水较往年平均偏少，土壤表层干燥，正午时叶片有轻微萎蔫
中旱	31~45	26~35	51~70	降水少于往年平均，土壤干燥板结或龟裂，地表植物叶片萎蔫，影响农作物生长
重旱	46~60	36~45	71~90	土壤出现较厚的干土层，植物生长缓慢，叶片萎蔫干枯，严重影响产量
特旱	61 天以上	46 天以上	91 天以上	土壤水分严重不足，农作物干枯死亡，造成严重减产甚至绝产

旱灾是影响中国农业生产最大的自然灾害，平均每年旱灾损失占自然灾害总损失的 55%以上[6]。如何定性且定量分析干旱对农业的影响，用科学的方法界定干旱灾害等级，对于农业的抗旱保产具有重要的意义。本节用土壤水分，降水距平百分率，粮食因旱损失率和季节性降水天数对干旱灾害进行等级划分，旨在为东北地区确立适宜的干旱指标，指导和保护农业生产。

第二节　低温冷害指标确定及等级划分

一、生长指标

（一）芽期鉴定方法

玉米芽期鉴定：当种子萌发后，选取 3~4cm 整齐幼芽 10 株，放到 0~2℃人工气候箱中处理 10d，然后缓慢升温至 10℃，维持 24h，再移到阳光下恢复生长 7d，根据存活率的高低，评定不同材料的抗冷等级。抗冷级别的划分如下。

1 级：全部芽成活，且芽鞘青绿，稍伸长；

2 级：死芽 30%以下，芽鞘轻微发黄；

3 级：死芽 30%~49%，芽鞘淡黄；

4 级：死芽 50%以上，芽鞘明显变黄；

5 级：芽鞘变褐；幼芽萎缩，全部死亡。

（二）存活指数法

将 3 叶 1 心玉米幼苗在生长箱 2~3℃处理 6d，记载叶片萎蔫状况，划分 5 个等级。

1级—叶片不萎蔫，接近青绿；

2级—叶片萎蔫较轻，发灰，恢复生长后绝大部分存活；

3级—叶片萎蔫轻，恢复生长植株存活50%左右；

4级—叶片萎蔫较重，叶片下垂似水烫伤，植株变小，存活率在20%左右；

5级—叶片萎蔫严重，组织变软，植株存活10%以下或全部死亡。

（三）幼苗期指标

（1）种子于湿润条件下置20℃ 3d，然后置2~3℃ 6d，最后移到20℃，观察发芽及出苗情况；

（2）种子发芽后，置昼夜温度8~14℃条件下观察种子发芽后出苗速率；昼夜温度10~14℃条件下，筛选对幼苗黄化的抗性；

（3）昼夜温度10~14℃条件下，测定幼苗茎叶的生长速率即幼苗的早期生长势。

二、代谢指标

植物的代谢包括物质和能量两个方面，酶可以调节和控制代谢的方向。代谢指标主要体现在光合、呼吸和酶活3个方面。

（一）光合能力

玉米幼苗生长在≤15℃温度下，其叶片变黄，叶绿素含量降低，光合速率降到很低[7]。经低温处理后，在光照条件下抗冷的品种转绿能力明显大于不抗冷品种。经喷施三十烷醇的玉米幼苗，低温处理后，无论是叶绿素含量、可溶性糖含量以及干物质均高于对照，抗冷性增强。由此说明，叶绿素含量、可溶性糖含量和干物质累积与叶片抗冷性有一定的关系。低温抑制叶绿素的合成，降低光合作用强度，使光合产物减少。低温处理后，光合作用维持在一定水平，是植物抗冷性提高所必需的。光合能力反映了植物体在低温下物质和能量的水平，但是其不足之处是缺乏定量的研究，只是处于定性阶段。

（二）呼吸作用

受过低温锻炼幼苗根系，在低温下呼吸稍有增加，没有经过低温锻炼的根系，在低温下呼吸猛烈升高，这种猛烈升高是新陈代谢破坏的标志。随低温胁迫时间的增加，种子的各呼吸代谢途径所占比例有所改变，PPP途径所占比例有所增加，TCA途径所占比例有所降低，而可溶性蛋白含量在后期下降幅度较小也是TCA途径所占比例有所下降的充分原因；而后期酶活性变化较小与种子对低温适应性有关。种子在遇到低温胁迫后自身的保护系统会立即作出反应，来保护种子不被伤害，但长期的低温胁迫降低了这种机制能够长期有效的进行的能力。呼吸作用是植物生命活动中极重要的机能，呼吸强度的大小反映了糖类物质的分解和能量消耗的多少，呼吸强度变弱，则糖类物质消耗少，则品种抗冻性强。

（三）酶的活力

植物体内含有许多参与生化反应的酶，这些酶受低温直接或间接的影响而发生活性变化，利用酶的活力作为植物耐冷性鉴定指标能推测到植物在低温下代谢功能的变化情况，以此探知植物耐冷性的一些实质性问题。

过氧化物酶同工酶。玉米幼苗低温处理后，其过氧化物酶同工酶的活性及酶谱发生明显变化，受冷害幼苗，迁移率较小的窄条谱区活性减弱，条带减少；而在迁移率较大的宽条谱区的活性增强并出现一个新的宽酶带。玉米的过氧化物酶同工酶带数、相对活性均因品种（品系）而异。无论在常温或低温下，抗冷性强的品种（品系）都比抗冷性弱的多出1~3条谱带。因此，可以利用过氧化物酶同工酶酶谱的变化，作为玉米幼苗受冷害的指标，又可以作为抗冷性鉴定的指标。

超氧化物歧化酶（SOD）。不同细胞器部分的SOD对低温的酶同工酶酶谱的变化敏感性是不同的，叶绿体和线粒体上SOD对低温较敏感，且对不同低温强度的反应有一定的规律性，尤其是叶绿体部分更为显著。因此，植物细胞中叶绿体的SOD对低温的敏感性可以作为植物耐寒性的生化指标之一。

不同品种植株SOD的活性对低温变化反应敏感性不同，且对不同低温强度的反应有一定的规律性，植物细胞中叶绿体的SOD对低温的敏感性，可以作为植物耐寒性的生化指标之一。

三、理化指标

植物细胞具有特有的物理和化学的特性，低温会引起不抗冷植物细胞物理、化学特性发生变化。

（一）电导法

生物膜相的改变，会引起代谢机能的失调，不利的外界条件会改变生物膜相，尤其温度条件。植物受到低温影响时，膜相改变，细胞的质膜法性增大，电解质会发生不同程度外渗，电导率增加，抗冷性较强的细胞或受害轻者透性增大的程度较小，且透性变化可以逆转，易于恢复正常。反之，抗冷性弱的细胞或受害者，透性增加，且不可逆转，不能恢复正常，造成伤害甚至死亡。因此，由于低温而产生的伤害，利用电导法测定，简便且较准确，对冻害或低于5℃的低温效果更好。自然条件下，玉米苗期的冷害多发生在高于5℃的低温。这样的冷害，利用电导法测定，在电解质外渗透方面没有明显变化。因此，直接用电导法测定玉米苗期冷害，就不能真实地反映出受害程度，如果在人为逆境下处理幼苗，再用电导法进行抗冷性鉴定，这样就会淘汰很多有价值的材料，因而可将电导法加以改进。据研究，受冷害玉米幼苗叶组织细胞，质膜虽有伤害，但透性尚无明显变化，一旦遇热逆境处理，透性将会明显增加，透性的大小，和原来冷害的程度有关，此种方法不仅可以作为鉴定冷害的指标，而且可以测定不同品种类型的临界温度。

（二）不饱和脂肪酸指数

玉米抽雄后10d，放入生长箱，在温度15~17℃下灌浆30d，测定鲜种子胚中的膜脂脂肪酸组分，计算不饱和脂肪酸指数（IUFA）：

IUFA =（18：1 克分子%+18：2 克分子%x2+3 克分子%x3）x100

灌浆速度与不饱和脂肪酸指数相关系数 r=0.79-0.89 *。在同一温度下，不饱和脂肪酸指数高的，膜相变温度低，则品种表现抗冷性强，灌浆速度快。

由于作物品种的抗冷性形成是遗传基因和环境因素长期互相作用的结果，所以，任何单一的指标，很难真正反映作物的抗冷性实质。应采取综合指标鉴定，按主要生育阶段（播种期、苗期和灌浆期）进行，以便能正确评价品种的抗冷性。

第三节　涝渍灾害指标确定及等级划分

在玉米的苗期、拔节期和抽雄期进行涝渍胁迫，根据玉米的株高、SPAD、干物质积累、Pn、POD、脯氨酸和抗折力等指标的减损率进行综合评价，将玉米的耐涝类型分为耐涝型、中间型和不耐型。从表 3-5 中可以看出，在苗期、株高等 7 个指标的减损率最高，而拔节期和抽雄期的 7 个指标减损率低于苗期。

表 3-5　东北地区春玉米涝渍胁迫各项指标验证分级方法及标准

胁迫时期	耐涝类型	级别	株高	SPAD	干物质积累	Pn	POD	脯氨酸	抗折力
苗期	耐涝型	Ⅰ	V≤10%	V≤15%	V≤15%	V≤10%	V≤10%	V≤20%	V≤15%
	中间型	Ⅱ	10%<V ≤15%	15%<V ≤35%	15%<V ≤25%	10%<V ≤15%	10%<V ≤25%	20%<V ≤50%	15%<V ≤25%
	不耐涝	Ⅲ	15%<V ≤20%	35%<V ≤60%	25%<V ≤35%	15%<V ≤20%	25%<V ≤40%	50%<V ≤90%	25%<V ≤35%

（续表）

胁迫时期	耐涝类型	级别	株高	SPAD	干物质积累	Pn	POD	脯氨酸	抗折力
拔节期	耐涝型	Ⅰ	V≤3%	V≤5%	V≤10%	V≤4%	V≤5%	V≤10%	V≤10%
	中间型	Ⅱ	3%<V≤8%	5%<V≤20%	10%<V≤15%	4%<V≤10%	5%<V≤15%	10%<V≤20%	10%<V≤15%
	不耐涝	Ⅲ	8%<V≤13%	20%<V≤30%	15%<V≤20%	10%<V≤15%	15%<V≤25%	20%<V≤40%	15%<V≤20%
抽雄期	耐涝型	Ⅰ	V≤1%	V≤2%	V≤5%	V≤2%	V≤2%	V≤5%	V≤5%
	中间型	Ⅱ	1%<V≤3%	2%<V≤5%	5%<V≤7%	2%<V≤4%	2%<V≤6%	5%<V≤9%	5%<V≤8%
	不耐涝	Ⅲ	3%<V≤5%	5%<V≤10%	7%<V≤9%	4%<V≤6%	6%<V≤8%	9%<V≤13%	8%<V≤11%

注：V 代表减损率

参考文献

［1］ 韩兰英. 气候变暖背景下中国农业干旱灾害致灾因子、风险性特征及其影响机制研究［D］. 兰州：兰州大学，2016.

［2］ 任启伟，李鑫华，尹小玲，等. 广东省干旱灾害识别及变化趋势［J］. 热带地理，2017（4）.

［3］ 鲍继骞，孟爱德，马晓群，等. 田间持水量测定方法试验［J］. 气象，1986（06）：33-34.

［4］ 文启凯. 土壤田间持水量室内测定方法介绍［J］. 新疆农垦科技，1988（4）.

［5］ 中文科技期刊数据库，干旱等级划分（该等级标准规范全国通用）［J］. 党的生活（青海），2013（5）：61-61.

［6］ 杨方. 基于农业灾情的农业旱灾等级划分研究［D］. 北京：中国农业科学院，2014.

［7］ 余肇福，作物冷害［M］. 北京：中国农业出版社，1994，77-80.

第四章　主要农业气象灾害时空分布特征

农业气象灾害主要是由气候不稳定及异常变化造成的。东北春玉米区地处寒温带、温带和暖温带，主要以温带大陆性气候为主，气候变化较大，农业生态环境比较脆弱，干旱、冷害、涝渍、风害、洪涝害等主要农业气象灾害常发易发，因其发生受某一地区某一年份的某一个时期的气候条件影响，因此，该区的主要农业气象灾害会表现出不同的时空分布特征。

气候变化对社会发展影响越来越多元，农业生产成为受气候变化影响最大的行业，所以，在气候逐渐变暖、生态系统逐渐破坏、自然资源逐渐短缺的情况下，异常的气候给中国农业发展带来了极大的影响。气候变化对中国农业的发展影响极大[1]。这些影响有正面的，也有负面的，对于负面的影响我们要适应，对于正面的影响我们要加以利用。在农业生产过程中，导致农业显著减产的不利天气的气候事件，除了气象要素本身的异常变化外，还与作物状况、土壤水分、栽培管理措施等有关。参照农业气象灾害指标，将未来天气气候和作物响应有机结合，对农作物是否受到危害、危害程度和范围进行预报，对缓解气象灾害带来的影响，具有重要的意义。对全国每年因自然灾害导致的损失统计表明，有70%以上灾害属于气象灾害及其衍生的灾害。2001—2018 年，我国每年受灾的耕地面积 1 847. 8 万～5 221. 5 万 hm^2（表 4-1），其中旱灾面积占自然灾害的37%～73. 7%，涝灾占 16. 1%～35. 2%，冷害占 2. 8%～46. 8%。东北地区的洪涝灾害、风雹灾害及低温冷害，在过去的 30 年间表现出先加重而后减轻的变化趋势；到 1996 年，农业气象灾害灾情总体上呈现减轻的趋势，但旱灾趋于加重。东北 3 省玉米主要农业气象灾害发生频率多年平均值排序，低温冷害 41. 0%>干旱灾害 39. 0%>洪涝灾害 38. 5%[2]。辽宁、吉林和黑龙江 3 省的综合损失率分别为 11. 0%～23. 0%、11. 0%～23. 2%和 8. 7%～18. 7%[3]。

表 4-1　近 20 年来中国自然灾害统计表　　（单位：千 hm^2）

年份	受灾面积	受灾面积				成灾面积	成灾面积			
		水灾	旱灾	风雹	冷冻		水灾	旱灾	风雹	冷冻
1999	49 980	9 020	30 156	3 590	6 626	26 734	5 071	16 614	2 037	2 690
2000	54 688	7 323	40 541	2 307	2 795	34 374	4 321	26 784	1 162	1 032

（续表）

年份	受灾面积	受灾面积				成灾面积	成灾面积			
		水灾	旱灾	风雹	冷冻		水灾	旱灾	风雹	冷冻
2001	52 215	6 042	38 472	3 627	2 978	31 793	3 614	23 698	2 056	1 777
2002	46 946	12 288	22 124	7 477	4 212	27 160	7 388	13 174	3 832	2 293
2003	54 506	19 208	24 852	4 791	4 483	32 516	12 289	14 470	2 928	2 110
2004	37 106	7 314	17 253	5 797	3 711	16 297	3 747	8 482	2 191	1 665
2005	38 818	10 932	16 028	2 977	4 428	19 966	6 047	8 479	1 635	1 838
2006	41 091	8 003	20 738	4 387	4 913	24 632	4 569	13 411	2 144	2 836
2007	48 992	10 463	29 386	2 986	4 072	25 064	5 105	16 170	1 415	1 509
2008	39 990	6 477	12 137	4 180	14 696	22 283	3 656	6 798	2 123	8 719
2009	47 214	7 613	29 259	5 493	3 673	21 234	3 162	13 197	2 944	1 446
2010	37 426	17 525	13 259	2 180	4 121	18 538	7 024	8 987	916	1 444
2011	32 471	6 863	16 304	3 309	4 447	12 441	2 840	6 599	1 348	1 291
2012	24 962	7 730	9 340	2 781	1 618	11 475	4 145	3 509	1 368	795
2013	31 350	8 757	14 100	3 387	2 320	14 303	4 859	5 852	1 682	885
2014	24 891	4 718	12 272	3 225	2 133	12 678	2 704	5 677	2 193	933
2015	21 770	5 620	10 610	2 918	900	12 380	3 327	5 863	1 825	474
2016	26 221	8 531	9 873	2 908	2 885	13 670	4 338	6 131	1 424	1 179
2017	18 478	5 415	9 875	2 268	525	9 201	3 022	4 444	1 238	312
2018	20 814	3 950	7 712	2 407	3 413	10 569	2 551	2 621	1 548	1 870

（数据来源中国统计年鉴）

农业气象灾害损失率在东北表现为低温冷害、风雹、洪涝、干旱由大到小的变化趋势[4]。一般3~5年出现一次低温冷害，其中，20世纪50—70年代低温冷害出现次数较多，造成东北大部分地区玉米单产和农作物产量分别下降超过10%和15%[5-7]。过去50年东北玉米冷害发生频率整体呈降低趋势，地区之间存明显差异。从中国统计年鉴数据分析（图4-1），2000年灾损严重，对粮食总产影响较大，呈明显下降趋势，粮食产量为5 323.5万t，而玉米产量为2 331.9万t，产量为近28年来最低，本年各类农业气象灾害受灾总面积为9 559万hm^2，成灾面积达到6 768万hm^2，其中，旱灾最重占自然灾害的97.1%。而东北地区自然灾害（图4-2、图4-3）表现最为严重的年限2000年、2001年、2003年、2007年，气象灾害减少，粮食总产量趋于增加，由此可知，农业生产直接受灾害性天气的影响。

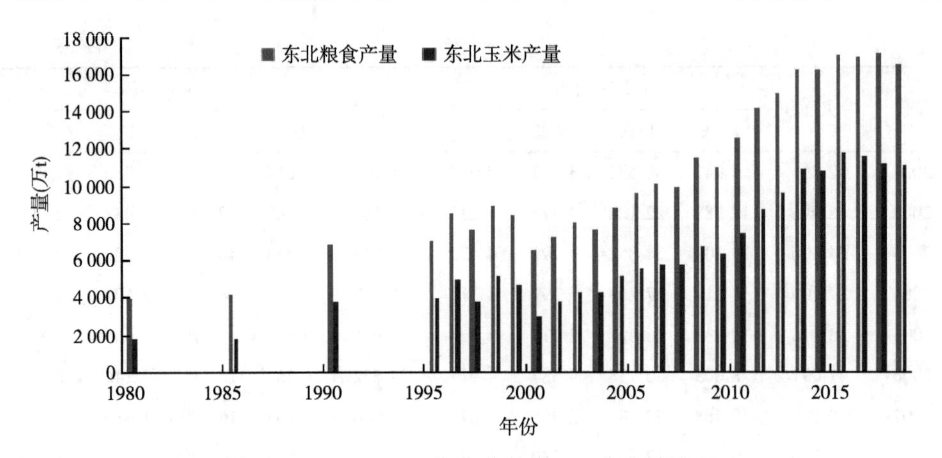

图 4-1　1980—2018 年东北粮食、玉米产量情况

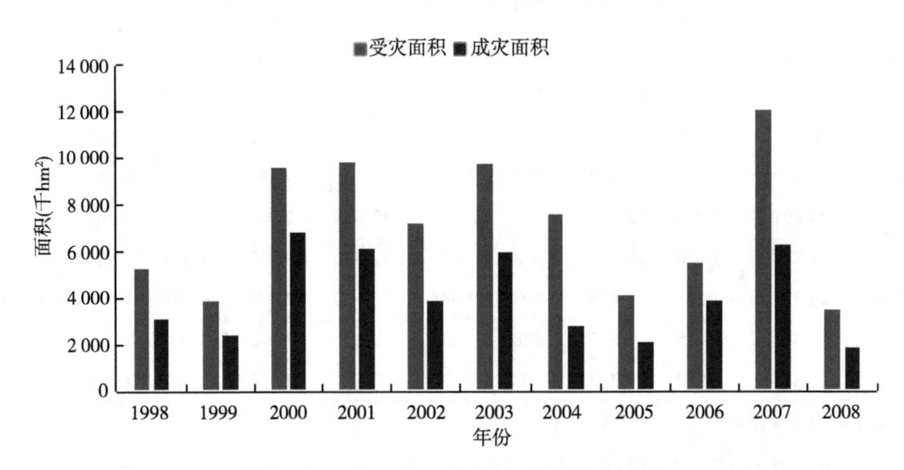

图 4-2　1998—2008 年东北农业受灾情况

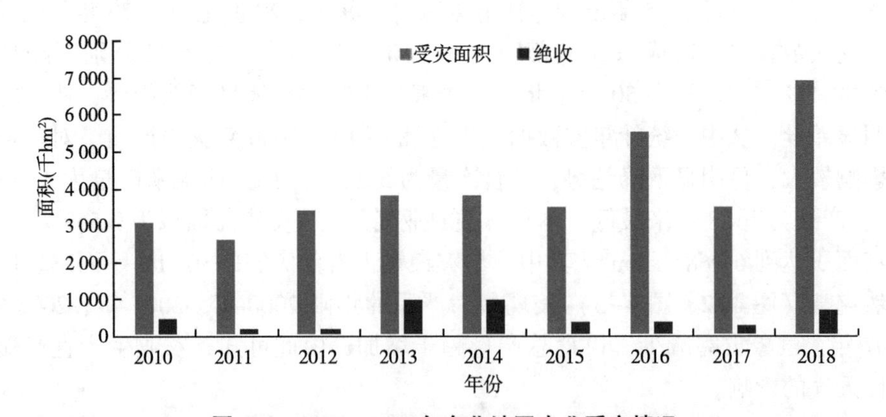

图 4-3　2010—2018 年东北地区农业受灾情况

第一节　干旱灾害

干旱灾害属于生产实践中最常见的自然灾害，其特点是发生频率高、持续时间长、影响面广，严重影响农业生产、生态环境和社会经济的发展[8]。全球不同地区，不同历史时期都有干旱灾害发生，并且比较频繁，受到严重威胁的有120个国家以上，占全球陆地面积的35%[9]。中国是全球典型的干旱灾害多发区，有近一半的国土处在干旱或半干旱气候区，无论是湿润地区还是干燥地区都会发生干旱现象，干旱灾害是影响农业生产的重要因素。东北地区属于温带大陆性季风气候，冬季低温干燥，夏季较温暖湿润，降水量的地区分布、季节分配差异大，西部地区降水偏少，尤其进入21世纪以后，东北地区总体气候变化具有明显暖干化趋势，造成春旱频繁[10]。因此，在东北春玉米区干旱灾害呈现出明显的时空特征。

一、干旱灾害发生范围和频率的时空分布

受地域性气候特征的影响，农业干旱灾害发生的范围和频率会呈现出不同的时空分布特征。

（一）干旱灾害发生范围的时空变化

通过我国干旱受灾面积统计数据分析可知，干旱灾害发生范围是在变化的。图4-4是1950—2018年中国干旱灾害面积的变化。由图4-4可知，1949—1959年我国平均灾害面积为11 600千hm^2，1960—1969年为17 919.2千hm^2，1970—1979年为26 121.1千hm^2，1980—1989年为24 562.2千hm^2，1990—1999年为24 895.9千hm^2，2000—2009年为25 088.3千hm^2，2010—2018年为11 074.6千hm^2。我国干旱灾害发生的范围较广，随着时间的延长，前60年受灾范围呈现扩大的趋势，但增加幅度呈现下降的趋势（1.8%~54.5%）；后10年受灾范围呈现下降的趋势。

东北地区季节性干旱明显，玉米生育期降水呈现“V”字形变化，一般苗期和拔节期直孕穗期干旱发生频率较高，但以轻旱为主，而在春夏交替时的幼苗后期-拔节孕穗前期易发生重旱[11]。

东北地区干旱灾害发生范围也在发生变化。根据杨若子对东北玉米主要农业气象灾害的时空特征与风险综合评估研究结果可知（图4-5）[12]，以东北干旱发生站点数进行统计，近30年来，东北3个省玉米干旱灾害发生范围整体呈增加趋势，各个强度干旱灾害范围较大的出现在1982年、2001年和2007年。

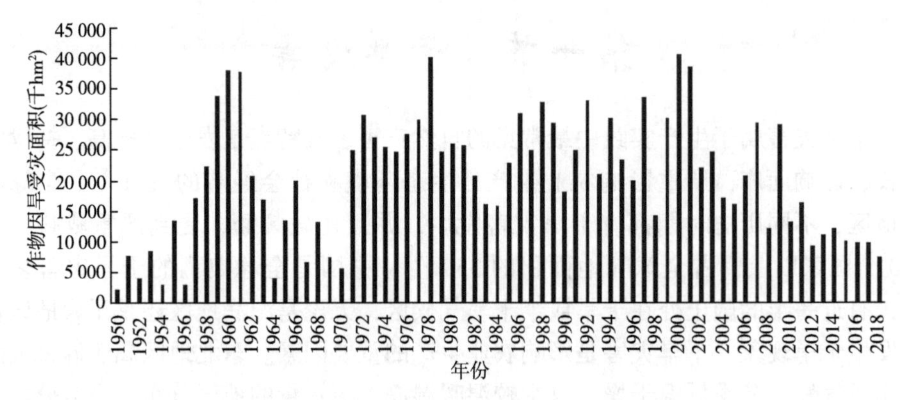

图 4-4　全国 1950—2018 年作物干旱受灾面积

（引自 2018 中国水旱灾害公报）

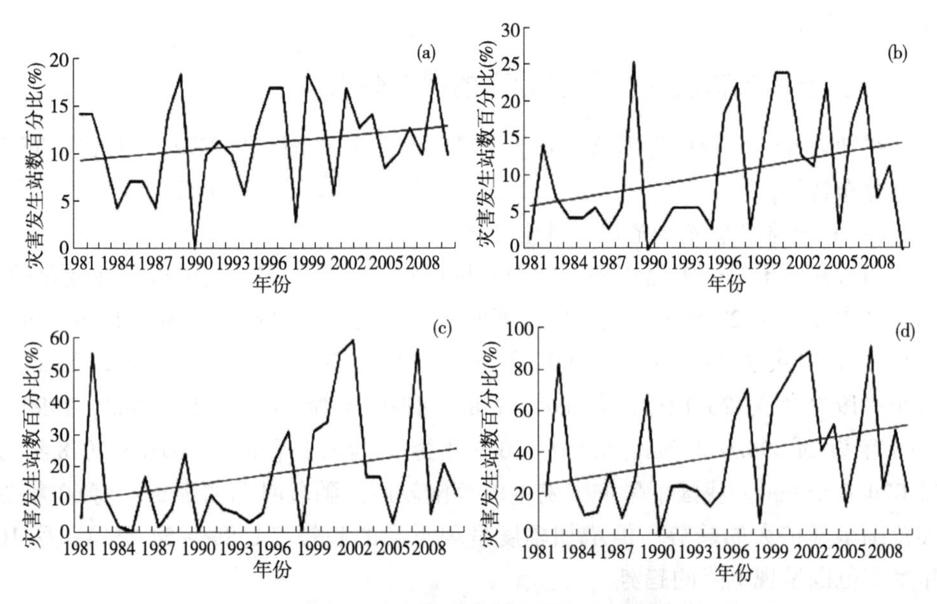

图 4-5　东北 3 个省玉米干旱灾害发生站数百分比

（a）轻度（b）中度（c）重度（d）干旱灾害

（引自杨若子，2016）

（二）干旱灾害发生频率的时间尺度上变化

据相关研究文献资料表明[13]，全国干旱灾害发生频率在时间尺度上也发生着变化。对 1949—2017 年的干旱灾害数据进行统计（表 4-2），干旱发生的频率表现为，1949—1958 年 10 年间为 4.3%，1959—1968 年 10 年间为 11.6%，

1969—1978 年 10 年间为 8.7%，从 1979—2008 年 30 年间每 10 年的发生频率为 14.5%，2009—2017 年 9 年间发生频率为 11.6%。从时间尺度上看，随着年限的变化，我国干旱发生频率呈现出增加的趋势。

表 4-2　全国干旱发生频率的变化（1949—2017 年）

年限	干旱年份	干旱频率（%）
1949—1958	1955、1957、1958	4.3
1959—1968	1959、1960、1961、1962、1963、1965、1966、1968	11.6
1969—1978	1971、1972、1973、1975、1977、1978	8.7
1979—1988	1979、1980、1981、1982、1983、1984、1985、1986、1987、1988	14.5
1989—1998	1989、1990、1991、1992、1993、1994、1995、1996、1997、1998	14.5
1999—2008	1999、2000、2001、2002、2003、2004、2005、2006、2007、2008	14.5
2009—2017	2009、2010、2011、2013、2014、2015、2016、2017	11.6
69	55	79.7

注：数据引自倪深海，2019

在东北地区，由于温度的显著升高和降水量的大幅度减少，增加了干旱事件的发生[14]。以 1990 年为界，1990 年以前干旱发生频率比 1990 年以后均有所增加，各季节干旱发生频率不同，主要以秋季和春季发生干旱灾害频率较高[15]。

孙滨峰等对东北地区 1960—2010 年干旱发生分布研究结果表明[16]，东北地区，从 1960—1999 年干旱发生频率低，持续时间短，而 2000—2010 年干旱发生频率增加，并且持续时间长（图 4-6）。东北 3 个省及内蒙古自治区干旱受灾率变化突变点分别为 1977 年、1970 年、1983 年，1977 年之后干旱受灾率呈增加趋势[17]，总体上东北地区近年来干旱发生频率在增加。

（三）干旱灾害发生频率空间变化

干旱灾害发生频率在空间上也呈现出一定的规律性。全国干旱发生频率在不同地区不同，周丹等研究结果表明[18-21]，1960—1979 年，我国北方的干旱灾害发生频率高于南方；1980—1989 年干旱发生频率较高的地区是华东和华北地区；1990—1999 年干旱灾害发生频率较高的范围扩大，我国南方频次增加，东部地区呈现出多于西部地区的趋势；2000 年以后干旱发生频率在北方干旱加剧的同时，南方干旱范围明显扩大。

东北 3 个省玉米干旱灾害发生频率在空间尺度上也发生着变化（图 4-7）[12]。1981—1990 年，东北地区的东北部和西南部干旱灾害发生频率高；

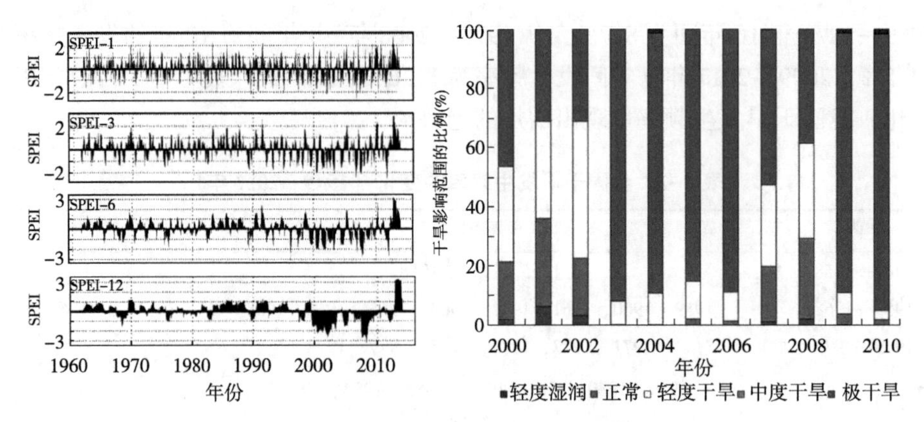

图 4-6　东北地区 1960—2010 年干旱发生分布

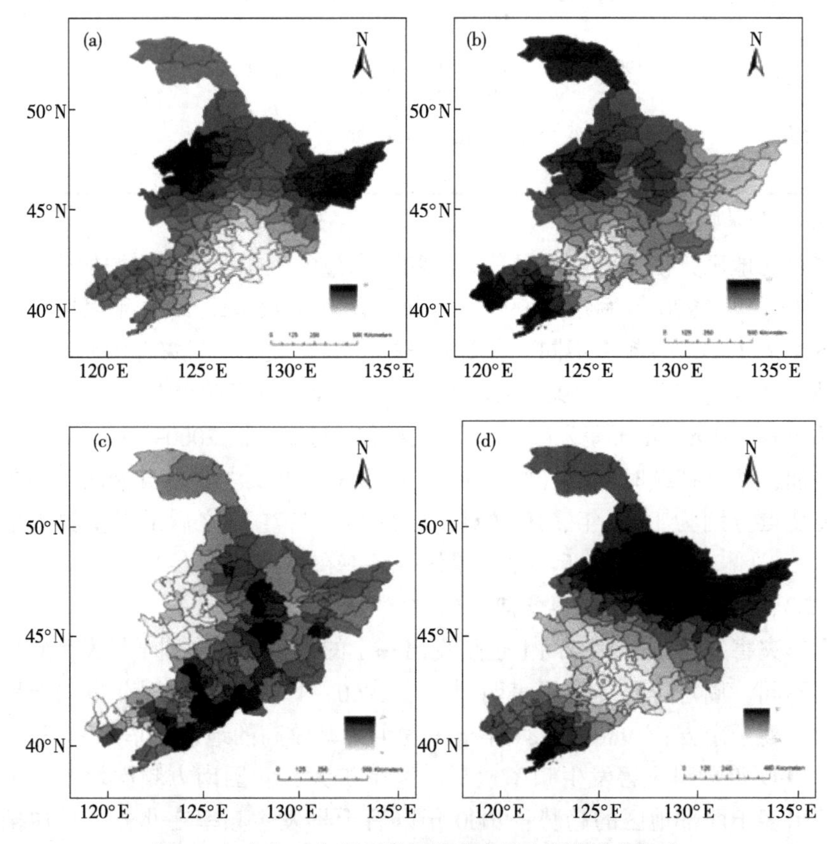

图 4-7　东北 3 个省玉米干旱灾害发生频率空间分布

(a) 轻度 (b) 中度 (c) 重度 (d) 干旱灾害

(引自杨若子，2016)

1991—2000 年东北地区的南部干旱灾害发生频率较高；2001—2010 年东北地区中北部大部分地区干旱灾害发生频率较高[22]。赵一磊的相关研究结果表明[14]，1990 年以前黑龙江省东部和东北南部干旱灾害发生频率较高，内蒙古自治区东部和吉林省西部干旱灾害发生频率较低，1990 年以后内蒙古自治区东部和吉林省西部干旱灾害发生频率较高，长白山地区发生频率较低。玉米发生干旱灾害频率分布呈现出东北向西南逐渐增加的趋势，有明显的区域性，发生频率较高的是辽宁省西部和南部、吉林省西部、黑龙江省西南部，也是干旱灾害的主发区。

东北地区玉米不同生育期干旱灾害发生频率不同[15]。发生干旱灾害频率大小顺序为：抽雄吐丝期<拔节孕穗期<灌浆成熟期<苗期。玉米苗期干旱频率最高出现在吉林省白城，其次是辽宁省朝阳、阜新，吉林省松原和黑龙江省齐齐哈尔南部；拔节孕穗期干旱易在辽宁省的南部、中部的部分地区，吉林省西部和黑龙江省西南部出现；抽雄吐丝期干旱易出现在辽宁省大部、吉林省西部地区；灌浆成熟期；干旱频率易出现在辽宁省大部、吉林省西部（图 4-8）。

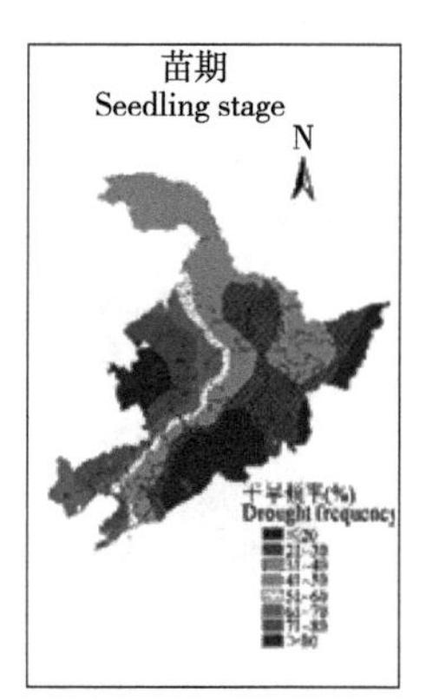

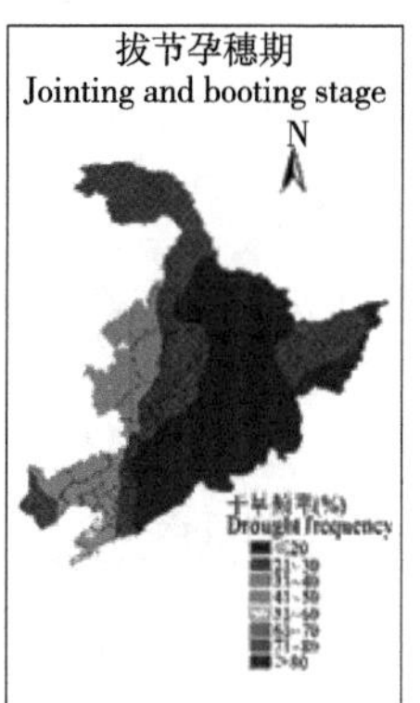

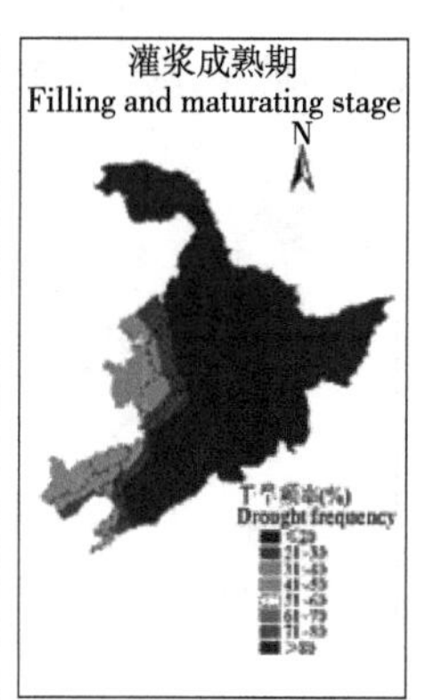

图 4-8　东北地区玉米不同生育期干旱频率空间分布

（引自张淑杰，2013）

二、干旱灾害强度时空分布

（一）干旱灾害强度的时间分布特征

全国范围内，干旱灾害发生的强度随着时间和空间的不同而发生着变化。在时间尺度上，从 1949—2017 年 69 年间（表 4-3），轻旱灾害 10 年（发生频率为 14.5%），中旱灾害 23 年（发生频率为 33.3%），重旱灾害 9 年（发生频率为 13.0%）极旱灾害 13 年（发生频率为 18.8%）。平均 1.3 年发生一次干旱灾害，3 年发生一次中旱灾害，7.7 年发生一次重旱灾害，每 5.3 年发生一次极旱[13]。重旱以上干旱灾害发生在 1978—2009 年，干旱灾害强度随着时间的变化呈现先增强而后降低的变化趋势。

表 4-3　全国干旱灾害强度的变化（1949—2017 年）

干旱强度	干旱年份	频率（%）
轻旱	1955、1958、1969、1973、1975、1998、2014、2015、2016、2017	14.5
中旱	1957、1962、1963、1965、1966、1968、1971、1976、1977、1979、1982、1983、1984、1985、1990、1993、1995、1996、2004、2005、2008、2011、2013	33.3
重旱	1959、1972、1980、1981、1987、1992、1993、1996、1999	13.0
极旱	1960、1961、1978、1986、1988、1989、1992、1994、1997、1999、2000、2001、2007	18.8

注：数据引自倪深海，2019

东北干旱灾害强度不同（1960—2014 年）（图 4-9）[23]，轻度干旱发生频率为 15.2%～19.2%，中度干旱发生频率 7.8%～13.3%，重度干旱发生频率为 3.1%～7.2%，极度干旱发生频率为 0.5%～1.9%，严重干旱的发生频率较低，重旱和极旱主要发生在 2002 年。

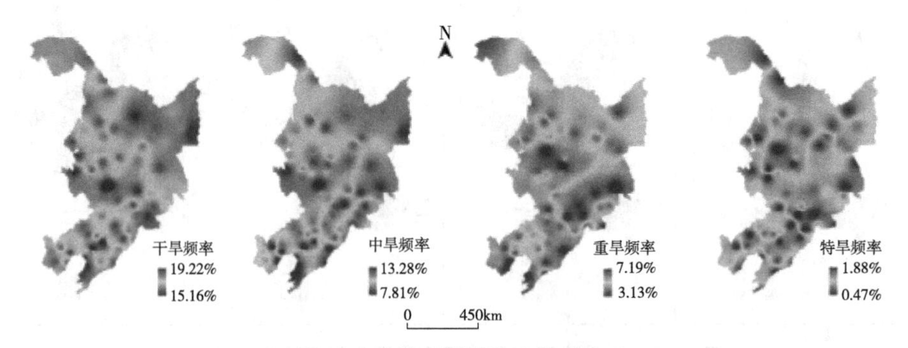

图 4-9 东北干旱强度空间分布

（引自沈国强，2017）

东北地区干旱灾害强度在时间尺度上变化不同[23,26]。在 1960—1969 年，干旱灾害强度较弱；在 1970—1979 年，干旱灾害强度有所增加；在 1980—1989 年，干旱灾害强度稍有加重；在 1990—1999 年，部分地区的干旱灾害强度有所缓解，但大部分地区干旱灾害强度稍有加重；在 2000—2009 年，该区不同时间尺度下的干旱灾害强度达到最大值；在 2010—2018 年，干旱灾害强度有所减弱[23]。

（二）干旱灾害强度的空间分布特征

我国的干旱灾害的强度呈现出不同的空间分布特征。重度干旱灾害主要在新疆维吾尔自治区中部、内蒙古自治区北部等地发生；中度干旱主要发生在云南省、河北省、河南省、内蒙古自治区的东部，新疆维吾尔自治区、山西省的中部，黑龙江省西部等地发生；轻度干旱主要发生在内蒙古自治区、黑龙江省中东部，新疆维吾尔自治区中北部，北京市、山西省、甘肃省西北部，吉林省、辽宁省西部，山东省、安徽省东部、江苏省北部和广东省等地发生[24]。总体上，干旱强度呈现出东部高于西部、北方高于南方的变化趋势。

东北 3 个省区干旱灾害强度的特点为“北低南高”分布，干旱灾害重发区位于东北 3 省中西部地区。东北地区轻度干旱发生在内蒙古自治区的赤峰地区、黑龙江省西北部地区和吉林省西北地区。中度干旱发生在辽宁省北部、吉林省东部、黑龙江省东南部和内蒙古自治区的赤峰地区。重度干旱发生，所以，基本呈北高南低的分布特征。重度干旱主要发生在黑龙江省的中南部[16]。

在时间尺度上东北地区干旱灾害强度表现出空间变化特征为，19 世纪 70 年代黑龙江省大部分地区以及吉林省东部地区干旱灾害程度比较显著；19 世纪 80 年代除黑龙江省中部地区以外，黑龙江省其他地区干旱灾害程度得到缓解，但辽宁省东部地区和西部地区干旱灾害程度加重；19 世纪 90 年代，黑龙江省西北和东北地区、辽宁省西部地区表现出干旱灾害程度有所缓解趋势，而东北其他地区便显出干旱灾害程度稍有加重的趋势；20 世纪初，东北西部地区干旱灾害程度较重，而黑龙江省中部地区、吉林省西部地区以及辽宁省西部少数干旱灾害程度极为严重。近 10 年来，干旱灾害在东北大部分地区发生的程度呈现减弱的趋势，较为明显的地区有黑龙江省北部、吉林省东南部和辽宁省中部地区[23]。

三、干旱灾害区域分布

我国干旱灾害的发生主要集中在以下 4 个区域：内蒙古自治区东部和东北的西部组成的东部旱区，以发生春旱为主；黄淮海旱区，以春—夏连旱，春—夏—秋连旱为主；华南旱区，全年均易发生旱灾；西北旱区，以春旱和初夏旱为主。其中，东北玉米主产区冬春连旱或春旱的概率最大，并且发生范围大，持续时间久[25]。

2018 年，全国干旱灾害发生区域主要集中在东北、内蒙古自治区中西部和长江上中游部分地区。内蒙古自治区和东北 3 个省作物因旱受灾面积占全国作物因旱受灾面积 65. 6%。辽宁、内蒙古、吉林、黑龙江、湖北、湖南、江西 7 个省（自治区）占全国的 78. 3%。

东北地区干旱灾害呈现出一定的区域性分布特征。干旱灾害发生频率较高的地区是在辽宁省西北部、吉林省西部和黑龙江省西南部一带，呈现出由东北向西南增加的趋势。东北干旱灾害划分为 4 个区域，包括第一区黑龙江省和吉林省西部，第二区辽宁省西南、第三区黑龙江省西北区，第四区为东北 3 个省东部地区。不同区域干旱发生的频率及强度不同。干旱灾害主要分布在辽宁省西部和南部、吉林省西部和黑龙江省西南部（图 4-10）。

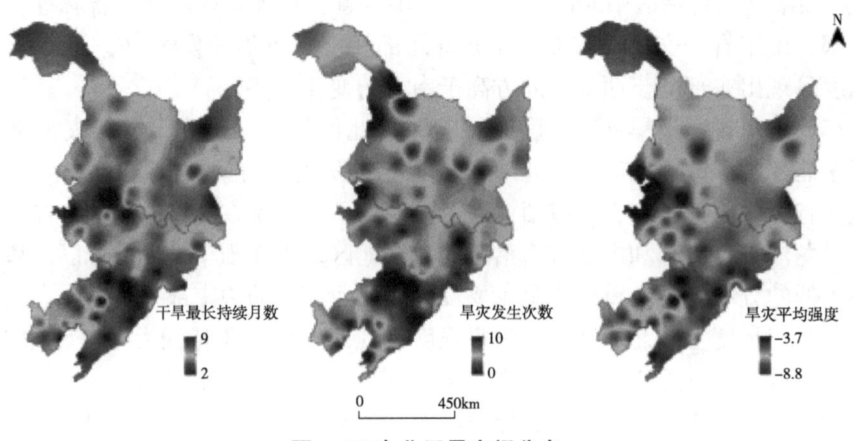

图 4-10 东北干旱空间分布

（引自沈国强，2017）

第二节　低温冷害

气温过高或者过低都对农业造成影响，甚至产生危害，虽然近年来气候异常带来的气象灾害对东北地区农业的不利影响呈现下降的趋势，但由于气象灾害的频繁发生和多样性以及农业抵御气象灾害能力和技术的水平低，使得地处高纬度地区的东北农业因冷害致灾情况不予乐观，其灾害发生如图 4-11 所示，2010—2018 年东北农业气象冷害致灾与绝产时间序列趋势图，受灾面积呈现出波动，农业生产始终处于不稳定状态，年际变化很大。东北地域广，横跨纬度大，受气候影响波动大，导致的灾害面积广，特别是 2010 年、2011 年、2016 年、2018 年，冷害成灾致绝收面积 2016 年、2018 年较大。东北地区农业基础设施较薄弱，种植结构固定单一，抗灾能力差，对气象环境波动的适应能力差。随着农业科技水平的提高，东北玉米产量总体趋势为增加的，但低温冷害造成的影响仍是东北玉米生产中应重点关注的。

一、低温冷害发生频率的时空分布

我国东北地区纬度较高，热量资源少，年平均温度偏低，积温不足，且黑龙江省、吉林省和辽宁省作物生长季热量条件的年际变化差异较大（图 4-12）。玉米是喜温作物，在生长过程中极易受到低温冷害的影响，造成产量下降，严重时

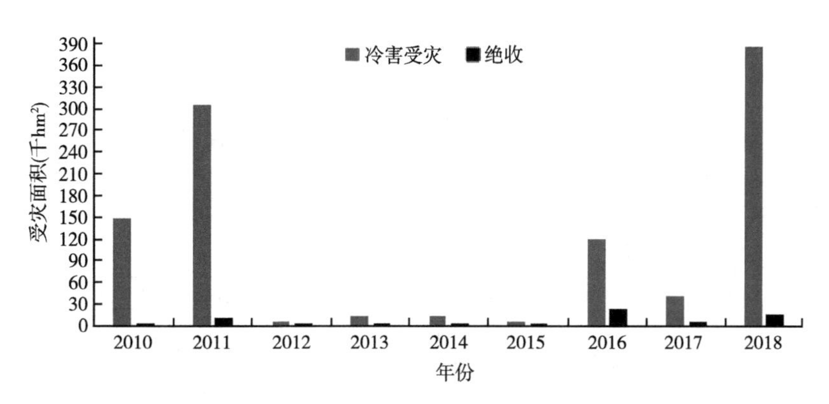

图 4-11　2010—2018 年东北地区冷害受灾情况

可导致作物产量大幅度降低甚至绝产[27]。东北地区极端低温事件波动性导致冷害发生不确定性增加，低温冷害成为中国农业气象主要气象灾害之一，而中国的东北地区为冷害的典型受灾区，此区域灾害发生的频率高、面积大、损失重。随着全球气候持续变暖，热量资源条件有所改善，但温度仍然存在自然波动现象。近些年虽然没有发生大范围、大面积、严重的低温冷害，但区域性、时段性的低温冷害仍然没有避免，同时，温度变化幅度增大，极端低温频发[7]。为了及时准确应对气候变化对东北地区作物生长发育和产量带来的影响，就需要正确认识东北地区玉米发育阶段低温冷害在全球气候变暖的大背景下出现的新特点、新波动，充分了解低温冷害发生的时空分布规律，及时预警和作出防御措施。目前已广泛开展低温冷害相关研究，包括低温冷害对玉米生育期、产量和种植格局的影响[28]，低温冷害时空分布规律研究[29]，低温冷害监测预警[30]，低温冷害风险评估等研究[31]。低温冷害指标判定和时空分布规律研究是一切东北春玉米低温冷害研究的基础，只有正确识别冷害发生的活动频率、活动时段、活动强度和活动区域，才能对研究区域灾害程度有一个直观、准确地了解，为下一步灾害的监测预警、风险的评估提供定量依据。

杨若子等基于 EOF 分解法得到的低温冷害灾害强度值前 10 个特征值的方差贡献，如表 4-4 所示。按照 Cattell 理论，将所有特征值按从大到小随自然序数的变化绘制绘成图可发现（图 4-13），东北玉米低温冷害特征值收敛快，前 3 个低温冷害特征值的累积方差贡献率较大，达到 85.16%，可选用最少的特征向量来描述灾害的变化，根据 North 特征值误差范围，选择前 3 个低温冷害荷载向量进行正交旋转，获取东北低温冷害强度时空场。依照旋转特征向量分区原理，按灾害高荷载区的地理分布对东北主要农业气象灾害强度进行分区。

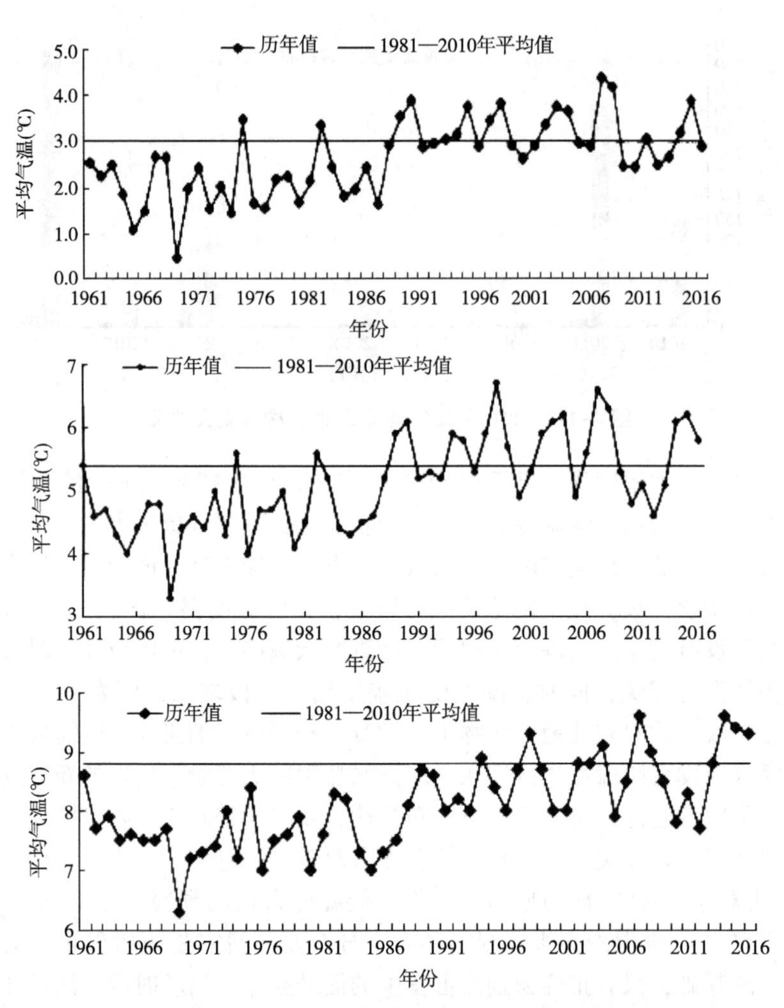

图 4-12　1961—2016 年东北 3 省年平均气温变化

（从上到下依次为：黑龙江省，吉林省，辽宁省）

表 4-4　低温冷害前 10 个 EOF 和 REOF 荷载向量方差对总方差的贡献率

灾害		荷载向量方差贡献率（%）									
		1	2	3	4	5	6	7	8	9	10
低温冷害	EOF	65. 50	12. 85	4. 98	4. 29	2. 72	1. 79	1. 34	1. 11	0. 89	0. 76
	REOF	26. 75	10. 51	16. 01	7. 19	3. 20	1. 39	1. 08	1. 45	0. 66	1. 04

（杨若子，2015）

（一）低温冷害发生站点数占总站点数的百分比年际变化

统计东北气象试验基点，总结灾害发生比例，明确其发生规律，为今后农业

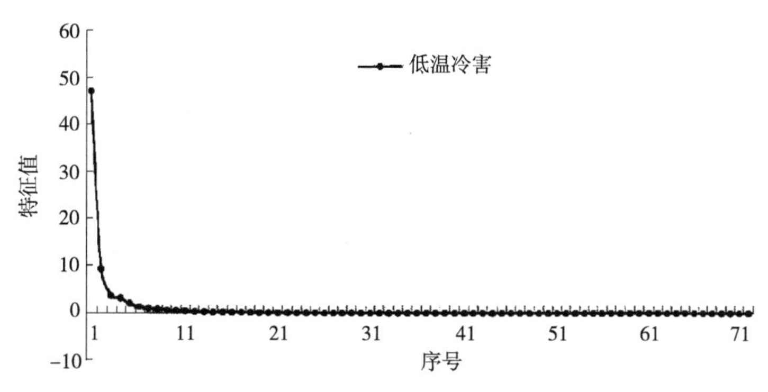

图 4-13 EOF 特征值随自然数序列的变化

（杨若子，2015）

更好的应对自然灾害提供技术支撑。东北低温冷害发生站点数占总站点数的比例，近年来呈减弱趋势，虽东北玉米低温冷害发生地理空间范围减小，个别区域轻度低温冷害仍时有发生。1960—2015 年，东北多年低温冷害频率的平均值，轻、中、重度和全部分别为 24.7%，16.5%，8.8%和 50. 0%。东北 3 省玉米低温冷害站点变化趋势与全国冷害趋势相一致[32]，与全国低温冷害发生规律相符[33]。在气候变暖的背景下，东北 3 省玉米严重低温冷害发生的区域和次数变小，局部地区出现短时低温天气的情况增多。

根据北方春玉米冷害评估技术规范，结合马树庆[34]研究玉米冷害指标，分析东北冷害站次比演变趋势[35]，见图 4-14，1960—2010 年东北 3 省玉米轻度、中度和重度冷害站次比分别在 0~33. 8%，0~20. 0%和 0~76. 9%，发生程度表现为重度 > 轻度 > 中度。东北 3 省各等级冷害站次比近年来均呈减少趋势，轻度冷害站次比 10 年平均值由 20 世纪 60 年代的 11. 23%降至 21 世纪初的 0. 8%；中度冷害站次由 20 世纪 60 年代的 8%降至 21 世纪初的 0. 3%；重度冷害站次比由 20 世纪 60 年代的 16. 7%降至 21 世纪初的 2%。过去 50 年黑龙江省玉米轻度、中度和重度冷害站次比分别在 0~43. 5%、0~43. 5%。0~100%，重度冷害站次比较大，各等级冷害站次比亦呈现减少趋势。过去 50 年吉林省玉米轻度、中度和重度害站次比分别在 0~52. 6%、0~42. 1%和 0~100%，轻度冷害站次比呈减少趋势，中度冷害站次比在 20 世纪 70 年代有所增加，80 年代起呈减少趋势，而重度冷害站次比在 20 世纪 90 年代有所增加。辽宁省玉米轻度、中度和重度冷害站次比分别在 0~39. 1%、0~26. 1%和 0~69. 6%，其中，各等级冷害站次比在 20 世纪 70 年代显著增加，而 90 年代和 21 世纪初明显减少。

（二）低温冷害发生频率的空间变化

我国自然灾害中，近 50 年来，自然灾害中低温冷害面积占自然灾害面积的

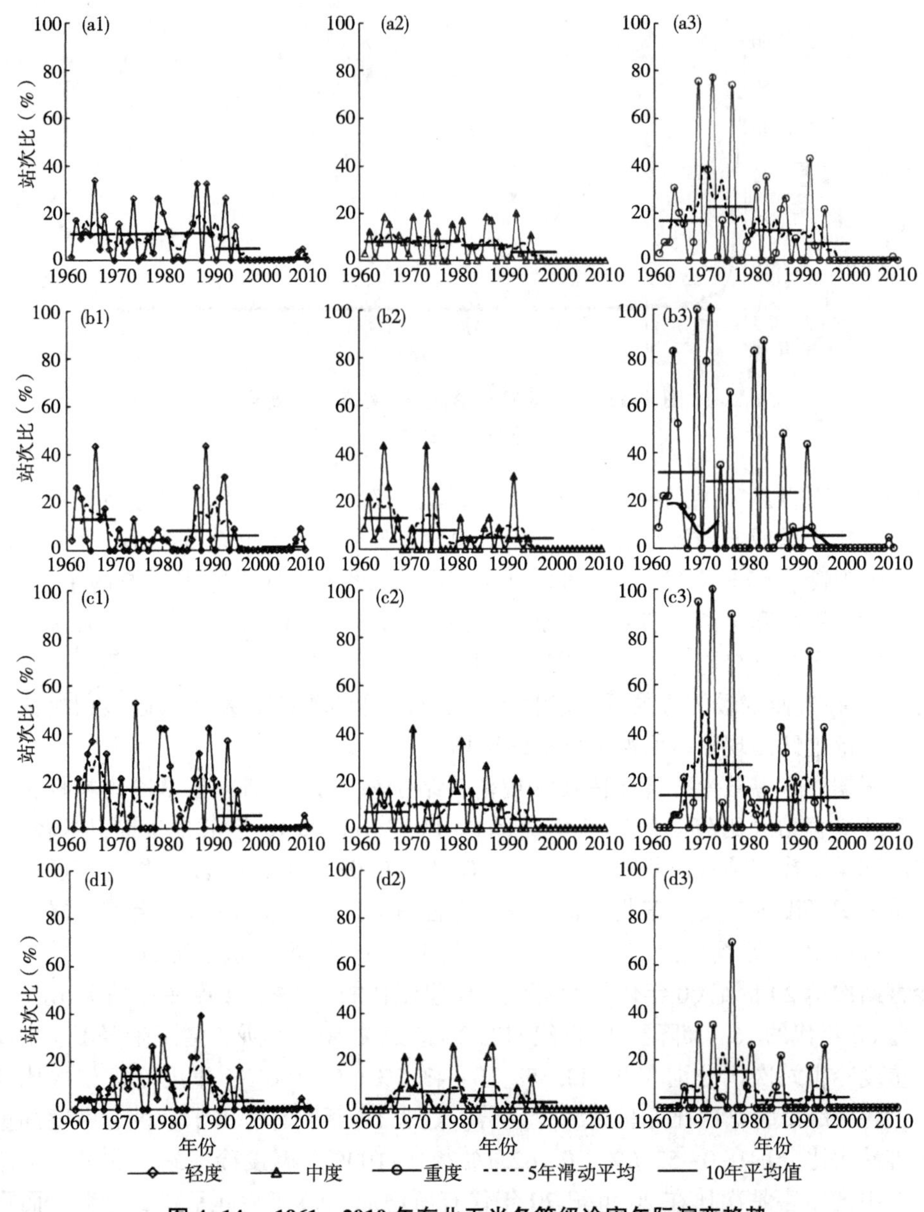

图 4-14　1961—2010 年东北玉米各等级冷害年际演变趋势

（图中 a、b、c、d 分别代表东北 3 省、黑龙江省、吉林省、辽宁省，
1、2、3 分别代表轻度、中度和重度等级冷害）

2.6%~36.7%，冷冻灾害最大受灾面积和成灾面积均出现在 21 世纪初（图 4-15），最小值则为 20 世纪 80 年代。20 世纪 90 年代到 21 世纪 10 年代冷冻受灾

面积均较大，20 世纪末到 21 世界初冷冻成灾面积较大。东北低温冷害受灾情况，如图 4-16 所示，受灾统计，如表 4-5，冷害的趋势走向同我国冷害年际间变化趋势相一致，表现为吉林最高，其次是黑龙江省，辽宁省最低。而成灾率黑龙江省最高，其次是辽宁省，吉林省最低。

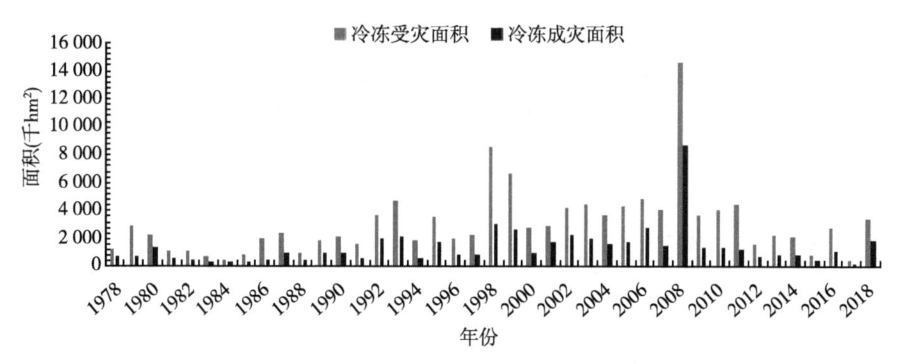

图 4-15　近 50 中国冷害及成灾情况

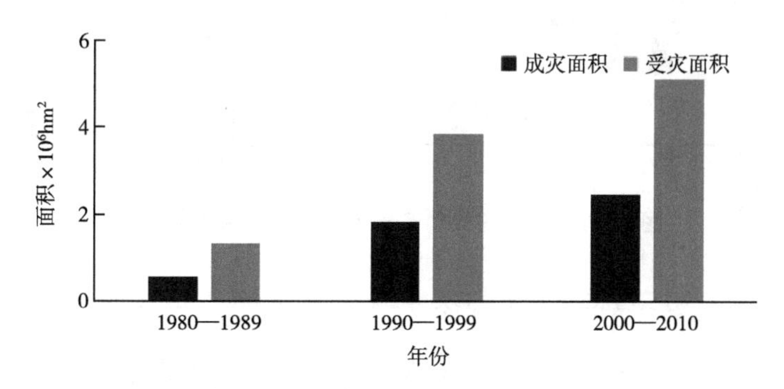

图 4-16　东北低温冷害受灾及其受灾面积的年代变化

表 4-5　东北低温冷害的受灾率和成灾率统计

	黑龙江省	吉林省	辽宁省
受灾率/%	2.4	2.5	2.0
成灾率/%	1.5	1.3	1.4

(王磊，2018)

东北地区低温冷害频率随纬度的增高而增大，重度低温冷害的频率却随纬度的增高而减少。从 20 世纪 50 年—90 年代，东北地区夏季低温冷害逐渐减少，黑龙江省、吉林省和辽宁省夏季低温冷害出现的次数基本差不多，每 3 年或 4 年发生依次夏季低温冷害，但各省份夏季低温冷害发生年份并不完全相同[36]。

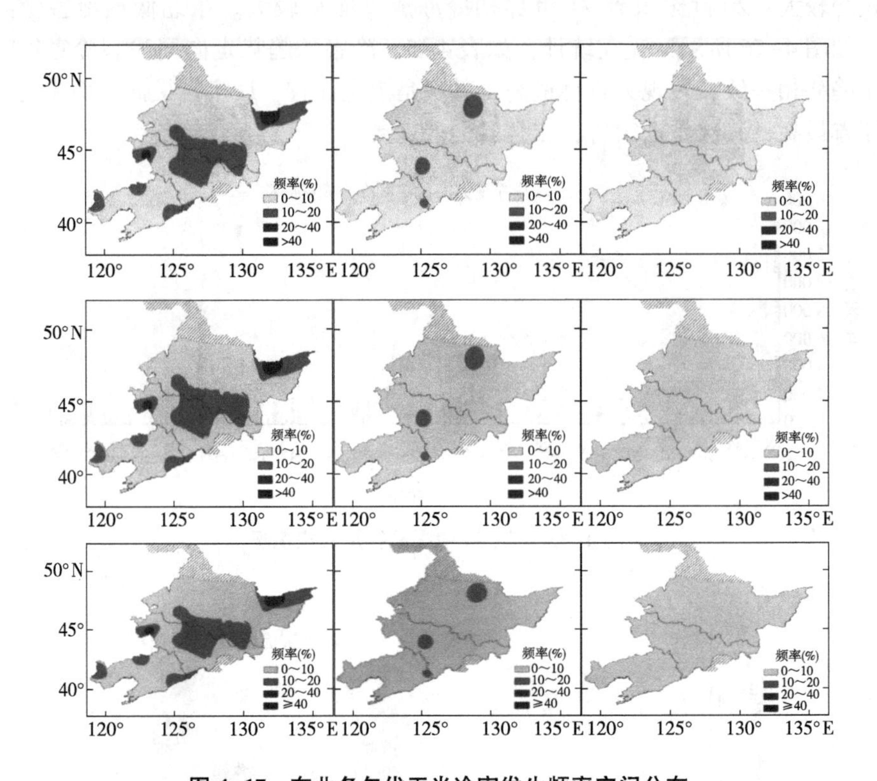

图 4-17　东北各年代玉米冷害发生频率空间分布

注：从上到下依次为轻度灾害，中度灾害，重度灾害。
从左到右依次为 1981—1990 年，1991—2000 年，2001—2010 年

历史统计：1981—2010 年东北玉米各程度冷害发生频率的空间分布，见图 4-17。20 世纪 80 年代轻度冷害主要发生在黑龙江省东北部、南部和吉林省中西部地区，其中，黑龙江省东北部和吉林省西南部发生频率高。90 年代研究区域玉米轻度冷害发生频率较 80 年代明显减小，且频率降低均低于 20%。21 世纪前 10 年，整个研究区域玉米轻度冷害发生频率均低于 10%。可见，研究区域玉米轻度冷害发生频率随时间推迟呈降低的趋势，高发区在吉林省西部地区，低发区在辽宁省南部地区。

由图 4-17 可见，20 世纪 80 年代玉米中度冷害发生频率值较高区分布在黑龙江省东北部、南部地区和吉林省北部、西南地区，其中，黑龙江省东北部和吉林省西南部发生频率大于 40%。90 年代玉米中度冷害发生频率普遍较低，仅在 3 个小区域发生频率达 20%，其他站点发生频率均低于 10%。进入 21 世纪后，研究区域 10 年重度低温冷害发生频率均低于 10%。可见，近年来玉米中度低温冷

害发生频率逐渐下降，玉米中度冷害整体而言发生频率较小，分布范围不大，主要发生在黑龙江省和吉林省地区，辽宁省发生较少。

20 世纪 80 年代，高值区分布在黑龙江省西北部、东部地区和吉林省东部地区，黑龙江省北部的北安、东南部的绥芬河以及吉林省东部敦化地区为高值区，玉米重度冷害发生频率高于 20%。黑龙江省中部、吉林省北部地区，玉米重度冷害发生频率在 10%~20%。吉林省南部地区及辽宁省大部地区，玉米重度冷害发生频率低于 10%。90 年代，研究区域内玉米重度冷害发生频率明显降低，仅在黑龙江省东北、吉林省中部、辽宁省东部发生重度低温冷害，发生频率在 10%~20%，其他地区发生频率均低于 10%。其中，有 35 个站点未发生重度冷害。进入 21 世纪之后，研究区域内玉米重度冷害发生明显减少，发生频率均不高于 10%，10 年内仅哈尔滨站在 2009 年发生过重度冷害。可见，分析期内和各年代玉米重度冷害高发区均在黑龙江省北部、东部以及吉林省东部地区，低发区在辽宁省西南部地区。东北 3 省低温冷害频率总体呈由北向南减小趋势，大兴安岭地区低温冷害频率最高，其次为吉林省中部和辽宁省中南部地区，山区低温冷害频率高于同纬度平原地区，三江平原和辽东地区低温冷害频率相对较小。

二、低温冷害强度时空分布

气象上经常采用 REOF 方法对气象要素场进行分析，使原来的特征向量结构简化，反映的气候特征更明显[37]。郭建平等[38]研究表明，生长季热量指数 F（T）具有明确的生物学意义，可以反映地区热量条件对作物的影响。根据热量指数法对东北玉米低温冷害进行指标判定：

$$F(T)=[(T-T_1)(T_2-T)^B]/[T_0-T_1)(T_2-T_0)^B]$$

$$B=(T_2-T_0)(T_0-T_1)$$

式中，F（T）为某旬的热量指数，T 为某旬的气温，T_0、T_1、T_2 分别为该时段内作物生长发育和产量形成的适宜温度、下限温度和上限温度，参照高晓容对东北玉米主要生育阶段三基点温度指标界定（表 4-6）计算热量指数。利用各站点逐旬气象资料分别计算逐旬的玉米热量指数，各月逐旬热量指数的平均值代表当月的热量指数，各月热量指数之和表示各站当年的玉米生长季的热量指数。玉米生育期日期采用多年平均值，其中，出苗-3 叶为 5 月上旬至中旬，3 叶到拔节为 5 月下旬至 7 月上旬，拔节-开花为 7 月中旬至下旬，开花到乳熟为 8 月上旬至下旬，乳熟到成熟为 9 月上旬至下旬。

表 4-6　东北玉米三基点温度

玉米生育阶段	下限温度（℃）	上限温度（℃）	适宜温度（℃）
出苗-三叶	8.0	27.0	20.0
三叶-拔节	11.5	30.0	24.5
拔节-开花	14.0	33.0	27.0
开花-乳熟	14.0	32.0	25.5
乳熟-成熟	10.0	30.0	19.0

杨若子[12]等人，收集了东北地区筛选代表性试验基点完整气象资料，对1961—2013 年东北 3 省玉米低温冷害强度的时空分布特征进行分析。由于东北各地的热量差异显著，为使各地的低温冷害强度具有可比性，选取热量指数距平百分率值作为低温冷害指数。

$$Ic=[F(T)-\overline{F(T)}]/\overline{F(T)}\times 100\%$$

式中，Ic 为低温冷害指数，F(T)为热量指数多年平均值。低温冷害指数越小表示低温冷害越重，低温冷害指数越大表示冷害越不严重。采用 SPSS 软件，通过聚类分析法对东北 71 个研究站的低温冷害指数进行聚类分析，将东北玉米低温冷害划分为轻度、中度和重度 3 个等级，与之对应的低温冷害等级分级，见表 4-7、表 4-8，图 4-18。

表 4-7　玉米低温冷害强度分级（杨若子）

低温冷害强度等级	Ic/(%)
重度	Ic≤-10.99
中度	-10.99<Ic≤-3.92
轻度	-3.92<Ic≤0.11
无冷害	Ic>0.11

表 4-8　北方春玉米低温冷害强度指标

5-9 月平均气温和的多年平均值（℃）	低温冷害轻度		
	重度低温冷害	中度低温冷害	轻度低温冷害
T≤80	$\Delta T\leq-1.7$	$-1.7<\Delta T\leq-1.4$	$-1.4<\Delta T\leq-1.1$
80<T≤85	$\Delta T\leq-2.4$	$-2.4<\Delta T\leq-1.9$	$-1.9<\Delta T\leq-1.4$
85<T≤90	$\Delta T\leq-3.1$	$-3.1<\Delta T\leq-2.4$	$-2.4<\Delta T\leq-1.7$
90<T≤95	$\Delta T\leq-3.7$	$-3.7<\Delta T\leq-2.9$	$-2.9<\Delta T\leq-2.0$
95<T≤100	$\Delta T\leq-4.1$	$-4.1<\Delta T\leq-3.1$	$-3.1<\Delta T\leq-2.2$
100<T≤105	$\Delta T\leq-4.4$	$-4.4<\Delta T\leq-3.3$	$-3.3<\Delta T\leq-2.3$
T>105	$\Delta T\leq-4.7$	$-4.7<\Delta T\leq-3.5$	$-3.5<\Delta T\leq-2.4$
减产率参考值（%）	>15	10~15	5~10

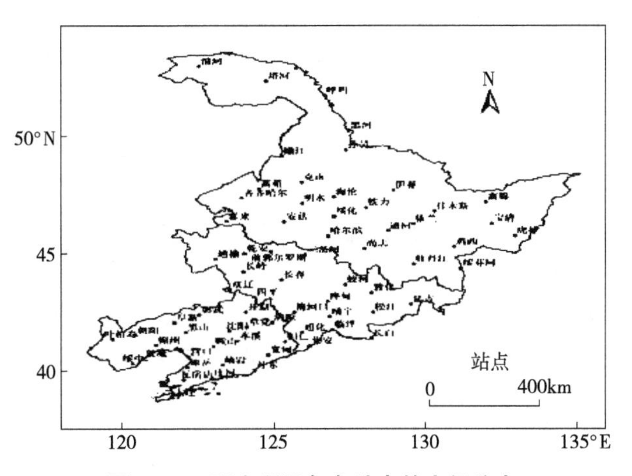

图 4-18　研究所用气象站点的空间分布

EOF 分解法是将给定的时空场进行分解，拆分成不同的正交荷载向量，配合对应的时间系数来解释原场。图 4-19a 为低温冷害强度第一荷载向量场，全区为正值，说明东北低温冷害发生具有较好的一致性，同时，增大或者同时减小，在空间分布上表现为东北中部值大、四周值小的分布型，值为 13～14 的区域占大部分。本研究中荷载向量场值越小表明低温冷害强度越大，东北 3 省低温冷害强度从黑龙江省大兴安岭地区、三江平原、吉林省东部和江南地区向中部减小。黑龙江省大兴安岭地区低温冷害强度最大；其次是黑龙江省三江平原、吉林省东部和江南地区；黑龙江省西南、吉林省中部平原和辽宁省东北地区为低温冷害强度最小区。结合第一时间系数曲线趋势线可以看出（图 4-20），从 1981—2010 年系数曲线呈波动上升趋势，表明东北 3 省玉米低温冷害强度呈波动减小趋势。该荷载向量方差贡献占总方差的 66.2%，故第一荷载向量空间分布可反映东北 3 省低温冷害强度发生主要特点。

低温冷害强度分解第二荷载向量以吉林中部纬向为分界线（图 4-19b），呈现北部和南部相反的分布特征，说明两个地区低温冷害的强度变化呈相反状态。空间向量荷载值为负值的大兴安岭地区、三江平原和松嫩平原部分地区低温冷害较严重，低温冷害强度从北向南减小。对应第二时间系数曲线可以看出，时间系数曲线呈先降低后升高的趋势，对应空间荷载向量为正值的地区，低温冷害强度随时间先增加后减小，空间荷载向量为负值的地区，低温冷害强度随时间先减小后增加。具体表现为 1984 年前，东北 3 省低温冷害北部重、南部轻，1984—2000 年北部低温冷害严重区的灾害强度减小，南部低温冷害较轻区灾害强度增加，2000 年后时间系数曲线值趋于平缓接近零值，说明东北 3 省低温冷害南北差异变小，这种南北差异的空间分布特点约占全部研究样本方差贡献的 14.1%。低温冷害强度分解第三荷载向量（图 4-20c）以东北-西南走向为分界线，呈现东北 3 省西部大部分地区和吉林省东部反相位分布特征，低温冷害强度大值区位于吉林省东部，次大值区位于黑龙江省西北部，其他地区为低温冷害强度低值区，低温冷害强度趋势由东向西减小。对应第三时间系数曲线（图 4-20）可知，前期时间系数负值居多，后期时间系数正值居多，表明空间荷载向量为正值的区域前期低温冷害强度大、后期小，空间荷载向量为负值的区域正相反。具体表现为东北 3 省西部大部分地区低温冷害强度呈减小趋势，吉林省东部地区低温冷害强度呈增加趋势。第三种分布特征仅占全部研究样本方差贡献的 4.8%，代表性较低。

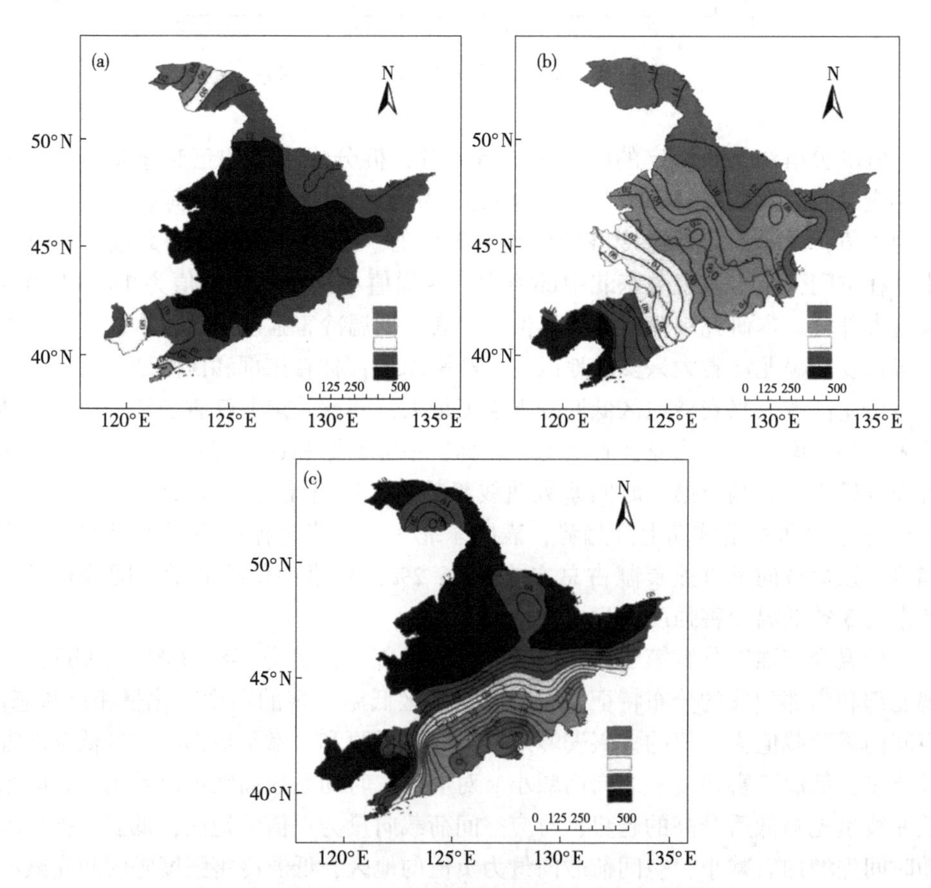

图 4-19　东北 3 省玉米低温冷害强度 EOF 荷载向量场

（a）第一荷载向量（b）第二荷载向量（c）第三荷载向量

从东北3省低温冷害强度EOF分解的时间系数曲线看出，从前10个时间系数可以判断，第一时间系数的变化幅度最大，第二时间系数变化幅度次之，时间系数曲线依次波动幅度减小。由第一时间系数趋势线可以看出，东北3省前期冷害发生严重，后期冷害发生程度较轻，1981年、1987年、1992年和1995年等的第一时间系数为负值的极大值，同时期的平均冷害指标值分别是-3.42、-4.84、-3.67、-5.06和-3.93（图4-20）。19世纪80年代到20世纪前10年东北春玉米低温冷害发生频率的变化为先减小、后增加、再减小的过程，与全国低温冷害发生规律在1952—2005年经历了减弱-增强-减弱的过程相符。

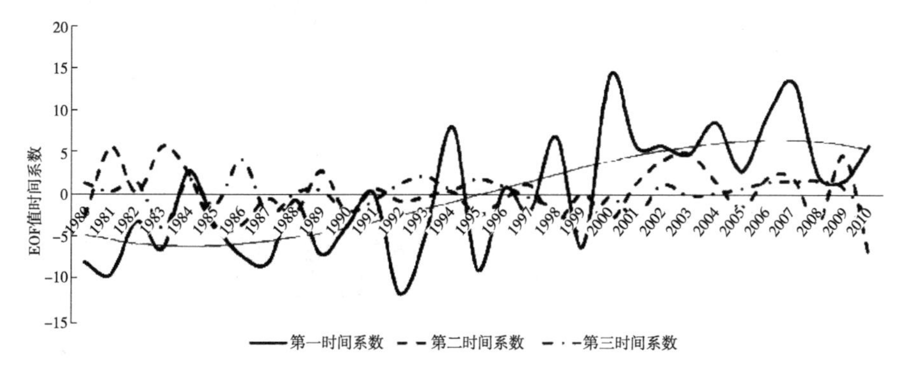

图4-20　东北3省玉米低温冷害强度时间变化

三、低温冷害区域分布

东北地区低温冷害强度的各区域分布呈现较大的差异性[39]。按照North判别准则，将同一旋转向量场中贡献率≥0.6且在地理位置上连成一片，站点多于4个的区域划分为同一灾害变化区[37]，如有站点按上述原则可以同时归属于2个或以上相邻变化区，则按其与相邻气候变化区对应的荷载向量场的荷载值大小，将其归于荷载向量值最大的区域[40]。REOF旋转向量场荷载值大小表明空间相关性强弱，把相邻相关性强的站点划分为一个区域。低温冷害强度第一空间模态（图4-21a）大值区（特征向量含≥0.6所包围的区域，下同）位于黑龙江省除西北部的大部分地区，是低温冷害异常的主要敏感区域，该区域空间相关性最好，相关程度向南部逐渐减小。低温冷害强度第二空间模态（图4-21b）大值区（≥0.6）极小，位于辽宁省西南部，是低温冷害异常的第二个敏感区域，反映了西南大部与东北部的反向变化，与低温冷害EOF的第二荷载向量特征有相似之处。低温冷害强度第三空间模态（图4-21c）绝对值最大区（≥0.6）位于吉林省和辽宁省东南部，与北部和西北部呈反向变化。

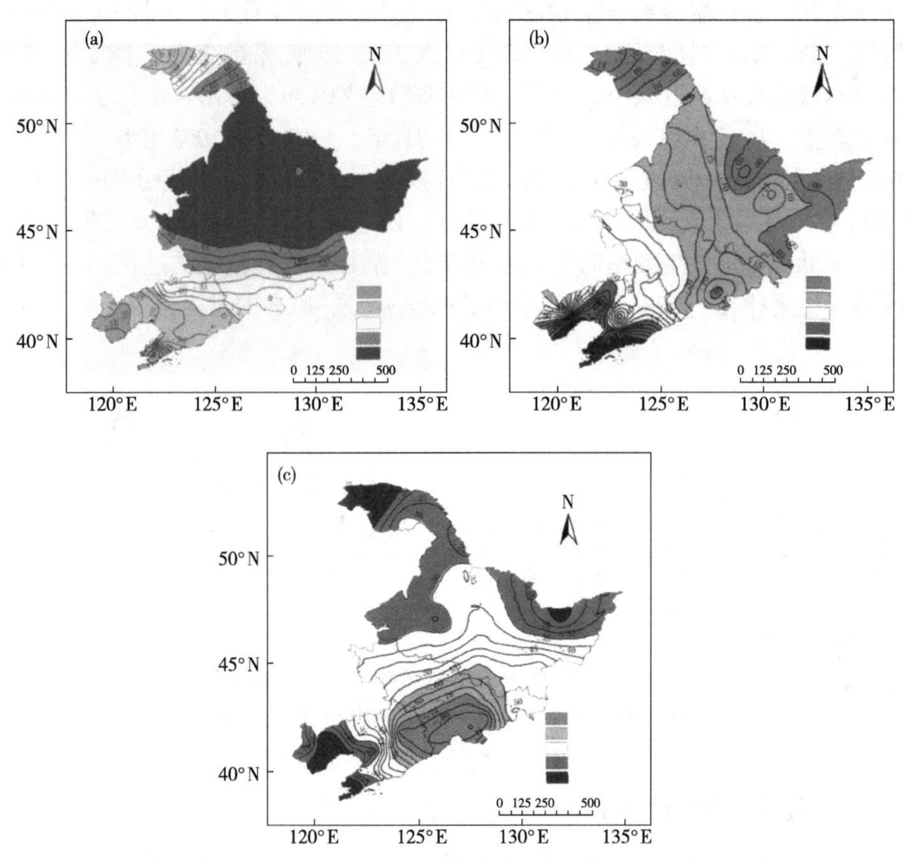

图 4-21　东北玉米低温冷害强度 REOF 荷载向量场

（a）第一荷载向量（b）第二荷载向量（c）第三荷载向量

基于低温冷害强度对东北玉米低温冷害进行分区[2]，可将东北低温冷害强度大小划分为 3 个区域。黑龙江省-吉林省北部区（Ⅰ区）；该区 REOF 分解法特征向量平均荷载值为 0.84，包括黑龙江省全部和吉林省北部地区，共 34 个站点，代表站是克山站（0.95）；辽宁省南部区（Ⅱ区），该区 REOF 分解法特征向量平均荷载值为 0.78，包括辽宁省西南大部分地区，共 15 个站点，代表站是兴城（0.93）；吉林省南部-辽宁省北部区（Ⅲ区），该区 REOF 分解法特征向量平均荷载值为-0.72，包括吉林省南部和辽宁省东北部地区，共 18 个研究站，代表站是临江（-0.82）。

东北 3 个低温冷害强度区特征：Ⅰ区出现的低温冷害强度最大，Ⅲ区其次，Ⅱ区最小，各区低温冷害强度变化特征的一致性较好。Ⅰ区（克山）发生重度低温冷害的年份多，受灾严重；Ⅱ区（兴城）发生轻度低温冷害年份较多，受灾相对较小；Ⅲ区（临江）中度和重度低温冷害发生年份多于Ⅱ区（兴城），东北北部和东部低温冷害灾害强度较大。虽然3个低温冷害区强度值发生年份不尽相同，但各区低温冷害发生年份主要集中在20世纪80年代，整体趋势是2000年前处于偏冷阶段，不同强度的低温冷害发生次数多，2000年后处于偏暖阶段，低温冷害发生的强度和次数均降低。

第三节　涝渍灾害

在全球气象参数变化下，大气环境、水循环和降水分布、海洋温度发生变化，季风规律的改变以及天气系统的脆弱性突出等，极端的天气气候事件频发，导致气象灾害明显增多。尤其是北半球中高纬度降水量增加的地区，与其他地区相比，大雨、暴雨等极端降水事件更易发生[27]。1951—2012年，东北地区总降水日数和小雨日数均有减少的趋势；中雨和大雨日数呈东多西少的平均分布特征和东减西增的趋势分布态势；暴雨日数南多北少，但南部暴雨日数减少明显[41]。降水量逐年减少，其中，春季降水略有增加，夏、秋季降水均为减少趋势。东北地区降水有向不均衡、极端化发展的趋势，这会导致东北地区旱涝灾害的发生频率增加，应引起足够重视。

降水量的多少影响玉米的种植区域分布、生长发育、产量、全生育期的长短以及病虫害的产生和发展。玉米生育期需要一定量的水分，但当超过玉米承受临界值且受淹时间超过玉米承受能力时，会导致生长发育和生理活动减缓甚至暂停，最终导致产量下降，产量下降的多少主要取决涝渍灾害的程度和时间以及受灾时所处的生育期。长时间连续的阴雨天气，农田排水不畅、地下水位高所造成土壤水分过饱和或根层土壤含水量长时间大于田间持水量，土壤空隙充满水分，土壤中空气含氧量严重不足，根系进行无氧呼吸产生有害物质，从而对农作物正常生长造成伤害。

自然灾害对社会经济活动造成的损失中，气象灾害造成的损失高达80%以上。自20世纪90年代以来，区域农业、环境、经济发展和人类活动都受到气候变化的影响，尤其是与气候有密切关系的气象灾害给全球人民生命财产造成了巨大的损失，人类已经进入一个全球风险时代。2018年统计数据显示，黑龙江省易涝面积446.6万hm^2，除涝面积339.7万hm^2，占易涝面积比重76.1%；吉林省除涝面积93.2万hm^2；辽宁省除涝面积103.5万hm^2[4]，均基本与上年一致。在农业气象灾害加重的情况下，就要求采取更及时有效的措施，增加除涝面积，降低涝渍危害，保证农业生产。农业气象灾害风险分析是在灾害风险识别的基础上对农作物可能遇到的灾害所带来的严重后果的分析，体现为农业气象灾害危害因子的活动强度和活动频次的时空动态分布的规律分析[31,42]。对农业气象灾害强度和频率的时空分布研究有利于深入地了解农业气象灾害的发生规律，有利于为东北3省农作物气象灾害风险预警，并提前采取有效的减灾避灾措施。

一、涝渍灾害发生范围和频率的时空分布

在全球气候变化的大背景下，东北地区的极端降水事件有显著增加的趋势，导致涝渍灾害发生频率增加。春玉米是东北地区的主要粮食作物，关键生长期6—9月恰逢降水多发季，极易遭受涝渍的危害，导致玉米产量或品质下降。东北3个省6—8月降水量占全年总降水量的百分比：黑龙江省91.2%，吉林省90.5%，辽宁省89.1%，说明东北降水多集中在雨季，降水集中且降水量大，则发生极端强降水事件的可能性会更大[43]。短时间的强降水或长时间降雨，使低洼地不能及时把多余的水排出，而造成土壤涝渍，涝渍成为东北地区土壤退化的一种特殊形式，提出和实施有效的治理的措施，及时降水排涝显得尤为重要。因此，了解东北地区春玉米涝渍灾害的变化趋势和频率时空分布，对区域农业防灾减灾和应对气候变化意义重大。

（一）涝渍灾害发生站点数占总站点数的百分比年际变化

东北3省各强度的涝渍灾害发生站点数占总站点数的比例随时间呈波动减小趋势（图4-22），其中轻度涝渍灾害发生站数占总站数的比例减小趋势最小，年际变化倾向率为0.5/10a（图4-22a），减小趋势最大的是重度涝渍灾害，年际变化倾向率为3.8/10a（图4-22c），中度涝渍灾害发生站数占总站数的比例减小倾向率为3.0/10a（图4-22b）。轻、中、重度和全部涝渍灾害发生站数占总站数的比例的多年平均值分别为12.2%、10.2%、16.1%和38.5%。涝渍灾害发生站数占总站数的比例较大的年份有1985年、1987年、1990年、1994年和1998年，近10年涝渍灾害的范围变小（图4-22d）。

（二）涝渍灾害发生频率空间变化

涝渍发生频率整体上呈西北向东南方向递减趋势（图4-23），降水量分布不均是引起涝渍灾害的主要原因。按各强度等级涝渍灾害发生频率的大小排序为，中度（11%~20%）>重度（10%~20%）>轻度（9%~20%）。轻度涝渍发生频率大值区主要分布在黑龙江省与吉林省交界地区（图4-23a）向北和向南发生频率值减小，小值区分布在辽宁省西南部。中度涝渍发生频率大值区主要分布在黑龙江省西北部（图4-23b），小值区分布在吉林省东部和辽宁省东南部。重度涝渍发生频率大值区主要分布在辽宁省西南地区，小值区主要分布在黑龙江省西南和吉林省东北部。

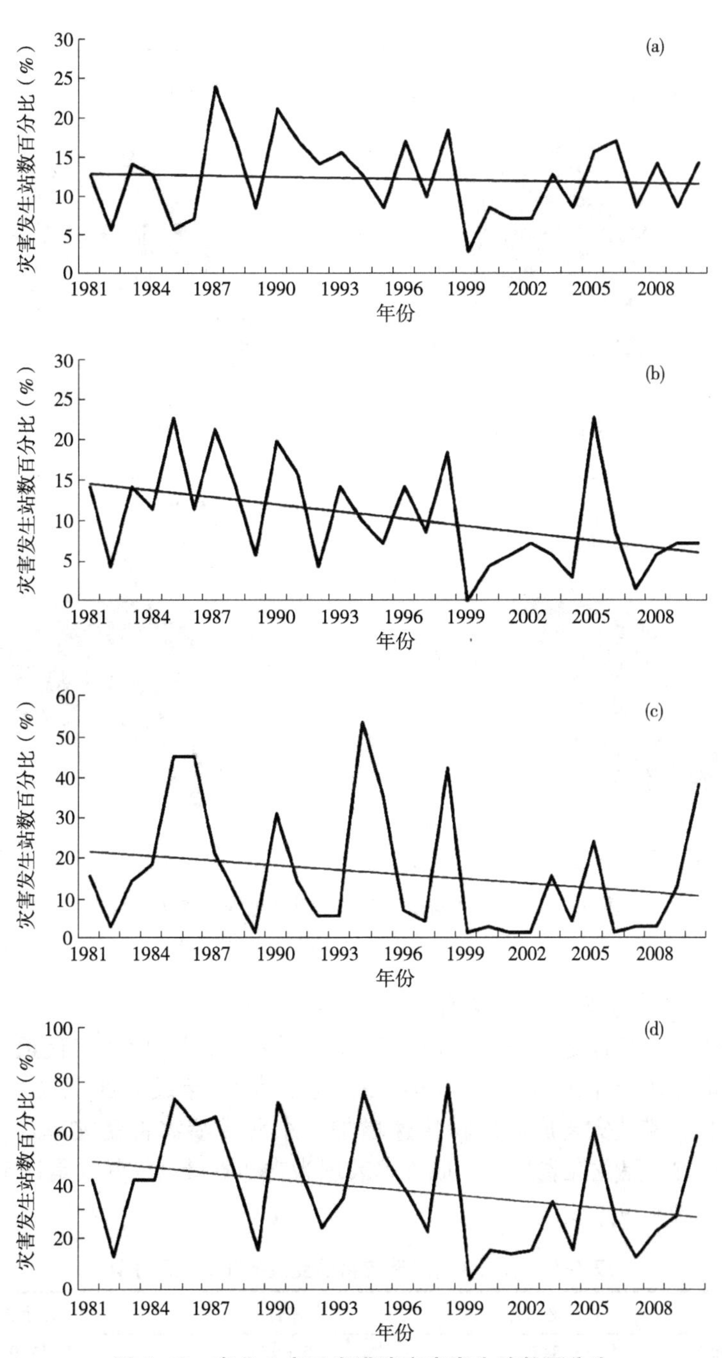

图 4-22　东北 3 省玉米涝渍灾害发生站数百分比

（a）轻度（b）中度（c）重度（d）涝渍灾害

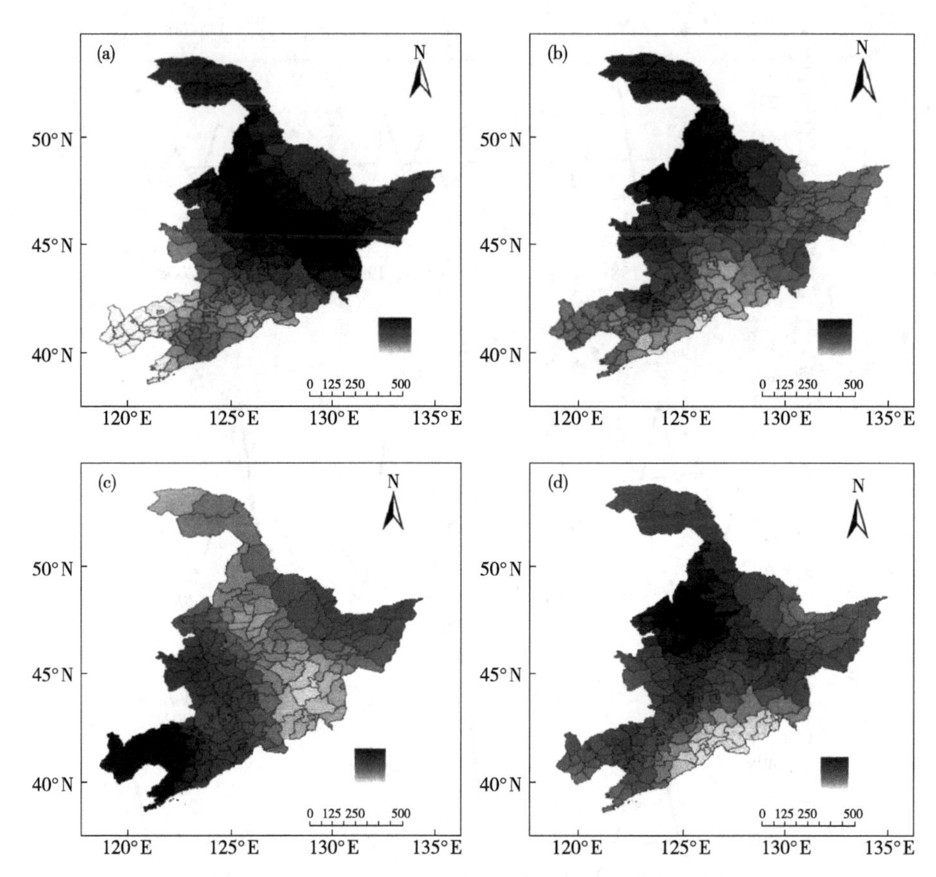

图 4-23　东北 3 省玉米涝渍灾害发生频率空间分布

(a) 轻度 (b) 中度 (c) 重度 (d) 涝渍灾害

(三) 涝渍灾害发生频率空间年际变化

东北涝渍灾害的受灾面积和成灾面积均是在 20 世纪 90 年代最大（图 4-24）。20 世纪 70 年代受灾面积最小，21 世纪前 10 年成灾面积最小。20 世纪 80—90 年代，涝渍灾害成灾面积快速增加。东北涝渍灾害受灾率辽宁省最高，其次是吉林省，黑龙江省最低；成灾率表现为吉林省最高，其次是辽宁省，黑龙江省最低（表 4-9）。

表 4-9　东北 3 省涝渍灾害的受灾率和成灾率统计

	黑龙江省	吉林省	辽宁省
受灾率（%）	8.7	9.6	11.0
成灾率（%）	5.3	6.4	6.3

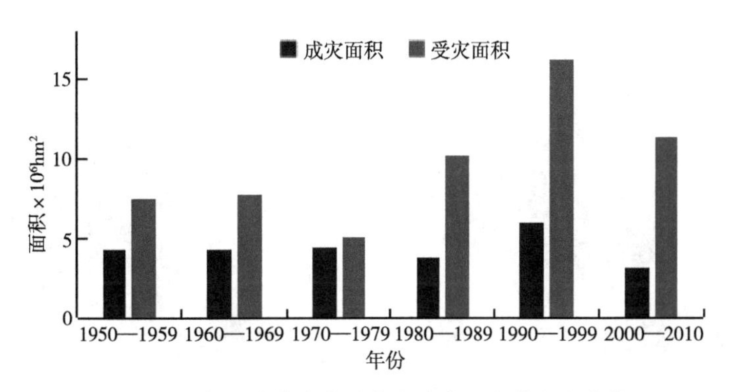

图 4-24　东北涝渍灾害受灾和成灾面积的年代变化

东北 3 省玉米涝渍灾害发生频率空间的年代际变化明显（图 4-25）。1981—1990 年涝渍灾害频率高值区在吉林省西部大部分地区，频率范围为 35%～58%（图 4-25a）低值区在吉林省东南部和辽宁省东北部。1991—2000 年涝渍灾害频率明显下降，数值范围下降到 31%～52%，频率高值区范围变小，仅辽宁省西部地区发生涝渍灾害较为频繁（图 4-25b），低值区分布在吉林省和辽宁省东北部。2001—2010 年涝渍灾害频率再次下降，数值范围为 22%～36%，高值区位于东北 3 省东南部地区（图 4-25c），低值区位于东北 3 省中东部。

二、涝渍灾害强度时空分布

涝渍的时空分布与自然降水呈正相关关系，降水量大且集中，使土壤过饱和，不能及时排水，影响根系呼吸，进而影响作物生育及产量。选择年降水量、平均相对湿度和年蒸散量指标（数据来源于中国气象数据网），分析东部地区的降水资源分布与涝渍时空分布特征的关系。

（一）年降水量

通过计算各省气象站点逐年降水量，得到 1961—2018 年东北地区年降水量变化趋势，三时段年降水量比较，见表 4-10。1961—2018 年东北 3 省年降水量在 362.9～1 124.6mm。1961—2018 年东北 3 省年降水量总体呈现降低趋势，下降速率平均为 4.4mm/10a。由表 4-10 可以看出，1961—1980 年年降水量在 368.6～1 124.6mm，1981—2010 年年降水量在 370.7～1 077.8mm，2011—2018 年年降水量在 362.9～968.3mm。年降水量下降速率由大到小依次为辽宁省（9.2mm/10a）、吉林省（3.6mm/10a）、黑龙江省（1.0mm/10a）。黑龙江省时段Ⅱ较时段Ⅰ平均年降水量增加了 7.8mm，时段Ⅲ较时段Ⅱ平均年降水量增加了 34.5mm；吉林省时段Ⅱ较时段Ⅰ平均年降水量减少了 12.7mm，时段Ⅲ较时

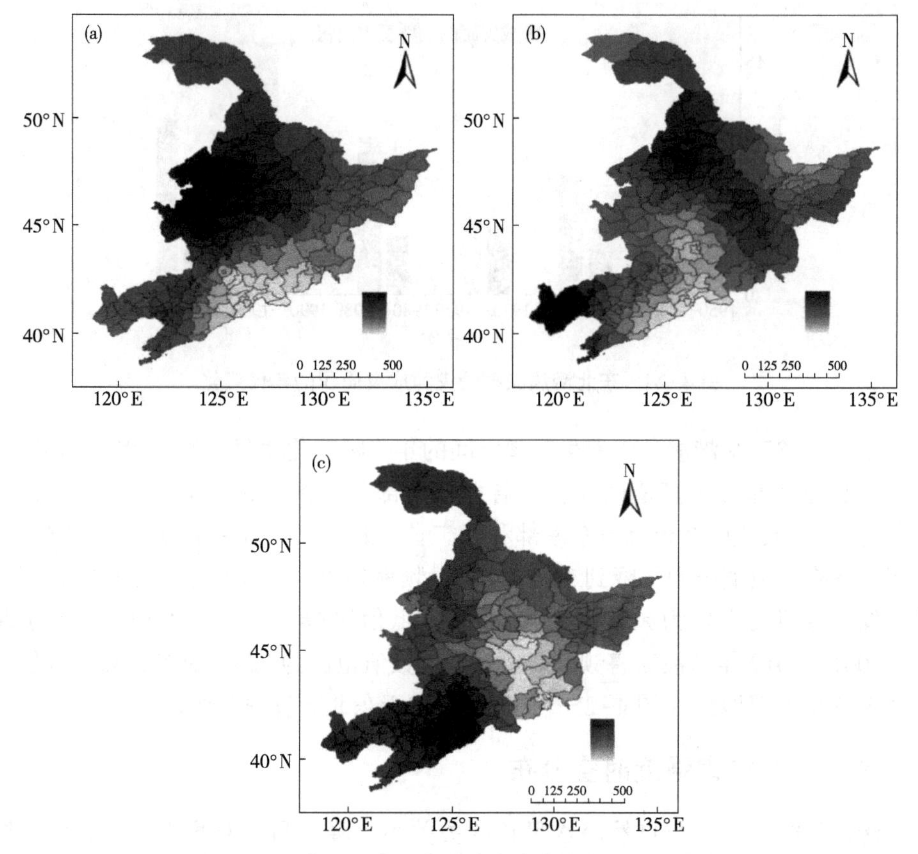

图 4-25 东北 3 省玉米涝渍灾害发生频率空间分布

（a）1981—1990 年（b）1991—2000 年（c）2001—2010 年

段Ⅱ平均年降水量增加了 16. 3mm；辽宁省时段Ⅱ较时段Ⅰ平均年降水量减少了 12. 7mm，时段Ⅲ较时段Ⅱ平均年降水量减少了 59. 2mm。

表 4-10 1961—2018 年东北 3 省年降水量 （单位：mm）

时段	项目	黑龙江省	吉林省	辽宁省
时段Ⅰ 1961—1980 年	最低值	368. 6	409. 5	475. 8
	最高值	666. 4	947	1 124. 6
	平均值	519. 1	632. 6	706. 9
时段Ⅱ 1981—2010 年	最低值	397. 1	370. 7	449. 5
	最高值	656. 5	917. 6	1 077. 8
	平均值	526. 9	619. 9	673. 8

（续表）

时段	项目	黑龙江省	吉林省	辽宁省
时段Ⅲ 2011—2018 年	最低值	415.8	446	362.9
	最高值	740.8	888.6	968.3
	平均值	561.4	636.2	614.6

（二）年平均相对湿度

通过计算各站点逐年日平均相对湿度的平均值，得到 1961—2018 年东北 3 省年平均相对湿度变化趋势，三时段年平均相对湿度比较，见表 4-11。可以看出，1961—2018 年东北 3 省年平均相对湿度在 61%~68%。东北 3 省年平均相对湿度由东向西逐渐减小，1961—2018 年东北 3 省年平均相对湿度无明显变化趋势。

1961—1980 年年平均相对湿度在 64%~68%，1981—2010 年年平均相对湿度在 63%~66%，2011—2018 年年平均相对湿度在 61%~65%。与 1961—1980 年相比，1981—2010 年黑龙江省、吉林省和辽宁省年平均相对湿度分别降低了 2 个百分点、2 个百分点和 1 个百分点；与 1981—2010 年相比，2011—2018 年黑龙江省、吉林省和辽宁省年平均相对湿度分别降低了 1 个百分点、4 个百分点和 0 个百分点。

表 4-11　1961—2018 年东北 3 省年平均相对湿度　（单位：%）

时段	项目	黑龙江省	吉林省	辽宁省
时段Ⅰ 1961—1980 年	最低值	59	58	52
	最高值	73	73	71
	平均值	68	67	64
时段Ⅱ 1981—2010 年	最低值	57	55	51
	最高值	73	70	71
	平均值	66	65	63
时段Ⅲ 2011—2018 年	最低值	62	57	58
	最高值	69	64	68
	平均值	65	61	63

（三）年蒸散量

计算各气象站点逐年蒸散量，1961—2010 年东北 3 省年蒸散量，见表 4-12。可以看出，1961—2018 年东北 3 省年蒸散量在 553~938.8mm。1961—2018 年东北 3 省年蒸散量总体呈现下降的趋势，平均下降速率为 4.4mm/10a。

1961—1980 年，年蒸散量在 590.3~1 113.2mm，1981—2010 年，年蒸散量

在587.9~1 059.5mm，2011—2018年年蒸散量在203~1 102.1mm。东北3省年蒸散量下降速率由大到小依次为辽宁省（10.7mm/10a）、吉林省（2.8mm/10a）、黑龙江省（0.4mm/10a）。与1961—1980年相比，1981—2010年黑龙江省、吉林省和辽宁省平均年蒸散量分别减少了1.2mm、4.2mm和17.7mm；与1981—2010年相比，2011—2018年蒸散量大幅度降低，黑龙江省、吉林省和辽宁省平均年蒸散量分别减少了115.7mm、243.5mm和368.1mm。

表4-12　1961—2018年东北3省年蒸散量　　（单位：mm）

时段	项目	黑龙江省	吉林省	辽宁省
时段Ⅰ 1961—1980年	最低值	590.3	719.1	775.7
	最高值	973.9	1 005.3	1 113.2
	平均值	775.0	837.3	938.8
时段Ⅱ 1981—2010年	最低值	587.9	731	753.5
	最高值	956.2	1 020.4	1 059.5
	平均值	773.8	833.1	921.1
时段Ⅲ 2011—2018年	最低值	414.1	278.3	203
	最高值	1 010.6	942	1 102.1
	平均值	658.1	589.6	553

从以上分析可看出，1961—2018年，黑龙江省的年降水量呈现上升的趋势，吉林省的年降水量呈现先下降后上升的趋势，辽宁省的年降水量呈现下降的趋势。东北3省年平均相对湿度变化不明显。东北3省年蒸散量总体呈现下降的趋势，下降速率和下降幅度均表现为辽宁省>吉林省>黑龙江省。

二、洪涝灾害时空分布

涝渍灾害强度第一荷载向量（图4-26a）大部分地区为正值，北部低于南部，反映了全区涝渍灾害强度变化具有较好的一致性，且该模态方差贡献占总方差的33.2%，故东北3省大多数年份涝渍灾害强度变化情况呈第一模态的分布特点。第一荷载向量最大值区在东北3省西南部说明这一区域是涝渍灾害强度变率最大区域，结合涝渍灾害强度EOF分解第一时间系数曲线的趋势线（图4-27）可以看出，涝渍灾害强度波动式变小；第二荷载向量（图4-26b）以中部地区为界限呈现南北反向分布特点，荷载绝对值最大值区位于黑龙江省中西部，说明涝渍灾害强度呈现南重北轻或南轻北重的格局特征，对应第二时间系数曲线可看出，涝渍灾害强度年际间波动较大，但是趋势较为平缓，这种南北差异占整体方差的17.0%；第三荷载向量和第四荷载向量方差贡献率小（8.6%和5.1%），其中，第三荷载向量（图 4-26c）西北与中东与西南反位相特征分布，荷载绝对值最大值区位于黑龙江省和吉林省东部，且与西北、东南反向；第四荷载向量（图 4-26d）分布较为复杂。

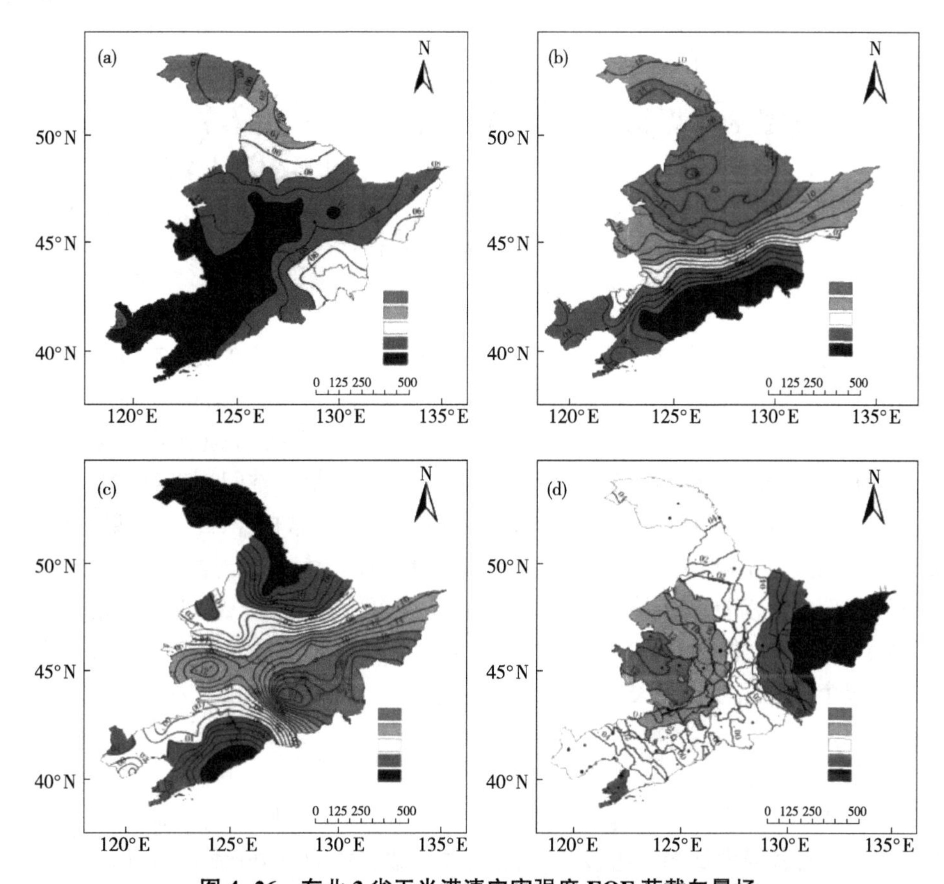

图 4-26　东北 3 省玉米涝渍灾害强度 EOF 荷载向量场

（a）第一荷载向量（b）第二荷载向量（c）第三荷载向量（d）第四荷载向量

图 4-27 为东北 3 省玉米涝渍灾害强度 EOF 分解的时间系数曲线，第一时间系数曲线波动较大，处于曲线峰值表示涝渍灾害强度较大，有 1985 年、1986 年、1990 年、1994 年和 1998 年，对应的涝渍灾害强度平均值分别是 22.69、18.81、19.63、33.60 和 23.36，涝渍灾害强度高值区分布在辽宁省中部地区。

三、涝渍灾害区域分布

黑土区涝渍土壤由于湿度过大阻碍了农机耕作的连续性，给农业耕作增加难度。涝渍灾害影响作物生长发育，导致产量降低或品质下降，大幅降低了土地利

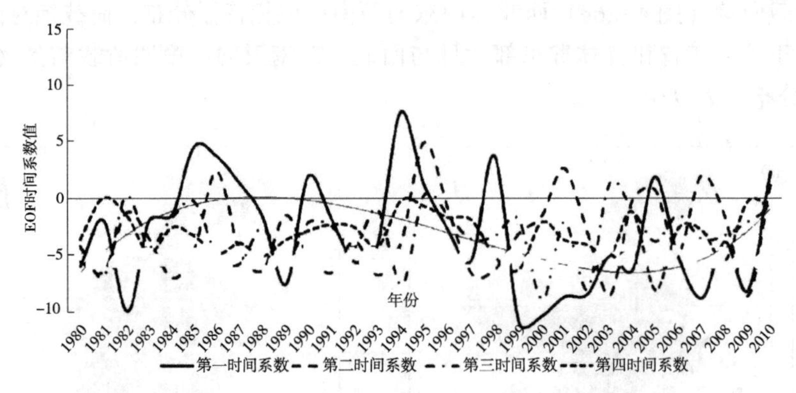

图 4-27 东北 3 省玉米涝渍灾害强度时间变化

用效率。涝渍地广泛分布，影响东北的农业生产，给中国粮食安全带来隐患。

涝渍灾害强度 REOF 分解第一空间模态（图 4-28a）大值区（特征向量≥0.6 所包围的区域，下同）位于东北 3 省南部，是涝渍灾害强度场的第一敏感区，相关程度向北部减小，东北 3 省变化基本一致。第二空间模态绝对值大值区（≥0.6）位于东北 3 省中部，是涝渍灾害强度变化异常的第二个敏感区域，相关程度向四周逐渐减小。第三空间模态（图 4-28c）大值区（≥0.6）位于黑龙江省西北部，是涝渍灾害强度变化异常的第三个敏感区域。第四空间模态（图 4-28d）绝对值大值区（≥0.6）位于黑龙江省东北部，是涝渍灾害强度变化异常的第四个敏感区域，相关程度向四周逐渐减小，东北 3 省变化基本一致。

小结

按东北 3 省主要农业气象灾害发生频率多年平均值排序，低温冷害>涝渍灾害。东北 3 省各强度低温冷害发生站点数占总站点数的百分比随时间均呈减小趋势，减小幅度轻度>中度>重度；低温冷害发生频率空间分布由大到小为黑龙江省>吉林省>辽宁省，重度低温冷害发生频率高值区位于黑龙江省西北部大兴安岭地区，中度低温冷害发生频率高值区位于黑龙江省的松嫩平原地区，轻度低温冷害发生频率高值区位于辽宁省中部地区；东北 3 省玉米低温冷害发生频率年代际变化明显，20 世纪 80 年代低温冷害发生频率高，分布范围大，90 年代低温冷害发生频率明显下降，21 世纪 10 年代低温冷害发生频率和范围相对最小。东北 3 省各强度的干旱灾害发生站点数占总站点数的百分比随时间均呈增加趋势，增加幅度重度>中度>轻度；干旱灾害发生频率空间分布总体上中间地带频率值相对较小，北部和南部灾害发生频繁，辽宁省西部和南部、吉林省西部、黑龙江省西南部发生干旱灾害发生频率较高；东北 3 省玉米干旱灾害发生频率年代际变化明显，频率高值区随年

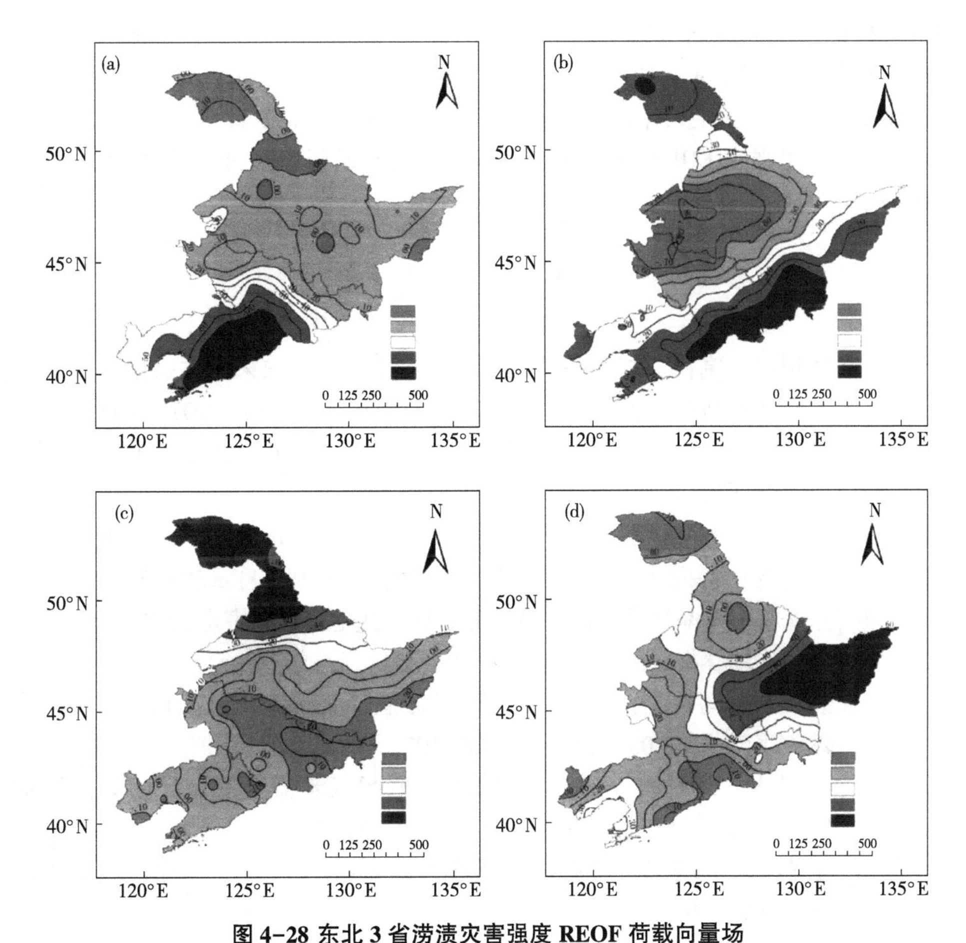

图 4-28 东北 3 省涝渍灾害强度 REOF 荷载向量场

（a）第一荷载向量（b）第二荷载向量（c）第三荷载向量（d）第四荷载向量

代变化呈增加趋势。东北 3 省各强度涝渍灾害发生站点数占总站点数的百分比随时间均呈减小趋势，减小幅度重度>中度>轻度；涝渍灾害发生频率空间分布整体上呈西北向东南方向递减趋势；东北 3 省玉米涝渍灾害发生频率的年代际变化明显，灾害发生频率和高值区范围随年代变化均呈减小趋势。

3 种农业气象灾害强度 EOF 分解得到的第一荷载向量场除涝渍灾害强度在黑龙江省西北地区有极小范围的负值区外，3 种灾害第一荷载向量场全区一致为正值，这显然与大尺度的天气系统有关，表明尽管东北 3 省山地、平地交错分布，地形复杂，气候差异大，但在一定程度上是受某些因子共同影响和控制的，造成全东北 3 省灾害一致偏多或偏少；EOF 分解第二荷载场均表现为东北 3 省北部和南部以吉林与辽宁 2 省省界为界线的反向变化，但干旱灾害强度和低温冷害强度

EOF 分解的第二荷载向量场南北分界线位置为西北-东南走向，涝渍灾害强度EOF 分解的第二荷载向量场南北分界线位置为东北-西南走向；灾害强度第三荷载向量的空间分布较前两个向量场复杂许多，表现为东北 3 省不同方向上的反向变化。3 种灾害强度 EOF 分解前 3 个荷载向量场最显著的区别是范围的大小和高荷载值中心区域位置的不同。

参考文献

[1] 潘根兴，高民，胡国华，等. 应对气候变化对未来中国农业生产影响的问题和挑战 [J]. 农业环境科学学报，2011，9：1 707- 1 712.

[2] 杨若子. 东北玉米主要农业气象灾害的时空特征 [D]. 北京：中国气象科学研究院，2015.

[3] 何学敏，刘笑，殷红，等. 1986—2015 年中国东北地区主要农业气象灾害变化特征 [J]. 沈阳农业大学学报，2019（4）：392-398.

[4] 张海娜，李晶，吕志红，等. 东北地区农业气象灾害定量评估 [J]. 气象与环境学报，2011，27（3）：24-28.

[5] 袭祝香，马树庆，王琪. 东北地区低温冷害风险评估及区划 [J]. 自然灾害学报. 2003，12（2）：98-102.

[6] 马树庆，袭祝香，王琪. 中国东北地区玉米低温冷害风险评估研究 [J]. 自然灾害学报，2003，12（3），137-141.

[7] 王春乙，郭建平. 农作物低温冷害防御技术 [M]. 北京：气象出版社，1999：9-15.

[8] 姚玉璧，张强，李耀辉，等. 干旱灾害风险评估技术及其科学问题与展望 [J]. 资源科学，2013（09）：158-171.

[9] 安雪丽，王前锋，莫新宇，等. 华北地区农业干旱灾害变化特征 [J]. 北京师范大学学报：自然科学版，2016，052（005）：591-596.

[10] 初征，郭建平，赵俊芳. 东北地区未来气候变化对农业气候资源的影响 [J]. 地理学报，2017（7）：1 248- 1 260.

[11] 张淑杰，张玉书，孙龙彧，等. 东北地区玉米生育期干旱分布特征及其成因分析 [J]. 中国农业气象，2013，34（03）：350-357.

[12] 杨若子，周广胜. 东北 3 省玉米主要农业气象灾害危险性评估 [J]. 气象学报，2015（6）：1 141- 1 153.

[13] 倪深海，顾颖，彭岳津，等. 近 70 年中国干旱灾害时空格局及演变 [J]. 自然灾害学报，2019，28（06）：176-181.

[14] 赵一磊. 中国区域性气象干旱事件的模拟和预估［D］. 南京：南京信息工程大学，2013.

[15] 张淑杰，张玉书，纪瑞鹏，等. 东北地区玉米干旱时空特征分析［J］. 干旱地区农业研究，2011（01）：237-242.

[16] 孙滨峰. 基于标准化降水蒸发指数（SPEI）的东北干旱时空特征［J］. 生态环境学报，2015.

[17] 田志会，李晓雪. 1949—2016 年我国粮食主产区旱灾变化趋势分析［J］. 中国农业大学学报，2019，24（12）：159-167.

[18] 周丹. 1961—2013 年华北地区气象干旱时空变化及其成因分析［D］. 兰州：西北师范大学，2015.

[19] 薛昌颖，马志红，胡程达. 近 40 年黄淮海地区夏玉米生长季干旱时空特征分析［J］. 自然灾害学报，2016，025（002）：1-14.

[20] 杨艳颖，毛克彪，韩秀珍，等. 1949—2016 年中国旱灾规律及其对粮食产量的影响［J］. 中国农业信息，2018，30（05）：80-94.

[21] 胡子瑛，周俊菊，张利利，等. 中国北方气候干湿变化及干旱演变特征［J］. 生态学报，2018（6）：1 908- 1 919.

[22] 卓义，包玉海，刘桂香，等. 基于 SPI 指数的中国近 50 年气象干旱灾害发生频率特征［C］. 中国灾害防御协会风险分析专业委员会年会论文集，2014.

[23] 沈国强，郑海峰，雷振锋. 基于 SPEI 指数的 1961—2014 年东北地区气象干旱时空特征研究［J］. 生态学报，2017（17）：5 882- 5 893.

[24] 刘洁. 近 60 年来中国北方半干旱区界线与范围时空变化特征研究［D］. 西安：西北大学，2019.

[25] 刘永林. 中国西部气象干旱统计规律及对称性结构［D］. 西安：陕西师范大学，2016.

[26] 董秋婷，李茂松，刘江，等. 近 50 年东北地区春玉米干旱的时空演变特征［J］. 自然灾害学报，2011，20（4）：52-56.

[27] 曹义娜. 黑龙江省洪涝灾害分布特征及其对玉米产量的影响［D］. 哈尔滨：东北农业大学，2017.

[28] 李正国，杨鹏，唐华俊，等. 近 20 年来东北 3 省春玉米物候期变化趋势及其对温度的时空响应［J］. 生态学报，2013，33（18）：5 818- 5 827.

[29] 胡春丽，李辑，林蓉，等. 东北水稻障碍型低温冷害变化特征及其与关键生育期温度的关系［J］. 中国农业气象，2014，35（3）：

323-329.
[30] 程勇翔，王秀珍，郭建平，等. 农作物低温冷害监测评估及预报方法评述［J］. 中国农业气象，2012，33（2）：297-303.
[31] 张建平，王春乙，赵艳霞，等. 基于作物模型的低温冷害对我国东北3省玉米产量影响评估［J］. 生态学报，2012，32（13）：4 132-4 138.
[32] 王春乙. 重大农业气象灾害研究进展［M］. 北京：气象出版社，2007：54.
[33] 高惫芳，邱建军，刘三超，等. 我国低温冷冻害的发生规律分析［J］. 中国生态农业学报，2008，16（5）：1 167-1 172.
[34] 马树庆，王琪，罗新兰. 基于分期播种的气候变化对东北地区玉米（Zea mavs）生长发育和产量的影响［J］. 生态学报，2008，28（5）：2 131-2 139.
[35] 杨晓光，刘志娟，赵锦. 气候变化对中国东北玉米影响研究［M］. 北京：气象出版社，2018.
[36] 刘传凤，高波. 东北夏季低温冷害气候特征分析［J］. 吉林气象，1999（1）：3-5.
[37] 唐亚平，张凯，李忠娴，等. 1964—2008年辽宁省旱涝时空分布特征及演变趋势［J］. 气象与环境学报，2011，27（2）：50-55.
[38] 郭建平，庄立伟，陈玥熠. 东北玉米热量指数预测方法研究（I）-热量指数与玉米产量［J］. 灾害学，2009，24（4）：6-10.
[39] 杨若子，周广胜. 1961—2013年东北3省玉米低温冷害频率的时空动态研究［J］. 气象科学，2016（3）：311-318.
[40] Reichrath S, Davies T W. Computational fluid dynamics simulations and validation of the pressure distribution on the roof of a commercial multi-span Venlo-type glasshouse［J］. Journal of Wind Engineering and Industrial Aerodynamics, 2002, 90（3）：139-149.
[41] 孙凤华，杨素英，任国玉. 东北地区降水日数、强度和持续时间的年代际变化［J］. 应用气象学报，2007，18（5）：610-618.
[42] 高晓容，王春乙，张继权. 气候变暖对东北玉米低温冷害分布规律的影响［J］. 生态学报，2012，32（7）：2 110-2 118.
[43] 蔡文香. 中国极端事件的趋势特征与极值分布［D］. 北京：对外经济贸易大学，2016.

第五章　东北春玉米主要农业气象灾害风险评估

黑龙江省、吉林省及辽宁省是我国重要的春玉米主产区，其种植面积和总产量在我国粮食作物生产中占有不可替代的地位。资料表明，近年来东北3省的玉米种植面积约为1 100万 hm^2，约占全国粮食播种面积的10%，产量达到7 800万t左右，约占全国粮食总产量的12%。2019年黑龙江省玉米产量3 940万t，占全国玉米产量的15%以上。

数据表明，我国农业生产每年因干旱、低温、洪涝、热害、台风等主要农业气象灾害造成的损失超过2 000亿元，面积达5 000万 hm^2[1]。随着全球气候变暖，一方面扩大了晚熟高产型玉米播种面积，加速了玉米越区种植，同时，也使东北春玉米生产过程中遭受低温、干旱及涝渍等气象灾害的风险明显加大；另一方面随着气候变化异常加剧，一些主要农业气象灾害的发生呈现频发、重发趋势，加重了玉米种植风险。2015年农业部下发《关于“镰刀湾”地区玉米结构调整的指导意见》，要求玉米生产中容易遭受低温、霜冻等灾害影响的东北冷凉地区进行玉米结构调整，大幅度调减籽粒玉米种植面积1 000万亩以上。因此，为了提升玉米生产的防灾减灾能力，对东北春玉米种植地区的主要气象灾害进行风险评估尤为必要和迫切。

农业气象灾害是气象灾害和农业生产的结合体，具有自然属性的同时，又具有社会经济属性，所以，自然因素和人为因素都会导致农业气象灾害风险。

第一节　概　述

农业气象灾害风险评估，是对农业种植区内的农作物所遭受不同强度的气象灾害威胁的可能性及其造成损失程度的分析和评估。科学系统的了解气象灾害，并通过气象灾害风险评估，可以尽可能地减少其带来的损失。自新中国成立到20世纪80年代，我国农业生产的整体水平偏低，对农业气象灾害的防御意识较薄弱，研究起步较晚。20世纪90年代，科研人员对农业气象灾害风险进行了分析，提出了农业自然灾害风险分析的概念、方法以及模型等理论。21世纪之后，在国家科技部“农业气象灾害影响评估技术研究”项目资助下，科研人员构建了农作物不同生长时期的主要气象灾害风险评价模型，建立了较为完善的农作物灾害风险分析—灾害过程评估—灾后评估—灾害防御策略的技术体系。如霍治国等构建的“北方冬小麦旱灾、江淮地区冬小麦涝渍、东北和华南典型作物低温灾害”的风险评估体系。

一、农业气象灾害风险评估的步骤

农业气象灾害风险评估属于专业性评估，主要对灾害发生的概率及造成的农业损失进行评估。主要包括三步，第一步进行风险识别。在气象灾害发生后，分析其发生缘由和特点，判断灾害类型。第二步是风险分析。分析灾害活动的强度和频次，确定灾害发生对农作物造成的损失。第三步得到灾害风险评估结论。基于灾害类型、发生特征、受灾程度及防灾减灾能力等，利用数学方法建立灾害评估模型，为当地农业生产管理部门提供决策依据。

二、农业气象灾害风险评估的内容

农业气象灾害风险评估的主要内容包括致灾因子危险性评估、承灾体脆弱性评估、灾情期望损失评估及灾害风险综合评估等 4 个方面[2]。

（一）致灾因子危险性评估

致灾因子是农业气象灾害风险评估的最关键因素之一，是指对评估对象可能导致风险的气象因子。致灾因子危险性大小取决于灾害活动强度与频率[2]。如暴雨，其致灾因子需要考虑降水量、降水时间长短、土壤墒情状况和作物生长时期等，由孕灾环境、灾害发生频率决定。致灾因子因环境差异，会导致不同的灾害种类。致灾因子的危险性取决于其自然变异的程度，受强度和频率的直接影响，致灾因子危险性与气象灾害风险成正比，当致灾因子活动的强度越大，频率越高时，其所造成的灾害损失就越严重，表明该致灾因子的危险性也越大。

致灾因子危险性评估主要包括灾害发生区域中致灾因子的发生概率、规模、频次、分布、级别及导致的灾害种类等。采用概率论和数理统计等方法，构建概率模型对致灾因子的危险性进行分析，是致灾因子危险性评估的重要内容。概率模型的评估方法是将灾害视为是一个随机的过程，并假定灾害的发生符合随机分布的特点，然后运用风险概率的函数进行拟合，利用灾害发生的变异系数、频率及强度等指标作为参数，构建概率模型，从而实现对致灾因子的危险性估算。霍治国等[3]基于灾害风险分析原理，提出了东北玉米冷害风险评估的主要致灾因子、指标、等级和灾害导致的产量损失。杜尧东等[4]基于华南地区 100 多个站点 50 年的寒害气象资料，利用瑞利分布、正态分布、指数分布、伽玛分布等分布函数进行拟合与检验，建立了华南地区寒害的概率分布模型。上述研究主要基于影响农业生产的致灾因子，利用相关参数建立灾害风险评估模型，得到了一些研究者的认可。

（二）承灾体脆弱性评估

承灾体脆弱性是指承灾体在某一特定的危险区域内，受到一定强度的致灾因子作用后，所造成的损失和伤害程度。承灾体脆弱性与气象灾害风险成正比，能够在一定程度上反映出承灾体抗灾减灾能力。通常来讲，承灾体的脆弱性越小，防灾减灾能力越强，灾害损失越小，致灾风险也越小。

承灾体脆弱性评估主要是开展划分风险区范围、承灾区特征评估及该区域的防灾减灾能力解析等内容。近年来，在基于多要素分析的评估指标构建、基于防灾减灾能力的多要素评估模型构建及受灾作物脆弱性曲线构建等方面取得了一定进展。Wilhelmi & Wilhite [5] 提出了基于空间、地理信息系统（GIS）的美国内布拉斯加州农业干旱脆弱性评估方法。他们假定，决定农业干旱脆弱性的关键生物物理和社会因素是气候、土壤、土地利用和获得灌溉的途径。盛绍学等[6]基于江淮地区自然条件、地理特征、农业生产水平、社会经济发展状况等要素，建立了小麦春季涝渍灾害脆弱性评估模型，为提升当地小麦抗涝渍灾害风险能力提供了支撑。贾慧聪等[7]利用黄淮海夏播玉米区的气象观测资料、土壤类型特点、土地利用图等，综合致灾因子危险性 H（Hazard）、承灾体脆弱性曲线 Vc（Vulnerability Curve）、作物减产风险性 R（Risk）3 种评价途径及作物模型（Erosion Productivity Impact Calulator，EPIC），对玉米不同生育期的干旱风险进行了定量评估，对预防和减轻玉米旱灾起到了积极作用。

（三）灾情期望损失评估

采用受灾面积、作物减产、直接经济损失、灾害级别等灾情评估指标，建立灾损函数，对承灾体预计产生的损失进行评估。我国一些研究人员通过获取多年的数据、图像等气象灾害信息，结合农作物产量变化信息，对农业灾害损失进行评估。马树庆等[8]利用玉米低温冷害相关指标及生长发育和干物质积累变化等参数构建评估模型，为防御东北玉米低温冷害提供了理论依据。张顺谦等[9]基于四川省 50 多年的降水、区县的人口、GDP、耕地面积及暴雨灾情等资料，以经济损失率、人口受灾率和作物受灾率作为评价指标，通过灰色关联法推断灾害程度，通过相关分析法建立了暴雨灾害损失评估模型，明确了四川省各地不同时期暴雨可能造成的经济损失率，为当地农业生产提供了决策依据。

（四）灾害风险综合评估

当只对致灾因子或承灾体单一方面的研究时，会发现农业气象灾害风险的形成机制并不能被充分反映。所以可以站在灾害风险系统的角度，研究灾害形成的机理性，创建一种动力学机制，使其可以定量地反映农业气象灾害在形成过程中各个要素之间的互相作用的评估方法是进行研究所需的。目前，灾害风险综合评估的方法是基于农业气象灾害的形成机理，然后使用合成法对致灾因子进行组合和分析，建立灾害风险评价指数。袭祝香等[10]利用变异系数、正态分布风险概率及风险指数获得东北地区低温冷害综合风险指数，并将其作为指标进行风险评估，明确了东北区低温灾害风险区划，指出黑龙江省北部及吉林省长白山高寒地区为低温灾害风险最大区域，风险概率超过了35%。Zhang[11]综合利用气候学、地理学、灾害科学和环境科学的学科知识，通过作物产量—气候回归分析和量化玉米产量波动与农业气象灾害之间的关系，并根据历史气候、作物产量、播种面积、受灾面积和松辽平原41个玉米产区50年的作物损失资料，提出了一种基于地理信息系统（GIS）的松辽平原玉米产区旱灾对农业生产的灾害风险评估分析方法，建立了干旱灾害风险评估模型，该模型综合了干旱灾害发生频率、持续时间和强度，干旱造成的空间损害程度和玉米区域生产力水平。吴荣军等[12]基于自然水分亏缺率指数、降水距平百分率指数和抗旱指数，构建了干旱风险综合风险评估模型，为河北省冬小麦抗旱减灾风险管理及农业种植业产业结构调整提供了一定的参考依据。张存厚等[13]采用专家打分、加权综合评价和层次分析等方法，基于致灾因子、孕灾环境、承灾体及防灾减灾能力等选定评价指标，建立了风险评估模型，用于内蒙古自治区草原干旱灾害综合风险评估，该研究确定了内蒙古草原不同程度旱灾风险的位置及面积，为该地区抗旱减灾提供了依据。

三、农业气象灾害风险评估的方法

国内外科学家围绕农业气象灾害风险评估开展了大量的研究，形成了一些各具特点的评估方法。主要包括基于数据的概率评估方法、基于指标的综合评估方法、基于情景模拟的评估方法及基于3S技术的评估方法等[14]。下面对这几种方法，作一介绍。

（一）基于数据的概率评估方法

通过采用非参数估计、回归模型、聚类分析、时空模型、信息扩散理论等方法，将灾害发生强度、频率、农作物受灾损失及减灾能力等作为评估指标，对灾害发生地区的农业气象历史资料进行整理、归纳和分析，建立数学模型，获得评估结果的方法，是农业气象灾害风险评估较早普遍使用的一种方法。陈红[15]以黑龙江省1971—2005年的70余个气象站点在5—9月的降水、温度数据为依据，运用信息扩散理论分别对黑龙江省干旱、洪涝、低温冷害等进行了风险评估与区划，结果表明，黑龙江省干旱灾害风险高于洪涝灾害风险，一般低温冷害高风险区零散分布于中部及西南部地区，严重低温冷害范围广，较集中。Hao 等[16]以中国 1991—2009 年的 583 次农业气象观测的历史干旱灾害数据为基础，运用基于信息扩散理论的风险分析方法，建立了干旱风险分析模型，对中国农业风险进行了分析，结果表明，在中国的 300 多个县中，当干旱影响指数（DAI）超过 5%时，风险概率为每两年一次或每年一次。当 DAI 达到 40%时，每年有 100 多个县或每 5 年发生一次干旱。

目前，概率统计评估方法是综合分析农业气象灾害重要方法之一，能够有效地预测和分析风险区域的灾害及损失情况。该方法基于历史气象数据进行评估，通俗易懂、实用性强。但由于对灾害致灾因子、指标等参数的选择需要研究者有丰富的经验积累，也存在一定的局限性。

（二）基于指标的综合评估方法

该方法是将农业气象评估中涉及的 4 个要素：致灾因子危险性、承灾体脆弱性、孕灾环境暴露性及防灾减灾能力为评估对象，采用层次分析法、专家打分、德尔菲法等方法，构建灾害风险评估体系及数学模型，最后给出受灾区域的风险等级。

王芳[17]基于中国和美国过去 30 年玉米种植区的气象数据，利用相关性检验、线性倾向估计等方法，分析了两个国家玉米生长季的干旱特征，指出中国东北玉米种植区需要在整个生长季给予抗旱灾害防御关注。王海梅等[18]以内蒙古自治区河套地区中晚熟玉米品种为材料，将幼苗叶绿素含量、可溶性糖含量、超氧化物酶活性及丙二醛含量等生理指标作为该地区霜冻灾害风险评估的气象指标。侯琼等[19]利用内蒙古自治区河套地区 1981—2012 年的玉米产量、发育期及气象数据，确立了该区域低温冷害监测评估指标。

该方法能够对农业气象灾害的发生、发展、致灾结果等进行全面的剖析和评估。但是，在评估体系设计是选择哪些指标，各个指标权重占比等方面，因人而异导致评估结果不同。

（三）基于情景模拟的评估方法

该方法，一方面是借助数学公式、函数等策略对作物的整个生长发育过程包括农业性状、生理生化指标等进行动态模拟和评估；另一方面是借助互联网、物联网等现代信息技术开展作物生长发育过程模拟，对气象灾害风险进行监测和评估。因此，该方法也称为作物模型模拟法。目前常用的作物模型包括世界粮食研究（WOrld FOod STudies，WOFOST）模型、农业技术推广决策支持系统（Decision Support System for Agrotechnology Transfer，DASST）模型、作物计算机模拟优化决策系统（Crop Computer Simulation Optimization Decision Making System，CCSODS）模型及 APSIM（Agricultural Production Systems sIMulator）模型等[20]。

薛昌颖[21]基于河南省38年94个气象站点气温、降水、光照、风速等数据，采用作物模型方法，系统分析了旱稻生育期水分盈亏情况，对旱稻生育期干旱灾害风险进行了评估，为该区域水稻合理化种植和田间管理提供了理论指导。Cao J等[22]应用本地化的CROPGRO-大豆模型建立了512个组合方案，构建了1 600个冷害脆弱性模型，为准确评估冷害对大豆的影响提供了依据。Rafael B等[23]利用FAO-Zone农业生态模型，对巴西大豆-玉米作物系统中的影响产量及种植户收益等因素的气象条件进行了模拟和评估。王学梅等[24]利用WOFOST模型对土壤中水分、养分对小麦生物量的影响进行了模拟和评价。

目前，WOFOST已经开发出了面向用户的作物模型，通过借助GIS技术，能够将模拟结果直接提供给用户，用于作物产量预测、土地资源利用评估、气候变化风险分析等。但该方法需要大量的历史资料和实验数据，模型的简化过程也有一定的主观性，因此，不同作物、不同地区的模型适用性较差。

(四) 基于3S技术的评估方法

所谓“3S”技术即 遥感技术（Remote Sensing，RS）、地理信息系统（Geographic Information System，GIS）、全球定位系统（Global Positioning System，GPS）。农业气象灾害的监测、预警预报和评估尺度、精度等伴随着遥感技术及地理信息技术的快速发展而不断增加。与传统的技术相比，遥感技术在自然气象灾害监测和风险评估中更有实时、灵活、客观和可视化等优势。消除了常规地面站点在时间尺度、监测空间和可观察区域的局限性。遥感技术的应用主要集中于2个方面，一是辅助获取农业气象灾害研究需要资料，如耕地面积、农作物类型等；二是获得建立评估模型相关的参数指标信息，如温度、水分、作物归一化植被指数（NDVI）等。

Sharma等[25]针对印度3个遭受洪水最严重的地区的土地覆盖状况，利用印度遥感（IRS）P6线性成像自扫描（LISS）洪水前和洪水后的卫星图像进行评估。王德锦等[26]基于山东省东阿县气象观测资料，利用GIS技术，对夏玉米生产过程中的高温、干旱、渍涝等农业气象灾害进行了风险评估与区划。邱译萱等[27]以吉林省50个气象站50多年的霜冻灾情资料及农作物播种面积为基础，利用ArcGIS对霜冻灾害风险进行评估与区划，明确了初霜冻、终霜冻风险级别及区域，为该区域开展霜冻灾害防御提供了依据。

3S技术通过与实地踏查测算相结合，能够瞬时、准确地反映大尺度空间灾情，优势明显。当然，该方法也存在易受灾害发生地天气条件的影响、重复迭代的过程计算相对比较复杂等缺点。

第二节 东北玉米区单种农业气象灾害危险性评估

东北春玉米产区为中国高纬度地区，也是全球气候变暖受影响最大的区域之一。孙凤华等[28]基于东北地区1905—2001年的月平均气温及降水资料，对近百年来该地区气候变化特点及时空特征进行了分析，发现东北地区增温率分别是全球的2倍、全国的3倍，表明该地区属于气象灾害多发频发区，发生气象灾害的风险明显偏高。

历史气象资料表明，低温冷害、干旱及涝渍是东北地区易发的最主要农业气象灾害。本节重点将我国科研人员在上述3种灾害危险性评估方面开展的工作加以系统性总结，为春玉米生产可持续发展提供参考。

张继权等[29]认为自然灾害风险取决于危险性、暴露性、脆弱性及防灾减灾能力4个要素，并以公式形式进行量化考量：自然灾害风险度=危险性×暴露性×脆弱性×防灾减灾能力。其中，危险性是指农业气象灾害发生的频率和强度；暴露性是指受灾作物面积；脆弱性是指灾害造成的损失程度；防灾减灾能力是指灾害发生地区在人员、物质、资金、政策及技术等方面的投入。

张蕾等[30]基于自然灾害风险理论及其4个要素，构建了海南瓜菜寒害综合风险评估模型（式5-1），并对修改指数进行了归一化处理（式5-2）。

$$F=Q\times D\times S\times V \quad \text{（式5-1）}$$

式中，F表示寒害风险指数，Q表示寒害致灾因子危险性指数，D表示孕灾环境指数，S表示灾损指数，V表示防灾能力指数。

$$X'=0.5+0.5\times\frac{X-X_{min}}{X_{max}-X_{min}} \quad \text{（式5-2）}$$

式中，X'为标准化值，X为样本值，X_{max}为样本数据的最大值，X_{min}为样本数据的最小值，归一化后的指标数值范围为0.5~1.0。

一、低温冷害危险性评估

东北春玉米生产过程中遭受的低温灾害大多是由于积温不足、品种越区种植等导致发生延迟性冷害。因此，通常以整个生长季≥10℃活动积温或每年5—9月平均气温之和（T_{5-9}）作为致灾评估指标。马树庆等[31]则以距平值（ΔT_{5-9}）作为玉米冷害指标，利用1961—2000年的气象数据，求出T_{5-9}的变异系数，发现当ΔT_{5-9}为-1.0℃时会发生一般冷害，达到-3.0℃以上就会产生严重冷害。东北玉米产区在5—9月，年际间平均温度波动明显，ΔT_{5-9}极差值可达

±7℃，且有一定的周期性。从图 5-1 可知，黑龙江省北部和吉林省东部变异系数较大，为冷害风险发生主要地区，辽宁省大部分地区热量充沛，发生冷害的风险较小。

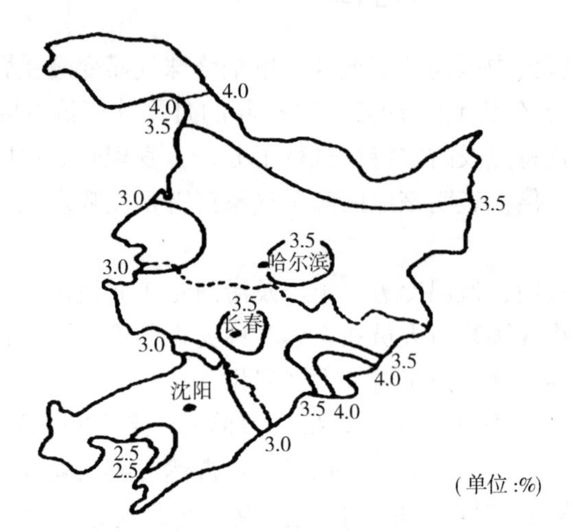

图 5-1　东北春玉米区 T_{5-9} 变异系数的地域分布

（引自马树庆，2003）

从图 5-2 可知，东北北部和东部玉米产区发生严重冷害的风险远高于中部及南部地区。气象数据表明，在 1954—1957 年、1969—1972 等年份东北地区时常每隔 3~5 年发生一次较为严重的低温灾害，玉米产量和品质均受到明显影响。玉米产量稳定性与积温时空变化呈极显著相关性。

毛飞等[32]基于东北地区热量与时空变化的关系，给出了不同程度的冷害指标公式（有修改）：

一般低温冷害指标公式：$Y=-8.6116+0.1482(L+0.0109A)$　（式 5-3）

严重低温冷害指标公式：$W=-18.3029+0.3270(L+0.0109A)$　（式 5-4）

式中，L 表示纬度（Latitude），A 海拔高度（Altitude）。通过上式即可获得东北某一地区的低温冷害指标。

郭建平等[33]根据东北春玉米生长发育与热量资源之间的关系，建立了玉米热量指数（Corn Heat Index，CHI）模型。

$$F(T)=100\times[(T-T_1)(T_2-T)B]/[(T_0-T_1)(T_2-T_0)B]$$　（式 5-5）

$$B=(T_2-T_0)/(T_0-T_1)$$　（式 5-6）

式中，F（T）为热量指数，T 代表 5—9 月逐月平均气温；T_0、T_1、T_2 分别代表该时段内玉米生长发育和产量形成的适宜、下限温度及上限温度（表 5-1）。

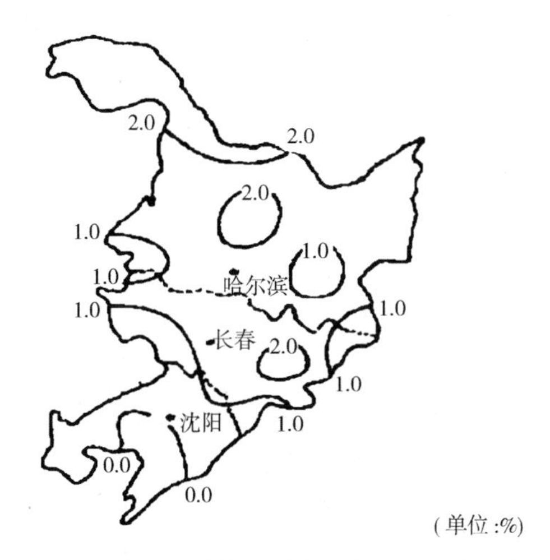

图 5-2　东北春玉米区严重冷害条件下 T_{5-9} 变异系数分布规律

(引自马树庆，2003)

表 5-1　东北春玉米区高产条件下不同发育阶段的温度　(单位:℃)

生长阶段	苗期	营养生长期	营养-生殖生长期	开花-灌浆期	灌浆-成熟期
T_0	20.0	24.0	27.0	25.5	19.0
T_1	8.0	11.5	14.0	14.0	10.0
T_2	27.0	30.0	33.0	32.0	30.0

(引自郭建平等，2003，有改动)

根据东北 3 省 1961—2000 年的 60 个气象站气温数据，可计算出 40 年间每个省玉米生长季的热量指数（表 5-2）。由于东北 3 省出现高温气象灾害的情况非常少，因此，*F*（*T*）值的大小即可反映出玉米生长季的热量状况。如果该值小于某一临界值，则发生低温灾害的几率较大。

表 5-2　东北 3 省玉米热量年型指标

省份	热量资源/℃	
	偏冷	偏暖
辽宁	≤83.6	≥89.1
吉林	≤71.4	≥73.6
黑龙江	≤60.4	≥66.1
东北 3 省	≤74.9	≥68.4

王培娟等[34]利用 55 年（1961—2015 年）东北地区海伦、扶余及抚顺等 82 个国家级气象站（图 5-3）逐日气温数据及 33 年（1981—2013 年）61 个气象

站玉米5个生育期（S_1—3叶期、S_2—拔节期、S_3—开花期、S_4—乳熟期、S_5—成熟期）资料，将热量指数作为不同生长阶段玉米低温冷害评价指标，对玉米冷害风险评估及种植区域布局，提供了理论依据。

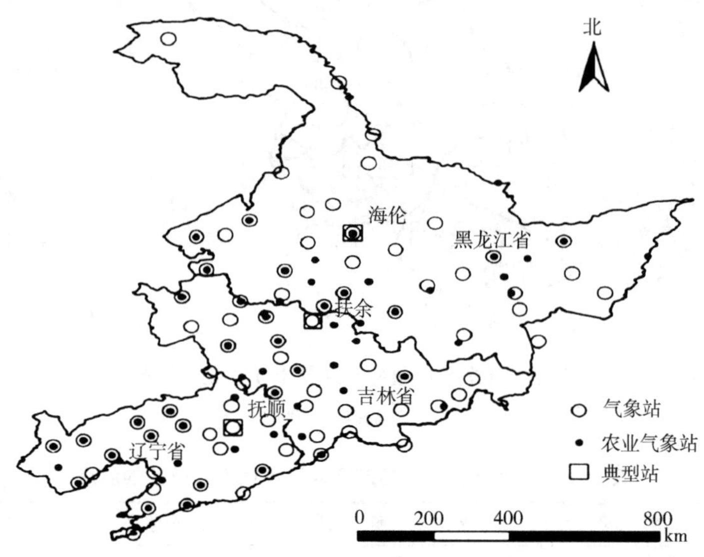

图5-3　82个国家级气象站及其分布

从图5-4可知，2007年海伦、扶余在S_1时期（出苗至三叶期），累积热量指数<0，产生了短暂轻度冷害，其他生育期热量充沛，无冷害发生。抚顺站整个生育期热量指数均处于较高水平，能够满足玉米生长发育。1969年在玉米生育期内，3个站点均有冷害发生。特别是海伦站，在5个生长阶段均受到了不同程度的低温影响，S_1、S_2阶段发生了严重冷害，导致缺苗断垅，植株生长缓慢等现象。目前，海伦主要以大豆、水稻等农作物为主，玉米种植面积较少也应该与当地热量不足有关。

王石立等[35]从气候变暖及玉米面积激增等角度考虑，对东北区玉米发育模型参数进行了改进，以年代平均发育期间累积（Corn Heat Unit，CHU）为指标的发育参数，将玉米熟期划分为晚熟、偏晚熟、中熟、中早熟和早熟5个类型（图5-5）。

利用改进后的指标和模型对东北区玉米延迟性冷害的准确率达到95%以上，如1969年发生严重冷害、1971年发生区域性冷害的模拟结果，与历史记载高度一致（图5-6）。

张建平等[36]基于改进的WOFOST作物模型和东北3省46年逐日气温资料，以玉米减产率和气象条件作为灾害等级划分标准，开展典型年份及年代际低温冷

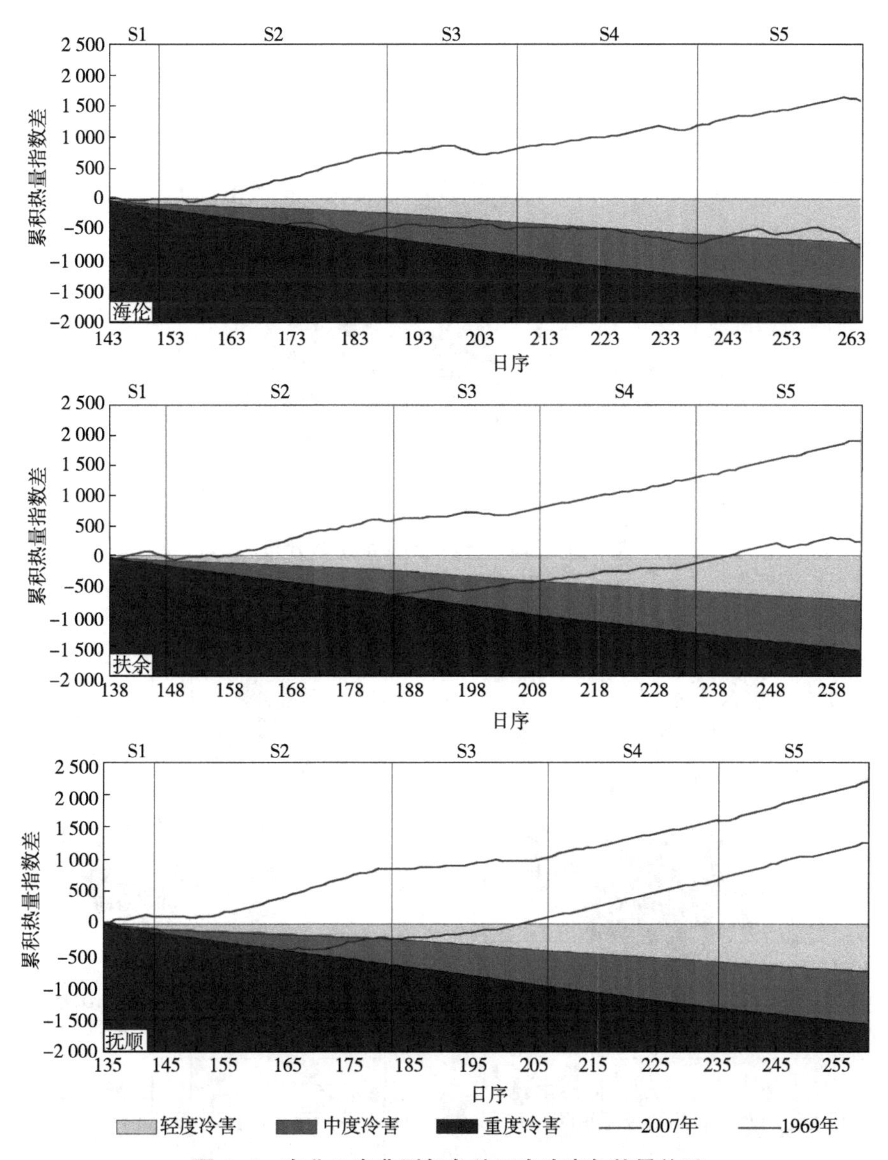

图 5-4　东北 3 省典型气象站玉米冷害与热量关系

（引自 王培娟，2019）

害对玉米产量影响的评估。减产率公式：

$$D_t=[(Y_t-\overline{Y}_t)/Y_t]\times100\% \qquad （式 5-7）$$

式中，D_t 代表减产率（%）；Y_t 代表 t 年实际气温条件下的模拟玉米产量（kg/hm^2）；$\overline{Y}_t$ 表示 1961-2006 年间平均气温条件下的模拟产量（kg/hm^2）。

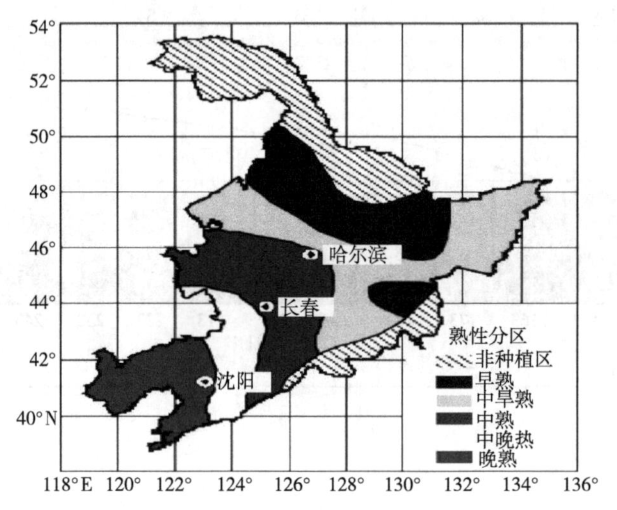

图 5-5 东北 3 省不同熟期玉米分布

（引自 王石立，2008）

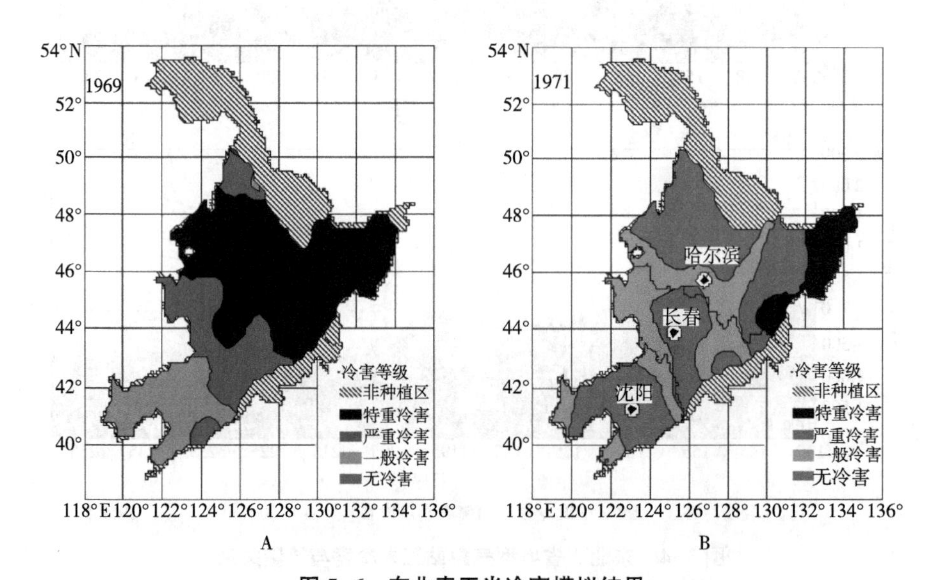

图 5-6 东北春玉米冷害模拟结果

A. 1969 年大范围严重冷害模拟结果 B. 1971 年区域性冷害模拟结果

通过减产率来判断低温冷害发生强度。当 $D_t<5$ 判定为没有发生低温灾害；当 $5\leqslant D_t<10$ 判定为轻微低温灾害；当 $10\leqslant D_t<15$ 判定为发生中等程度低温灾害；当 $D_t\geqslant15$ 判定为发生重度低温灾害。张建平等[36]对东北 3 省粮食产量减少

超过 50 亿 kg 以上的 3 次严重低温灾害进行了模拟分析（图 5-7）。从 3 次低温灾害发生区域看，严重灾害主要发生在黑龙江省的大部分地区及吉林省的东北部，1969 年，因低温导致该地区玉米减产率超过了 15%。辽宁省大部分地区为轻度灾害或无灾区。

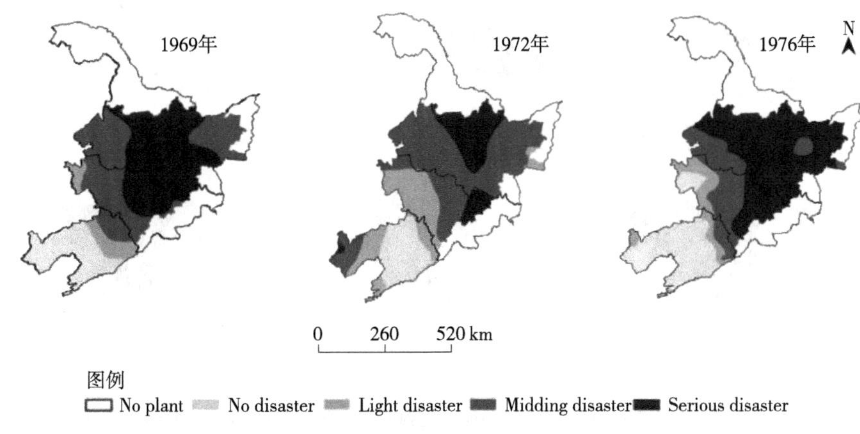

图 5-7 东北 3 省玉米种植区 3 次严重低温灾害空间分布
（引自 张建平等，2012）

从东北 3 省玉米低温灾害年代际影响分析可知，20 世纪 60 年代，严重低温灾害主要发生在黑龙江省的甘南、富裕等西北部地区及吉林省的蛟河、敦化等东北部地区（图 5-8）。70 年代，严重低温灾害主要发生在黑龙江省的富锦、绥滨等东北部地区及辽宁省的葫芦岛、盘锦等地区。80 年代，黑龙江省低温灾害重灾区与 70 年代类似，吉林省重灾区发生在敦化、桦甸等地。90 年代，黑龙江省低温灾害呈重发趋势，重灾区范围较大，分布在富锦、绥滨、萝北、佳木斯、木兰、延寿等中东部地区。吉林省的敦化、桦甸蛟河等地区在 90 年代和 21 世纪初均发生严重低温灾害。因此，从 1961—2006 年东北玉米低温重灾区主要集中在黑龙江省的东北部、吉林省的敦化、蛟河、桦甸等区域。在该地区开展玉米生产时，必须综合考虑播种时期、收获时期、品种类型及田间抗低温措施应对等因素，才可能降低低温冷害对玉米生长发育的风险。钱锦霞等[37]基于 2007—2008 年辽宁省锦州地区不同熟期玉米品种分期播种数据，开展了温度对玉米生长发育及产量的影响研究。

杨若子[38]基于 1951—2012 年的气象数据和 1981—2010 年的作物数据，利用 ArcGIS 软件将东北 3 省 70 个研究站涉及的 184 个县市的低温冷害危险性划分为高值区、次高值区、次低值区、及低值区，并对各站点空间分布进行了确定（图 5-9）。

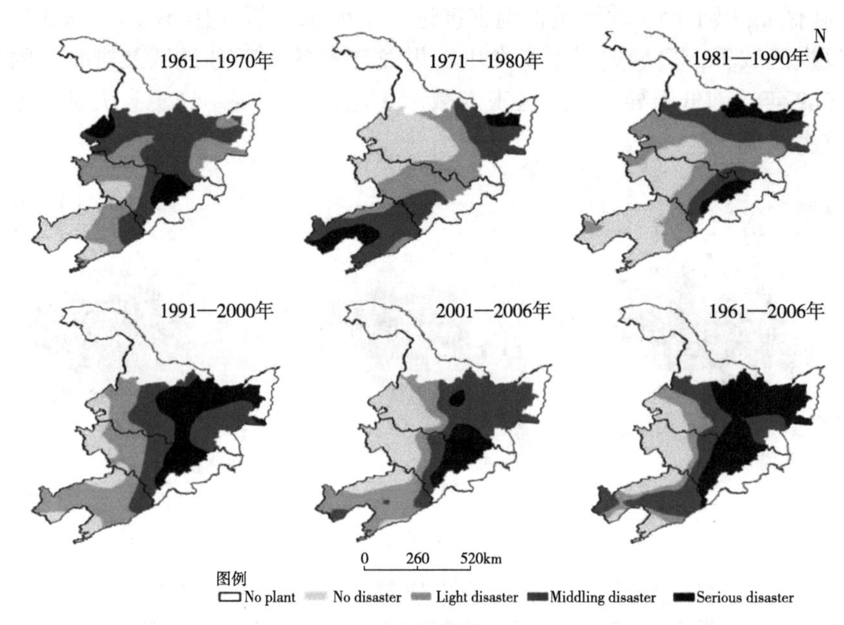

图 5-8　东北 3 省玉米种植区年代际间低温灾害空间分布

（引自 张建平等，2012）

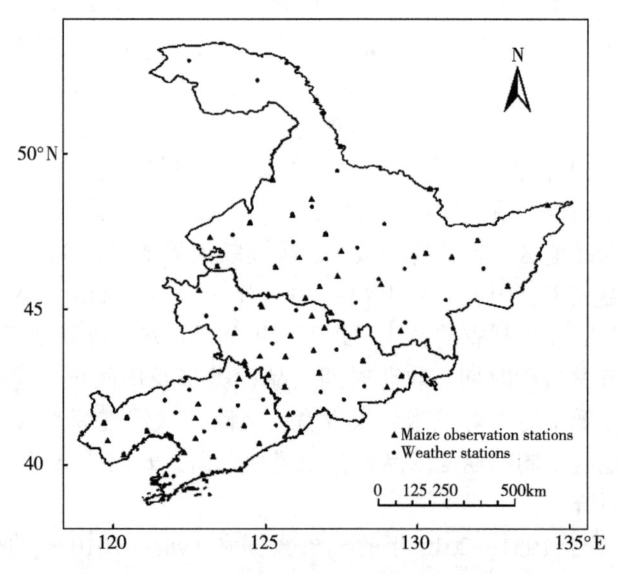

图 5-9　东北 3 省玉米区低温冷害观测站点分布

（杨若子，2015）

研究结果发现，东北3省玉米低温冷害危险性整体呈南低北高的趋势（图5-10d）。危险性高值区主要位于黑龙江省大兴安岭地区，危险性数值为0.77~0.88；次高值区位于东北3省东北部和东部，危险性数值为0.71~0.76；低值区主要位于辽宁省西北部，危险性数值为0.50~0.60；其他地区为次低值区，包括吉林省中西部大部分地区，危险性数值范围在0.61~0.70。从年代际变化特征来看，低温冷害危险性强度随年代推移呈降低趋势（图5-10a、图5-10b、图5-10c）。

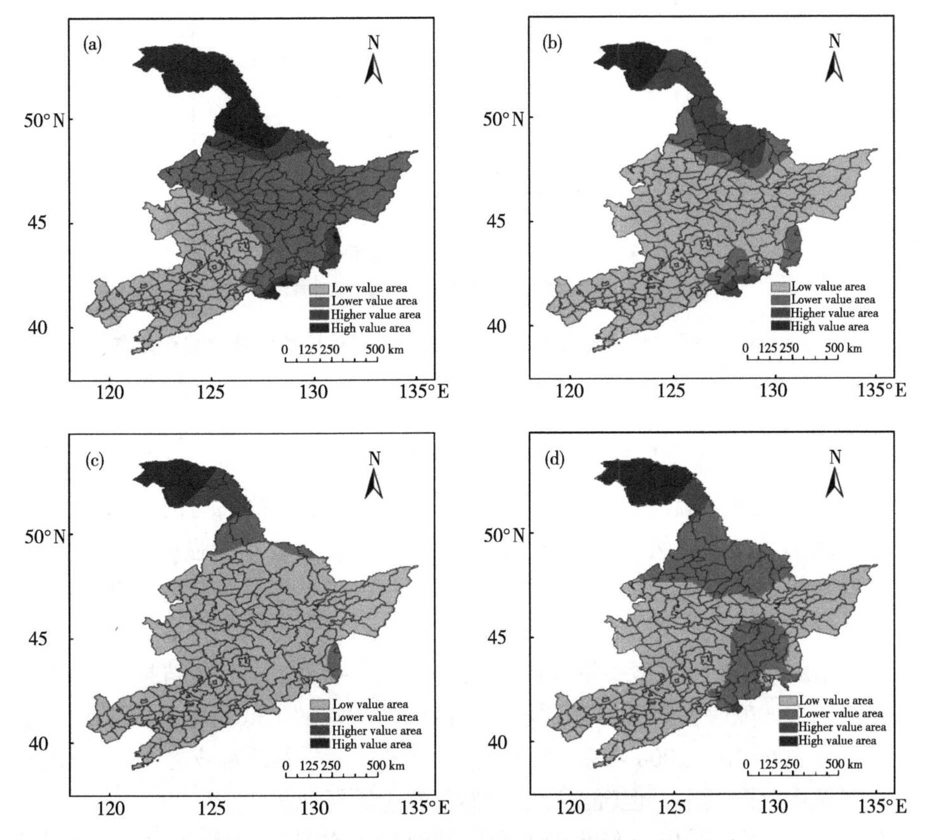

图5-10　东北3省玉米区低温冷害危险性年代际分布

a图为1981—1990，b图为1991—2000年，

c图为2001—2010年，d图为1981—2010年

（杨若子，2015）

杨若子等[39]利用东北3省70个研究站点（图5-11），在1961—2013年的逐日气象资料及1981—2010年的东北3省气象站点采集的玉米生育期数据，以

热量指数（Corn Heat Index，CHI）距平值作为冷害指数，对低温冷害频率及强度的时空特征进行了研究。

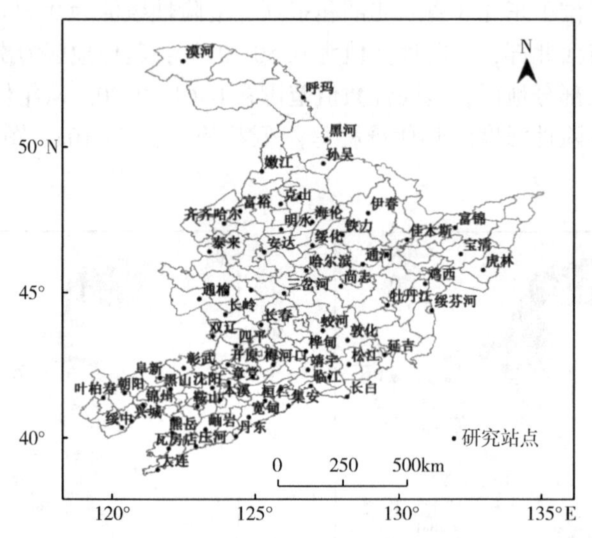

图 5-11　用于东北 3 省玉米种植区低温冷害风险评估的气象站点分布

（杨若子，2016）

$$I_C = [F(T) - \overline{F(T)}] / \overline{F(T)} \times 100\% \qquad \text{（式 5-8）}$$

式中，I_C 表示低温冷害指数，$\overline{F(T)}$表示多年热量指数平均值。I_C 越大表明低温灾害越小，反之亦然。杨若子等研究发现，东北 3 省不同强度的低温灾害发生站点数整体上呈下降趋势（图 5-12）。其中，中度低温冷害年际变化倾向率为 2.6/10a，在 3 种类型中下降趋势最大（图 5-12b），轻度低温冷害年际变化倾向率为 1.1/10a，在 3 种类型中下降趋势最小（图 5-12b）。上述结果，可进一步解释在全球气候变暖背景下，东北春玉米区仍然时常发生低温冷害的原因。近年来，除了在 2004 年、2008 年东北 3 省个别区域发生严重低温灾害外，中度强度以上冷害发生范围变小，但轻度冷害仍然存在，不可忽视。

从图 5-13 可以看出，东北春玉米区低温冷害在发生频率上具有显著特点，由南向北冷害频率总体上呈增加趋势，大兴安岭最高，平均值达 34.4%，辽东、三江平原等地较小。中度冷害主要在松嫩平原，冷害频率为 28.3%。轻度冷害发生最高站点为辽宁省营口，冷害频率达 54.7%。因此，轻度、中度和重度低温冷害频率高值区分别位于营口、哈尔滨和大兴安岭地区。

从表 5-3 可以清楚发现，在 1961—2013 年东北 3 省均受到严重低温冷害的年份为 1969 年和 1972 年。2000—2013 年在 3 个典型监测站仅在兴城站发生 2 次

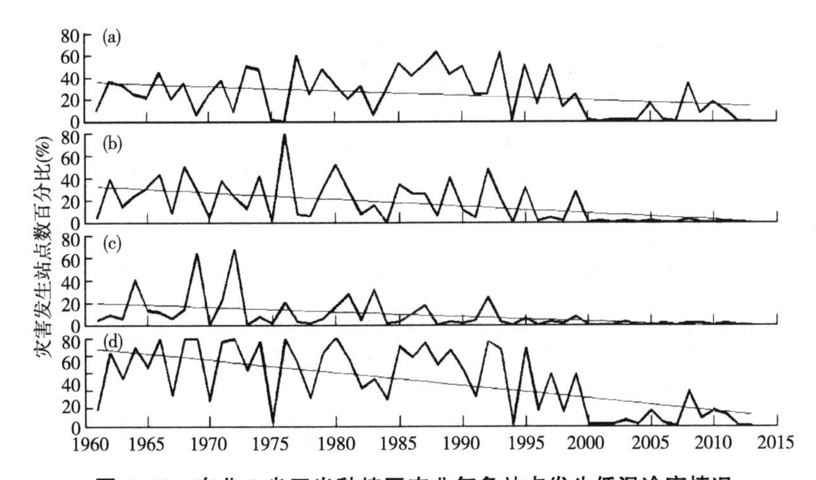

图 5-12　东北 3 省玉米种植区农业气象站点发生低温冷害情况

图 a 为轻度低温冷害；图 b 为中度低温冷害；图 c 为重度低温冷害；图 d 为各种强度低温冷害

（引自杨若子，2016）

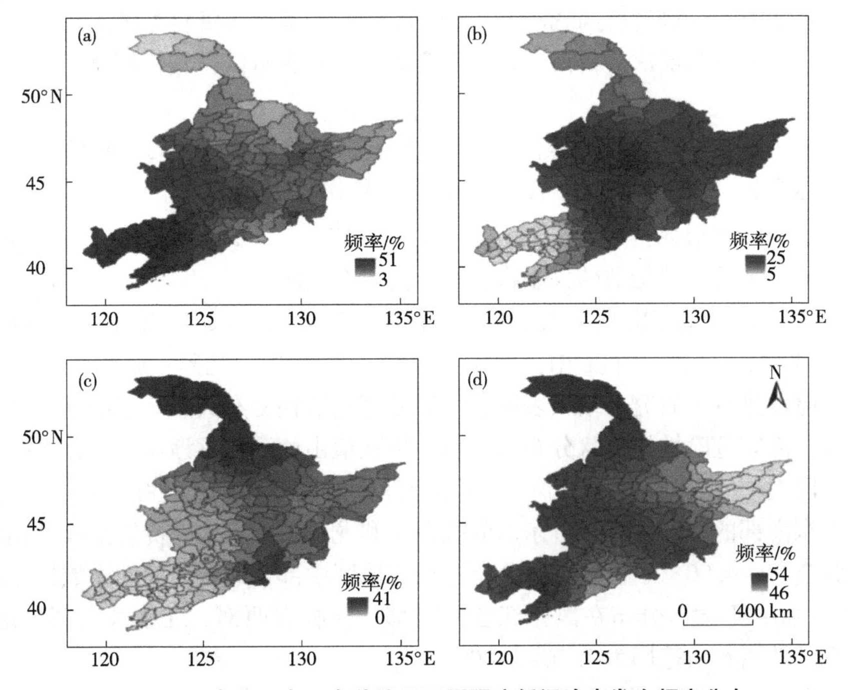

图 5-13　东北 3 省玉米种植区不同强度低温冷害发生频率分布

图 a 为轻度低温冷害；图 b 为中度低温冷害；

图 c 为重度低温冷害；图 d 为各种强度低温冷害

（引自杨若子，2016）

轻度冷害，更大强度的冷害没有发生。黑龙江省克山站发生严重低温冷害的次数远高于其他 2 个省，辽宁省易产生轻度冷害。

表 5-3　东北 3 省代表性农业气象站点低温发生时间

气象站点	轻度冷害发生时间	中度冷害发生时间	重度冷害发生时间
黑龙江克山站	1961、1967、1984、1988、1993、1995	1965、1966、1968、1971、1974、1985、1989、1990、1999	1964、1969、1972、1976、1980、1981、1983、1987、1992
吉林省临江站	1968、1971、1973、1974、1984、1987-1989、1991、1997	1966、1979-1982、1985、1986、1992、1993、1995	1969、1972、1976、1992
辽宁省兴城站	1966、1968、1971、1973、1974、1978、1979、1986-1988、1990-1993、1995、1998、2005、2008	1976、1977、1980、1985	1969、1972

(引自杨若子,2016)

高晓容等[40]对东北玉米区 48 个气象站（图 5-14），1961—2010 年气象资料和 1980—2010 年玉米发育期资料以及近 50 年的产量面积资料等多元数据，利用加权综合评分法和层次分析法，建立发育阶段单灾种危险性评价模型：

$$H_j = \Sigma_{i=1}^{m} X_{Hi,j} \cdot W_{Hi} \qquad (式 5-9)$$

式中，$X_{Hi,j}$为第 j 个发育阶段主要气象灾害危险性指标 i 的量化值，m 为危险性指标个数，W_{Hi}为指标 i 的权重，根据评价模型：

冷害危险性指数：$$HC_j = \Sigma_{i=1}^{m} X_{HCi,j} \cdot W_{HCi} \qquad (式 5-10)$$

按照冷害危险性指数的大小将其划分为 5 个等级。

高晓容等[41]对东北地区玉米 4 个生长发育阶段（阶段 I：播种—7 叶期、阶段 II：7 叶期—抽雄、阶段 III：抽雄—乳熟、阶段 IV：乳熟—成熟）期间低温灾害危险性进行了研究。结果表明，低温冷害危险性分布具有一定的连续性和区域特征，冷害危险性呈带状分布，危险性指数值由西到东逐渐递增（图 5-15）。

阶段 I：从玉米播种—7 叶期（图 5-15a），低温冷害危险性高值区分布在黑龙江省东南部的东宁，吉林省东部的长白、和龙、敦化等地，冷害危险性指数值范围为 3.00~4.00；中值区主要分布在东北地区中部，冷害危险性指数值范围为 2.00~3.00；低值区分布在黑龙江省西南部、吉林省西部、辽宁省大部分地区，冷害危险性指数值范围为 1.36~2.00。

阶段 II：7 叶期—抽雄期（图 5-15b），低温冷害危险性高值区与阶段 I 相似，冷害危险性指数值范围为 3.00~4.20；冷害危险性指数值在 2.00 以下的低值区分布在黑龙江省、吉林省的中西部以及辽宁省大部分地区。

阶段 III：抽雄—乳熟（图 5-15c），冷害危险性指数值在 2.50 以上的高值

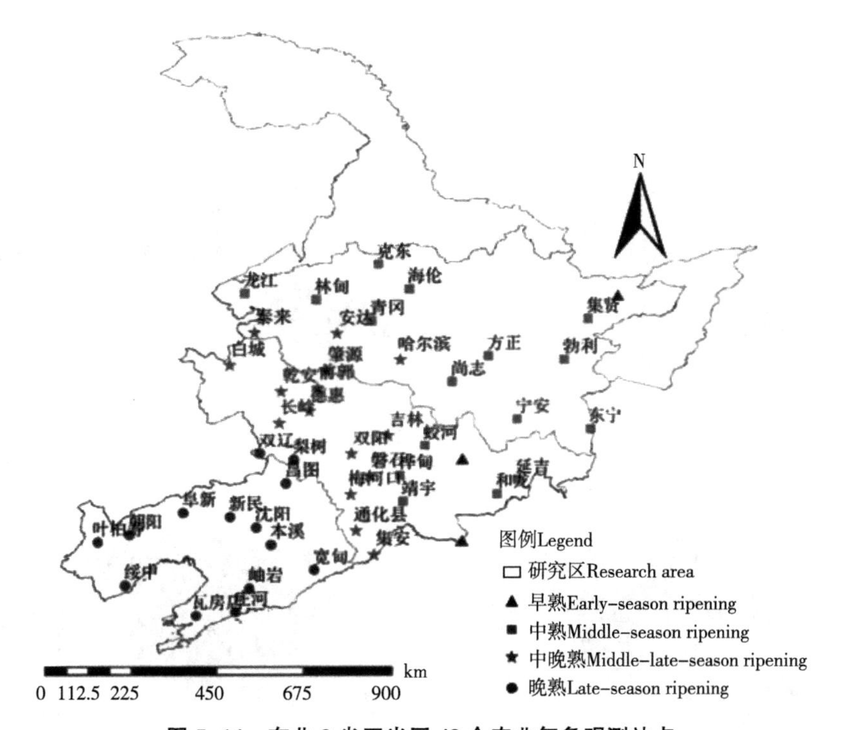

图 5-14 东北 3 省玉米区 48 个农业气象观测站点

区与阶段 I、阶段 II 基本相同；中值区分布在黑龙江省西南部和吉林省中西部；冷害危险性指数值在 1.50 以下的低值区主要分布在辽宁省及吉林省西南部。

阶段 IV：乳熟—成熟（图 5-15d），此阶段的冷害危险性指数值的空间分布与抽雄-乳熟阶段相似，同时，黑龙江省研究区的北部地区，如海伦、青冈、集贤等也成为冷害危险性的高值区，冷害危险性指数值在 2.80 以上；中值区（冷害危险性指数值在 2.30～2.80）分布在黑龙江省西南部和吉林省中西部；低值区主要分布在辽宁省和吉林省西南部，其冷害危险性指数值在 1.80 以下。

二、干旱灾害危险性评估

在干旱灾害监测预报中，通常将农业干旱综合指数作为指标。农业干旱综合指数是通过将 4 种农业干旱指标：土壤相对湿度、作物水分亏缺指数距平、降水距平及遥感植被供水指数进行加权而来，其计算公式为：

$$DRG = \sum_{i=1}^{n} f_i \times w_i \qquad (式 5-11)$$

式中，DRG 为综合农业干旱指数，f1、f2……fn 分别为土壤相对湿度、作物

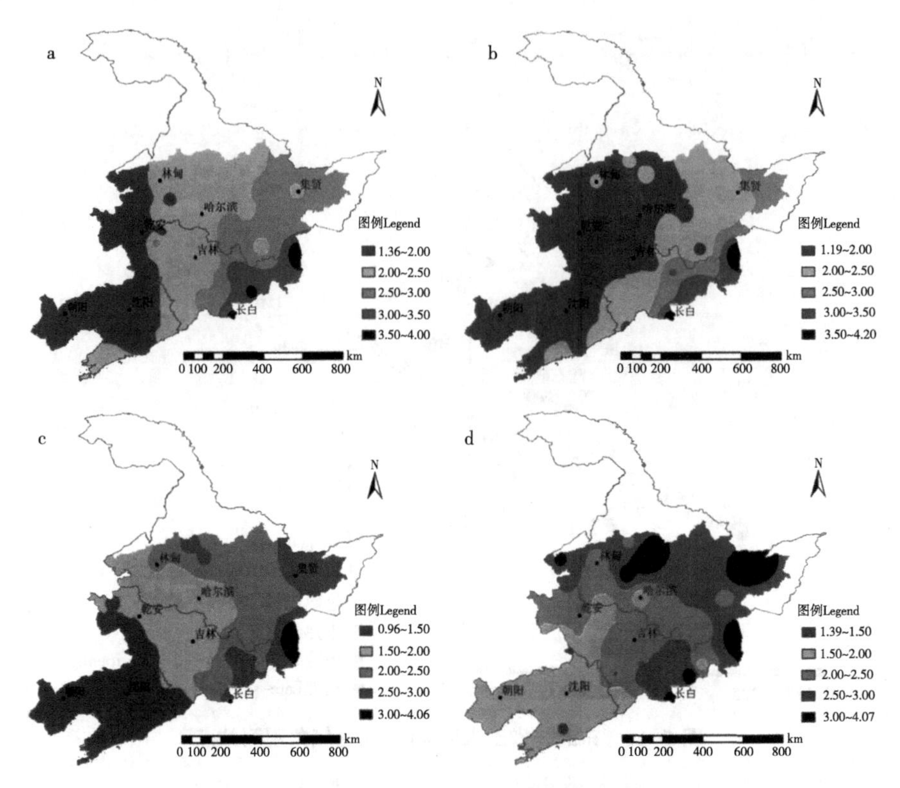

图 5-15 东北地区春玉米发育时期冷害危险性分布

a 图为播种—7 叶期；b 图为 7 叶—抽雄期；

c 图为抽雄—乳熟期；d 图为乳熟期—成熟期

（引自 高晓容等，2014）

水分亏缺指数距平、降水距平、遥感干旱指数等；W1、W2……Wn 为各指数的权重值，可采用层次分析法确定，也可由专家经验判定。农业干旱综合指数的等级划分，如表 5-4。

表 5-4 农业干旱等级

序号	干旱等级	综合农业干旱指数
1	轻旱	$1<DRG\leqslant 2$
2	中旱	$2<DRG\leqslant 3$
3	重旱	$3<DRG\leqslant 4$
4	特旱	$DRG>4$

作物水分亏缺指数（Crop Water Deficit Index，CWDI）是水分盈亏量与作物

需水量的比值，能够直接反映出作物水分需求与供给之间的关系。

$$CWDI_i=[P_{ei}-ET_{ci}]/ET_{ci} \quad (式5-12)$$

式中，$CWDI_i$ 表示玉米发育阶段 i 的水分亏缺指数、ET_{ci}表示玉米发育阶段 i 的需水量（mm）。当 $CWDI_i>0$ 时说明该阶段可能发生了涝渍灾害、当 $CWDI_i<0$ 时说明该阶段发生了干旱灾害。由于气象条件发生的时空性、作物类型等差异，难于准确水分亏缺程度。因此，研究人员通常采用作物水分亏缺指数距（$CWDI_a$）用于干旱评估。$CWDI_a$ 计算按如下公式：

$$CWDI_a=[CWDI-\overline{CWDI}]/\overline{CWDI}\times100\% \quad (式5-13)$$

式中，$CWDI_a$ 为某时段作物水分亏缺指数距平（%）；$CWDI$ 为某时段作物水分亏缺指数（%）；$\overline{CWDI}$为所计算时段同期作物水分亏缺指数平均值（%）。

杨若子[38]根据 $CWDI_a$ 得到东北3省干旱灾害强度等级划分标准（表5-5）。

表5-5　东北春玉米区干旱等级划分标准

干旱等级	量化标准
未发生	$CWDI_a\leq8$
轻度	$8<CWDI_a\leq18$
中度	$18<CWDI_a\leq28$
重度	$28<CWDI_a$

高晓容[40]选取最长连续无雨日、降水负距平百分率、累积降水量、水分亏缺百分率、累积蒸散量及土壤类型等6个指标用于东北玉米区干旱危险性评估，并建立了干旱危险性指数：

$$HD_j=\Sigma_{i=1}^{m}X_{HDi,j}\cdot W_{HDi} \quad (式5-14)$$

从表5-6可知，在发生干旱的一些年份，白城地区连续无雨日数距平大多数>0或其绝对值接近0，表明连续无降水天数偏多，水分亏缺严重，亏缺率均超过了60%。例如，1975年连续18天无降水，蒸散量偏大达到了50.9%，玉米水分亏缺达99.5%，减产近20%。

表5-6　吉林省白城市玉米抽雄—乳熟期典型年份干旱危险性指标与减产率间的关系

年份	最长连续无雨日数距平（d）	累积蒸散量（mm）	水分亏缺百分率（%）	降水负距平百分率（%）	减产率（%）
1968*	7.1	31.2	-68.1	-24.8	-53.6
1972*	6.1	30.7	-93.8	-76.0	-54.1
1975	18.1	50.9	-99.5	-89.4	-19.1
1979*	4.1	8.2	-90.3	-68.8	-13.1

（续表）

年份	最长连续无雨日数距平（d）	累积蒸散量（mm）	水分亏缺百分率（%）	降水负距平百分率（%）	减产率（%）
1989*	3.1	14.5	-91.0	-76.2	-54.2
1995*	2.1	12.9	-92.2	-79.2	-36.0
2004	-0.9	36.4	-85.4	-66.6	-24.4
2005	-1.9	3.8	-61.2	-46.3	-22.6
2007	4.1	45	-89.8	-77.7	-33.8
2009*	2.1	16.9	-75.3	-56.6	-20.3

注：*代表干旱与其他灾害相耦合

（引自高晓容，2012）

高晓容等[41]对东北地区玉米4个生长发育阶段期间干旱灾害危险性进行了研究。结果表明，干旱危险性由东向西逐渐变大，呈带状分布，危险性指数值由西到东逐渐递减，按干旱危险性指数值的大小划分为5个等级（图5-16）。

阶段Ⅰ：播种-7叶期（图5-16a），此阶段干旱危险性分布呈现西北高东南低的趋势，高值区分布在黑龙江省西南部的龙江、泰来、林甸、安达等干旱半干旱地区和吉林省西部的长岭、前郭、乾安、白城等地，干旱危险性指数值范围为4.00~4.62；中低值区分布在黑龙江省东部、吉林省东部和辽宁省东南部，干旱危险性指数值范围为2.80~3.60；低值区位于辽宁省宽甸、本溪，吉林省靖宇、通化、集安等地，干旱危险性指数值范围为2.42~2.80。

阶段Ⅱ：七叶—抽雄期（图5-16b），此阶段干旱危险性高值区主要分布在黑龙江省泰来、肇源等西南部及绥滨、集贤、勃利等东北部，吉林省白城、德惠、双辽等西部地区，辽宁省中西部的新民、阜新、绥中等县（市），干旱危险性指数值范围为4.00~4.62；中高值区主要分布在黑龙江省研究区的东部和西南部，吉林省的中东部和辽宁省的中部，干旱危险性指数值范围为2.80~4.00；干旱危险性指数值范围为1.44~2.80的中低值区主要分布在吉林省东部和辽宁省东南部。

阶段Ⅲ：抽雄—乳熟期（图5-16c），此阶段干旱危险性分布呈现出由西北到东南递减的趋势，高值区主要位于黑龙江省西南部的泰来和吉林省西北部的长岭、白城、前郭等地，干旱危险性指数值范围为4.80~5.60；中高值区主要分布在黑龙江省研究区的而大部分地区、吉林省的东部以及辽宁省的东部，干旱危险性指数值范围为3.40~4.80；干旱危险性指数值在3.40以下的低值区位于东北3省的东南部。

阶段Ⅵ：乳熟—成熟期（图5-16d），此阶段干旱危险性分布与抽雄—乳熟阶段的干旱危险性分布相似，高值区主要分布在黑龙江省西南部的泰来、龙江，吉林省西北部的长岭、白城、前郭等地，干旱危险性指数值范围为 4.80~6.28；低值区黑龙江省的南部，吉林省的东南部和辽宁省的东南部干旱危险性指数值范围为 1.96~3.40。

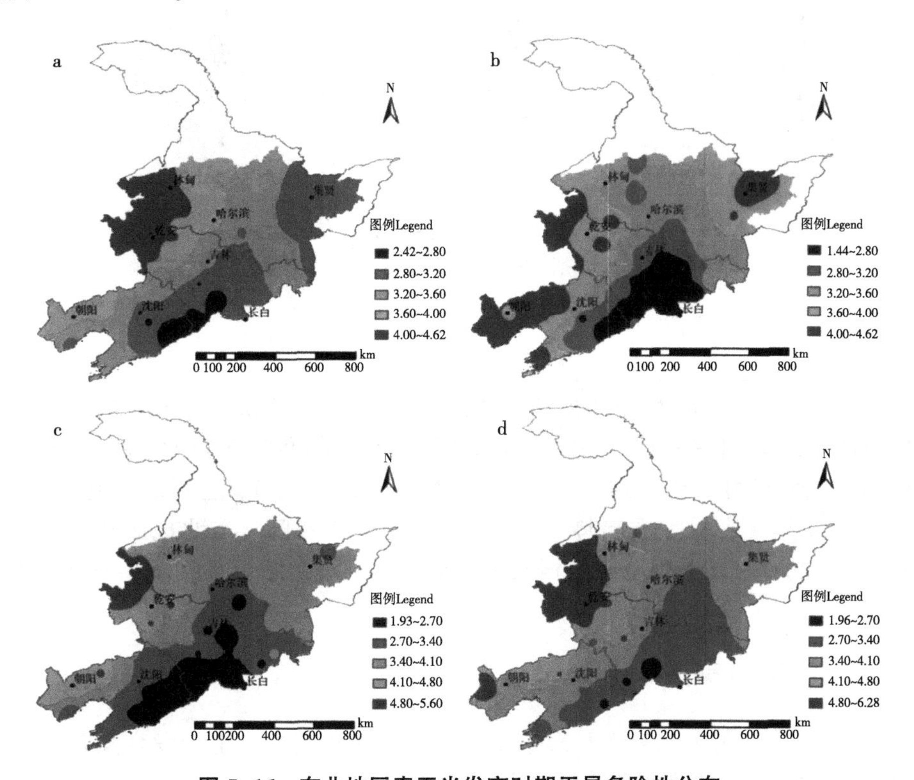

图 5-16　东北地区春玉米发育时期干旱危险性分布

a 图为播种—7 叶期，b 图为 7 叶—抽雄期，

c 图为抽雄—乳熟期，d 图为乳熟期—成熟期

（引自 高晓容等，2014）

蔡菁菁等[42]利用东北地区 35 个气象站多年的气象、玉米产量及生育期等历史灾情资料，基于干旱指标及危险性评价模型，对玉米生长季进行了干旱危险性评价（图 5-17）。结果表明，东北地区干旱主要发生在玉米生长后期，风险高值区集中在西部地区，干旱发生的频率明显增多，涉及范围也呈扩大趋势。

宋艳玲等[43]利用东北地区 200 多个气象站观测数据，基于气象干旱指数（Standardized Weighted Average of Precipitation，SWAP）构建了春玉米干旱指数 I_{MD}，

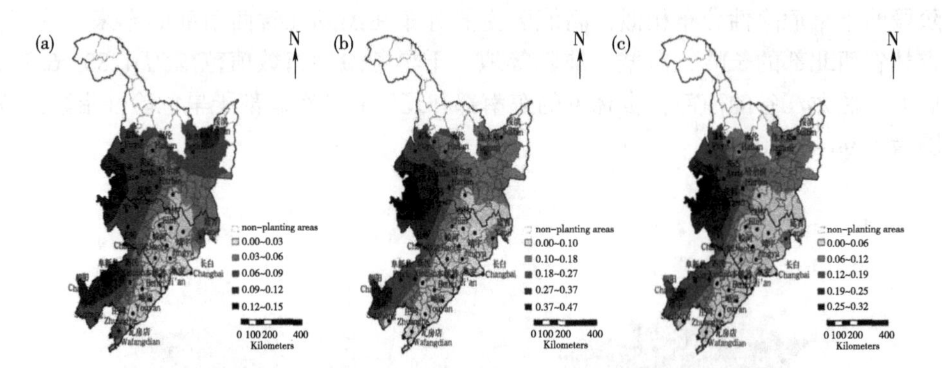

图 5-17　东北 3 省玉米生长期干旱危险性

图 a 为生长前期、图 b 为生长后期、图 c 为全生长季

$$I_{MD} = -\sum_{k-1}^{4} A_k \times A_{Dk} \quad (式 5-15)$$

式中，I_{MD}为玉米全生育期干旱指数，A_{Dk}为 4 个生长阶段的干旱指数，A_k 表示影响系数。该研究发现，1961—2017 年 I_{MD}在年际间波动较大，20 世纪 60—90 年代 I_{MD}分布为 2.9、3.4、2.9、3.8，2001—2010 年 I_{MD}达到最大值 4.3，充分证明了干旱灾害呈加重趋势（图 5-18）。近 10 年间，东北地区在 2000 年、2004 年及 2007 年发生了 3 次最严重的干旱，进一步表明，东北地区干旱呈重发频发趋势。

三、洪涝灾害危险性评估

高晓容[40]利用东北玉米区多个站点、多年关于气象、玉米发育期及产量等资料，建立发育阶段涝害危险性指数：

$$HF_j = \Sigma_{i=1}^{m} X_{HFi,j} \cdot W_{HFi} \quad (式 5-16)$$

高晓容等采用孕灾环境多指标法，选择暴雨日数、暴雨累积量、降水正距平百分率、水分盈余百分率等指标开展东北地区玉米发育阶段涝害危险性评估，按涝害危险性指数的大小划分为 5 个等级。东北地区玉米发育阶段涝害危险性，在不同地区间具有明显不同（图 5-19）。

阶段 I：播种—7 叶期，此阶段东北 3 省的涝害危险性指数值较低，发生涝害的可能性较低。

阶段 II：7 叶—抽雄期，此阶段高值区位于辽宁省东部的岫岩、庄河、岫岩、宽甸等地，涝害危险性指数值范围为 3.80~5.26。

阶段 III：抽雄—乳熟期，涝害危险性指数高值区位于吉林省东南部的通化、集安，辽宁省的宽甸、岫岩、庄河等地，涝害危险性指数值范围为 3.70~5.72。

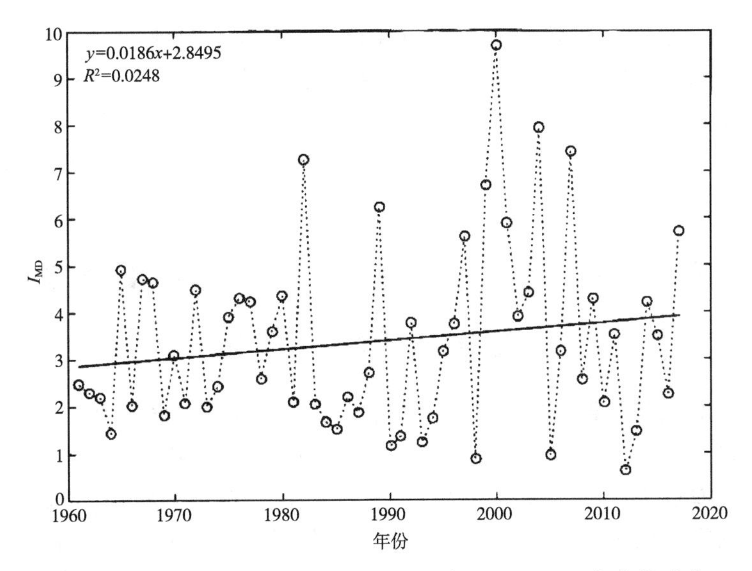

图 5-18　东北春玉米干旱指数（$_{IMD}$）在 1961—2017 年变化动态

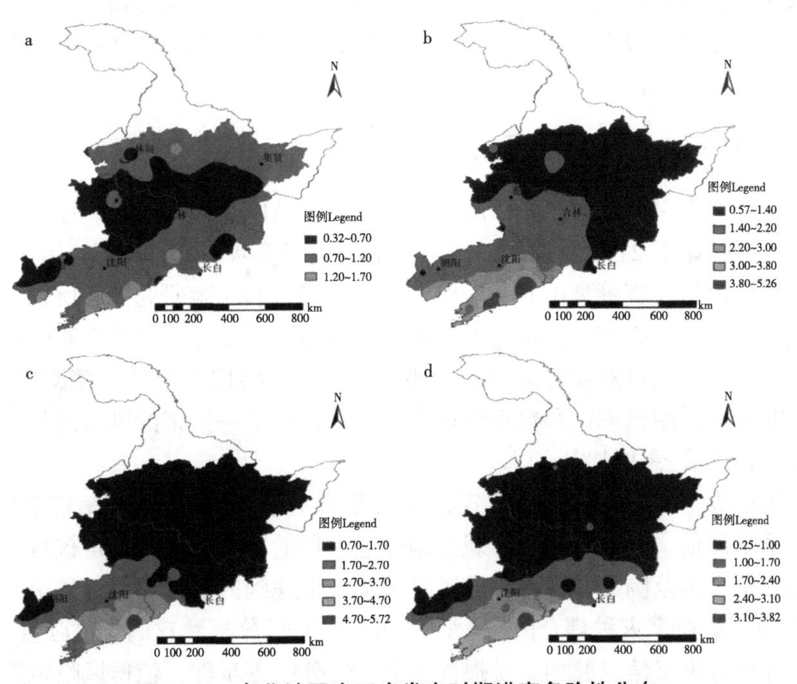

图 5-19　东北地区春玉米发育时期涝害危险性分布

a 图为播种—7 叶期，b 图为 7 叶—抽雄期，c 图为抽雄—乳熟期，d 图为乳熟—成熟期

（引自 高晓容等，2014）

阶段Ⅳ：乳熟—成熟，涝害危险性指数高值区位于吉林省东南部的集安，辽宁省的宽甸、瓦房店等地，涝害危险性指数值范围为3.10~3.82。

涝害涝害与日降水量超过50mm以上暴雨日数呈正相关关系。吉林省北部和黑龙江省发生超过暴雨降水日数低于1天，而辽宁省丹东一带超过了4天较易发生涝害。

第三节　东北玉米区多种农业气象灾害危险性评估

上一节对东北3省玉米区低温冷害危险性、干旱灾害危险性、洪涝灾害危险性3种主要自然灾害分别进行了介绍，没有考虑到多种灾害同时发生导致的综合危险性。在农业生产中，农作物经常会遭受低温、涝渍、台风、高温、干旱、强光等多种灾害的侵袭，各种灾害间必然存在相互作用而产生灾害耦合效应。因此，多种灾害的综合危险性评估会变得错综复杂，而不是单一灾害的简单叠加。通过东北地区多灾种风险评估，以实现防御灾害、调整种植业结构及优化作物布局的目的。本节主要对低温冷害、干旱及涝害3类灾害风险的综合评估予以介绍。

一、多灾种综合风险评估方法

综合自然灾害风险评估是风险和灾害研究领域的热点与难点。国内外开展多灾种风险评估始于21世纪初期。截至目前，关于多灾种综合风险评估的研究很少，如世界银行灾害管理中心和哥伦比亚大学灾害和风险研究中心所建议的风险评估模型（HMU-CHRR模型）、ESPON综合风险评估法、德国科隆市多灾种风险评估方法、中国自然灾害综合风险评估法等。有些用于评估的模型比较简单。有些研究人员采用概率论和数理统计学的方法，将单一灾害的风险进行相加获得多灾种综合风险评估结果。

史培军等[44]对中国旱灾、水灾、台风等12个灾种的综合自然灾害相对风险进行了系统评估。该方法基于客观数据通过灾种的发生频次来确定权重而不是简单相加，是全国范围的多灾种综合风险评估，考虑到的自然灾害种类全面。盖程程等[45]为了解决多灾种耦合的风险评估问题，通过分析致灾因子的强度和概率、利用GIS进行灾害信息叠加、易损性和危险性分级等步骤，依据风险矩阵法确定评估结果。薛晔等[46]基于基于灾害风险系统理论，引入模糊信息粒化方法和模糊转化函数，利用模糊近似推理理论和方法，综合考虑致灾因子危险性、承灾体脆弱性等确定性因素、随机不确定性和模糊不确定性等，建立了多灾种综合风险评估软层次模型。王望珍等[47]基于 GIS 技术和区域易损性评估、利用风险矩阵和 Borda 序值评价研究区的综合风险，构建了神农架林区多灾种耦合综合风险评估模型。

二、东北玉米发育阶段主要气象灾害风险评价指标体系

多年的研究证明，农业气象灾害成因十分复杂，影响因素诸多，简单选取某个或几个指标通常不能准确判断灾害风险的真实情况。高晓容[40]采用孕灾环境多指标法，通过致灾因子的形成条件和灾害发生频率综合反映主要气象灾害的危险性，建立了东北玉米发育阶段主要气象灾害风险评价指标体系（表 5-7）。

表 5-7　东北玉米发育阶段主要气象灾害风险评价指标体系

因子	副因子	指标	权重
危险性（0.4237）	冷害危险性	热量指数负距平百分率	0.424 7
		日平均气温≥0℃积温负距平	0.242 0
		少于 3h 日照天数	0.073 7
		品种熟型	0.038 7
		纬度	0.030 1
		海拔	0.020 8
	干旱危险性	最长连续无雨日数	0.391 3
		水分亏缺百分率	0.230 2
		降水负距平百分率	0.128 0
		累积蒸散量	0.127 3
		累积有效降水量	0.083 5
		土壤类型	0.039 6
	涝害危险性	暴雨日数（日降水量≥50mm 的日数）	0.458 7
		暴雨累积量（暴雨日的降水量之和）	0.289 3
		水分盈余百分率	0.114 9
		降水正距平百分率	0.055 6
		累积有效降水量	0.054 1
		土壤类型	0.027 4
暴露性（0.1221）		玉米种植面积占耕地面积之比	
脆弱性（0.2268）		减产率分配到相应灾害阶段	
防灾减灾能力（0.2269）		平均单产	

（引自 高晓容，2012）

三、东北玉米区多灾种风险评估典型案例

高晓容等利用自然灾害风险指数法建立发育阶段主要气象灾害风险评价模型：

$$DRI_j = H_j^{WH} \times E_j^{WE} \times V_j^{WV} \times (1 - R_j)^{WR} \quad (j=1,2,3,4) \qquad (式 5\text{-}17)$$

式中，$j(j=1,2,3,4)$代表 4 个发育阶段；$DRIj$ 为发育阶段主要气象灾害风险

指数；Hj 表示发育阶段主要气象灾害的危险性、WH 为其权重系数（0.4237）；Ej 表示发育阶段主要气象灾害的暴露性、WE 为其权重系数（0.1221）；Vj 为发育阶段主要气象灾害的脆弱性、WV 为其权重系数（0.2268）；Rj 为发育阶段主要气象灾害的防灾减灾能力、WR 为其权重系数（0.2269）。其中，玉米发育阶段主要气象灾害危险性公式：

$$H_j = HC_j \cdot WC_j + HD_j \cdot WD_j + HF_j \cdot WF_j \quad （式 5-18）$$

式中，HC_j 和 WC_j 分别为冷害危险性指数和权重；HD_j 和 WD_j 分别为干旱危险性指数和权重；HF_j 和 WF_j 分别涝害（Flood）危险性指数和权重。当多种灾害发生时，频率大的灾害为最主要的灾害，用灾害发生频率之比作为权重系数可以反映 3 种主要气象灾害的相对严重程度。

利用加权综合评分法构建整个生育期主要气象灾害风险评估模型：

$$DRI = \Sigma_{j=1}^{4} DRI_j \cdot W_j \quad （式 5-19）$$

其中，DRI 为东北地区玉米整个生长期的主要气象灾害风险指数；DRI_j 为第 j(j=1,2,3,4) 发育阶段主要气象灾害风险指数；W_j 为第 j 发育阶段的权重系数。4 个发育阶段主要气象灾害风险指数的权重取分别为 0.30、0.05、0.15 和 0.50。

高晓容等根据辽宁、吉林、黑龙江 3 省 48 个农业气象观测站的 50 年（1961—2010 年）逐日气象资料、玉米种植面积和产量资料及 30 年玉米发育期资料，基于自然灾害风险理论和农业气象灾害风险形成机理，对 4 个发育阶段主要气象灾害危险性进行了评估（图 5-20）。

阶段 I：播种—7 叶期（图 5-20a），主要气象灾害危险性的中高值区和低值区范围均不大，超过 2.70 的高值区主要分布在黑龙江省东宁及吉林省长白区域；低于 1.23 的低值区主要分布在辽宁省本溪、昌图、沈阳以及吉林蛟河、梨树等地。中国农业大学于 2010 年 12 月建立吉林梨树综合农业生态系统试验站。其中，玉米是该站最重要的农作物之一。

阶段 II：7 叶—抽雄期（图 5-20b），与阶段 I 相比，主要气象灾害危险性<2.00 的低值区范围明显扩大，>3.00 的高值区主要分布在辽宁省宽甸、岫岩、庄河等地。

阶段 III：抽雄—乳熟期（图 5-20c），<2.30 以下的低值区比较集中，主要在吉林省中东部的永吉、蛟河、靖宇及黑龙江省尚志等地。>3.70 的高值区增多，主要集中在黑龙江西南部的龙江、泰来，吉林西北部的前郭、乾安及辽宁省东部的宽甸、岫岩等地。

阶段 IV：乳熟—成熟期（图 5-20d），与前 3 个阶段相比，该阶段高风险区明显扩大，>3.70 的高值区主要分布在黑龙江省西南部的龙江、泰来，吉林省西北部的白城、长岭等地及辽宁省建平；<2.30 的低值区主要分布在吉林省中东部

的延吉、通化等地。

在玉米发育的阶段Ⅰ以冷害为主，长白山地的冷害危险性较高且发生频率为20%～30%，主要气象灾害危险性高值区的分布与冷害危险性高值区的高度相关。后 3 个发育阶段，干旱、涝害的发生频率增大，主要气象灾害危险性的表现为 3 种灾害的耦合效应。

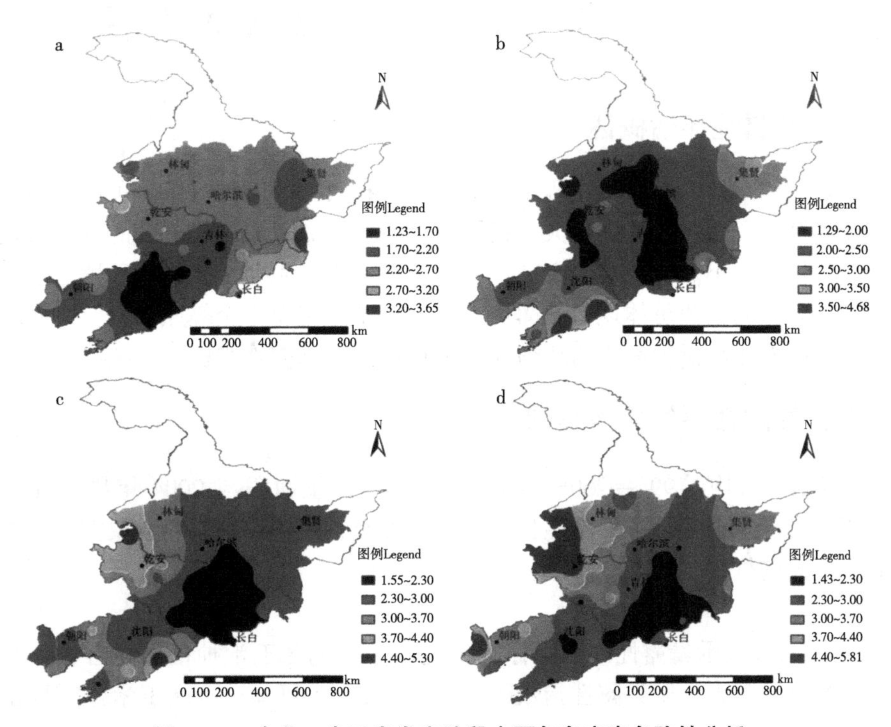

图 5-20　东北 3 省玉米发育阶段主要气象灾害危险性分析

a 图为播种—七叶期，b 图为七叶—抽雄期，c 图为抽雄—乳熟期，d 图为乳熟—成熟期

（引自高晓容等，2014）

杨若子等[38]基于 30（1981—2020）年东北 3 省气象资料，利用最大熵模型开展了玉米低温、干旱和洪涝 3 种主要灾害的综合危险性评估。从表 5-8 可知，低温冷害是近 30 年影响东北玉米生产的最主要气象因子，其平均贡献率为 58. 1%，但也观察到该灾种对玉米主要农业气象灾害综合危险性的贡献率占比随时间推移而减少。相反，近 30 年，干旱对玉米主要农业气象灾害综合危险性的贡献率占比随时间推移而增加，其平均贡献率超过了 30%。从综合风险来看，30 年间洪涝灾害对农业生产的影响偏小，平均贡献率为 10. 7%。但需要强调的是，2001—2010 年贡献率达到了 17. 0%。

表 5-8　东北 3 省 3 种主要灾害综合危险性贡献率　（单位：%）

灾害类型	1981—1990 年	1991—2000 年	2001—2010 年	1981—2010 年
低温冷害	61.3	50.5	40.7	58.1
干旱灾害	25.5	40.9	42.3	31.2
洪涝灾害	13.2	8.6	17.0	10.7

第四节　东北 3 个省玉米种植区暴露性评估

一、暴露性评估概述

暴露性是指在灾害发生过程中可能遭受各种灾害影响的区域，可以用地区作物实际种植面积表示。暴露性大小指孕灾环境对研究对象可能受到的危害有促进或延缓的作用大小。在忽略防灾减灾能力的因素下，东北 3 省作物种植面积占行政范围总面积的比值可体现出暴露性。但由于统计资料不全等原因，一些研究人员选取相应农作物播种面积与耕地面积的比值作为暴露性指标。

二、暴露性评估典型案例

高晓容[41]利用 1994—2006 年 13 年的玉米种植面积与 2004 年耕地面积之比，建立了玉米发育阶段暴露性指数（式 5-20），用于评估农业气象灾害发生过程造成损失的概率。

$$E=X_E \qquad (式 5-20)$$

式中，X_E 表示暴露性评估指标的量化值。某地区玉米种植面积占农作物种植面积的比例越大，则暴露性指数越大。从图 5-21 可知，东北玉米暴露性由东北到西南方向呈递增趋势。>5.20 的高值区分布在辽宁省大部分地区，吉林省中部大片地区及黑龙江省的青冈、安达、龙江等地；2.00~5.20 的中值区呈西北—东南走向分布在松嫩平原和吉林省东北部；<2.00 的低值区分布在黑龙江省中东部和吉林省东北部。由此可见，辽宁省大部分地区，吉林省中部大片地区及黑龙江省的青冈、安达、龙江等地为东北玉米的主要种植区。

杨若子[38]选取玉米种植面积占耕地面积的比例为暴露性评估指标，将东北 3 省各县市玉米实际种植面积的离差标准化值（式 5-21）表示各县市的暴露性大小，基于 ArcGIS 方法将东北 3 省玉米种植区划分为高值区、次高值区、次低值区和低值区（图 5-22）。

$$X'=0.5+0.5\times[(X-X_{min})/(X_{max}-X_{min})] \qquad (式 5-21)$$

式中，X'表示标准化值，数值范围为 0.5~1.0；X 表示样本值；X_{max}、X_{min} 分别表示样本数据的最大值和最小值。

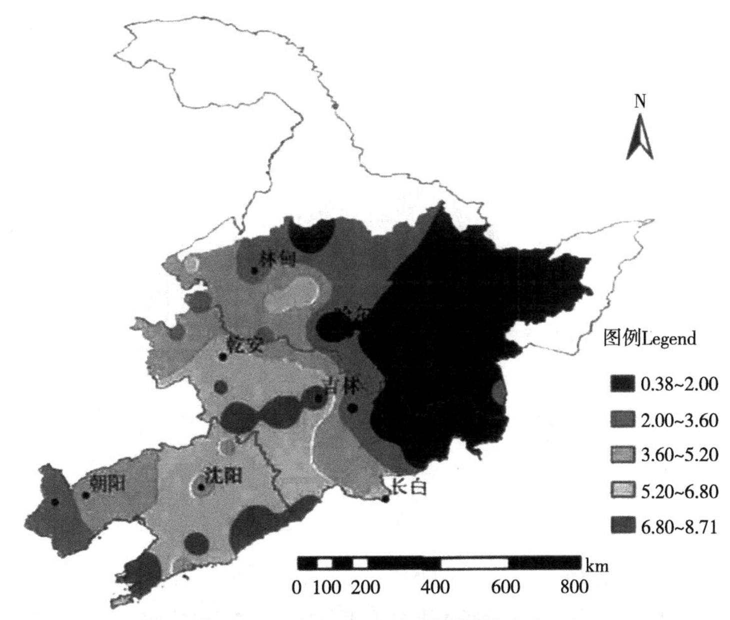

图 5-21　东北地区玉米暴露性分布

（引自高晓容 2014）

从图 5-22 可知，东北 3 省玉米种植区吉林省中西部暴露性较大，说明该地区为玉米种植面积较大区域，为东北黄金玉米带。当然，玉米种植面积越大，受到灾害时的损失概率就越大。>0.72 的暴露性高值区包括黑龙江省松嫩平原中部、长春市和辽宁北部分地区；暴露性次高值区位于黄金玉米带的外围，包括黑龙江省松嫩平原大部分地区，吉林省白城、松原及吉林市地市，辽宁省西部和北部地区，暴露性数值范围为 0.61～0.71；其他地区玉米播种面积相对较小，暴露性也相对较小。

杨晓静等[48]利用东北 3 省 2011—2015 统计年鉴，包括农作物播种面积、粮食种植面积、粮食产量等以及 1961—2014 年 70 个气象站资料，分别从省份尺度和县市尺度对干旱灾害暴露性进行了评估（图 5-23）。东北 3 省干旱灾害暴露性在年际间区域性差异不大。从空间分布上看，旱灾暴露性呈现由南向北递增趋势。从暴露性等级方面看，黑龙江省干旱灾害暴露性值≥中级的县市比例超过了 90%，远高于其他 2 个省份。吉林省干旱灾害暴露性值≥中级的县市比例为 71.7%，辽宁省干旱灾害暴露性值≥中级的县市比例为 30.00%。从空间变异性角度观察，东北 3 省农业旱灾暴露性的变异性存在由南向北减小的趋势（图 5-23b），与暴露性等级空间分布呈恰好相反。吉林省和辽宁省粮食种植的农业旱灾暴露性逐年减小，其主要原因与粮食种植面积减少有关。

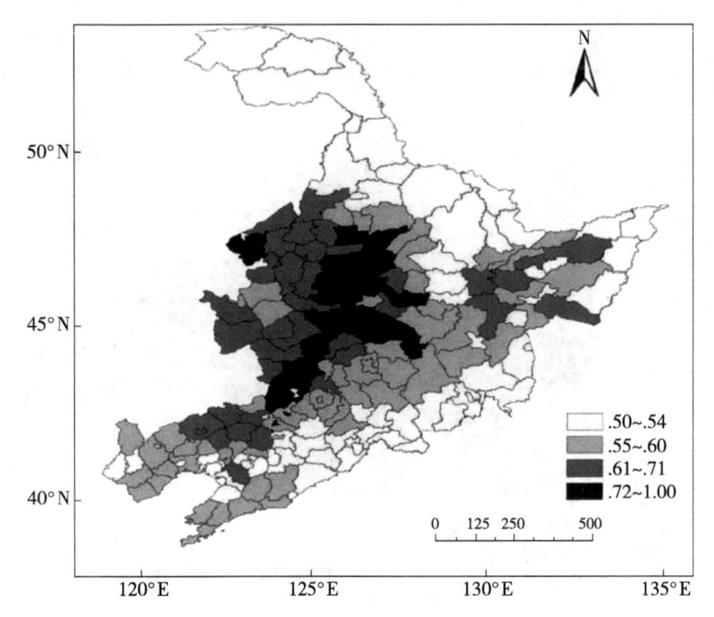

图 5-22 东北 3 省玉米农业种植区暴露性分布

（引自 杨若子，2015）

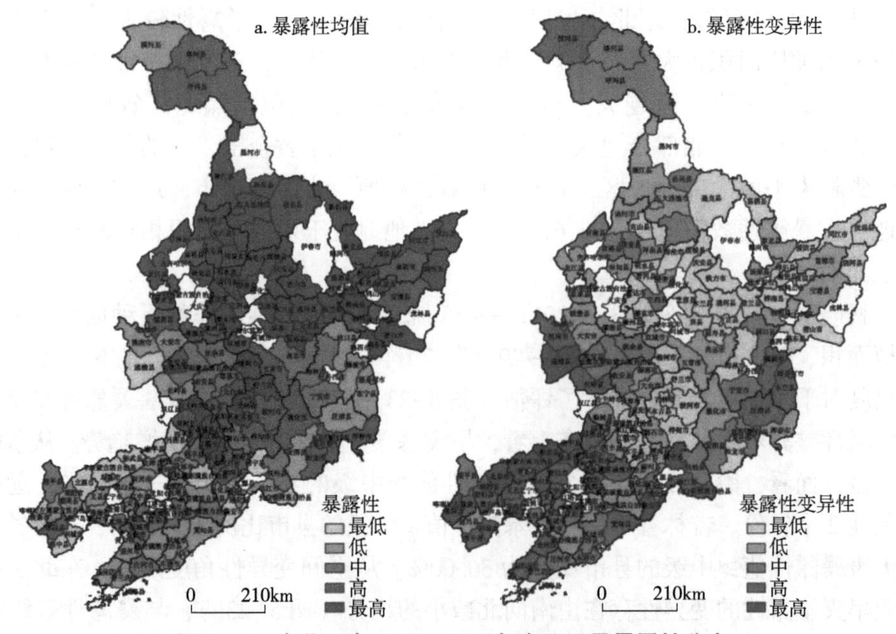

图 5-23 东北 3 省 2010—2014 年农业干旱暴露性分布

（引自杨晓静等，2018）

三、气候变化对未来东北玉米暴露性的影响

张建平等[49]基于 WOFOST 作物模型和 BCC-T63 气候模型给出的 2011—2070 年气候情景资料，分析未来 60 年玉米生育期和产量的变化趋势。推测玉米生育期将缩短、产量将下降。

初征等[50]利用东北地区 91 个气象站的观测数据及区域气候模式输出的 2011—2099 年气象资料，对未来东北玉米品种布局、生产潜力、气候资源利用率的时空变化进行了分析。研究提出，未来东北地区玉米存在北移东扩空间，但对气候资源利用率整体呈下降趋势。玉米生产潜力呈现南高北低趋势，增产率高于历史数据。水分适宜度最低，温度是限制玉米生产的关键气象条件。

第五节 东北 3 省玉米种植区脆弱性评估

一、承灾体脆弱性评估概述

承灾体脆弱性（Vulnerabitlity）也称为易损性，是指被评估地区的所有农作物在遭受灾害后的损失程度及区域特征。通常来说，承灾体脆弱性越小，抗御灾害能力越强，造成的损失越少。承灾体脆弱性是评估灾情、预测灾害损失的重要指标，一般利用成灾面积/种植面积的比值（即成灾面积率）等指标。农业气象致灾损失指数是基于灾害减产幅度和频率的综合指标，能够反映农业气象灾害的脆弱性。利用减产率大小和频数获得脆弱性指数。

脆弱性评估主要涵盖选取指标体系、脆弱性分区，区域脆弱性评估等。脆弱性指标体系构建包括如作物减产率、灌溉率、密度指数等；脆弱性分区指在省级尺度、县市级尺度开展评价和区划；区域脆弱性评估是指在不同区域开展主要农业灾害脆弱性形成的机制研究或针对特定作物开展评估。

二、东北 3 省玉米种植区脆弱性评估典型案例

由于东北 3 省近 50 年的作物受灾面积资料不完整等原因，高晓容等[41]采用减产率平均到 4 个阶段的方法反映玉米发育阶段脆弱性。脆弱性指数公式：

$$V_j = X_{V,j} \qquad (式 5-22)$$

式中，Xv，j 表示第 j 发育时期作物减产率的量化值。

由图 5-24 可见，东北玉米 4 个发育阶段的脆弱性的分布有一定的区域差异和连续性。

阶段 I：播种—7 叶期，该阶段脆弱性高值区主要位于黑龙江省的勃利、东

宁，吉林省的敦化，辽宁省绥中等地，脆弱性指数范围为 1.00~1.26；脆弱性低值区主要分布在黑龙江省哈尔滨、尚志，吉林省梨树、梅河口、延吉、集安，辽宁省昌图、阜新等地，脆弱性指数范围为 0.06~0.40。

阶段 II：7 叶—抽雄期，该阶段脆弱性高值区主要位于黑龙江省泰来、尚志，吉林省蛟河、梅河口、靖宇，辽宁省昌图、庄河等县（市），脆弱性指数范围为 1.00~1.25；脆弱性低值区主要分布在黑龙江省青冈、勃利等，吉林省德惠、延吉等，辽宁省本溪、绥中、新民等地，脆弱性指数范围为 0.06~0.4。

阶段 III：抽雄—乳熟期，大部分地区为脆弱性中低值区，脆弱性指数范围为 0.7~1.67 的中、高值区主要位于研究区西部及辽宁省南部。

阶段 IV：乳熟—成熟期，脆弱性指数范围为 0.60~1.36 的中、高值区主要分布在研究区的边缘以及辽宁省大部分地区。脆弱性指数范围为 0.16~0.60 的低值区主要分布在东北地区中部。

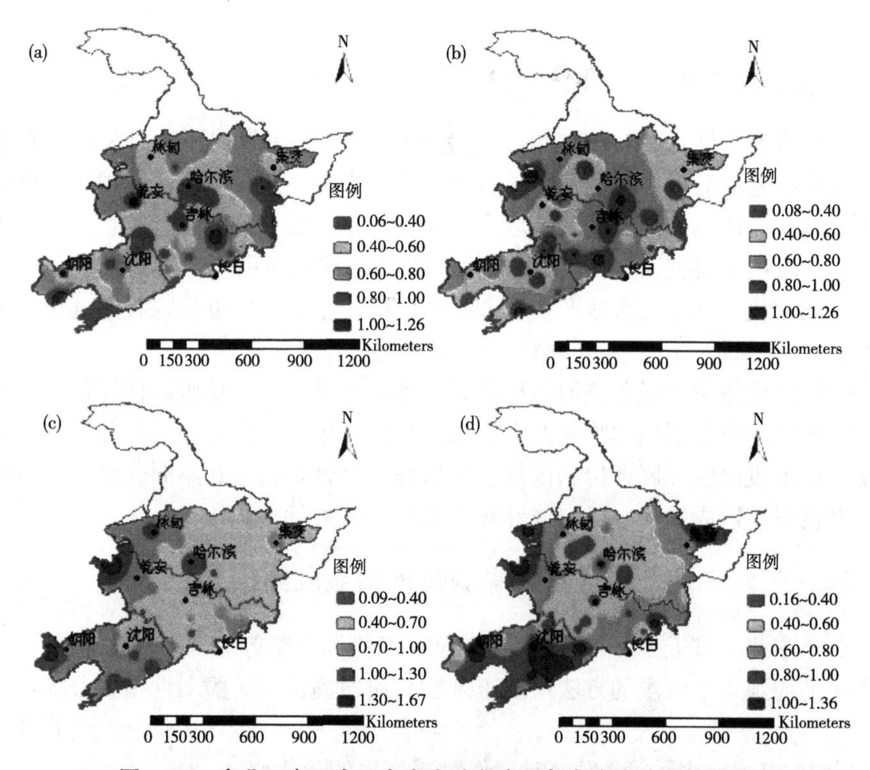

图 5-24　东北 3 省玉米 4 个发育阶段主要气象灾害脆弱性评估

a 图为播种—7 叶期，b 图为 7 叶—抽雄期，c 图为抽雄—乳熟期，d 图为乳熟—成熟期

（引自高晓容，2012）

杨若子[38]利用东北3省30年农业气象资料及作物数据，基于ArcGIS技术按脆弱性的大小将东北3省分为高值区、次高值区、次低值区和低值区（图5-25）。总体来看，东北3省玉米受主要农业气象灾害影响的脆弱性分布比较分散。吉林省中西部的通榆、乾安、长岭、敦化、蛟河及黑龙江泰来、穆棱、密山等地区为脆弱性高值区（脆弱性数值0.68~1.00），这些地区对灾害的承载力很弱，易损度大；脆弱性次高值区主要分布在吉林和辽宁2省的西部地区，脆弱性数值范围为0.60~0.67；脆弱性次低值区和低值区分布比较分散且范围广，脆弱性数值范围是0.50~0.59。

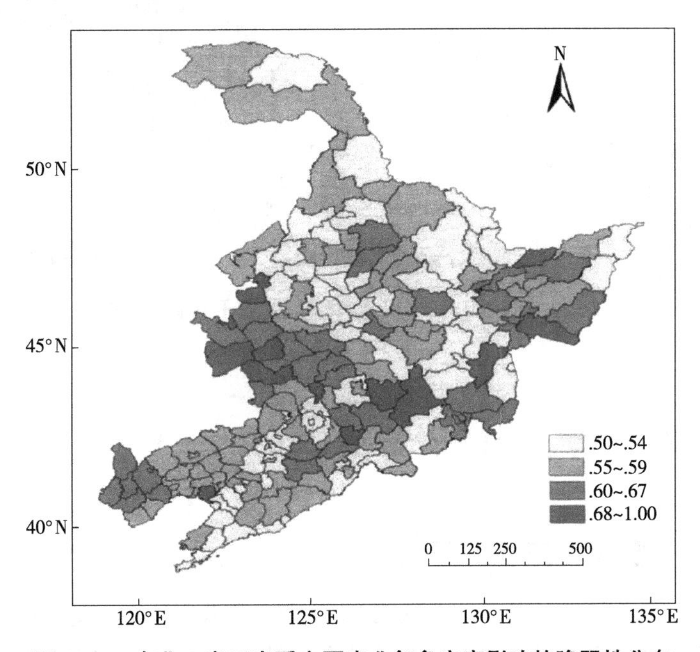

图5-25　东北3省玉米受主要农业气象灾害影响的脆弱性分布

杨晓静等[48]对东北3省干旱灾害脆弱性进行了评估（图5-26）。结果发现，东北3省不同区域干旱灾害脆弱性逐年存在一定差异，整体上呈现由南向北减小的趋势。从整体上看，三江平原及松嫩平原地区为东北3省干旱灾害脆弱性最高地区。从区域上看，哈尔滨市以南与吉林省毗邻的地区脆弱性最高，哈尔滨周边地市的脆弱性较高。干旱灾害脆弱性≥中级的县市占各省县市比例分别为：辽宁省（90.00%）、吉林省（73.91%）与黑龙江省（61.29%）。空间变异性上，辽宁省西部及东南部地区，干旱灾害脆弱性及其变异性等级均处于较高水平。

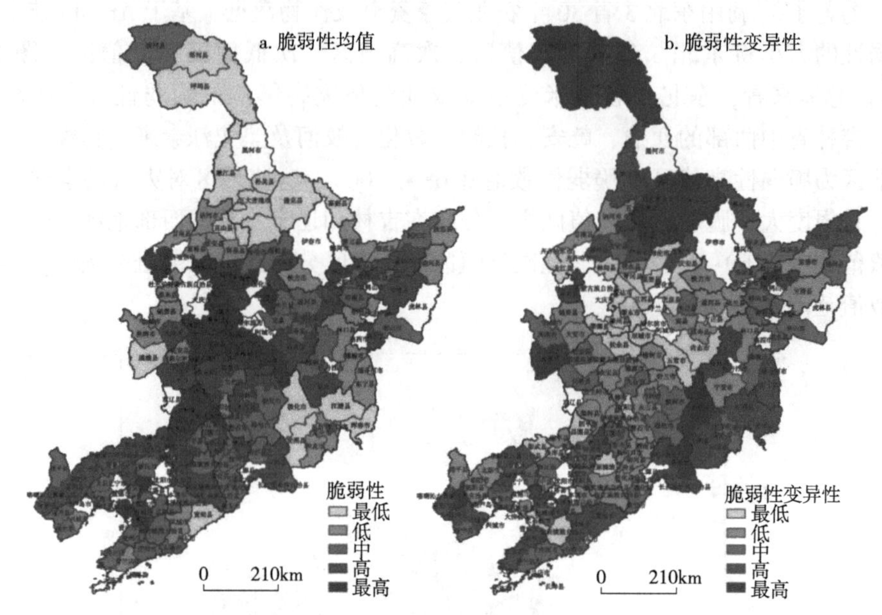

图 5-26　东北 3 省 2010—2014 年农业干旱脆弱性分布

（引自杨晓静等，2018）

第六节　东北 3 省玉米区防灾减灾能力评估

一、区域防灾减灾能力概述

区域防灾减灾能力也称区域应灾能力或抗灾能力，体现为某些气象灾害威胁时，灾害所在区域具备的防御和抵御灾害的能力，如人力、物力、财力及相关政策等。因此，防灾减灾能力与该地区的经济发展水平密切相关。李世奎等[51]认为防灾减灾能力与作物抗性、区域农业生产水平及农业收入等密切相关。目前，区域抗震救灾能力大多以作物产量为基础，通过将实际产量与理论产量的比值、欠收年受灾率与相对波动产量的相关性来评估抗灾能力的强弱。高晓容[40]认为区域农业水平（Agriculture Level，AL）可以代表某一地区相对于全区域的生产实力，当发生全域性严重气象灾害导致普遍减产时，区域农业水平越高表明当地防灾抗灾能力越强。张丽文[52]认为区域农业水平指数能较好地反映防灾减灾能力强弱。

二、区域防灾减灾能力评估典型案例

高晓容[40]将玉米生产水平作为区域农业水平 AL，来反映东北 3 省对玉米主要农业气象灾害的防灾减灾能力，公式如下：

$$AL=\frac{1}{n}\Sigma_{i=1}^{n}\frac{Y_i}{SY_I} \quad (式 5-23)$$

式中，*AL* 为区域农业水平指数，Yi 为各县市第 i 年的单位面积产量，SYi 为第 i 年东北 3 省玉米的单位面积产量，n 为年代长度。资料表明，在 1961—2010 年东北地区玉米单产增加显著。一方面归功于优良品种的推广和种植；另一方面，也反映出玉米生产中防灾减灾能力的持续提升。高晓容认为，已知趋势产量是过去某一时期生产力发展水平的反映，各地趋势产量线性回归的斜率也能够反映玉米生产趋势 PT（Production Trend）。计算公式：

$$PT = PT_j / \sum_{j=1}^{m} PT_j \quad (式 5-24)$$

式中，*PT* 表示东北不同区域玉米生产趋势，PT_j 是区域趋势产量线性回归的斜率，m 代表区域数量。结果发现，平均单产与 *PT*、*AL* 呈显著正相关，相关系数分别为 0.66 和 0.91。

从图 5-27 可知，东北地区防灾减灾能力具有一定的区域差异和连续性。≤2.0的防灾减灾能力指数低值区集中在东北 3 省西部及吉林省东北部的和龙、延吉，黑龙江省大部分地区；≥2.0 的中高值区由东北—西南走向分布在研究区中部。防灾减灾能力在 3.0 以上的高值区主要位于辽宁省东南部。

杨若子[38]基于区域农业水平指数（*AL*），对东北 3 省各区域的防灾减灾能力对式 5-21 进行标准化，获得东北玉米区防灾减灾能力分布情况，并利用 ArcGIS 技术划分为高值区、次高值区、次低值区和低值区（图 5-28）。东北 3 省防灾减灾能力指数高值区主要分布在吉林省和辽宁省交界处中部的四平、辽源、昌图、铁岭等地，防灾减灾能力指数值范围为 0.77～1.00；防灾减灾能力 0.62≤Vd≤0.76 的次高值区和次低值区主要集中在东北 3 省中部地区；防灾减灾能力低值区大多分布在东北 3 省外围，如辽宁省庄河、瓦房店，吉林省延吉、和龙，黑龙江省绥滨、黑河等地，防灾减灾能力指数值为 0.50～0.61，防灾减灾能力较低。

杨晓静等[48]基于东北 3 省 2011—2015 年县市尺度统计年鉴资料，以单位播种面积农业机械总动力作为表征区域抗旱能力的指标。从图 5-29 可知，东北 3 省各区域年际间抗旱减灾能力存在较大差异，呈现由南向北逐渐降低的趋势。从空间变异性来看，吉林省和黑龙江省农业旱灾抗旱能力空间变异性与平均抗旱能力空间呈相反的空间分布特征，即抗旱能力越高的地方空间变异性越低。辽宁省

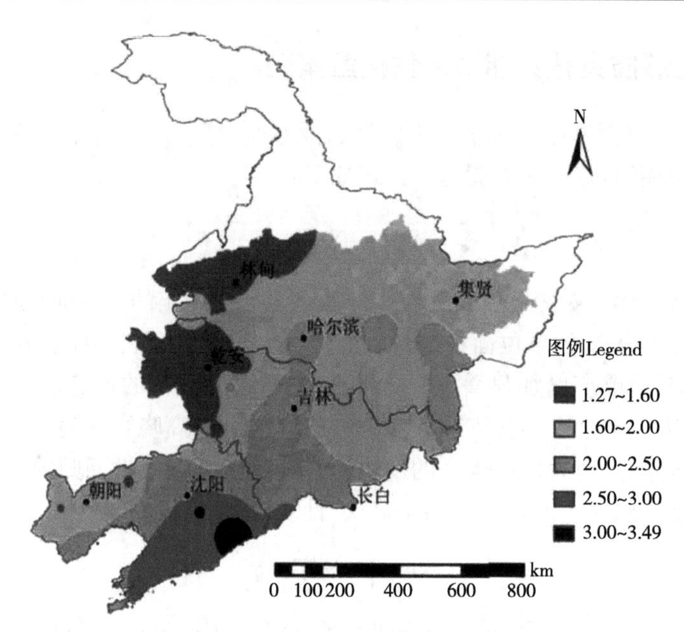

图 5-27　东北 3 省玉米防灾减灾能力分析

（引自高晓容，2012）

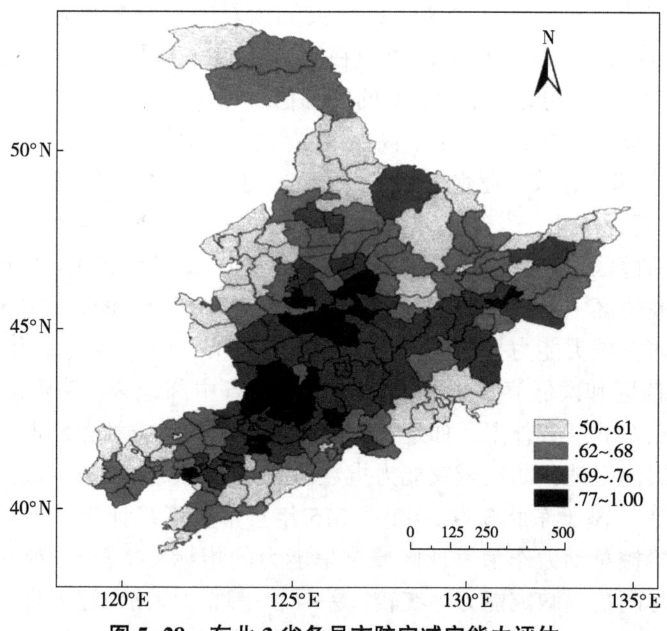

图 5-28　东北 3 省各县市防灾减灾能力评估

（引自杨若子，2015）

抗旱能力和空间变异性特征均显著高于其他2省，且辽宁省西北部地区铁岭市抗旱能力与空间变异性等级均最高。

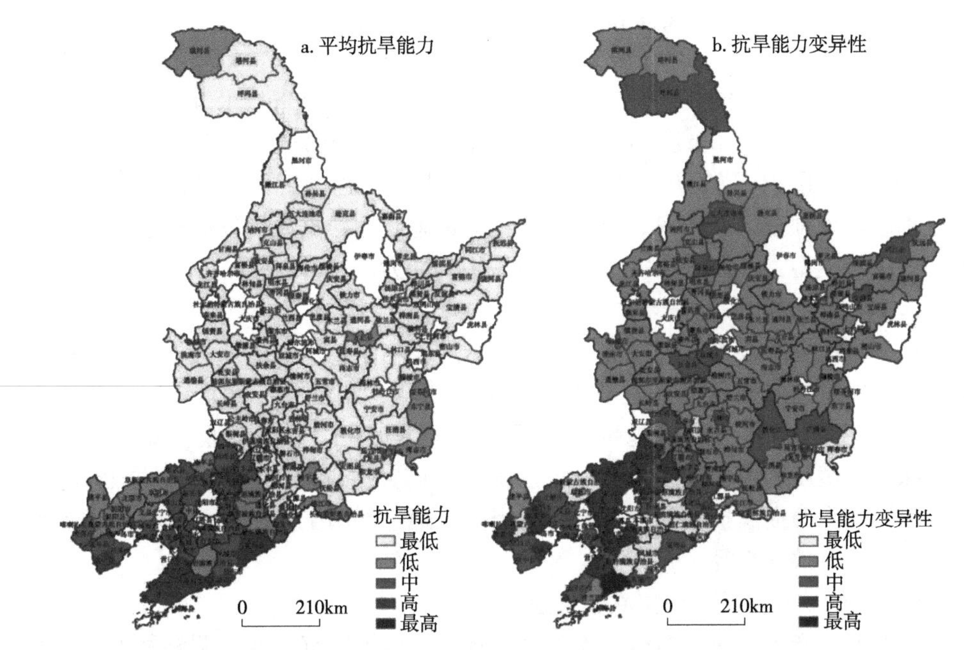

图 5-29　东北 3 省 2010—2014 年农业旱灾平均抗旱能力及变异性空间分布

（引自杨晓静，2018）

东北3省中抗旱能力由高到低分别为辽宁省、吉林省与黑龙江省，抗旱能力在中级及以上的县市比率（图5-30）分别为80.00%、4.35%与0%。

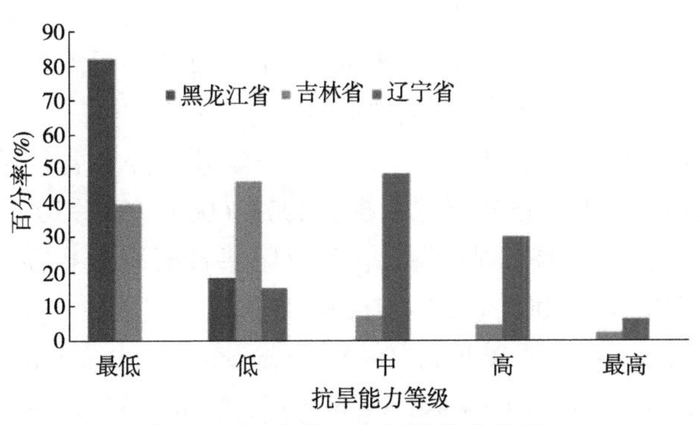

图 5-30　东北 3 省抗旱能力分析

（引自杨晓静，2018）

三、防灾减灾能力提升路径

（一）提高农业气象灾害监测、预警预报及评估能力

精准化的气象灾害预报预警，在农业防灾减灾中具有非常重要的作用。借助大数据技术、人工智能技术、现代生物技术及现代农业信息技术等，实现作物生长与气象要素相统一的动态模式，形成各种农业气象灾害专家系统[53]。基于“3S”技术、雷达探测等开展气象灾害预测、监测，建立智能网格预报系统，提高灾害性气象预报的准确率。建立气象灾害风险管理数据库，发展气象灾害风险评估方法和模型，提高气象灾害风险动态研判能力[54]。

（二）应用防灾减灾技术

进一步挖掘和改进农艺技术、理化技术及生物学技术。例如，根据当地的自然条件，通过错期播种避开主要农业灾害的影响，实现稳产增产[55-56]；利用水肥耦合、增施P、K肥等措施抗御低温、干旱等灾害；通过地膜覆盖、秸秆还田、深翻、镇压等农艺措施，调节水土状况防御灾害；利用保水剂、抗蒸腾剂、种子引发技术等提高抗干旱灾害能力；当然，通过基因工程手段，选育抗逆品种是一条经济有效的途径。

（三）通过种植结构调整减轻灾害

在农业生产中，应根据多年灾害发生规律，因地制宜，及时调整种植结构及作物布局，选择综合表现好、抗逆性强、适用性广的作物品种。

参考文献

[1] 王春乙. 重大农业气象灾害研究进展［M］. 北京：气象出版社，2007.

[2] 王春乙，张继权，霍治国，等. 农业气象灾害风险评估研究进展与展望［J］. 气象学报，2015，73（01）：1-19.

[3] 霍治国，李世奎，王素艳，等. 主要农业气象灾害风险评估技术及其应用研究［J］. 自然资源学报，2003（06）：692-703.

[4] 杜尧东，毛慧琴，刘锦銮. 华南地区寒害概率分布模型研究［J］. 自然灾害学报，2003（02）：103-107.

[5] Wilhelmi O V，Wilhite D A，Assessing Vulnerability to Agricultural Drought：A Nebraska Case Study［J］. Natural Hazards，2002，25（1）：37-58.

[6] 盛绍学，石磊. 江淮地区小麦春季涝渍灾害脆弱性成因及空间格局分析［J］. 中国农业气象，2010，31（S1）：140-143.

[7] 贾慧聪，王静爱，潘东华，等. 基于EPIC模型的黄淮海夏玉米旱灾风险评价 [J]. 地理学报，2011，66（05）：643-652.

[8] 马树庆，刘玉英，王琪. 玉米低温冷害动态评估和预测方法 [J]. 应用生态学报，2006（10）：1 905- 1 910.

[9] 张顺谦，王春学，陈文秀，等. 四川省暴雨过程强度及损失评估方法研究 [J]. 暴雨灾害，2019，38（01）：79-85.

[10] 袭祝香，马树庆，王琪. 东北区低温冷害风险评估及区划 [J]. 自然灾害学报，2003（02）：98-102.

[11] Zhang JQ . Risk assessment of drought disaster in the maize-growing region of Songliao Plain, China. Agric Ecosyst Environ [J]. Agriculture Ecosystems & Environment, 2003, 102（2）：133-153.

[12] 吴荣军，史继清，关福来，等. 干旱综合风险指标的构建及风险区划——以河北省冬麦区为例 [J]. 自然灾害学报，2013，22（01）：145-152.

[13] 张存厚，张立，吴英杰，等. 内蒙古草原干旱灾害综合风险评估 [J]. 干旱区资源与环境，2019，33（07）：115-121.

[14] 王春乙，张雪芬，赵艳霞. 农业气象灾害影响评估与风险评价 [M]. 气象出版社，2010.

[15] 陈红. 基于信息扩散理论的黑龙江省主要气象灾害风险评估研究 [D]. 哈尔滨师范大学，2011.

[16] Hao L , Zhang X , Liu S. Risk assessment to China's agricultural drought disaster in county unit [J]. Natural Hazards, 2012, 61（2）：785-801.

[17] 王芳，王春乙，邬定荣，等. 近30年中美玉米带生长季干旱特征的差异及成因分析 [J]. 中国农业气象，2018，39（06）：398-410.

[18] 王海梅，侯琼，杨钦宇，等. 基于生理指标确定河套灌区玉米春霜冻的气象指标 [J]. 干旱地区农业研究，2015，33（06）：172-177.

[19] 侯琼，王海梅，云文丽. 河套灌区玉米低温冷害监测评估指标的研究 [J]. 干旱区资源与环境，2015，29（02）：179-184.

[20] 林忠辉，莫兴国，项月琴. 作物生长模型研究综述 [J]. 作物学报，2003（05）：750-758.

[21] 薛昌颖. 基于作物模型的河南省旱稻干旱风险评估 [J]. 气象与环境科学，2016，39（02）：126-131.

[22] Cao J, Zhang Z, Zhang L. et al. Damage evaluation of soybean chilling injury based on Google Earth Engine（GEE）and crop modelling. J.

Geogr. Sci. 2020，30，1 249- 1 265.

[23] Rafael B,Marcelo D P Ferreira，É et. al. Rules for grown soybean-maize cropping system in Midwestern Brazil：Food production and economic profits [J]. Agricultural Systems，2020，182.

[24] 王学梅，朱雅莉，董世杰，等. 运用WOFOST模型模拟土壤中水分养分对小麦生物量的影响 [J]. 安徽农业大学学报，2020，47（02）：267-274.

[25] Sharma C S ，Behera M D ，Mishra A ，et al. Assessing Flood Induced Land - Cover Changes Using Remote Sensing and Fuzzy Approach in Eastern Gujarat（India） [J]. Water Resources Management，2011，25（13）：3 219.

[26] 王德锦，张新华，李雪源. 东阿县玉米精细化气象灾害风险评估与区划 [J]. 现代农业科技，2016（19）：207-208+210.

[27] 邱译萱，胡铁鑫，张婷，等. 基于GIS的吉林省霜冻灾害风险评估及区划 [J]. 中国农学通报，2020，36（16）：101-107.

[28] 孙凤华，袁健，路爽. 东北地区近百年气候变化及突变检测 [J]. 气候与环境研究，2006（01）：101-108.

[29] 张继权，梁警丹，周道玮. 基于GIS技术的吉林省生态灾害风险评价 [J]. 应用生态学报，2007（08）：1 765- 1 770.

[30] 张蕾，霍治国，黄大鹏，等. 海南冬季主要瓜菜寒害风险区划 [J]. 中国生态农业学报，2014，22（10）：1 240- 1 251.

[31] 马树庆，袭祝香，王琪. 中国东北地区玉米低温冷害风险评估研究 [J]. 自然灾害学报，2003（03）：137-141.

[32] 王春乙，郭建平. 农作物低温冷害综合防御技术研究. 北京：气象出版社，1999，17-26.

[33] 郭建平，田志会，张涓涓. 东北地区玉米热量指数的预测模型研究 [J]. 应用气象学报，2003（05）：626-633.

[34] 王培娟，霍治国，杨建莹，等. 基于热量指数的东北春玉米冷害指标 [J]. 应用气象学报，2019，30（01）：13-24.

[35] 王石立，马玉平，庄立伟. 东北地区玉米冷害预测评估模型改进研究 [J]. 自然灾害学报，2008（04）：12-18.

[36] 张建平，王春乙，赵艳霞，等. 基于作物模型的低温冷害对我国东北3省玉米产量影响评估 [J]. 生态学报，2012，32（13）：4 132- 4 138.

[37] 钱锦霞，郭建平. 东北地区春玉米生长发育和产量对温度变化的响应

[J]. 中国农业气象，2013，34（03）：312-316.
[38] 杨若子. 东北玉米主要农业气象灾害的时空特征与风险综合评估［D］. 中国气象科学研究院，2015.
[39] 杨若子，周广胜. 1961—2013 年东北三省玉米低温冷害强度的时空分布特征［J］. 生态学报，2016，36（14）：4 386- 4 394.
[40] 高晓容. 东北地区玉米主要气象灾害风险评估研究［D］. 南京信息工程大学，2012.
[41] 高晓容，王春乙，张继权，等. 东北地区玉米主要气象灾害风险评价与区划［J］. 中国农业科学，2014，47（24）：4 805- 4 820.
[42] 蔡菁菁，王春乙，张继权. 东北地区玉米不同生长阶段干旱冷害危险性评价［J］. 气象学报，2013，71（05）：976-986.
[43] 宋艳玲，王建林，田靳峰，等. 气象干旱指数在东北春玉米干旱监测中的改进［J］. 应用气象学报，2019，30（01）：25-34.
[44] 史培军. 中国自然灾害风险地图集［M］. 北京：科学出版社，2011.
[45] 盖程程，翁文国，袁宏永. 基于 GIS 的多灾种耦合综合风险评估［J］. 清华大学学报（自然科学版），2011，51（05）：627-631.
[46] 薛晔，陈报章，黄崇福，等. 多灾种综合风险评估软层次模型［J］. 地理科学进展，2012，31（03）：353-360.
[47] 王望珍，张可欣，陈瑶. 基于 GIS 的神农架林区多灾种耦合综合风险评估［J］. 湖北农业科学，2018，57（05）：49-54+110.
[48] 杨晓静，徐宗学，左德鹏，等. 东北 3 省农业旱灾风险评估研究［J］. 地理学报，2018，73（07）：1 324- 1 337.
[49] 张建平，赵艳霞，王春乙，等. 气候变化情景下东北地区玉米产量变化模拟［J］. 中国生态农业学报，2008，16（6）：1 448- 1 452.
[50] 初征，郭建平. 未来气候变化对东北玉米品种布局的影响［J］. 应用气象学报，2018，29（02）：165-176.
[51] 李世奎，霍治国，王素艳，等. 农业气象灾害风险评估体系及模型研究［J］. 自然灾害学报，2004（01）：77-87.
[52] 张丽文. 基于 GIS 和遥感的东北地区水稻冷害风险区划与监测研究［D］. 浙江大学，2013.
[53] 郭建平. 农业气象灾害监测预测技术研究进展［J］. 应用气象学报，2016，27（05）：620-630.
[54] 李熙，周斌，高文静，等. 提升气象灾害防御能力，推进生态文明建设—对气象防灾减灾助力生态文明建设的思考［J］. 湖北农业科学，

2019，58（S2）：440-442.

[55] 马树庆，王琪，罗新兰. 基于分期播种的气候变化对东北地区玉米（Zea mays）生长发育和产量的影响［J］. 生态学报，2008（05）：2 131-2 139.

[56] 初征，郭建平. 东北地区玉米适应气候变化措施对生产潜力的影响［J］. 应用生态学报，2018，29（06）：1 885-1 892.

第六章　主要农业气象灾害对玉米生长发育的影响

第一节　干旱灾害的危害

春玉米在整个生育期内可能会遭受到各种逆境胁迫的危害，包括了干旱、水涝、冷害、冻害等。其中，干旱是危害农牧业生产的第一大灾害。

春玉米的种植地域在我国十分广泛，主要分布在东北、西北和华北北部地区。这些种植区域的气候特点造成了春玉米极易受到干旱的影响，一是由于这些地区春季少雨；二是因为我国春季升温快蒸发大；三是春季风大，易造成土壤跑墒，农业用水量较大。一般来讲季节性的积雪融水会对春旱有一定的缓解作用，但在东北地区比较明显，华北地区的作用不大。

一、常见干旱灾害的分类

根据不同的分类方法，可以划分为不同的干旱灾害。

（一）从作物的受旱机制划分

1. 大气干旱

大气干旱造成大气相对湿度低，作物蒸腾强烈，导致体内水分严重亏缺，在土壤供水良好的条件下，大气干旱会使作物呈现暂时萎蔫。一种典型的大气干旱是干热气团控制下的干热风，空气湿度骤降，气温迅速升高，并伴有较高的风速，它对农作物的危害很大。大气干旱多出现于我国西北等地。

2. 土壤干旱

土壤是植物获得水分的主要来源，根系是玉米吸收水分最重要的器官，因此，土壤干旱可以直接影响作物。在我国，土壤干旱的受害情况相比大气干旱更为严重，春玉米种植地区常有土壤干旱发生。长时间持续的大气干旱将会导致土壤干旱，因此，这 2 种干旱常常一起发生。

3. 生理干旱

生理干旱多由土壤盐碱化、化肥施入过量、土壤存在有害物质以及温度较低造成，春玉米由于根系正常的生理活动受到阻碍使得土壤中水分不能被吸收利用，从而导致生物体内缺水，光合作用与物质运输受阻，所有与水相关的生理生化反应都被叫停，影响春玉米的生长发育，恶劣时会造成永久萎蔫。

（二）从干旱发生的季节划分

1. 春旱

春旱对于春玉米的危害如下。

（1）春旱使春玉米的播种期延迟。当发生严重干旱时，由于耕层土壤无墒春玉米不能按时播种，从而使得播期延迟，播种步伐进程较为缓慢且播种期延长。

（2）春旱使春玉米出苗不全、不齐、缺苗断垄。有些品种即使没能造成粉种，常因耕层土壤墒情差而出苗不全、不齐，甚至缺苗断条，影响玉米高产群体的建立和产量形成。

（3）春旱造成春玉米的粉种。不能坐水种的地块，播种后遭遇长时间的干旱，会使种子失水没有活力造成粉种。

（4）高氮复合肥做底肥同时种、肥隔离距离不足的地块，可能由于干旱引起的氨中毒及烧苗现象，引起春玉米缺苗或幼苗生长缓慢造成熟期拖后和减产。

（5）习惯苗前除草的农户由于墒情等原因，可能影响除草剂的喷施效果，需要苗后重复茎叶除草，增加除草成本。

（6）干旱易造成春玉米生长季病虫害发生蔓延。地下害虫金针虫、地老虎、蛴螬等呈中等偏重发生趋势，玉米螟为害将较重发生，入夏后病虫害有大面积发生的可能。

2. 夏旱

初夏旱会阻碍玉米穗的正常形成，造成“卡脖旱”。同时，还会影响到夏播作物的播种和出苗，使得出苗不齐和生育期延长。7—8 月是春玉米生育时期内温度最高的月份，作物需水最多，耐旱力最差，这时发生的干旱会严重对作物生长发育造成不利影响。

3. 秋旱

秋旱使得夏播作物和部分晚熟春播作物受旱，影响其灌浆成熟，对秋播作物播种和出苗造成影响，特别是夏旱和秋旱连续发生时，对于秋播和秋收作物影响更为严重，还会造成绝收。

我国北方各大地区的农业干旱具有明显的季节性特点。东北地区高纬度，低气温，农作物生长期在 4—9 月，生长季节短，一般为一年一熟，易发生春旱和初夏干旱，夏旱发生频率较低；华北地区的主要季节性干旱为春夏连旱，以春旱为主；西北地区东南部以春旱和伏旱为主，其他地区多为春夏连旱[1]。

二、干旱与干旱灾害

干旱视其严重程度，可划分为不同等级，如无旱、轻旱、中旱、重旱、特旱等。干旱可造成干旱灾害，干旱灾害指的是造成了农业、经济损失，对社会有较大影响的程度较重的干旱，它具有出现频率高、持续时间长、波及范围广的特点。水是干旱问题不可或缺的首要因素，水也是在作物的生长发育过程中是必不可少的。干旱与干旱灾害的最大不同点实质上是水的亏缺程度的差异，当水分短缺的现象没有影响到正常的生产生活，作物能在短时间内恢复对水的需求时，可谓之干旱；而当水分短缺现象严重，影响到正常的生产生活，作物在短时间内不能恢复对水的需求时，则发生了干旱灾害[2]。进入夏季，随着气温越来越高，炎热的天气碰到长期干旱不雨或少雨，土壤中含水量降低；若不及时补充，作物会发生萎蔫或枯死现象。干旱往往与高温炎热紧密相关，统称高温干旱。高温干旱对农作物的危害有很大，会造成农作物减产、低产甚至绝产。

三、干旱灾害的特点

干旱是影响经济社会生活最为严重的自然灾害，受其影响的地区与人数比其他自然灾害都多。在全球日益变化和经济迅速发展的影响下，频繁发生的干旱已经成为全球最为严峻的环境问题之一。干旱中的重大干旱灾害直接威胁到国家的长期粮食安全和社会稳定。我国是一个自然灾害频发的国家，据统计，气象灾害造成的经济损失大约占所有自然灾害的 70%，其中，由干旱造成的损失占据了气象灾害的 50%以上。有预测表明，如果中国不重视或不能够积极有效地应对干旱灾害，到 2030 年，中国东北地区 3 500 万农民可能会损失掉一半以上的农业收入[2]。

干旱灾害具有出现频率高、持续时间长、波及范围广的特点。出现频率高、持续时间长表现在从古至今，我国不同地区频繁发生干旱。干旱灾害不仅在我国北方多发，而且在南方湿润地区也频繁发生；以 2017 年我国旱灾受灾情况为例，波及范围广表现在全国 26 省（自治区、直辖市）发生干旱灾害，作物受旱面积 18 227.56 千 hm^2，因旱受灾面积 9 946.43 千 hm^2，其中，成灾 4 490.02 千 hm^2、绝收 752.71 千 hm^2；477.78 万人、514.29 万头大牲畜因旱发生饮水困难；因旱粮食损失 134.44 亿 kg、经济作物损失 116.84 亿元；直接经济损失 437.88 亿元、占当年 GDP 的 0.05%。干旱灾害的特点造就了它对于社会经济与生产生活所带来的不可逆转而伤害惨重的危害。

四、干旱灾害的危害

（一）干旱灾害与经济损失

干旱缺水对农业和社会造成的损失相当于其他各自然灾害造成损失总和。据统计，1949—1990年的42年间，我国共出现36个比较严重的干旱年，年均受旱面积1 959.2万 hm^2，年均因旱成灾面积768.9万 hm^2，年均因旱减产粮食1 011.3万t，旱灾造成的直接经济损失和间接经济损失累计达44 369亿元，年均因旱损失1 056亿元。而且干旱造成的粮食减产比例逐步增加，自20世纪50年代占总产量的2.0%左右增加到80年代的5.0%。近几十年来，干旱和旱灾造成的损失和影响越来越严重。干旱不仅直接导致农业减产，食物短缺，而且其持续累积会使土地资源退化、水资源耗竭和生态环境受到破坏，严重影响林牧业生产，制约可持续发展。

北方是我国农业旱灾的主要发生区域，因此，全面分析该区域旱灾本质、成因及其发生规律，加强抗旱减灾对策研究，减少干旱灾害损失，对实现农业减灾保产意义重大[1]。东北地区作为我国春玉米主栽区，干旱灾害近年来发生频率越来越高，而且干旱灾害持续的时间由过去的以短时间为主，逐步发展成为春夏连旱、夏秋连旱，受灾时间大幅度变长。据统计，受旱面积和成灾比例较高的几次严重干旱事件都发生在21世纪，以2000年和2007年最为典型；连续的干旱造成的不利影响越来越严重，粮食因旱损失量和农业直接经济损失在2000年和2007年达到最高[3]。

（二）干旱灾害与水资源

干旱是陆地上反复出现的极端气候事件，其特征是在数月至数年的时间内降雨量低于正常值[9]。干旱是与降雨量紧密相关的，同时，也与当地的水资源息息相关。随着水循环改变和全球气候变化，降水不均匀和持续性干旱等极端天气事件的频率和强度增加，对于水资源，尤其是人口和社会密度高城市的水资源带来重大的影响和压力。

总体上我国北方的极端干旱会随着气候变化呈现增加的趋势，而南部则相反。虽然我国区域水资源丰度呈现出东南高而西北低的阶梯状分布情况，西北地区的水资源甚少，但是由于西部城市的用水并不多，且地级城市经济社会密度低，所以，我国水资源压力大的集中区域多处于华北。城市水资源压力的变化也不是均匀的，表现出南部减少而北部增加的变化趋势，我国华北地区城市的水资源压力最大，随着气候的逐渐变化，该地区的水资源压力也在随着时间日益增加，这需要政府积极做出行动，提出有针对性和前瞻性的水资源规划方案，并依据方案采取措施，以应对气候变化造成的城市干旱增加[4]。

同时，随着农业、工业和家庭用水的需求增加，水资源的可获得性正成为制约中国发展的一个关键因素。据中国统计年鉴，2018 年我国水资源总量为 27 462.5 亿 m^3，其中，地表水资源量 26 323.2 亿 m^3，地下水资源总量 8 246.5 亿 m^3，地表水与地下水资源重复量 7 107.2 亿 m^3，人均水资源量为 1 971.8 m^3/人。虽然这一水资源的数值很大，位居世界第六位，但人均水资源量仅为世界平均值的 1/4。此外，水资源在空间上和季节上的分布都是不平衡的。我国北方的土地面积及人口与南方相似，虽然拥有 65%的可耕地，但仅占总水量的 18%。相比之下，南方还会从夏季降水中获得水源，而夏季降水往往会变成洪水"浪费"掉。在此背景下，再加上长期干旱的发生破坏了水供需之间的平衡，从而大大增加了区域遭受破坏性影响的脆弱性，所以，东北地区的干旱与水资源问题严重影响了当地的农业生产与收入[10]。

21 世纪全球水循环因气候变暖而发生的变化将不尽相同。干湿地区和干湿季节之间的降水量对比可能会增加，尽管可能有区域例外。气候变化正在给气候系统增加热量，而在陆地上，大部分热量都会进入干燥状态。因此，自然干旱的发生应该更快，强度更大，持续时间可能更长。因此，干旱的范围可能更广。事实上，在干旱时期，由于缺乏水的"空调效应"，人为的变暖效应在土地上累积。气候变化可能不会造成干旱，但会加剧干旱，并可能扩大其在亚热带干旱区的范围[11]。

（三）干旱灾害与生态环境

1. 土壤盐渍化

干旱半干旱地区自身的水资源本就十分匮乏，再加上降水、灌溉和蒸发的交替作用，使盐分在非饱和地带土壤中不断积累，形成土壤的盐渍化。目前，全国盐渍化土壤面积约为 3 667 万 hm^2，内蒙古、新疆、甘肃、宁夏等省区因受盐渍化威胁的耕地约占当地总耕地面积的 30%~40%。土壤盐渍化后，土壤溶液的渗透压增大，水分减少，土体通气性和透水性就会变差，降低作物对水分养分的吸收和减弱作物正常的生长发育。

2. 草场退化

草场退化是指由于自然或人为因素，草地农业生态系统呈现出一系列不利于开发、利用的环境退化现象。我国草场退化的面积约为 1.35 亿 hm^2，干旱半干旱地区是草场退化的主要发生地区，内蒙古草原由于过度放牧，草原的牧草厚度由 20 世纪 70 年代的 70cm 下降到现在的 25cm。草场退化后牧草的种类就会出现简化减少，草质变得恶劣，植被覆盖率降低，土壤肥力下降，第一性生产力下降，草场环境的容量便会持续性衰减、承载牲畜的能力显著下降。

3. 土壤沙化

随着气候的变异和人类活动加剧等因素的影响，导致干旱半干旱和半湿润干旱地区的土地退化，土地荒漠化也是我国干旱半干旱地区的主要生态问题。目前，我国的土地荒漠化总面积约为 267 万 hm^2，约占国土面积 28%，大部分集中在西北地区，其中，人为因素导致的土地荒漠化约占九成以上。土地荒漠化诱发沙尘暴等恶劣天气，加剧了生态环境恶化。冬春季的干旱易引发森林火灾和草原火灾。自 2000 年以来，由于全球气温的不断升高，导致北方地区气候偏旱，林地地温偏高，草地枯草期长，森林地下火和草原火灾有增长的趋势。

4. 全球变暖

由于大气中二氧化碳和其他吸热气体增加引起了全球气候变暖，人们强烈期望潜在 ET（PET）可以增加，因为 PET 的增加直接关联着地表的降温。但是 PET 增加只有在有足够水分的情况下才会发生，同时，可能会导致实际蒸发量的增加，或者是作物的蒸散量，因此，可能会有更多的干旱。更严重的是在干旱的情况下，任何额外能量的一部分都会被用于提高温度，从而放大干旱地区的气候变暖；进而全球变暖带来的额外热量将增加干燥速度，从而更快、更强烈地造成干旱。总而言之，干旱与全球变暖是相辅相成的，它们会互相促进，最终导致生态环境的恶劣[11]。

此外，干旱半干旱地区的水土流失、干旱缺水、沙尘暴肆虐等生态环境问题依然不容乐观。导致该地区环境问题的原因也是多方面的，既有历史、自然等因素，也有人为因素导致，加剧了干旱半干旱地区的生态环境的恶化[5]。

（四）干旱灾害与社会发展

农业是最容易受到旱灾影响并且影响最为直接的一个产业。一旦出现干旱灾害，就会严重造成所在地区农作物大量受灾甚至没有收成，并且导致农产品的供应量很大程度降低，而价格则会不断哄抬变高，这势必会对当地的物价水平严重冲击，从而引发下游的通货膨胀。尽管导致一部分地区粮食减产的干旱灾害不足以影响到全国范围内的粮食价格，但是它却能够让其所在的一些地区的粮价出现很大程度的提升。例如，玉米被誉为是我国最为主要的并且广泛使用的粮食品种之一，其产量在我国粮食的总产量中达到了 55%，如果玉米的产量由于干旱灾害而减产，那么对于全国人民粮食使用量影响是巨大的。玉米还可以作为经济作物，主要用于生产油料等，对于以玉米作为经济作物来获取经济效益的地区来说，干旱灾害对该地区的玉米种植与生长造成了巨大的影响，并且造成了化肥使用量的不断下降。鉴于玉米的绝收，会极大地降低当地化肥的使用量，并且还会导致当地尿素市场的市场需求降低，其总体行情也表现得较为低迷，市场价格往往会有所减少。同样，在磷肥市场上，旱灾所在地的用量同样会大幅度地下降。

虽然当地的重要磷复肥领军型企业在生产上不会受到很大的影响，但是本地诸多中小磷肥企业往往会由于干旱影响以及电力紧张而影响到其正常的生产[6]。

五、干旱灾害对春玉米的危害

从50年的灾害演变情况来看，东北地区的主要气象灾害正逐渐由冷害向干旱变迁，冷害发生的频次越来越少，而干旱发生的频次快速增多，影响的范围也逐渐增大。干旱对于玉米生长的影响变得越来越大。而这一变化趋势尤其以21世纪以来表现得最为突出[7]。玉米是世界上拥有最大种植面积和最高总产量的粮食作物，玉米产量约占中国谷物产量的55%，除了是粮食作物，它还是重要的饲料作物和工业原料。玉米整个生育期内都对水分十分敏感，干旱是阻碍玉米生长发育和经济产量最主要的灾害，一般会减产20%~30%，甚至高达40%~50%。干旱胁迫对于产量的影响不但取决于干旱的等级，还取决玉米所处的生育时期。大量学者通过在玉米关键发育时期进行干旱胁迫来研究其主要生理过程对干旱的响应机制。东北是我国春玉米的主要生产地区，玉米播种面积约占全国的26.6%，年产量占全国的30%，在我国的总粮食生产中占据一席之地。20世纪90年代以来，该地区春旱和春夏连旱多次发生，玉米收成受到严重伤害。更严重的是，到21世纪中期，东北春玉米缺水率会呈现增加趋势，说明干旱对玉米经济影响将进一步增强，因此，从机理上阐明干旱对东北春玉米生产的影响十分必要，这将对合理指导玉米生产防灾减灾与稳定产量具有重要意义，东北春玉米叶片与根系对干旱胁迫的响应研究将为此提供重要参考。

（一）干旱胁迫对玉米叶片形态结构和生理生化性能的影响

1. 干旱胁迫对玉米叶片形态结构的影响

在长期干旱胁迫下，作为同化和蒸腾作用场所的叶片，形态结构会发生变化，其形态结构的改变与植物的耐旱性有着密切的关系。在较长时期的干旱胁迫下植物叶片会卷曲，减少光合作用而积，单株叶面积：苗期减少8%~12%，而拔节至孕穗期减少20%~25%。同时，干旱胁迫会使叶片气孔开度减小，气孔阻力增加，二氧化碳进入叶片受阻，制约光合作用速率影响玉米的生化反应。尤其在吐丝后，光合产物主要流向穗部，如果干旱使玉米叶片光合作用受限，叶片形成的光合产物减少，流向籽粒的光合产物将明显不足，最终导致减产。但是在水分胁迫初期玉米形态结构的改变，叶片卷曲、气孔阻力的增加也可减少叶片水分散失，阻碍水分亏缺进一步发生和发展，减轻胁迫对光合器官的伤害，但长时间的水分胁迫会使叶片提前进入衰老期。

2. 干旱胁迫对玉米叶片生理生化性能的影响

在水分胁迫下影响光合作用最主要的因素不是叶面积的减少而是叶片内部不

同化学物质含量的变化。植物受到水分、盐分胁迫时，产生活性氧其中包括超氧自由基（2-）、过氧化氢（H_2O_2）、氢氧根离子（OH-）和羟基自由基（-H）等，会对细胞造成损伤，如酶失活、妨碍蛋白质合成、细胞膜系统受损或瓦解、出现变异或变异积累。在一定范围的水分胁迫下，植物体内的过氧化酶（POD）、超氧化物歧化酶（SOD）和过氧化氢酶（CAT）活性升高，植物细胞膜系统的抗氧化能力增强，可以消除植物体内 H_2O_2 对细胞膜系统的损伤，保护植株免受伤害，降低产量减少幅度。干旱胁迫也会使叶绿素含量降低光合作用受到限制，可溶性糖、丙二醛（MDA）含量升高，可在一定的范围内提高玉米的抗旱性能。SOD、CAT 和 POD 是植物体内的保护性酶，在清除植物自由基上担负着重要功能，SOD 能将超氧自由基转化为 H_2O，而 CAT 和 POD 可将 H_2O 进一步清除产生 H_2，三者协同作用可使自由基维持在一个较低水平，从而避免膜伤害，达到保护细胞的目的。李萌等采用盆栽试验研究表明锌对玉米品种“陕单308”叶片 SOD、CAT、POD 活性有较明显的影响。锌具有一定的抗旱作用，施锌可以作为一种抗旱调节的方法，在干旱半干旱地区能起到一定的作用。由于锌是植物体内一些酶的组成成分，其可以提高超氧化物歧化酶和过氧化物酶活性，通过保持和稳定膜组成以消除活性氧的光氧化作用。

叶绿素是光合作用中捕获光的主要成分，光合速率随叶绿素含量的升高而增加，随其减少而降低。叶绿素的衰减是植物在逆境条件下的一种反应，干旱胁迫会加速叶片的衰老从而加快叶绿素的分解。叶绿素含量的高低一定程度上反映了叶片的光合性能和衰老程度。

可溶性糖是植物体内较为重要的渗透调节物质之一，在一定范围的逆境下作物体内可溶性糖增加，可溶性糖的增加提高了细胞原生质浓度和细胞膜的稳定性，不仅有利于维持气孔开放，对正常进行光合作用起到重要作用，而且提高了植株的保水性，增强了抗旱能力。

丙二醛是植物器官在衰老或逆境条件下，脂质过氧化自由基进行细胞膜脂过氧化伤害的最终产物之一，丙二醛含量变化是质膜损伤程度的重要标志之一。干旱胁迫导致玉米叶片、根系丙二醛含量显著增加，较对照组分别增加了约 46%、28%，叶片受伤害程度较根系大。在干旱条件下所有基因型玉米叶组织中丙二醛含量均大幅度增加所以研究水分胁迫下如何降低植株中丙二醛含量以保证植株正常的生长代谢很有必要。

（二）东北春玉米不同发育期干旱对根系生长的影响

在玉米拔节期和抽雄期进行水分胁迫试验，利用微根管技术观测不同发育期干旱过程中根分布动态，并利用根分布模型模拟相关参数，对不同干旱胁迫处理的土壤湿度、根系分布及相关参数特征进行分析，得出以下结论：一是正常供水条件下，玉米最大根长密度所处深度为40cm，随土层深度增加而减小；发育期内根长密度在抽雄期达最大，且直到乳熟期都保持较大数值。二是某层土壤中根长密度会因干旱胁迫而明显减小，迫使根系向深层土壤生长；拔节期和抽雄期干旱胁迫根长密度最大值都出现在60cm深度，在该深度以下，拔节期根长密度随土壤深度增加而减小，抽雄期根长密度虽然在80cm深度有所减小，但在该层以下仍保持较大数值；在整个生育期，最大根长密度出现在抽雄期，补水促进根系的生长。三是利用现有主流陆面过程模型中的根分布模型对累积根比例为50%和95%的参数d50和d95拟合发现，拔节期和抽雄期干旱胁迫使d50分别增大45%和59%，而使d95分别增大8%和41%，进一步说明玉米根系主根区因干旱胁迫会向土壤深层生长，最大根深增大。发育期之间根系对干旱胁迫的响应存在差异，抽雄期干旱胁迫比拔节期干旱胁迫对根分布影响更大[8]。

（三）东北春玉米不同发育期干旱对产量的影响

根据美国威斯康星州立大学数据显示（表6-1、表6-2），春玉米营养生长时期在不同程度干旱下没有减产，减产多数发生于生殖生长时期。当生育时期处于授粉期时，春玉米产量受损是最大的；当生育时期逐渐到达完熟期时，春玉米的产量都会受到不同程度的减少。

表6-1 玉米不同生育期蒸发情况和减产情况

生育时期		蒸发量+蒸腾量（cm/d）	不同干旱程度下减产幅度		
			轻度	中度	重度
V1-V4	<4叶期	0.15	-	-	-
V4-V8	<8叶期	0.25	-	-	-
V8-V12	<12叶期	0.46	-	-	-
V12-V16	<16叶期	0.53	2.1	3.0	3.7
V16-VT	<吐丝期	0.84	2.5	3.2	4.0
R1	授粉期	0.84	3.0	6.8	8.0
R2	灌浆期	0.84	3.0	4.2	6.0
R3	乳熟期	0.66	3.0	4.2	5.8
R4	糊熟期	0.66	3.0	4.0	5.0
R5	蜡熟期	0.66	2.0	3.0	4.0
R6	完熟期	0.58	0.0	0.0	0.0

注：数据摘自美国威斯康星州立大学

表 6-2　不同时期进行干旱处理对玉米产量的影响

处理		玉米产量（相对%）
灌溉处理（对照）		100
干旱处理	6 叶期	91
	抽雄吐丝期	51
	乳熟期	76

玉米苗期时植株对水分需求量不大，可忍受轻度干旱胁迫。苗期适度干旱利大于弊，它可以促进根系发育、促使植株生长敦实、降低结穗部位、提高抗倒伏能力、利于蹲苗。因此，苗期除底墒不足或天气干旱需要及时灌水外，一般情况下不需要灌溉。

抽雄吐丝期是玉米从营养生长向生殖生长变换的时期，简单来说该时期是玉米一生中积蓄能量，孕育种子的时期，是玉米对于高温干旱最敏感的时期，也是决定产量最关键的时期。在高温干旱条件下，叶片中光合酶的活性降低，叶绿体结构受到破坏，作物为了保住水分关闭叶片气孔，使得与外界水分交流受到破坏，最终抑制光合作用进行，光合产物合成数量显著下降，造成不利于玉米由营养生长时期向生殖生长时期转变的局面。雪上加霜的是在高温条件下作物呼吸强度增强，光合产物消耗量明显增多，使得净光合积累量减少。更重要的是当气温高于 32℃时不利于作物的开花授粉，花粉粒在高温干旱环境下容易失水干瘪，即使花粉散了粉，之后 1~2h 花粉粒也会迅速失水，丧失活力而不能授粉。

高温干旱不仅大幅度降低授粉成功率，容易瘪粒、空秆等，还会减弱玉米籽粒灌浆成熟物质的积累。据有关研究认为，在 35℃的环境下，玉米苗期的生长高度、干物质重都会受到明显影响。抽雄期当外界温度高于 32℃，授粉将受到消极影响；后期温度高于 25℃，再遇上干旱将出现高温逼熟而减产。

春玉米的整个生育时期都要严防干旱，营养生长时期为后期籽粒与产量形成奠定关键性的基础，转换时期最易受到干旱危害而减产，生殖生长时期是籽粒与产量形成的重要时期，同时，干旱条件下水分有效性的降低通常导致作物对养分的总吸收量有限，其组织浓度降低。水分亏缺的一个重要影响是根系对养分的获取及其向地上部的运输，缺水会导致运输量减少，从而减低养分的有效性。

六、干旱危害的机制

干旱时，当植物失水超过了根系吸水，随着细胞水势和膨压降低，植物体内的水分平衡遭到破坏，出现了叶片和茎的幼嫩部分下垂的现象，成为萎蔫（wilting）。萎蔫可分为暂时萎蔫和永久萎蔫。夏天炎热的植物，由于强光高温，蒸腾剧烈，根系吸水一时来不及补偿，使幼叶嫩茎萎蔫，但到傍晚或次日清晨随着蒸腾量的下降，根系继续吸水，水分亏缺解除，茎叶恢复原状，这种靠降低蒸腾即能消除水分亏缺以恢复原状的萎蔫，称为暂时萎蔫。它是植物对干旱的一种适应性现象，萎蔫时气孔关闭可以降低蒸腾作用，减少水分的散失，这对植物是有利的。如果由于土壤中可供植物利用的水分过于缺乏，萎蔫的植物经过夜晚后也不能消除水分亏缺，使茎叶恢复原状，这种现象称为永久萎蔫。永久萎蔫造成原生质严重脱水，引起一系列的生理生化变化，如果时间持续过久，就会导致植物死亡。干旱对植物的伤害主要表现在以下几个方面。

（一）机械损伤

干旱对细胞产生的机械损伤是造成植株死亡的重要原因。当细胞失水或再吸水时，原生质体与细胞壁均会收缩或膨胀。在正常条件下，细胞的原生质体和细胞壁紧紧贴在一起，当细胞开始失水、体积缩小时，两者一并收缩，但是由于它们的弹性以及两者之间的收缩程度和膨胀程度不同，当到一定限度后细胞壁不再随原生质体一起收缩，致使原生质体被拉破。相反，失水后尚存活的细胞如再度吸水，尤其是骤然大量吸水时，由于细胞壁吸水膨胀速度远远超过原生质体，使其再度遭受机械损伤。

（二）膜及膜系统受损及膜透性改变

正常状态下的膜内脂类分子靠磷脂极性同水分子相互连接，所以，膜内必须有一定的束缚水才能保持膜脂分子正常的双层排列。当细胞失水达到一定程度时，膜内的脂质分子排列出现紊乱状态，往往是亲脂端相互吸引形成孔隙，膜蛋白遭到破坏，因此膜的选择透性丧失，大量的无机离子、氨基酸和可溶性糖等小分子向组织外渗漏。内质网膜系统也因水分胁迫遭到破坏，形成叠状体，膜中的脂类物质大量释出。

（三）体内各部分间水分重新分配

水分不足时，不同器官或不同组织间的水分，按各部分水势大小重新分配。干旱时，幼叶从老叶夺取水分，促使老叶死亡，减少了光合面积。有些蒸腾强烈的幼叶向分生组织和其他幼嫩组织夺水，影响这些组织的物质运输。干旱严重时，干旱的幼叶从花蕾或果实中吸水，这样就会造成瘪粒和落花落果等现象。

（四）破坏正常的代谢工程

随着植物体内含水量的降低，合成代谢减弱，分解代谢增强。

1. 蛋白质分解、脯氨酸积累

干旱时植物体内蛋白质减少，一方面与蛋白质合成酶活性的降低及能力 ATP 的减少有关；另一方面游离的氨基酸增多，特别是脯氨酸，可以增加数十倍甚至数百倍。

2. 呼吸作用增强

干旱对呼吸作用的影响较为复杂。一般呼吸速率随着水势的下降而降低。缺水条件下，呼吸作用在短时间内上升，而后下降，这是由于细胞中酶的作用方向趋于水解，即水解酶的活性加强，使淀粉分解成糖，从而增加了呼吸基质的缘故。但随着水分亏缺程度的加剧，呼吸作用则逐渐降至正常水平以下。

3. 光合作用下降

水分胁迫抑制光合作用，这种抑制作用既有气孔效应，又有非气孔效应。水分亏缺使气孔开度减小甚至完全关闭，影响植物对 CO_2 的吸收，因而使光合作用下降，这种现象称为光合作用的气孔抑制。严重的水分胁迫使叶绿体的片层结构受损，希尔反应减弱，光系统 II 活力下降电子传递和光合磷酸化受抑制，从而导致光合作用的下降，这种现象称为光合作用的非气孔抑制。

4. 激素的变化

植物遇到干旱时，植物内源激素变化的总趋势是促进生长的激素减少，而延缓或抑制生长的激素增多，即生长素、赤霉素和细胞分裂素含量减少，而 ABA 和乙烯含量增加，正常激素平衡受到破坏，使植物生长受到抑制。ABA 能有效地促进气孔关闭，缓解植物体内水分亏缺；而细胞分裂素的作用则恰好相反，它使气孔在失水时不能迅速关闭，因而加剧体内的水分亏缺。干旱时乙烯含量也有所提高，从而加快植物部分器官的脱落。

第二节　低温冷害的危害

一、低温对玉米种子萌发和幼苗生长的影响

低温下土壤病原菌侵入机会增多，种子吸水过程中，细胞膜透性受低温影响，细胞组分中一些糖、离子、有机酸、氨基酸等渗出体外，导致土壤中细菌和真菌的生长，影响玉米发芽和出苗。一般来说，玉米种子萌发需最低温度为5~15℃，在种子萌发的整个过程中，吸涨初期温度越低对萌发影响越大。有研究表明，出苗前6℃低温会导致种子及幼苗死亡、延迟出苗、降低幼苗活力等[12]。

王连敏[13]研究了低温冷害对玉米幼苗生长发育的影响，结果表明，苗期温度对玉米根茎叶的生长影响很大，冷害使玉米根冠细胞的增殖速率和吸收活性下降，生理功能受到影响。将玉米根尖慢速冷冻后快速解冻，ATP 酶活性提高，总蛋白质中的有机磷含量升高，α-酮戊二酸氧化酶失活。宋运淳等[14]发现，根系在低温处理下与常温对照相比，茎鲜重、叶面积、根干重和根冠比明显下降。

幼苗茎端的生长与叶面积增大是一致的。在变温处理下，叶面积生长速率对

温度下降的反应比茎端干重对温度下降的反应更敏感。当长期14℃低温胁迫之后转入24℃时，茎端生长速率的增加大约要推迟1d，而叶片的生长速度几乎在温度回升时就开始增加。当植株根际解除低温后叶片伸长速率迅速恢复的研究，可能是由于在低温下茎端的可溶性碳水化合物含量高。

二、低温对于玉米生理生化的影响

低温对光合速率的影响很大，孕穗期和灌浆期光合速率都随着温度的降低而减慢；叶绿素含量在这段时间内也随着温度的降低而减少。低温常常伴随高光强共同造成对光合器官的伤害，各种光强伴随低温都会使 CO_2 同化速率下降，同时，也造成冠层叶片光合速率和作物光能利用率的持续下降。由于低温使光合器官非正常发育及叶绿素合成速率下降，导致光合活性下降，碳转换速率降低[15]。低温胁迫下玉米叶片光合速率降低，干物质积累减少，生理功能受到影响[16]。

张国民[17]等试验表明，在玉米研究中，低温可使叶绿素含量降低，低温越强，降低幅度越大。正在发育和接近发育成熟的叶片，其叶绿素含量对低温反映比较敏感，回暖后这些叶片的叶绿素含量有回升趋势，越是上部叶片，叶绿素恢复得越慢。低温对玉米幼苗不同叶位叶片的叶绿素含量也有着不同的影响。在不同叶位的叶片中，越是处于上部正在发育的叶片，经低温处理后，叶绿素含量下降的幅度越大，而底部发育成熟的叶片，虽然低温能降低叶片绿素含量，但降低的幅度较小。低温明显减弱玉米功能叶片的光合强度，减弱程度随低温强度和持续时间的增加而增大。

对玉米的抗冷性研究中证明，3℃和6℃的低温使脯氨酸的含量明显增加。作为作物细胞内的一种游离氨基酸—脯氨酸，具有溶解度高，在细胞内积累无毒性，水溶液水势较高等特点，可作为作物抗冷保护物质。当植株处于低温胁迫状态时，其体内的游离脯氨酸具有一定的保护作用，它能维持细胞结构，细胞运输和调节渗透压等，使植株表现出抗性。有研究认为[18]，作物的抗冷性与脯氨酸含量存在相关性。游离脯氨酸脯氨酸含量的变化对低温比较敏感，低温时作物体内脯氨酸含量明显增加，可能是通过保护酶的空间结构，对细胞起保护作用。水稻的幼苗在5±1℃低温胁迫下经48h，脯氨酸含量比对照高20.98%~43.18%；8℃低温处理下，耐冷性强的“兰州长茄”比其对照增加了83%，差异达到显著水平[19]。王迎春等试验中所选择的不同品种的玉米在经历苗期低温以后，植株体内的脯氨酸含量升高、电导率增加和光合速率下降，可见脯氨酸是非常重要和有效的有机渗透调节物质，说明这3个指标可以作为反应作物受低温胁迫的敏感参数，这也从机理上说明玉米在经历低温后生长受到抑制的原因。但是对含笑的研究却表明脯氨酸没有显著的差异，认为寒害指数与作物体内脯氨酸含量有一定相关关系，作物在低温下，游离脯氨酸的大量积累是对低温胁迫的一种适应性反应。陈善娜[20]把水稻幼苗游离脯氨酸含量作为耐性鉴定的综合指标之一，脯氨酸含量增加可提高烟草的抗冷性。同时，有试验表明，脯氨酸在作物抗性上有一定的渗透调节作用，但不能作为判断抗冷性的生理指标。

电导率是衡量玉米植株体内细胞内溶物扩散到细胞外的一项生理指标，也是衡量细胞组织的幼嫩程度和细胞质膜是否受到伤害的指标。在通常情况下，细胞内的电解质常受细胞的阻隔保留在细胞内，当细胞膜遭受某种伤害时，电解质则大量涌向细胞外导致电解质激增。研究表明，低温强度越高，玉米体细胞电导率增加的幅度越大，细胞膜系统受到破坏的程度也就越高。

玉米叶片中难溶性蛋白质和碱性蛋白质在温度因素作用下都相当稳定，最敏感的是可溶性酸性蛋白质。玉米叶片中蛋白质含量在2~5叶期含量最高，随着株龄的增长，植株蛋白质含量均呈下降趋势。关于可溶性蛋白质含量在低温处理下的变化报道不一。多数研究发现，许多植物在寒冷期间可溶性蛋白质含量增加。这是由于可溶性蛋白的亲水胶体性质强，它能明显增强细胞的持水力，增加束缚水含量和原生质弹性。也有报道指出，冷敏感植物在低温条件下可溶性蛋白质含量减少,。对玉米种子萌发过程中低温冷袭（3.0℃）下幼苗电导率、硝酸还原酶活性、可溶性蛋白质含量、可溶性糖、蔗糖含量、植株浸出液中 K^+、Mg^{2+}和 Ca^{2+}以及株高、干重、鲜重和残留种子干物质重量的研究结果表明，冷袭处理植株较对照植株的高度、干重和鲜重的生长率均随叶龄和天龄的增加而降低，可溶性蛋白质含量随叶龄和天龄的增加而也呈下降趋势。玉米在低温下既有蛋白质的合成，也有蛋白质的降解，当蛋白质降解大于合成时，结合蛋白质游离到细胞液中导致细胞结构破坏或蛋白质分解产物的毒害作用就可能引起玉米冷害。

当玉米遭受低温胁迫时，体内的核酸含量就会下降。王茅雁[21]采用田间分期播种和室内电导法鉴定相结合的方法，选出2个抗冷性有明显差别的玉米自交系在幼苗期进行低温处理，发现2个玉米品种体内核酸含量都有所下降，并且随处理时间的延长而减少，并发现核酸酶活力增强，且两者之间存在显著负相关。低温导致核酸含量减少不但与其合成有关，还可能和它的分解增强有关。

在低温胁迫下，玉米体内活性氧清除系统的活性会增加或减小，破坏了活性氧产生和清除的平衡关系，从而对玉米的生长发育产生不利影响。王金胜[22]等人研究表明，低温胁迫使玉米幼苗的过氧化氢酶、过氧化物酶含量升高，而活力却下降，而且抗冷性弱的品种比抗冷性强的品种变化大，同工酶活力随幼苗的生长而增加，在低温条件下同工酶活性下降，但数量却有所增加[23]。张敬贤、李俊明等研究也表明，低温处理后，抗冷性差的品种过氧化氢酶、过氧化物酶、超氧化物歧化酶活性降低，抗冷性强的品种细胞保护酶活性增高。这就说明了细胞保护酶活性与玉米抗冷性有密切的关系，低温使玉米细胞保护酶活性下降，但数量却有所增加。

三、低温对玉米幼苗根尖超微结构的变化

玉米在低温条件下对逆境的反应也可通过细胞结构的变化发生改变。细胞壁、细胞膜、细胞核、线粒体、液泡是构成细胞的基本细胞器。周庆鑫[24]研究表明，东农冬麦 1 号分蘖节在封冻后 30d 出现了质壁分离现象，线粒体受到破坏，但细胞核并没有受到破坏。6℃与 10℃低温处理下，植株叶绿体超微结构受到损害，部分叶绿体膜出现解体并破裂，类囊体构造中的一些片层结构形状发生变化，出现扭曲或扭曲的现象，细胞内积累了一些相对较大体积的淀粉粒与相对较多的嗜锇颗粒。小麦的越冬现象中有研究表明在越冬期，小麦发生质壁分离现象，在越冬过后顺利复原，细胞核在短时间增大。本研究与以上结构相同，在低温胁迫玉米根尖细胞器发生变化，基本表现为质膜遭到破坏，线粒体变短，液泡变小，质壁分离的现象。但是关于线粒体的研究，简令成[25]通过电子显微镜的观察指出，耐冷性较强的温州蜜柑，从开始生长的季节直到寒冷时节，其叶片的细胞中，线粒体的数量显著地增多，这与本试验的结论相反。但也有研究指出，在玉米根尖的研究中，当鲜重失水 11%时，根尖细胞中线粒体变圆，内嵴很难见到，仿佛已经消失一样。原因可能是由于被戊二醛及锇酸固定染色使线粒体结构发现变化。因此，推断由于不同物质的染色固定出现此状况。林梅馨[26]关于 3 叶橡胶幼苗零上低温引起细胞核膨大，研究表明，核仁的大小在低温胁迫初期恢复后核仁先增大，但在胁迫后期恢复后出现核仁减小的现象。可能是由于在长时间的低温条件下其生理活动受到抑制，核仁体积变小。在低温胁迫初期再恢复后液泡内含物质增加、低温胁迫后期再恢复会出现质壁分离。但是不同作物的所能承受的极限温度与抗寒锻炼恢复的天数不同，本研究表明，在玉米低温胁迫 8d，恢复 1d 后作物，其根尖超微结构细胞出现质壁分离，表明玉米需要更长的恢复期才能保证其根系正常生长。

四、温度胁迫对玉米根系生理特征影响

根系是玉米重要的吸收水分与营养的器官，同时，也影响地上部的生长。研究表明，根系在土壤中的生长状况及分布，决定玉米植株对土壤中水分与营养物质的吸收能力及对低温逆境的抵抗能力。低温胁迫能显著抑制根系的增长率，降低根系的活力。本研究结果与上述研究结果一致，低温明显抑制了玉米根系的生

长与伸长，使 RDW、RL、SA、RLD、DRWD 的增长率均降低，进而影响根系的形态结构。保持较高的单位根长密度，有利于作物吸收更多的养分和水分，保持植株正常生长。不同耐冷性的品种间存在显著差异，低温对根系生长的抑制作用表现明显不同，低温处理下耐低温型品种的根长密度与根重密度显著高于中间型和低温敏感型，且 5℃时根系几乎停止生长。低温胁迫下，玉米的根冠比增加，耐低温型增加较多，这与曹宁等研究相同，但与胡海军等观点相反。本研究根冠比增加，可能是由于地上部分根系的生长所需的温度比地下部分高，导致根系增长率大于根系；也可能是由于在低温胁迫下光合产物向根系输出的增加导致根冠比的增加。但是，作物地上与地下部分的协同作用，有机物及碳水化合物的运输，都可以导致根冠比的变化，具体的原因需要进一步研究。低温胁迫下，玉米根系生长指标均表现为郑单 958>先玉 335>丰禾 1，说明耐低温型品种能够保持相对较好的根系生长，增强了幼苗对水分养分的吸收能力和对有机化合物的运输能力，提高了根冠细胞的增殖速率和吸收活性。

第三节 涝渍灾害的危害

一、涝渍灾害对玉米农艺性状的影响

（一）对株高和穗位高的影响

涝渍胁迫处理对玉米品种德美亚 1 号和克玉 16 研究表明，2017 年和 2018 年 2 个品种的株高和穗位高随着不同生长期淹水和渍水持续时间的增加而出现不同程度下降。淹水和渍水处理对 2 个品种的株高和穗位高的影响在 V3 时期最大，其次是 V6 和 VT 时期。根据在乳熟期采集的样品可知，与未处理的玉米植株相比，在 V3 时期淹水 9d 和渍水 15d 对 2 个品种的株高和穗位高具有显著影响（$P<0.05$）。与对照相比，2017 年，淹水 9d 和渍水 15d，德美亚 1 号的株高分别降低 25.13%和 19.21%，克玉 16 的株高分别减低 20.07%和 19.73%；2018 年德美亚 1 号的株高分别减少 17.77%和 16.43%；克玉 16 的株高分别减少 15.14%和 15.82%；2017 年，德美亚 1 号的穗位高分别减少 20.09%和 22.22%，2018 年分别减少 20.68%和 23.01%；2017 年，克玉 16 的穗位高分别减少 20.90%和 20.05%，2018 年分别减少 21.08%和 19.65%。然而，在抽雄期胁迫对 2 个玉米品种的玉米株重和穗位高没有显著影响。此外，与对照处理相比，在 V3，V6 和 VT 时期淹水 9d 和渍水 15d，2 个玉米品种的穗位系数不同程度降低（表 6-3）。并且 2017 年和 2018 年涝渍处理对穗位系数没有显著影响。

表 6-3　2017 年和 2018 年涝渍涝胁迫对玉米株高和穗位高的影响

品种	处理	株高（m）		穗位高（cm）		穗位系数	
		2017 年	2018 年	2017 年	2018 年	2017 年	2018 年
德美亚1号	CK	2. 53a	2. 56a	86. 27a	88. 80a	34. 06c	34. 75a
	V3-3	2. 45a	2. 42b	83. 07b	82. 90b	33. 96a	34. 25ab
	V3-6	2. 21b	2. 30c	77. 50c	78. 87b	35. 12b	34. 30ab
	V3-9	1. 90d	2. 10d	68. 93d	70. 43c	36. 35d	33. 50ab
	V3-s5	2. 49a	2. 39b	83. 97ab	83. 20b	33. 77b	34. 87a
	V3-s10	2. 19b	2. 26c	79. 83c	79. 43b	36. 46c	35. 21a
	V3-s15	2. 05c	2. 14d	67. 10d	68. 37c	32. 81e	31. 99b
	CK	2. 53a	2. 56a	86. 27a	88. 80a	34. 06ab	34. 75a
	V6-3	2. 51a	2. 49a	84. 73a	83. 53ab	33. 80a	33. 50a
	V6-6	2. 37bc	2. 38b	80. 97bc	80. 57bc	34. 18bcd	33. 91a
	V6-9	2. 26c	2. 30c	77. 30c	78. 30bc	34. 27de	33. 99a
	V6-s5	2. 51a	2. 50a	85. 37a	84. 00b	34. 03bc	33. 60a
	V6-s10	2. 40ab	2. 40b	82. 69ab	81. 40bc	34. 40cd	33. 97a
	V6-s15	2. 31bc	2. 34bc	78. 17c	77. 40c	33. 93e	33. 06a
	CK	2. 53a	2. 56a	86. 27a	88. 80a	34. 06ab	34. 75a
	VT-3	2. 54a	2. 59a	87. 17a	87. 53a	34. 37a	33. 80a
	VT-6	2. 46ab	2. 51ab	83. 97ab	83. 37ab	34. 14ab	33. 26a
	VT-9	2. 39b	2. 43b	81. 83b	81. 00b	34. 30c	33. 39a
	VT-s5	2. 56a	2. 59a	87. 53a	87. 80a	34. 27ab	33. 94a
	VT-s10	2. 47ab	2. 52ab	84. 63ab	83. 73ab	34. 34bc	33. 20a
	VT-s15	2. 38b	2. 44b	82. 20b	81. 93b	34. 59c	33. 63a
克玉 16	CK	1. 99a	1. 96a	54. 87a	55. 97a	27. 55ab	28. 55a
	V3-3	1. 82b	1. 85b	51. 50b	50. 50b	28. 33ab	27. 30a
	V3-6	1. 70c	1. 74c	47. 97c	48. 83b	28. 22ab	28. 07ab
	V3-9	1. 59d	1. 66d	43. 40d	44. 17c	27. 24b	26. 56ab
	V3-s5	1. 82b	1. 80b	52. 00ab	51. 03b	28. 66a	28. 30ab
	V3-s10	1. 72c	1. 70cd	48. 80bc	48. 43b	28. 32ab	28. 49ab
	V3-s15	1. 60d	1. 65d	43. 87d	44. 97c	27. 43b	27. 27b
	CK	1. 99a	1. 96a	54. 87a	55. 97a	27. 55a	28. 55a
	V6-3	1. 93ab	1. 89a	53. 10a	52. 27ab	27. 56a	27. 69a
	V6-6	1. 87b	1. 81b	49. 57b	50. 47bc	26. 59ab	27. 88a
	V6-9	1. 76c	1. 71c	47. 03c	47. 33c	26. 68ab	27. 73a
	V6-s5	1. 94ab	1. 89a	53. 40a	53. 10ab	27. 57a	28. 07a

（续表）

品种	处理	株高（m）		穗位高（cm）		穗位系数	
		2017 年	2018 年	2017 年	2018 年	2017 年	2018 年
	V6-s10	1.89b	1.81b	49.27bc	50.90bc	26.08b	28.17a
	V6-s15	1.77c	1.74bc	47.10c	47.63c	26.69ab	27.44a
	CK	1.99a	1.96a	54.87a	55.97a	27.55a	28.55a
	VT-3	2.00a	1.94a	54.83a	54.33ab	27.48a	28.01a
克玉 16	VT-6	1.92ab	1.90ab	52.13ab	51.73ab	27.16a	27.22a
	VT-9	1.89b	1.85b	51.27b	50.30b	27.20a	27.26a
	VT-s5	1.99a	1.95a	55.03a	54.13ab	27.66a	27.81a
	VT-s10	1.91ab	1.92ab	52.80ab	51.57ab	27.61a	26.88a
	VT-s15	1.87b	1.86b	51.53b	50.77b	27.55a	27.33a

注：平均值后不同的字母代表 0.05 显著水平，P<0.05（LSD 检验），下同

（二）对干物质积累与分配的影响

涝渍胁迫处理对干物质积累和分配的影响在苗期最大，其次是拔节期和抽雄期。从成熟期收集的样品可知，在苗期淹水 9d 和渍水 15d 对德美亚 1 号和克玉 16 的干物质积累和分配的影响最大（$P<0.05$），与对照处理相比，德美亚 1 号的总干重分别减少 28.81%、28.27%，克玉 16 分别减少 29.19%、28.73%，但抽雄期对 2 个玉米品种的总干重没有显著影响。此外，与对照处理相比，在苗期和抽雄期，2 个玉米品种淹水 9d 和渍水 15d 的茎、叶和穗干重明显下降（$P<0.05$），克玉 16 比德美亚 1 号下降幅度更显著，但在抽雄期涝渍胁迫下，克玉 16 和德美亚 1 号之间这些器官干重没有显著性差异（表 6-4）。

表 6-4　涝渍胁迫处理对玉米成熟期干物质积累与分配的影响

品种	处理	总干重（g）	茎秆		叶片		穗	
			（g/株）	（%）	（g/株）	（%）	（g/株）	（%）
德美亚 1 号	CK	323.29a	89.23a	27.60	36.23a	11.21	197.82a	61.19
	V3-3	279.83b	80.73b	28.85	31.83b	11.38	167.27b	59.77
	V3-6	255.81c	73.13c	28.59	30.41bc	11.89	152.27c	59.52
	V3-9	230.16d	68.13c	29.60	28.73c	12.48	133.30d	57.92
	V3-s5	277.55b	80.03b	28.84	31.78b	11.45	165.73b	59.71
	V3-s10	249.47c	72.70c	29.14	29.44bc	11.80	147.33c	59.06
	V3-s15	231.89d	68.47c	29.53	28.66c	12.36	134.77d	58.12
	CK	323.29a	89.23a	27.60	36.23a	11.21	197.82a	61.19
	V6-3	297.68ab	84.80ab	28.49	33.18ab	11.15	179.70ab	60.37

（续表）

品种	处理	总干重（g）	茎秆		叶片		穗	
			（g/株）	（%）	（g/株）	（%）	（g/株）	（%）
	V6-6	285.54bc	80.87b	28.32	32.24b	11.29	172.43b	60.39
	V6-9	267.91c	76.37b	28.51	30.74b	11.47	156.13b	58.28
	V6-s5	294.82bc	83.90ab	28.46	32.95ab	11.18	177.97ab	60.37
	V6-s10	277.56bc	79.67b	28.70	31.76b	11.44	166.13b	59.85
	V6-s15	268.71c	76.83b	28.59	30.51b	11.35	158.03b	58.81
	CK	319.96a	89.23a	27.89	36.23a	11.32	197.82a	61.83
	VT-3	313.84a	86.83a	27.67	35.27a	11.24	191.73a	61.09
	VT-6	304.58a	83.90a	27.55	33.84a	11.11	186.83a	61.34
	VT-9	299.52a	80.97a	27.03	32.43a	10.83	180.78a	60.36
	VT-s5	311.13a	86.03a	27.65	34.90a	11.22	190.20a	61.13
	VT-s10	302.11a	83.10a	27.51	33.41a	11.06	185.60a	61.43
	VT-s15	299.96a	81.14a	27.05	32.62a	10.88	182.87a	60.96
克玉 16	CK	318.00a	92.77a	29.17	34.30a	10.79	192.60a	60.57
	V3-3	274.20b	82.83b	30.21	29.60b	10.80	161.77b	59.00
	V3-6	247.53c	75.70bc	30.58	28.37bc	11.46	143.47c	57.96
	V3-9	225.18c	69.73c	30.97	26.47c	11.75	128.98c	57.28
	V3-s5	270.93b	82.83b	30.57	29.27b	10.80	158.83b	58.62
	V3-s10	239.53c	74.87bc	31.26	28.10bc	11.73	136.57c	57.01
	V3-s15	226.63c	69.97c	30.87	26.80c	11.83	129.87c	57.30
	CK	318.00a	92.77a	29.17	34.30a	10.79	192.60a	60.57
	V6-3	289.17b	87.27ab	30.18	31.17ab	10.78	170.73b	59.04
	V6-6	277.63bc	82.43ab	29.69	30.00b	10.81	165.20bc	59.50
	V6-s5	286.77b	87.07ab	30.36	30.90ab	10.78	168.80b	58.86
	V6-s10	269.00bc	81.80ab	30.41	29.50b	10.97	157.70bc	58.62
	V6-s15	263.73c	79.03b	29.97	28.50b	10.81	152.20c	57.71
	CK	318.00a	92.77a	29.17	34.30a	10.79	192.60a	60.57
	VT-3	308.40a	89.60a	29.05	33.20a	10.77	185.60a	60.18
	VT-6	298.77a	85.60a	28.65	31.77a	10.63	181.40a	60.72
	VT-9	291.63a	83.47a	28.62	30.57a	10.48	174.93a	59.98
	VT-s5	306.17a	88.83a	29.01	32.70a	10.68	184.63a	60.30
	VT-s10	297.37a	84.63a	28.46	31.37a	10.55	179.70a	60.43
	VT-s15	293.57a	83.93a	28.59	30.70a	10.46	176.27a	60.04

（三）对茎粗、茎长、穿刺强度和横折强度的影响

涝渍胁迫处理在苗期对玉米的茎长和茎粗有最显著的影响，其次是拔节期和抽雄期。且茎粗和茎长均随涝渍胁迫时间的延长而呈逐渐下降趋势。与 CK 处理相比，在苗期淹水 3d、6d 和 9d、渍水 5d、10d 和 15d，德美亚 1 号的茎粗、茎长分别降低 11.97%、17.83%、26.66%和 12.56%、16.98%、24.79%；克玉 16 分别下降 13.74%、23.65%、28.15%和 11.94%、21.62%、27.70%。仅在抽雄期淹水 9d 和渍水 15d 时对 2 个玉米品种茎长的影响达到显著水平（$P<0.05$）。同时，苗期淹水 3d、6d 和 9d、渍水 5d、10d 和 15d，德美亚 1 号的茎粗分别较对照降低 7.75%、15.28%和 21.85%、6.76%、14.20%和 20.93%；克玉 16 较对照处理分别下降 9.63%、17.38%和 24.41%、8.27%、17.90%和 26.89%。在抽雄期茎粗的变化趋势与茎长的变化趋势一致，在淹水 9d 和渍水 15d 与 CK 处理达到显著性差异。

茎穿刺强度和横向强度均随淹水和渍水胁迫时间的延长而逐渐降低。与对照处理相比，苗期淹水 3d、6d 和 9d、渍水 5d、10d 和 15d 后，德美亚 1 号的穿刺强度分别降低 13.50%、22.49%和 38.36%、11.56%、19.87%和 38.96%；克玉 16 分别下降 16.58%、23.30%和 40.38%、15.47%、23.06%和 42.36%。在苗期、拔节期和抽雄期淹水 9d 和渍水 15d 后 2 个玉米品种的横折强度均不同程度的显著低于对照处理，德美亚 1 号的横折强度较 CK 处理分别降低 29.56%和 27.72%、17.79%和 18.24%、9.49%和 10.47%；克玉 16 分别较 CK 处理降低 30.87%和 32.03%、19.12%和 19.72%、10.10%和 9.34%。研究数据显示，在相同的淹水和渍水条件下，德美亚 1 号的耐涝性优于克玉 16，茎秆性状在生育时期和胁迫持续时间的联合效应下受到显著影响。

（四）对茎秆显微结构的影响

涝渍胁迫处理苗期对茎秆皮层厚度和维管束数目的影响最显著，其次是拔节期，最后是抽雄期。与未经胁迫处理的玉米相比，德美亚 1 号、克玉 16 茎秆皮层厚度和维管束数目均随淹水和渍水时间的延长而呈逐渐降低趋势。与对照处理相比，在苗期淹水 3d、6d 和 9d、渍水 5d、10d 和 15d，德美亚 1 号的皮层厚度分别降低 8.57%、16.65%和 24.01%、11.64%、16.12%和 29.97%；克玉 16 的皮层厚度分别降低 9.01%、23.16%和 39.57%、8.15%、26.5%和 32.09%。在抽雄期，德美亚 1 号淹水 9d 和克玉 16 淹水 6d、9d 和渍水 15d 时对皮层厚度的影响达到显著水平（$P<0.05$）。

在苗期淹水 3d、6d 和 9d、渍水 5d、10d 和 15d 产生如下结果，德美亚 1 号的总维管束比对照处理降低 14.40%、21.65%、35.38%、10.85%、17.94%和 32.12%，克玉 16 的总维管束比对照处理降低 19.40%、28.53%、36.40%、

16.94%、22.70%和32.96%，可见，淹水和渍水时间越久，总维管束下降幅度越大。此外，淹水和渍水胁迫后，大、小维管束的数目也逐渐降低，营养生长期造成的影响大于生殖生长期。此外，茎秆穿刺强度、横向强度与茎粗之间存在显著正相关，表明倒数第三节茎基部越粗，植物对倒伏的抵抗力越强。然而，数据显示皮层厚度和茎秆弯折特性之间不存在显著差异，可能是因为皮层变薄，这对植物的倒伏能力几乎没有影响。

二、涝渍灾害对玉米叶片抗氧化系统的影响

（一）对活性氧物质和MDA含量的影响

淹水和渍水胁迫对2个玉米品种叶片 O_2^- 和 H_2O_2 含量的影响均以苗期最严重，其次是拔节期和抽雄期。根据在苗期取的样品可知，淹水9d和渍水15d对2种玉米品种叶片 O_2^- 含量的影响最明显（$P<0.05$）。与未处理植株相比，德美亚1号叶片的 O_2^- 含量分别增加170.60%和157.92%，克玉16叶片的 O_2^- 含量分别增加191.96%和163.19%，但与对照处理相比，仅有抽雄期淹水9d和渍水15d的2个玉米品种叶片的 O_2^- 含量与CK处理存在显著影响（图6-1）；此外，对于没有胁迫处理，2个玉米品种叶片的 H_2O_2 含量在苗期淹水9d和渍水15d均显著增加（$P<0.05$）；具体而言，DMY1的 H_2O_2 含量分别增加117.68%和102.16%，KY16的含量分别增加134.27%和126.24%（图6-2），其次是拔节期和抽穗期。此外，KY16比DMY1更敏感。在苗期淹水9d和渍水15d时，2个玉米品种叶片的 H_2O_2 含量均显著增加（$P<0.05$），其中，德美亚1号叶片的 H_2O_2 含量分别增加了117.68%和102.16%，克玉16叶片的 H_2O_2 含量分别增加了134.27%和126.24%，其次是拔节期和抽穗期。此外，数据表明克玉16比德美亚1号对涝渍胁迫更敏感。

与对照处理相比，2个玉米品种叶片的MDA含量在不同生育期随着淹水和渍水胁迫时间的延长呈增加趋势（图6-3）。在苗期、拔节期和抽雄期淹水9d和渍水胁迫15d时，叶片MDA含量增加幅度最大（$P<0.05$）。在苗期，淹水对玉米叶片MDA含量影响最大，其次是拔节期和抽雄期。在苗期、拔节期和抽雄期，淹水9d和渍水15d，产生以下结果：与非胁迫处理相比，克玉16的叶片MDA含量分别增加104.47%、95.84%、58.59%、72.62%、54.03%和39.41%，德美亚1号的叶片MDA含量分别增加82.70%、72.47%、72.59%、59.61%、37.87%和31.65%。此外，涝渍胁迫处理对克玉16的影响大于德美亚1号。在抽雄期2个玉米品种叶片MDA含量最高，淹水9d和渍水15d与对照处理达到显著性差异（$P<0.05$）。

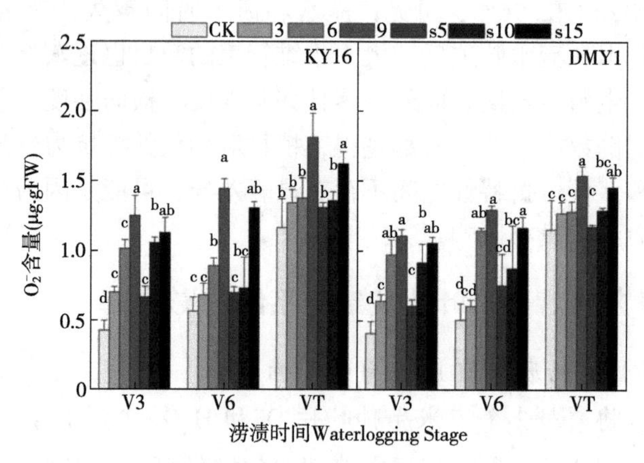

图 6-1 涝渍胁迫处理对玉米叶片 O_2^- 含量的影响

注：V3 代表苗期；V6 代表拔节期；VT 代表抽雄期，下同

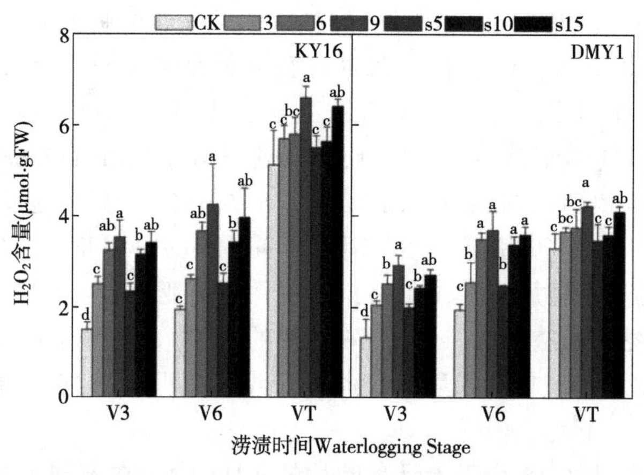

图 6-2 涝渍胁迫处理对玉米叶片 H_2O_2 含量的影响

（二）对抗氧化酶活性的影响

淹水和渍水胁迫对玉米品种叶片抗氧化酶活性苗期达到最显著的影响，其次是拔节期，然后是抽雄期。2 个玉米品种叶片 SOD、POD 和 CAT 活性在苗期随淹水和渍水时间的延长呈先升高后降低趋势。相比之下，随着拔节期和抽雄期胁迫持续时间的延长，叶片中 3 种酶活性呈逐渐增加趋势。淹水和渍水胁迫对苗期和拔节期的影响显著，而抽雄期则不显著。克玉 16 和德美亚 1 号的 SOD、POD、CAT 活性分别以 V3-6 处理最高，分别为 25.31%、20.64%和 20.88%。苗期渍水 10d 对克玉 16 和德美亚 1 号抗氧化酶活性的影响最大，分别为 19.55%、

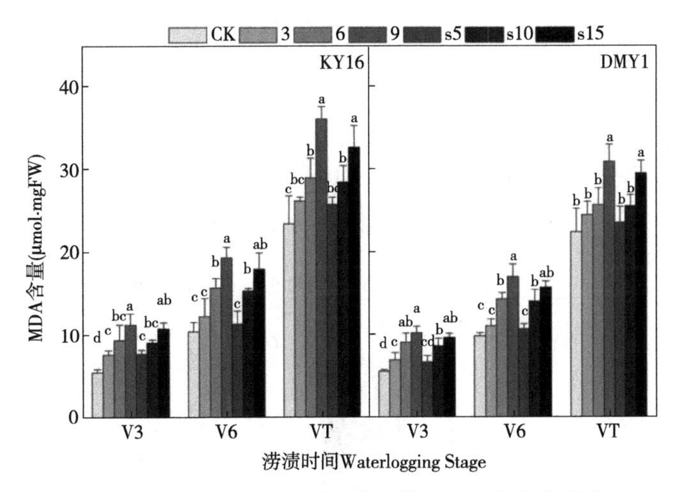

图 6-3 涝渍胁迫处理对玉米叶片 MDA 含量的影响

16.67%、24.24%、19.57%、23.33%和 15.23%。此外，淹水和渍水胁迫对德美亚 1 号的影响低于克玉 16。

三、涝渍灾害对玉米叶片渗透调节物质的影响

与未遭受涝渍胁迫的玉米植株相比，2 个玉米品种的叶片脯氨酸和可溶性蛋白质含量在不同生育期均不同程度受到淹水和渍水胁迫的影响。最显著的影响出现在苗期，其次是拔节期，然后是抽雄期。脯氨酸和可溶性蛋白质含量均随着淹水和渍水胁迫时间的延长而逐渐增加。淹水 9d 后，克玉 16 和德美亚 1 号的脯氨酸含量分别增加 90.93%和 81.22%；渍水 15d 后，脯氨酸含量分别增加 88.87%和 79.53%。与对照处理相比，苗期淹水 9d 后，克玉 16 和德美亚 1 号的可溶性蛋白含量分别增加 58.58%和 56.47%。此外，渍水 15d 后，克玉 16 和德美亚 1 号的可溶性蛋白含量分别比对照处理增加 52.28%和 51.57%。抽雄期，与没有胁迫的玉米植株相比，只有淹水 9d 对克玉 16 功能叶片脯氨酸含量的影响达到显著水平（$P<0.05$）。

四、涝渍灾害对玉米叶片光合特性的影响

（一）对 SPAD 值的影响

与对照处理相比，玉米叶片的 SPAD 值随着不同生育期的淹水和渍水时间的延长而呈逐渐降低趋势（图 6-4）。SPAD 值的最大降幅发生在苗期、拔节期和抽雄期的淹水 9d 和渍水 15d。在苗期对德美亚 1 号和克玉 16 进行淹水和渍水处理对功能叶的 SPAD 值有最显著的影响，其次是拔节期和抽雄期。在苗期淹水

3d、6d 和 9d 和渍水 5d、10d 和 15d 产生如下结果：比对照处理相比，克玉 16 的叶片 SPAD 值分别降低 10.26%，22.29%，38.12%，11.14%，20.82% 和 35.48%，德美亚 1 号的叶片 SPAD 值分别降低 5.52%，16.86%，29.94%，6.98%，16.28%和 33.43%。此外，涝渍胁迫对克玉 16 的影响大于德美亚 1 号。2 个玉米品种叶片的 SPAD 在抽雄期达到最大值，与对照处理相比，仅有淹水 9d 和渍水 15d 对叶片 SPAD 值达到显著影响（$P<0.05$）。

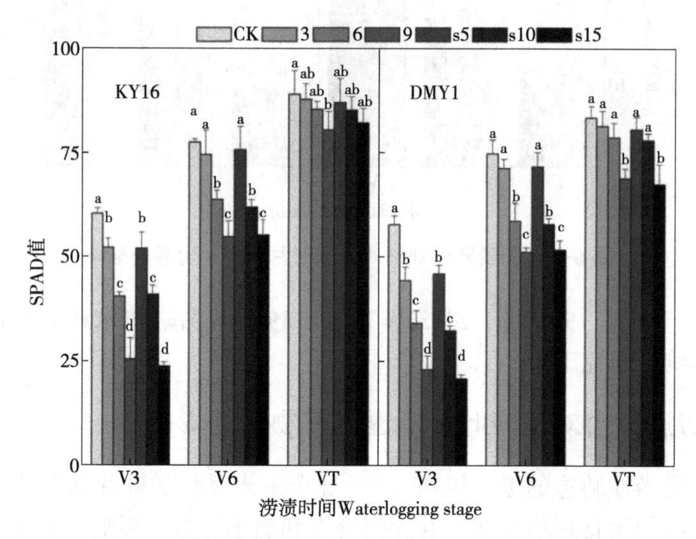

图 6-4 涝渍胁迫处理对玉米叶片 SPAD 值的影响

（二）对气体交换参数的影响

涝渍胁迫在苗期对玉米叶片气体交换参数有最显著的影响，其次是拔节期和抽雄期（图 6-5）。克玉 16 和德美亚 1 号叶片的 P_n、T_r、G_s 和 C_i 均随涝渍胁迫时间的延长而呈逐渐降低趋势。与没有涝渍胁迫处理的玉米相比，在苗期淹水 9d 和渍水 15d 的情况下，德美亚 1 号叶片的 P_n 分别降低 20.40%和 17.65%；T_r 分别降低 14.04% 和 14.20%；G_s 分别降低 25.31% 和 22.99%；C_i 分别降低 16.67%和 17.47%。克玉 16 的功能叶片 P_n 分别降低 22.77%和 21.91%；T_r 分别降低 19.58%和 19.13%；G_s 分别降低 34.99%和 34.86%；C_i 分别降低 19.59%和 19.55%。在抽雄期，涝渍不同的天数对 2 个玉米品种功能叶片的气体交换参数均没有显著的影响，表明抽雄期胁迫后，玉米自身的抗逆性能够抵抗住涝渍胁迫对其伤害。

（三）对光合酶的影响

玉米品种对苗期进行涝渍胁迫最敏感，拔节期次之，抽雄期进行涝渍胁迫的

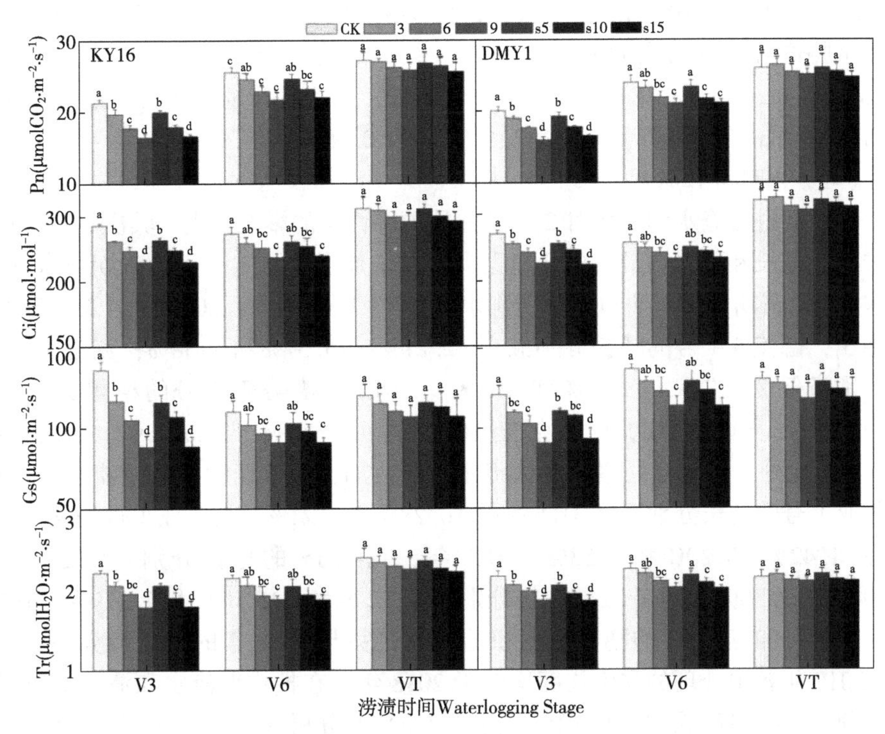

图 6-5 涝渍胁迫处理对玉米叶片气体交换参数的影响

影响最小。与未经涝渍处理的玉米相比，苗期淹水 9d 后，克玉 16 和德美亚 1 号叶片的 RuBP 羧化酶活性分别比对照处理降低 54.07%和 49.83%；渍水 15d 后，克玉 16 和德美亚 1 号叶片的 RuBP 羧化酶活性分别比对照处理降低 52.92%和 51.06%。在苗期淹水 9d 后，克玉 16 和德美亚 1 号叶片的 PEP 羧化酶活性分别比对照低 54.19%和 41.21%。此外，渍水 15d 后，克玉 16 和德美亚 1 号叶片的 PEP 羧化酶活性分别比对照低 53.28%和 42.28%。

五、涝渍灾害对玉米灌浆特性、产量及其构成因素的影响

（一）对灌浆速率的影响

淹水和渍水胁迫对 2 个玉米品种籽粒灌浆特性的影响在苗期和拔节期较显著，而在抽雄期则不明显。Wmax、G max、G ave 和 P 随淹水和渍水胁迫时间的延长而逐渐下降。苗期淹水 9d 和渍水 15d 时降低幅度最大：与对照处理相比，德美亚 1 号的 W max 分别降低 49.31%和 44.91%，G max 分别降低 45.59%和 42.23%，G ave 分别降低 45.70%和 42.61%，P 分别降低 6.42%和 5.12%；克玉 16 的 W max 分别降低 52.48%和 36.45%，G max 分别降低 47.02%和 30.55%，

G ave 分别降低 48.06%和 31.78%，P 分别降低 10.01%和 7.86%。此外，淹水和渍水胁迫增加达到最大灌浆速率的天数。相关分析数据表明，W max（r=0.86）、G max（r=0.82）和 G ave（r=0.82）与籽粒产量呈极显著正相关（$P<0.01$）。D max 与籽粒产量呈显著负相关（$P<0.05$）。

（二）对穗部性状的影响

在苗期进行淹水和渍水对 2 个品种的穗部性状的影响最大，其次是拔节期和抽雄期。穗长和穗粗的最大降低和秃头长的增加发生在 3 个生育时期淹水 9d 和渍水 15d。苗期、拔节期和抽雄期淹水 9d 产生以下结果：2018 年与未处理的植株相比，德美亚 1 号的穗长分别减少 32.21%、15.57%和 7.38%；克玉 16 的穗长分别降低 37.57%、18.96%和 8.41%。2018 年德美亚 1 号的穗粗分别下降 20.98%、13.60%和 6.15%；克玉 16 的穗粗分别降低 26.43%、14.24%和 6.78%。此外，与未经处理的植株相比，在苗期，拔节期和抽雄期渍水 15d 后，德美亚 1 号的穗长分别下降 31.54%、16.28%和 7.21%；德美亚 1 号的穗粗分别下降 21.42%/15.20%和 7.53%；2018 年，克玉 16 的穗长分别降低 37.75%、20.04%和 9.30%；克玉 16 的穗粗分别减低 27.34%，15.00%和 7.31%；2017 年德美亚 1 号和克玉 13 的穗长和穗粗的变化趋势与 2018 年的变化趋势一致。此外，2017 年各个处理的秃尖长度均低于 2018 年。在抽雄期淹水和渍水对玉米品种的穗长、穗粗和秃尖长的影响最小。ANOVA 分析表明，Y×D 交互处理对穗长、穗粗和秃尖长有明显影响（$P<0.01$）。

（三）对产量及其构成因素的影响

玉米品种穗数、百粒重、穗粒数和产量受涝渍影响最显著的发生在苗期，其次是拔节期，影响最小的是抽雄期。经 2018 年调查，与没有进行涝渍胁迫的玉米相比，在苗期、拔节期和抽雄期淹水 9d 后，德美亚 1 号的百粒重、穗粒数和产量分别下降 29.48%，34.53%和 60.67%，渍水 15d 后，德美亚 1 号的百粒重、穗粒数和产量分别下降 31.65%，35.66%和 61.15%；淹水 9d 后，克玉 16 的百粒重、穗粒数和产量分别下降 34.65%，50.26%和 70.21%；渍水 15d 后，克玉 16 的百粒重，穗粒数和产量分别下降 35.13%，54.24%和 71.65%。百粒重、穗粒数和产量的变化趋势与 2017 年的数据一致。在相同的淹水和渍水条件下，德美亚 1 号的耐涝性优于克玉 16。S×D 处理对百粒重、穗粒数、产量及减产率均有显著的交互作用，揭示了在时期和持续时间的综合作用下产量受到显著影响（$P<0.01$）。Y×V、Y×S 和 Y×D 交互处理对百粒重有显著的影响。

参考文献

[1] 聂俊峰，韩清芳，问亚军，等. 我国北方农业旱灾的危害特点与减灾对策［J］. 干旱地区农业研究，2005（06）：175-182.

[2] 王劲松，李耀辉，王润元，等. 我国气象干旱研究进展评述［J］. 干旱气象，2012，30（04）：497-508.

[3] 李蓉，辛景峰，杨永民. 1949—2017 年东北地区旱灾时空规律分析［J］. 水利水电技术，2019，50（S2）：1-6.

[4] 陆咏晴，严岩，丁丁，等. 我国极端干旱天气变化趋势及其对城市水资源压力的影响［J］. 生态学报，2018，38（04）：1 470- 1 477.

[5] 布日古德，塔娜，达来. 干旱半干旱地区生态环境问题及修复［J］. 山东工业技术，2017（13）：287.

[6] 张志敏，试析干旱灾害对农业经济的影响［J］. 现代经济信息，2015（10）：386-387.

[7] 蔡菁菁，王春乙，张继权. 东北地区玉米不同生长阶段干旱冷害危险性评价［J］. 气象学报，2013，71（05）：976-986.

[8] 陈鹏狮，纪瑞鹏，谢艳兵，等. 东北春玉米不同发育期干旱胁迫对根系生长的影响［J］. 干旱地区农业研究，2018，36（01）：156-163.

[9] Aiguo Dai. Drought under global warming：a review［J］. Wiley Interdisciplinary Reviews：Climate Change，2011，2（1）.

[10] Piao Shilong，Ciais Philippe，Huang Yao，Shen Zehao，Peng Shushi，Li Junsheng，Zhou Liping，Liu Hongyan，Ma Yuecun，Ding Yihui，Friedlingstein Pierre，Liu Chunzhen，Tan Kun，Yu Yongqiang，Zhang Tianyi，Fang Jingyun，The impacts of climate change on water resources and agriculture in China.［J］. Nature，2010，467（7311）.

[11] Kevin E. Trenberth，Aiguo Dai，Gerard van der Schrier，Philip D. Jones，Jonathan Barichivich，Keith R. Briffa，Justin Sheffield，Global warming and changes in drought［J］. Nature Climate Change，2014，4（special issue）.

[12] Greaves J A，Improving suboptimal temperature tolerance in maize－the search for variation［J］. *J Exp Bot*，1996，47（296）：307-323.

[13] 王连敏. 低温对玉米幼苗生长、发育及功能的影响（综述）［J］. 国外农学-杂粮作物，1990（6）：23-26.

[14] 宋运淳，王玲，刘立华. 低温胁迫诱导玉米根尖细胞凋亡的形态和生化证据 [J]. 植物生理学报，2000（3）：189-194.
[15] Murchie E H, Yang J, Stella H, et al. Are there associations between grain filling rate and photosynthesis in the flag leaves of field - grown rice [J]. *Journal of Experimental Botany*, 2002, 53 (378): 2 217- 2 224.
[16] 史占忠，贲显明，张敬涛，等. 三江平原春玉米低温冷害发生规律及防御措施 [J]. 黑龙江农业科学，2003（2）：7-10.
[17] 张国民，王连敏，王立志，等. 苗期低温对玉米叶绿素含量及生长发育的影响 [J]. 黑龙江农业科学，2000（1）：10-12.
[18] 张美华. 低温对玉米生理生化的影响及耐低温浸种剂的研究 [D]. 沈阳：沈阳农业大学，2017.
[19] 李建设，耿广东，程智慧. 低温胁迫对茄子幼苗抗寒性生理生化指标的影响 [J]. 西北农林科技大学学报（自然科学版），2003（1）：90-92，96.
[20] 陈善娜，李松，王文. 水稻耐寒性苗期生理生化指标测定 [J]. 西南农业学报，1989（4）：20-24.
[21] 王茅雁. 低温对玉米幼苗叶片中核酸含量和核酸酶活力的影响 [J]. 华北农学报，1989（4）：28-33.
[22] 王金胜，郭春绒，张述义. 低温对不同抗冷性玉米幼苗 H_2O_2 及其清除酶类的影响 [J]. 山西农业大学学报，1993（3）：240-243，296.
[23] 熊冬金，林志红，杨柏云，等. 玉米在涝渍和低温胁迫过程中四种酶同工酶分析及丙二醛的变化 [J]. 南昌大学学报（理科版），1996（4）：6.
[24] 周庆鑫，李卓夫，付连双，等. 东农冬麦 1 号越冬期抗寒性及其机理研究 [J]. 作物杂志，2014（1）：76-80.
[25] 简令成，孙龙华，贺善文，等. 柑橘叶片细胞结构的适应性变化 [J]. 园艺学报，1984（2）：79-83.
[26] 林梅馨，杨汉金. 零上低温橡胶树细胞超微结构的变化 [J]. 厦门大学学报（自然科学版），1988（3）：344-348.

第七章　玉米主要农业气象灾害的致灾机理

第一节　干旱灾害的致灾机理

当植物耗水大于吸水时，其组织内水分亏缺，作物体的水分平衡将遭到破坏，从而导致植物干旱。干旱可分为大气干旱、土壤干旱和生理干旱。大气干旱的特点是大气温度高而相对湿度低（10%~20%），空气蒸发力大，蒸腾消耗的水分很多，而吸收的水分不足以补偿这种支出时，发生水分亏缺，造成干旱。此外，大气温度高，阳光强，也会造成植物的热害。我国西北等地就有大气干旱出现。大气干旱如果长期存在，会引起土壤干旱。土壤干旱是指土壤中缺乏植物能吸收的水分情况。土壤干旱时，根系吸收的水分少，而叶片蒸腾的水分比较多，植物体的水分收支失去平衡，植物生长困难或者完全停止，受害情况比大气干旱严重。生理干旱是不良的土壤环境条件使作物生理过程发生障碍，导致植株水分平衡失调所造成的损害。这类不良的条件有土壤温度过高、过低、土壤通气不良、土壤溶液浓度过高以及土壤中积累某些有毒的化学物质等。通常我国干旱大部分是由于水资源的缺乏也就是土壤干旱造成的，如我国西北、华北和东北的某些地区。而对于水分的缺乏导致灾害在生理上的伤害是显而易见的。

植物在水分亏缺严重时，细胞失去紧张状态，叶片和茎的幼嫩部分下垂，这种现象称为萎蔫。萎蔫可分为暂时性萎蔫和永久性萎蔫两种。例如，在炎热的白天，蒸腾作用强烈，水分亏缺，暂时供应不及，叶片和嫩茎萎蔫；到了晚间，蒸腾速率下降，而吸水继续，消除水分亏缺，在即使不浇水的情况下也能恢复原状。这种靠降低蒸腾即能消除水分亏缺以恢复原状的萎蔫，称为暂时性萎蔫。而如果土壤已无植物可利用的水，即使降低蒸腾仍不能消除水分亏缺以恢复原状的萎蔫，称为永久性萎蔫。而永久性萎蔫持续时间过久，植物将遭受一系列伤害后死亡，造成玉米干旱灾害的致灾机理主要表现在以下几个方面：

一、膜及细胞器的机械性损伤

当细胞失水达到一定程度时，原生质大量脱水后，细胞内水势降低，胶体分散程度降低，膜的磷脂双分子层排列出现紊乱，膜系统中的水分子间隙和氢键定位都会发生变化（图 7-1），使膜蛋白质结构和膜脂呈有序排列，导致质膜半透性的改变，往往亲脂端相互吸引出现孔隙和龟裂，正常的膜脂双层结构和膜蛋白被破坏，因此，原生质的相对透性增强，膜的选择透性丧失，透性加大，膜蛋白也会与溶质一起渗透，大量的无机离子和氨基酸、可溶性等小分子被动向组织外渗透[1]。叶绿体片层、内质网膜等细胞器膜也因水分胁迫遭到破坏，形成叠状体，破坏细胞区室化。线粒体发生变形，内嵴数目减少。液泡在干旱脱水时发生收缩，对原生质产生一种内向的拉力，使原生质与其相连的细胞壁同时内向收缩，在细胞壁上形成很多折叠，原生质受损。此时如果细胞骤然吸水复原，可引起细胞质、壁不协调膨胀把粘在细胞壁上的原生质撕破，最终导致细胞死亡。

萎蔫也会使原生质过早衰老。过度缺水，细胞壁和原生质都会发生收缩，但细胞壁的弹性小，收缩程度小，而原生质收缩较多，这就会发生原生质被拉破的现象，致使细胞死亡。

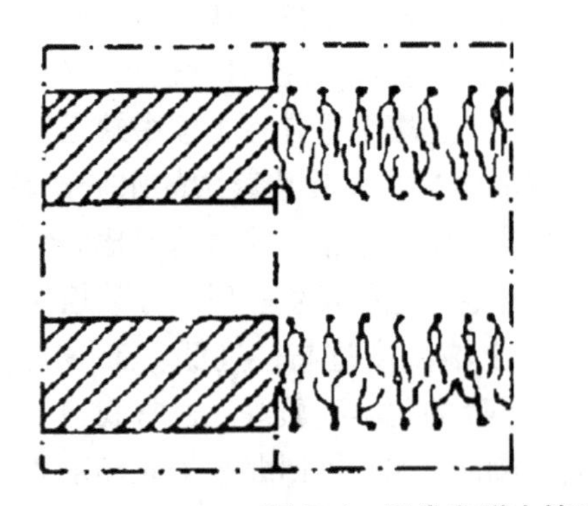
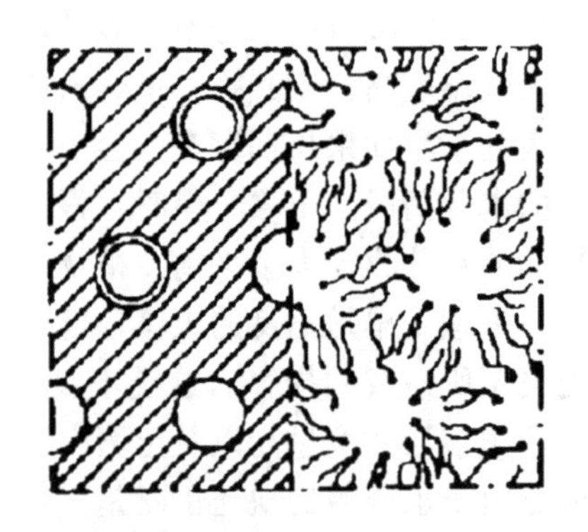

图 7-1　正常和脱水情况下膜内脂类分子排列图

（左：正常水分状况下双分子分层排列，右：脱水膜内脂类分子成放射状的星状排列）

二、改变了正常的生理代谢过程

（一）各部位间水分分配异常

干旱条件导致水分不足，植物组织间按水势大小竞争水分，不同器官不同组织间的水分，按水势高低重新分配，水势高的部位的水分流向水势低的部位。一般幼叶向老叶夺水，促使老叶死亡和脱落，有些蒸腾强烈的幼叶向分生组织和其他幼嫩组织夺水，影响这些组织的物质运输。例如禾谷类作物在穗分化时遇旱，胚组织把水分分配到成熟部位的细胞中去，使小穗数和小花数减少；灌浆时严重缺水，影响到物质运输和积累，幼叶从花蕾或果实中吸水，籽粒就不饱满，造成瘪粒、空粒和落花落果等现象，影响产量。

（二）玉米不同生育时期干旱对生长发育的影响

干旱可以影响玉米的整个生育期，但是苗期和拔节期干旱对玉米的最终产量影响较小。玉米开花前遭遇干旱，延缓雌雄穗发育进程，减少分化小花数，增加籽粒败育，导致穗粒数降低；抽雄吐丝期间遭遇干旱，导致雄穗抽出困难、吐丝延迟，使开花吐丝间隔期拉长，严重时导致花粉、花丝超微结构发生改变，影响玉米授粉、受精过程，最终导致秃尖形成，穗粒数降低；灌浆期遭遇干旱导致叶片早衰，光合产物积累不足，籽粒灌浆受阻，粒重降低，最终均会导致产量下降。从源库关系角度分析，玉米灌浆期干旱导致玉米产量降低的主要原因是穗粒数降低导致的库强不足；而灌浆期干旱导致玉米产量降低的主要原因是叶片早衰等造成营养器官发育受阻，限制同化物的积累及转运，此时源不足限制了产量的增加，另外，穗粒数降低和空瘪导致的库强不足。

（三）光合作用减弱

干旱胁迫诱导了玉米幼苗光合作用的光抑制，并对光合系统造成一定程度的光损伤。对光合作用的抑制效应既有气孔效应，又有非气孔效应。水分亏缺时，气孔开度减小甚至完全关闭，气孔阻力增大，影响 CO_2 的吸收，使光合作用下降，这种现象称为光合作用的气孔抑制。当水分胁迫严重时，叶绿体处于低水势环境，其片层膜体系结构受损，希尔反应减弱，光系统 II 活力下降甚至丧失，电子传递和光合磷酸化解偶联，导致光合速率下降，这种现象称为光合作用的非气孔抑制。叶绿体的正常结构发生变化：叶绿体细胞膜遭到破坏，叶绿体变形，体积缩小，叶绿体含量发生变化，光反应过程中的电子传递和光合磷酸化过程受到影响，暗反应过程中的 RuBPCase 活性受到抑制等。叶绿素合成速度减慢，光合酶活性降低。除此之外，干旱胁迫诱导了水解的加强和糖类的积累。干旱胁迫抑制了玉米幼苗生长，降低了叶片净光合速率、气孔导度、蒸腾速率、光合色素含量、PSII 光化学量子效率、光合电子传递速率、光化学淬灭系数，同时，增加了非光化学淬灭系数。

气孔是植物获取外界 CO_2 的主要途径。干旱条件下，由于植物叶片含水量减少，缺水引起护卫细胞膨压降低而使气孔变小，CO_2 扩散进入叶片细胞受到更大的阻碍，从而减少了光合作用的原料来源，使光合作用减弱，光合速率降低。同时，气孔的闭合能够有效减少水分的散失，并在一定程度上保护光合组织使其在干旱胁迫条件下行使正常功能。只有当气孔导度值和胞间 CO_2 值同时下降，气孔限制值上升，才能认为各种逆境下植物的光合作用受阻主要是由于气孔因素造成的，即为气孔抑制。因此，干旱条件下的气孔闭合是植物的一种应答机制。

干旱胁迫也可以对光合作用机制中涉及的不同酶的水平和活性产生不利影响，从而损害碳水化合物的合成以及植物的水分利用效率（WUE），反过来又不利于植物总产量。对 Rubisco 含量和活性的评估已被认为是旨在提高 WUE 和产量的育种计划的有用指标之一。在中等干旱条件下，Rubisco 活性略有下降，但在严重干旱条件下则显著下降。据报道，Rubisco 催化反应速率的下降是由于叶绿体水平的 CO_2 利用率或底物的可用性，RUBP 或 Rubisco 失活的改变。有人认为在轻度和重度干旱下抑制光合作用的主要原因是向 Rubisco 的 CO_2 供给量低，压力条件下会降低气孔下的 CO_2 含量。研究表明，在水分受限的条件下，Rubisco 活性降低 68%不会妨碍净光合速率（PN），这表明干旱胁迫可能会影响 RuBP 再生所涉及的任何步骤，而不是 Rubisco 本身。在干旱条件下，各种 C4 光合作用酶的活性，如 PEPcase，NADP 苹果酸酶（NADP-ME），Rubisco 和果糖 1，6 双磷酸酶的活性降低了 2~4 倍，而丙酮酸磷酸二激酶的活性降低了。这表明 PPDK 可能是缺水条件下光合作用的限制酶。

（四）干旱对植物抗氧化物和可溶性物质的影响

缺水时叶片细胞的酶活动朝向水解，降低合成，使叶片可溶性物质的积累比较多，从而抑制光合作用。多数研究认为，干旱伤害程度与还原性酶类的含量和活性有关，主要为 SOD、POD 和 CAT 这 3 种酶，这 3 种酶在玉米生育的前中期呈现先升高而在后期降低的趋势[2]，可能是作物对干旱导致的活性增加的响应机制，从而减轻植株的干旱损伤，并增强作物生长后期对干旱的抵抗力。SOD、POD 和 CAT 可能是作物抵抗干旱的第一层保护系统，当干旱发生在作物生育的早期时，该系统在保护植株免受干旱导致的氧化损伤方面起着重要作用。而在生育后期时，作物遭受水分胁迫时，植物在启动保护酶促清除系统时，更要启动非酶促系统、DNA 损伤修复系统等其他抗干旱适应机制，以保证细胞的正常机能，从而使植株有机会进行一些生理生化方面的调整，以适应干旱环境，并完成其生命进程。此外，作物根系保护性酶系与地上部（叶片）相比，根系保护性酶系活性低，对水分胁迫的反应比地上部分敏感。其原因可能在于土壤干旱刺激直接作用于根部。而叶片则可通过卷曲避光、气孔调节等方式降低水分蒸腾，进行自我保护；同时，茎部、叶鞘的水分和茎粗、株高对干旱的形态适应也可能会对叶片缺水造成的伤害起到一定的缓冲作用。土壤干旱胁迫使根部细胞受到较重的伤害，细胞膜破裂，内源性保护酶系活性低，脂膜过氧化产物 MDA 累积幅度大，在干旱过程中根系所受伤害重于地上部，这一点值得引起足够重视[2]。SOD、POD 和 CAT 保护酶活性下降与 MDA 积累密切相关，一方面由于 SOD、POD 和 CAT 活性下降，使有害自由基积累乃至超过伤害阈值，可能直接或者间接地启动膜脂过氧化使 MDA 含量增加，膜系受损；另一方面，随着 MDA 的积累反过来又抑制了 SOD、POD 和 CAT 的活性，使其下降，从而丧失了保护酶系统的功能，进一步促使膜系受损加重。例如，在大喇叭口期 SOD 和 POD 的活性均有增加，但此效应维持不长（POD 活性略长些），其后随干旱的持久及强度加剧又骤降。受旱越长，受旱越重，保护酶活性越低，MDA 积累就越多，且往往在抽雄至灌浆期玉米需水的旺盛期，生理保护机制受到的伤害更为明显，膜系可能受损的程度更严重，说明作物抗干旱逆境的能力与保护酶活性的大小及其防御功能是相关联的。这可能就是干旱胁迫下作物主要的生理反应及损伤机理。

干旱胁迫会在不同程度上降低气体交换特性，从而影响大多数植物的光合能力。例如，Lawlor 和 Cornic[3] 报道，随着叶片水势和相对含水量（RWC）的降低，高等植物的叶片 CO_2 净同化率（Pn）大大降低。通过气孔导度降低来调节控制水分损失已被认为是植物对干旱胁迫的早期回避反应，并伴随着涉及细胞壁扩增的扩展蛋白基因表达，通过调节细胞壁来适应干旱[4]。植物可以在暴露于水分胁迫的几分钟内关闭气孔，从而非常有效地防止可能危及它们的过度水分流失。随着干旱的持续，气孔关闭在一天中会持续更长的时间。反过来，这导致降低了碳同化率和水分流失，导致维持碳同化的代价是水的可利用性较低。气孔代表了所谓的土壤-植物-大气连续体中水通量的主要控制点。气孔关闭导致细胞内 CO_2 浓度降低，从而降低光合作用，同时，也会增加光氧化胁迫的风险。因此，在缺水条件下，气孔限制通常被认为是光合作用降低的主要因素，这归因于 Pn 和胞间 CO_2 浓度（Ci）同时下降，从而抑制了总体光合作用[5]。而在持续的干旱胁迫或高光条件下，CO_2 同化量持续减少，导致光系统 II（PS II）光能过剩，促使 PSII 的光化学活性和卡尔文循环电子需求间能量的不平衡，过剩的光能可致使叶片光合机构受损，而此时 Ci 较高，这就是非气孔限制[5]。

此外，气孔度减小并使蒸腾减弱，热量消耗减小，叶片温度升高，叶绿素的结构受到破坏，也会减弱光合作用。干旱胁迫对光合色素造成破坏，导致类囊体膜的降解[6]。因此，暴露于干旱胁迫的植物的光合能力降低。在干旱胁迫下，通常会观察到叶绿素（Chl）含量的降低[7]。通过对叶绿素酶和过氧化物酶的研究表明，Chl 含量下降的原因可能不是由于 Chl 缓慢的合成，而是由于其加速分解[8]。有研究表明，在干旱胁迫下，Chl b 的减少量大于 Chl a 的减少量，因此，Chl a/b 比值升高[9]。类胡萝卜素（Car）是一种四萜类色素，在植物和动物中起着不可或缺的作用。Car 是光合作用的光保护所必需的，并且它们在非生物/生物胁迫下的植物发育过程中作为信号传导的前体发挥重要作用[5]。

大量研究表明，干旱胁迫对 PS II 和 PS I 的功能都有不利影响，特别是 PS II。干旱胁迫改变 Chl a 荧光动力学并因此损害光系统 II（PS II）反应中心[10]。研究表明，干旱胁迫可对放氧复合体（OEC）和 PS II 造成严重破坏[11]，同时，可导致 D1 多肽的降解，导致 PS II 反应中心失活[12]。这些变化可诱导活性氧（ROS）的产生，而 ROS 具有高反应性和毒性，会影响许多基因的表达，破坏蛋白质、脂质、碳水化合物和 DNA 以及控制许多生物过程，如植物生长、细胞周期、细胞程序性死亡、非生物应激反应、病原体防御等，最终导致光抑制和氧化损伤[13]。植物已经进化出多种保护机制，抵抗 ROS 诱导的细胞成分损伤。它们将多余的吸收光能从光合电子传输转移到热量产生的主要机制是依赖能量的猝灭，这部分取决于叶黄素循环[14]。ATP 合酶（耦合因子）随着胁迫而降低，干旱胁迫下，叶对 CO_2 的光合同化作用不受 CO_2 扩散的限制，而受核糖核苷磷酸合成的抑制，这与 ATP 合酶损失导致的 ATP 含量降低有关。所谓的 Chl F 的非光化学猝灭（衰减）—NPQ，由于干旱胁迫诱导而增加，而光化学猝灭则减少[15]。

（五）干旱对植株活性氧积累的影响

干旱胁迫下，玉米幼苗体内光合电子传递发生紊乱，超氧阴离子（O_2^-）产生速率和过氧化氢（H_2O_2）的含量均显著提高。过量活性氧（ROS）的积累导致膜脂过氧化程度加剧，丙二醛（MDA）含量明显升高，膜脂透性增强。ROS 的产生被称为氧化爆发，是植物对水分胁迫防御反应的早期事件，并且作为次要信使在植物中触发随后的防御反应[13]。亚细胞结构，例如，线粒体，叶绿体，质膜，细胞壁和细胞核是 ROS 产生的主要部位[13]。在干旱胁迫下，通过多种途径导致 ROS 的产生得到增强。例如，在干旱条件下，CO_2 固定的减少导致在卡尔文循环期间 NADP+再生减少，这将降低光合电子传递链的活性，通过光合作用过程中 Mehler 反应会使电子过量泄漏到 O_2，将 O_2 还原为 O_2^-。干旱条件也增强了光呼吸途径，特别是当由于有限的 CO_2 固定而导致 RuBP 氧合作用很高时。Noctor 等[16]发现，在干旱胁迫下，大约 70%的 H_2O_2 的产生通过光呼吸过程发生的。

细胞中 ROS 基本上由四种形式组成，即过氧化氢（H_2O_2），羟基（HO·），超氧阴离子自由基（O_2^-）和单线态氧（$1O_2$）。其中，2 种形式特别具有生物活性，即 HO·和 $1O_2$。它们可以氧化细胞的各种成分，如脂质，蛋白质，DNA 和 RNA，最终，它们可导致细胞死亡。植物已经进化出复杂的清除机制和调节途径来监测 ROS 氧化还原稳态以防止细胞中过量的 ROS。抗氧化酶代谢的改变可能影响植物的耐旱性。植物的抗氧化系统可分为两类：(i) 酶组分，包括超氧化物歧化酶（SOD）、抗坏血酸过氧化物酶（APX）、过氧化氢酶（CAT）、谷胱甘肽过氧化物酶（GPX）、单脱氢抗坏血酸还原酶（MDHAR）、脱氢抗坏血酸还原酶（DHAR）、谷胱甘肽还原酶（GR）、谷胱甘肽 S-转移酶（GST）、过氧还蛋白（PRX）。这些抗氧化酶位于植物细胞的不同部位，它们共同起到清除活性氧的作用。SOD 作为第一道防线，将 O_2·-转化为 H_2O_2。CAT、APX 和 GPX 可将

H_2O_2 进一步还原为 H_2O。与 CAT 不同，APX 依靠抗坏血酸（AsA）和/或谷胱甘肽（GSH）再生循环，该循环涉及 MDHAR、DHAR 和 GR。GPX、GST 和 PRX 通过非抗坏血酸依赖性的硫醇介导途径，利用 GSH、硫氧还蛋白（TRX）或谷氧还蛋白（GRX）作为亲核试剂，来还原 H_2O_2 和有机氢过氧化物[17]；（ii）非酶抗氧化剂包括 GSH、AsA、类胡萝卜素、生育酚和类黄酮，也对植物体内的活性氧平衡至关重要[18]。除了这些酶类和非酶抗氧化剂外，越来越多的证据表明，可溶性糖，包括双糖、棉子糖家族低聚糖和果糖，对活性氧具有双重作用[19]。可溶性糖通过调节产生活性氧的代谢途径，如线粒体呼吸或光合作用，来调节 ROS 的产生。同时，它们也可通过增加 NADPH 的代谢来参与抗氧化过程[19]。

（六）呼吸作用先升后降

干旱下，作物的呼吸作用较为复杂，整体表现为先上升后下降。轻度干旱条件下，植株往往表现为在一段时间内加强呼吸，这是因为开始时呼吸基质增多，若缺水时淀粉酶活性增加，淀粉水解为糖可暂时增加呼吸基质；此外，细胞中酶的作用方向趋向于水解，即水解酶的活性加强，合成酶的活性降低，从而增加呼吸速率。另外，萎蔫时叶片内会累积较多的呼吸基质，加上温度高，所以，呼吸作用加强。但水分亏缺较严重时，植株体内的呼吸底物、呼吸作用相关酶活性均大幅降低，叶片的叶绿体及线粒体也会遭到破坏，氧化磷酸化解偶联，P/O 比下降，呼吸产生的能量多以热能形式散失掉，ATP 合成减少，从而影响多种代谢和生物合成过程的进行，呼吸作用又会逐渐降低至正常水平以下，此时植株对干旱的耐受性已经超过耐受阈值，丧失自我调节能力。

此外，玉米叶片轻度脱水时，膜脂脂肪酸不饱和度增大，可能是由于叶肉细胞间隙的水分减少，气体量相对增加，氧含量相应增多，促使基质中脂肪酸脱饱和酶活力加强，饱和脂肪酸转化为不饱和脂肪酸；当玉米叶片严重脱水时，叶片膜脂脂肪酸不饱和度减低，可能是由于叶片脱水使气孔关闭，同时，叶肉细胞的呼吸作用大于光合作用，细胞间隙中的氧含量相应减少，致使基质中脂肪酸脱饱和酶活力下降，饱和脂肪酸含量相对增多。

（七）有机物质运输缓慢，合成与分解的正常比例失调

由于光合作用减弱，呼吸作用加强，净光合产物大为减少。同时，能量利用率降低，根系、叶片可溶性蛋白含量降低，随着胁迫的加剧，可溶性蛋白含量降低的幅度也加剧。有机物质在体内的运输缓慢，有机物合成作用大大减弱，运输到生长中心或储藏部位的养料很少，以致生长减慢，籽粒灌浆减少，产量降低。如夏玉米全生育期遭受的持续干旱，对同化物质积累不利，同时，也影响到营养物质的传输与再分配，茎秆的营养物质向籽粒转移迟缓，这可能是导致库器官同

化和建成能力锐减，造成产量性状恶化，经济产量严重下降的主要原因之一[2]。

萎蔫初期，光合作用减弱，糖的含量降低，之后，先萎蔫的下部叶片中，淀粉分解为单糖，然后蔗糖也变成单糖，为呼吸作用所消耗，最后死亡。这种过程由下到上逐渐扩展，直至幼叶、茎和繁殖器官。萎蔫初期，蛋白质合成受阻，分解过程加强，严重萎蔫时蛋白质的合成过程为分解过程所取代，叶内非蛋白氮如氨基酸、酰胺等含量剧增，使组织因缺少营养物质而停止生长，叶内蛋白质分解成天冬酰胺与谷酰胺等物质，向幼叶输送，下部叶片因蛋白质损失过多而死亡；严重萎蔫也使叶绿体中蛋白质的合成能力减退，加速叶片衰老。

(八) 核酸和蛋白质分解加剧，脯氨酸积累

干旱条件下随着细胞脱水，其DNA和RNA含量减少。其主要原因是干旱促使RNA酶活性增加，使RNA分解加剧，而DNA和RNA的合成代谢则减弱。因此有人认为，干旱之所以引起植物衰老甚至死亡，是同核酸代谢受到破坏有直接关系的。另外，干旱时植物体内蛋白质合成受到抑制，由于水解酶活性的提高，蛋白质合成酶的钝化和能源（ATP）减少，蛋白质分解加速，合成减少，导致游离氨基酸增加。当干旱下植物的蛋白质正常合成途径受到影响，这时植物会选择性的合成一些新的蛋白，这类蛋白就是干旱诱导蛋白[20]。研究发现，诱导蛋白的合成是植物保护自身免受干旱伤害的应答反应。大部分的干旱诱导蛋白富含亲水性氨基酸，疏水性氨基酸很少，这表明干旱诱导蛋白拥有很强的亲水性。植物缺水时，干旱诱导蛋白能够吸附水分，使细胞不至于失水死亡。不难证明，干旱诱导蛋白在保护细胞结构、增强植株耐脱水方面扮演着重要的角色。然而，干旱诱导蛋白的作用机理目前为止尚不明确。当玉米芽鞘组织失水时，细胞内多聚核糖体解离成单体，失去了合成蛋白质（酶）的功能。复水后蛋白质合成可迅速地恢复。所以，植物在干旱后，在灌溉和降水时适当增施氮肥有利于蛋白质合成，补偿干旱所造成的不利影响。

渗透调节被认为是植物适应干旱的重要过程之一，它有助于维持组织代谢活性。在干旱条件下合成的渗透性化合物包括相容的溶质，如植物体内蛋白质减少而游离的氨基酸（脯氨酸、天冬氨酸和谷氨酸）增多，特别是脯氨酸，是其中最重要的一种，常常作为衡量植物抗旱强弱的生理指标，也可用于鉴定植物遭受干旱的程度，可增加达数十倍甚至上百倍之多。在低水势下，它在叶片中的积累是由于线粒体生物合成增加和缓慢氧化共同作用的结果[21]。脯氨酸具有许多生理作用，包括稳定包括酶和蛋白质在内的大分子、维持膜完整性和清除活性氧物种[22]。脯氨酸在干旱恢复后也作为能量、碳和氮的来源[23]。脯氨酸积累的原因可能有：脯氨酸合成加快，蛋白质分解加剧；脯氨酸氧化作用减弱。一般认为，脯氨酸可作为比较有效的细胞渗透剂，在植物的抗旱性中起重要的渗透调节和蛋

白稳定性质的作用。通过表达吡咯啉-5-羧酸合酶（P5CS）的转基因植物在干旱期间积累这种渗透保护剂，从而对渗透胁迫具有抗性[24]。需要指出的是，在干旱时也有些蛋白质的合成受到促进，如种子成熟时干燥胚中LEA蛋白明显增多，起到缺水时保留水分和稳定细胞膜的作用。

（九）激素的变化

植物激素通过介导生长、发育、养分分配和源/库转换，在植物适应不断变化的环境的能力中发挥核心作用。干旱影响植物激素的代谢水平。干旱条件下，植物的生长类激素合成减少，促进衰老的激素合成增加（图7-2）。如细胞分裂素（CTKs）含量降低，ABA和乙烯含量增加。CTK和ABA对RNA酶活性有相反的效应，前者降低RNA酶活性，后者提高RNA酶活性。

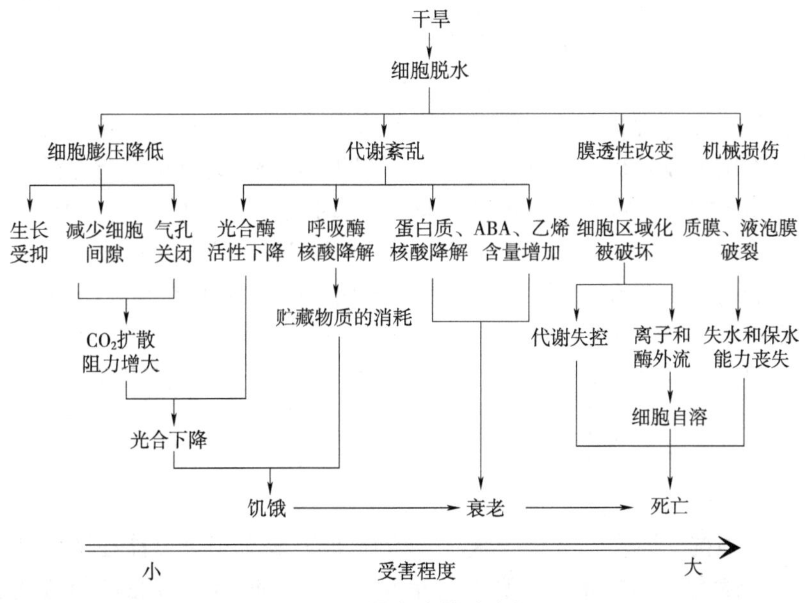

图7-2　干旱灾害的致灾机理

响应土壤水分的消耗，气孔导度受水力和化学信号调节。它们的重要性取决于植物的大小和生长条件。对于化学调节，最合适的是脱落酸（ABA），而大量的ABA是在水分胁迫下产生的。气孔对附近的ABA浓度有反应，ABA可以直接在叶片中产生，也可以通过木质部从根部传递出来。ABA可参与生物和非生物胁迫反应，称为应激激素[25]，其含量增加还与干旱时气孔关闭、蒸腾强度下降直接相关，能有效地促进干旱时气孔的关闭和降低蒸腾强度。在生物胁迫下，植物激素ABA可调节多个生理过程。ABA在植物对干旱胁迫的反应中起中介作用[26]，AREB1的显性功能丧失突变体表现出ABA不敏感性，并在脱水下显示出降低的存活率，并且8个上调的基因中的3个被下调，包括接头组蛋白H1和AAA ATPase的基因，它们分别通过蛋白质折叠控制基因表达和多种细胞活性。结果表明，AREB1调节新型ABRE依赖性ABA信号传导，从而增强植物组织的耐旱性。此外，ABA的合成和积累对干旱胁迫提供了快速响应，并通过调节保护细胞和诱导编码与脱水耐性相关的蛋白质和酶的基因来维持植物的水分状态[27]。ABA响应性TF（AREB/ABF）在ABA依赖的基因激活中起关键作用，在ABA调控基因的启动子区域中，保守的顺式元件（称为ABA响应元件（ABRE））通过bZIP型AREB/ABF转录因子控制基因表达。所有3个AREB/ABF转录因子都需要ABA才能完全激活，可以形成异二聚体或同型二聚体以在细胞核中发挥功能，并且可以与SRK2D/SnRK2.2（被确定为SRK2的调节剂）相互作用。这些结果清楚地表明，AREB1，AREB2和ABF3具有很大的重叠功能。如干旱诱导了AREB1/ABF2，AREB2/ABF4和ABF3表达的增加[28]，根据过表达数据，干旱条件下AREB/ABF是ABA信号的正调控因子[28-30]

细胞分裂素（CTK）在根尖产生，然后通过木质部转移至芽。CTK对应激耐受性的作用十分复杂，多项研究表明，不同植物激素之间的串扰导致协同或拮抗相互作用，在植物对非生物胁迫的响应中起关键作用。CTK与ABA信号通路之间存在串扰，并与ABA作用相反[31-33]。木质部渗出液或胁迫植物的叶片通常表现出降低的CTK含量和活性。该反应一般很快速，并且在释放压力后CTK活性恢复到正常水平。水分胁迫下CTK含量降低的原因是由于CTK生物合成降低或降解增强。一些研究者认为，CTK和ABA可能在许多生长和生理过程中发挥拮抗作用，包括气孔开放，子叶扩张和种子发芽等。在作物中，水分胁迫植物中CTK含量的减少和脱落酸（ABA）的积累导致ABA/CTK比值大大增加。胁迫诱导的CTK的合成，通过降低干旱时气孔的关闭和增加蒸腾的强度来延缓叶片衰老，从而增强抗旱性[32]。Z型碱基，核糖苷和O-葡萄糖苷可能在体内调节蒸腾作用，O-葡萄糖苷可能是叶片衰老的重要调节剂，但核苷酸在控制这些过程中的作用较小。Nishiyama等[33-34]报道了细胞分裂素缺陷型突变体提高了对干旱胁迫的耐受性。干旱胁迫下的植物木质部分泌物中的CTK含量通常较低，因为干旱限制了木质部中CTK的生物合成并增加了其分解代谢[35]。合成和天然存在的CTK均可增加切离叶片的蒸腾速率，并增加离体表皮中的气孔孔径，这种影响有时取决于植物的年龄，并且受CO_2和ABA的封闭效应相互作用的影响。高浓度的CTK可以克服ABA对气孔的影响。此外，由于土壤干燥，CTK的供应减少可能会增加对ABA浓度增加的芽响应。所以，ABA能缓解植物体内水分亏缺，其浓度反映了长期的水缺乏而CTK却加剧体内的水分亏缺，乙烯含量的上升可加快植物部分器官的脱落。在玉米叶片的某些部分中，单独的玉米蛋白核苷

(ZR) 不会影响气孔的开放，但是会部分逆转 ABA 诱导的气孔关闭。相反，在表皮或叶碎片中，ZR 或激动素减少气孔开放，并且对 ABA 诱导的气孔关闭没有影响。

除了许多生理过程，水杨酸（SA）是一种内源性生长调节剂，赋予了许多生理过程和各种环境胁迫耐受性，包括种子发芽、幼苗生长、果实成熟、开花、离子吸收和运输、光合作用率、气孔导度、叶绿体的生物发生、干旱、低温和热胁迫[36]。水杨酸（SA）水平与 RWC 表现出强烈的负相关性，并且在干旱期间逐渐增加至 5 倍。恢复干旱期间，SA 含量下降，但仍比干旱前观察到的略高。干旱期间 SA 水平与 α-生育酚水平呈正相关，而在恢复期间 SA 水平与 α-生育酚呈正相关。水杨酸和乙烯可能在应激反应期间产生[37]，这些分子可能会放大初始信号，从而产生第二轮的信号传导。SA 在植物对病原体的反应中起着重要作用，但它也参与了植物生长、发育、成熟、开花以及对非生物胁迫的反映调控。干旱胁迫植物叶片中内源 SA 含量增加，从而暗示 SA 在植物体内的作用植物对干旱的反应，以及植物在恢复过程中遭受氧化胁迫，并且随着先前干旱的加剧，这种胁迫变得更加严重。ABA 和脯氨酸可能有助于 SA 诱导的抗应激反应的发展。遭受干旱的植物中，SA 含量逐渐升高至 5 倍之多，并且与相对含水量呈极显著的负相关。恢复期间，SA 含量下降，但仍比干旱前观察到的略高。在干旱期间，SA 含量与生育酚（也称为乙酸维生素 E）的含量呈正相关，但在恢复期间却没有。该结果还表明内源性 SA 在水分胁迫期间在诱导保护机制中的可能作用。不同物种中，SA 在干旱响应中的参与方式有所不同[38-39]，干旱胁迫诱导 SA 诱导基因 PR1 和 PR2 的表达[40]。此外，内源性激素水平的升高促进气孔关闭，可能是由 SA 诱导产生的 ROS 引起的[41]，或是外源施用 SA 导致 ROS，H_2O_2 和 CA2+积累引起的[42-43]。在调节发育过程外，茉莉酸（JA）还调节植物抵御病原体攻击的防御机制以及环境胁迫，JA 及其环状前体和衍生物构成了一系列生物活性的脂蛋白，可调节植物的发育和对环境线索的反应，如盐分和干旱胁迫[44]。JA 参与了对非生物胁迫（如干旱和盐碱化）的响应。例如，用山梨糖醇或甘露糖醇（与溶质模拟水胁迫的相容性溶质）处理大麦叶可增加 JAs 的内源含量，然后合成茉莉酸酯诱导的蛋白质。其他研究表明，山梨糖醇处理可提高十八烷类化合物和 JAs 的含量，并且该阈值对于启动 JA 响应基因表达是必要的。此外，在水分胁迫下，玉米根细胞中内源 JA 的含量增加，该化合物能够引起甜菜碱在梨叶片中的积累。在用百草枯，除草剂和外源浓度的 Me-JA 处理过的玉米幼苗的茎和根中，检测到与抗氧化防御系统相对应的基因表达。JA 在干旱诱导的抗氧化反应中起重要作用，包括抗坏血酸代谢[45]。JA 合成受玉米根和梨叶片水分胁迫的影响[46]。

第二节　低温冷害的致灾机理

一、根系代谢组学机理

玉米幼苗室外正常生长环境下长至3叶一心后，进行了3种不同程度的低温胁迫处理：昼夜温度分别为18℃/9℃（A1）、16℃/7℃（A2）、14℃/5℃（A3），25℃/16℃为对照，昼夜时长12h /12h，相对湿度在65%。在处理7d后，所有植株转移到正常生长（CK）条件下恢复1d。培养钵中土壤初始含水量为20%，培养期间严格控制温度及含水量，用称重法补充土壤水分。每处理6次重复。

处理结束后，分别取各处理及对照玉米有代表性的初生根和次生根，取其距根尖处0.5cm以上的根系2~3cm，于液氮中速冻30min，然后转入-70℃冰箱用于代谢物检测。

（一）GC-TOF/MS检测和鉴定结果

通过GC-TOF/MS检测，从玉米根尖样品中检测到348个峰，经过筛选，共得到163种代谢物，其中，包括47种氨基酸、38种有机酸、23种糖、9种胺、8种糖醇、11种核苷和27种其他物质，如下表所示。在对照条件下有124种代谢物；A1中检测到150种代谢物，与对照相比，差异代谢物有26种；A2中检测到代谢物种类最多，达到155种，与对照相比，差异代谢物有34种；A3中检测到154种代谢物，与对照相比，差异代谢物有35种（图7-3）。从图7-4中可以看出，经低温胁迫处理，糖、氨基酸及有机酸表达量变化较大。A3处理最为明显，29种氨基酸表达量上调，19种有机酸表达量上调，10种糖表达量下调。这些结果显示玉米根尖代谢物含量受低温影响显著，且与对照相比不同低温胁迫下代谢物表达量存在差异。

表　GC-TOF/MS检测的代谢物

Amino acid	*Organic acid*	*Sugar*	2-Hydroxypyridine
2,4-Diaminobutyric acid	2-Monoolein	1-Kestose	3,4-Dihydroxypyridine
2,8-Dihydroxyquinoline	3,4-Dihydroxycinnamic	2-Deoxy-D-galactose	3-Aminopropionitrile
3-Aminoisobutyric acid	3-Hydroxybutyric acid	3,6-Anhydro-D-galactose	3-Phenyllactic acid
3-Cyanoalanine	4-Hydroxycinnamic acid	Cellobiose	4-Vinylphenol dimer
3-Hydroxy-L-proline	Allantoic acid	D-Talose	5,6-Dihydrouracil
3-Hydroxynorvaline	Benzoic acid	Fructose	Butyr aldehyde

（续表）

Amino acid	*Organic acid*	*Sugar*	2-Hydroxypyridine
4-Aminobutyric acid	beta-Mannosylglycerate	Fucose	Carbazole
4-Hydroxyquinazoline	Caffeic acid	Gluconic lactone	Carnitine
5-Hydroxytryptophan	Cis-2-hydroxycinnamic	Glucose-1-phosphate	Creatine degr
alpha-Aminoadipic acid	Citraconic acid	Glucose-6-phosphate	Cuminic alcohol
Aminomalonic acid	Citraconic acid deg	Leucrose	Cytidine-monophosphate degr
Aminooxyacetic acid	Citric acid	Lyxose	D-erythro-sphingosine
Asparagine	Cumic Acid	Maltose	DL-dihydrosphingosine
Aspartic acid	Dehydroascorbic Acid	Maltotriose	Halostachine
beta-Alanine	D-erythronolactone	N-Acetyl-beta-D-mannosamine	Indole-3-acetamide
Citrulline	D-Glyceric acid	Ribose	Isopropyl-beta-D-thiogalactopyra
Cycloleucine	Dodecanol	Ribulose-5-phosphate	Levoglucosan
Cysteinylglycine	Fumaric acid	Sedoheptulose	P-benzoquinone
Cystine	Galactonic acid	Sucrose	Phenylacetaldehyde
Glutamic acid	Gallic acid	Tagatose	Phosphate
Glutamine	Glucoheptonic acid	Trehalose	Phytol
Glycine	Gluconic acid	Turanose	Phytosphingosine
Histidine	Glycocyamine	Xylose	Prunin degr.
Isoleucine	Heptadecanoic acid	*Nucleoside*	Pyrogallol
Kyotorphin	Indolelactate	5′-Methylthioadenosine	Urea
L-dopa	Itaconic acid	6-Methylmercaptopurine	
Leucine	L-Malic acid	Adenine	
L-homoserine	Malonic acid	Cytidine-monophosphate	
Lysine	Palmitic acid	Guanine	
Methionine	Pentadecanoic acid	Guanosine	
Methylmalonic acid	Quinic acid	Inosine	
N-Methyl-DL-alanine	Quinoline-4-carboxylic	Methyl Phosphate	
N-Methyl-L-glutamic acid	Saccharic acid	Methyl-beta-D-galactopyra	
N-methyltryptophan	Succinic acid	Cytidine-monophosphate	
Norleucine	Sulfuric acid	Uracil	
O-acetylserine	Tartaric acid	*Amine*	
Ornithine	Threonic acid	5-Methoxytryptamine	
Oxoproline	Uracil-5-carboxylic acid	Adipamide	

（续表）

Amino acid	*Organic acid*	*Sugar*	2-Hydroxypyridine
Phenylalanine	*Sugar alcohol*	epsilon-Caprolactam	
Pipecolinic acid	Acetol	Ethanolamine	
Proline	Galactinol	hydroxylamine	
Serine	Glycerol	Nicotianamine	
Threonine	Mannitol	O-Phosphorylethanolamine	
Trans-4-hydroxy-L-proline	Myo-inositol	Putrescine	
Tryptophan	Sorbitol	Spermidine	
Tyrosine	Threitol	*Other*	
Valine	Xylitol	2-Amino-2-methylpropane	

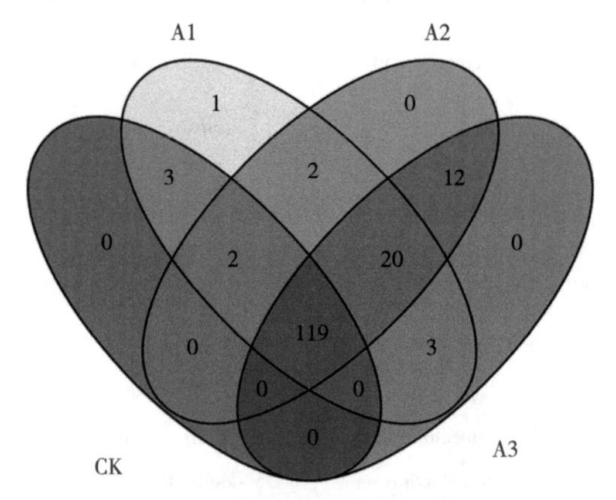

图 7-3　玉米根尖代谢物数量韦恩图

（二）差异代谢物的筛选及通路富集分析

本试验采用 OPLS-DA 模型第一主成分的 VIP（Variable importance in the projection）值（VIP>1），结合 t 检验（t-test）的 P 值（$P<0.05$），得到低温胁迫处理与对照间差异显著的代谢物 89 个，其中，氨基酸类物最多，有 28 种，占差异代谢物的 31.5%，糖类物和有机酸类物次之，各 17 种，各占 19.1%。将这 89 种差异显著代谢物的含量通过层次聚类分析进行分类，并在热图（Heatmap）中可视化（图 7-5）。

如图 7-5 所示，89 种差异代谢物可被分为 6 组（I-VI 组），与对照组相比，I 组代谢物在 A2 和 A3 中显著降低，在 A1 中降低不显著，其中脱氢抗坏血酸（dehydroascorbic acid）在低温处理下变幅最为明显，A1 的变幅为 0.1049，A2 及 A3 中均未检测到其存在，此外肌苷（inosine）含量变幅也较大，A1-A3 分别为

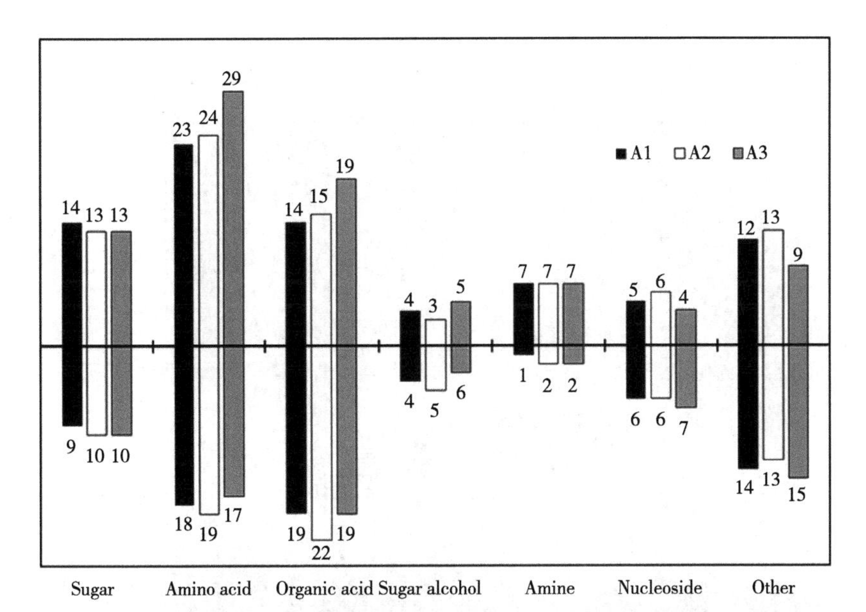

图 7-4　与对照相比低温胁迫处理各组玉米根尖代谢物表达量变化数量

注：图中向上为代谢物表达量上调，向下为代谢物表达量下调

0. 81、0. 18、0. 12。II 组代谢物基本只在 A3 中显著降低，鞘胺醇（phytosphingosine）、鸟嘌呤（guanine）和富马酸（fumaric acid）变幅较大，A3 的变幅分别为 0. 16、0. 26、0. 43；III-VI 组代谢物都至少在一个低温处理中显著增高；III 组代谢物在 A2 中增高最为显著，其中，甘油（glycerol）、尿素（urea）、木糖醇（xylitol）分别比对照增加了 72. 48 倍、5. 35 倍、2. 92 倍，腺嘌呤（adenine）在对照组并未检测到，在低温处理各组中均有稳定存在，且在 A2 中含量最高；IV 组代谢物在 A1 中增高最为显著，葡萄糖酸（gluconic acid）、丙二酸（malonic acid）、葡萄糖-1-磷酸（glucose-1-phosphate）分别比对照增加了 3. 31 倍、1. 77 倍、1. 32 倍，胱氨酸（cystine）、葡萄糖-6-磷酸（glucose-6-phosphate）在对照组并未检测到，在低温处理各组中均有稳定存在，且在 A1 中含量最高；V 和 VI 两组代谢物在 A1，A2 及 A3 中均有增高，其中，V 组包含 9 种代谢物，且 A2 增高幅度最小，A3 增高最为显著，其中，蔗糖（sucrose）、松二糖（turanose）在对照组并未检测到，但在低温处理下大量生成，岩藻糖（fucose）、氨基异丁酸（3-aminoisobutyric acid）、正甲基谷氨酸（n-methyl-l-glutamic acid）、烟草胺（nicotianamine）、5-羧酸尿嘧啶（uracil-5-carboxylic acid）、半乳糖酸（galactonic acid）、吡喃果糖-5-葡糖苷（leucrose）增幅在 1. 11-16. 73 倍；VI 组代谢物增幅表现为 A1<A2<A3，包含 8 种氨基酸（苯丙氨

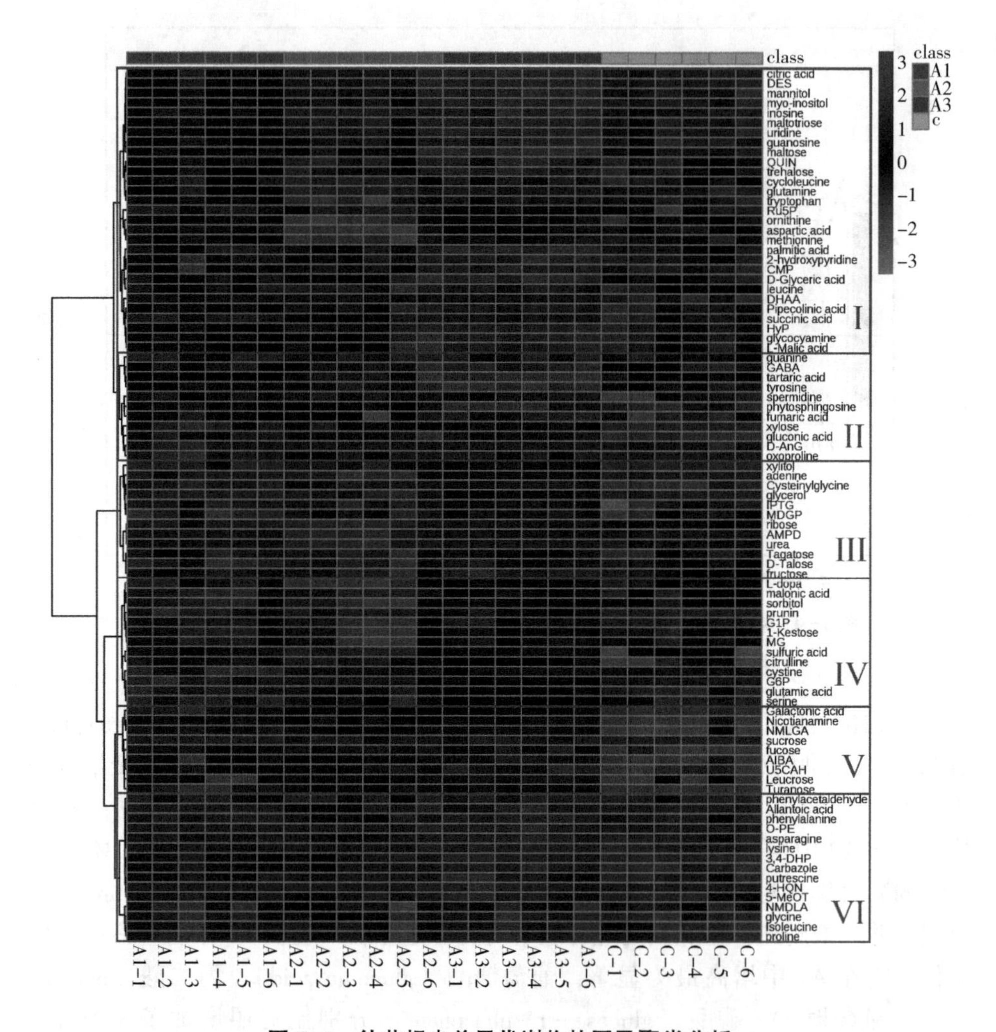

图 7-5　幼苗根尖差异代谢物热图及聚类分析

酸 phenylalanine、天冬氨酸 asparagine、赖氨酸 lysine、4 羟基喹唑啉 4-hydroxyquinazoline、正甲基丙氨酸 n-methyl-dl-alanine、甘氨酸 glycine、异亮氨酸 isoleucine、脯氨酸 proline），3 种胺类（腐胺 putrescine、磷酸乙醇胺 o-phosphorylethanolamine、5-甲氧基色胺 5-methoxytryptamine），尿囊酸（allantoic acid）、3，4-二羟基吡啶（3，4-dihydroxypyridine）、苯（phenylacetaldehyde）、咔唑（carbazole）在内的 15 种代谢物。脯氨酸、蔗糖和甘油等大量增加，表明玉米根尖在适应低温胁迫会生成大量渗透调节物质来维持渗透压。

为了更加直观的反映随着温度降低，玉米根尖为对抗低温所表现出的物质变化，我们将差异显著的89个代谢物质所对应的KEGG编号映射到KEGG网站中，即得到含有2个以上差异代谢物的代谢通路图，采用此方法，3个低温胁迫处理分别与对照比对共得到62幅含有2个以上代谢物的通路图。为筛选出具有更显著意义的代谢通路，利用MetaboAnalyst 3. 0以及-log P和Impact值进行了通路富集分析，得到如图7-6所示的富集结果（图中面积越大且颜色越深的点表示所对应通路的值越大，变化越明显）。由图7-6-A可以看出，差异代谢物主要集中在丙氨酸、天门冬氨酸和谷氨酸代谢，乙醛酸盐和二羧酸代谢，丁酸代谢，柠檬酸循环（TCA循环），精氨酸和脯氨酸代谢和氨酰tRNA生物合成。由图7-6-B可以看出，变化明显的代谢通路有：丙氨酸，天门冬氨酸和谷氨酸代谢、乙醛酸和羧酸代谢、柠檬酸循环（TCA循环）、精氨酸和脯氨酸代谢、淀粉和蔗糖代谢等。图6A-C比较显示A3条件下代谢通路的改变最为明显，其独有的变化明显的代谢通路有谷胱甘肽代谢、甘氨酸，丝氨酸和苏氨酸的代谢、苯丙氨酸代谢、

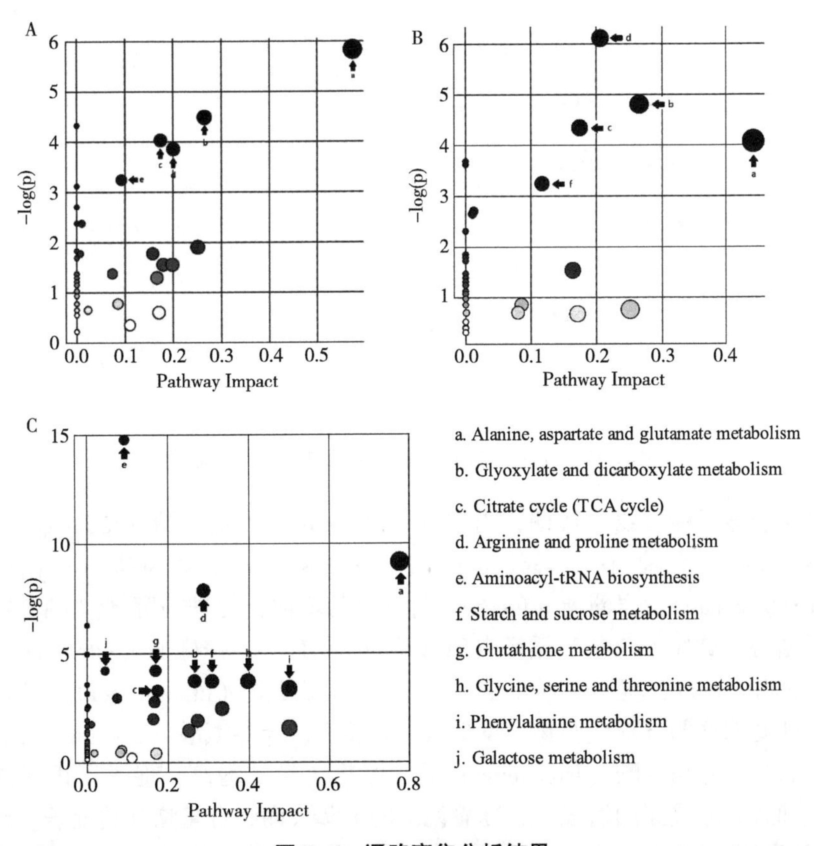

图7-6　通路富集分析结果

注：A. A1与CK富集分析结果；B. A2与CK富集分析结果；C. A3与CK富集分析结果

半乳糖代谢等。针对通路富集分析结果，以及代谢物相对含量的比较结果，得到了如图 7-7 所示的代谢流程图。

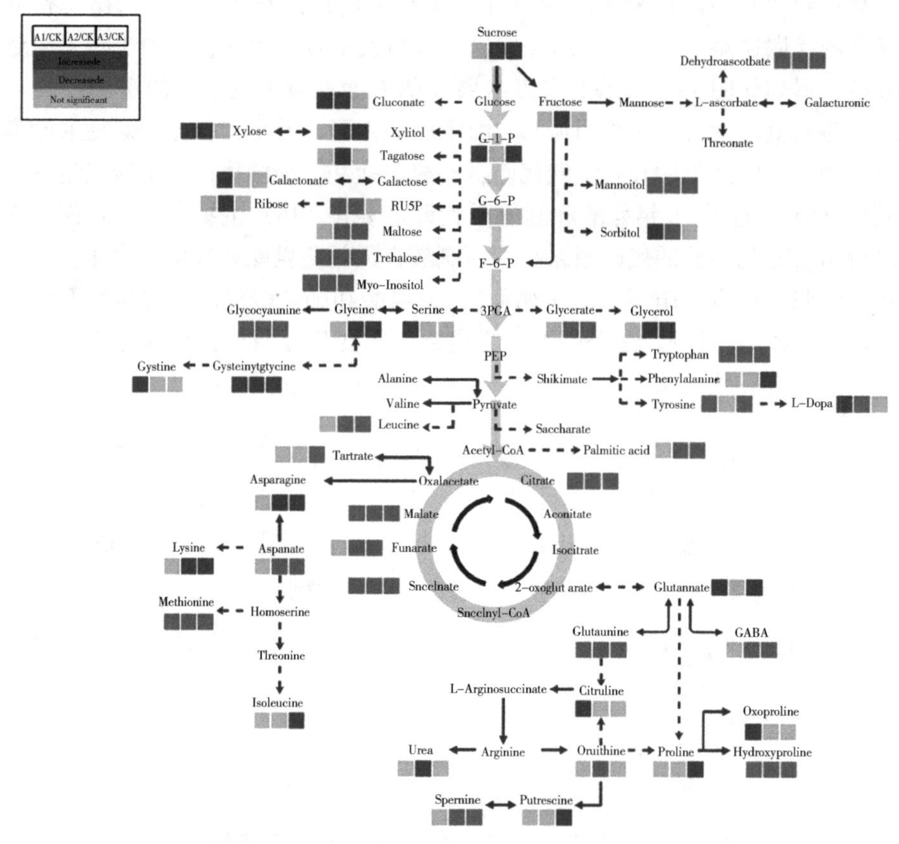

图 7-7　低温胁迫下玉米根尖代谢物的循环途径

低温诱导了糖类物质代谢，引起蔗糖（sucrose）、松二糖（turanose）、海藻糖（trehalose）、葡萄糖-6-磷酸（glucose-6-phosphate）、葡萄糖-1-磷酸（glucose-1-phosphate）、岩藻糖（fucose）等含量的增加，促进糖酵解（EMP）的增强；低温胁迫破坏了三羧酸循环（TCA 循环），其中，柠檬酸（citric acid）、苹果酸（malic acid）、琥珀酸（succinic acid）和富马酸（fumaric acid）等含量降低，且随着温度的下降代谢物含量降低更为显著；天冬氨酸（asparagine）、赖氨酸（lysine）、异亮氨酸（Isoleucine）等代谢物含量的增高，促进了丙氨酸、天冬氨酸和谷氨酸代谢的增强，且随着温度的下降代谢物含量增加更显著。天冬氨酸可以通过草酰乙酸发生 C-α 转氨基作用得到，大量的草酰乙酸用于天冬氨酸代谢，间接阻碍了 TCA 循环的进行；氨基丁酸（GABA）作为 N 代谢中间产物，在 pH 值调节、渗透调节、TCA 循环回补以及提高植物抗逆性等方面起着重要作用。一般情况下植物在逆境环境中积累大量氨基丁酸，但本试验氨基丁酸含量明显下降，腐胺（putrescine）含量明显增加，这暗示着低温胁迫抑制谷氨酸脱羧酶（glutamatedecarboxylase，GDC）活性的同时，阻碍腐胺的降解转化过程。另外，结合丙氨酸和琥珀酸的大量减少，进一步证明低温迫阻碍氨基丁酸对 TCA 循环回补作用，加剧低温胁迫对 TCA 循环的抑制作用。

二、低温响应基因 *ZmASR*1 增强玉米幼苗对低温耐受能力

（一）低温胁迫下转基因玉米表型观察

将长至 3 叶一心的玉米幼苗，置于 4℃光照培养箱进行低温处理，16h 光照/8h 黑暗。并于处理 0h，3h，6h，12h，24h，48h 取样，经常调换花盆位置。如图 7-8 所示，在低温胁迫 12h，转基因株系和野生型株系差别不明显，野生型幼苗叶片边缘微微卷缩；胁迫后 24h，野生型株系叶片已经出现紫色，说明此时幼苗已经受到低温冷害，根系吸收能力变弱，幼苗代谢缓慢，叶片因叶绿素减少而变暗紫色，幼苗生长缓慢；低温胁迫后 48h，野生型植株已经明显比转基因植株矮小，并且叶片边缘略发黄，叶片多发暗紫色，转基因株系叶缘刚开始出现卷曲。

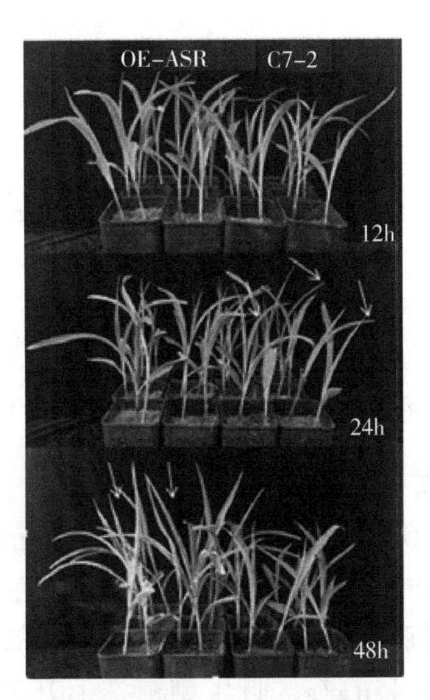

图 7-8　低温胁迫下玉米幼苗表型观察

（二）转基因玉米幼苗光合能力分析

为了进一步分析 *ZmASR*1 的抗低温生理机制，对低温胁迫前后，野生型植株

和转基因植株的相关抗逆生理指标进行了测定。非光化学淬灭效率变化可以导致 PSⅡ最大光能转换效率（*Fv/Fm*）的变化，*Fv/Fm* 值降低说明植物叶片 PSⅡ原初光能转换效率降低，植物受到光抑制。低温等外界非生物胁迫会导致作物 *Fv/Fm* 和光合速率（*Pn*）受到抑制。如图 7-9 所示，在胁迫处理 24h 后，野生型植株和转基因植株 *Fv/Fm*、*Pn* 值有所下降，*Fv/Fm* 值分别为 0.43 和 0.55，比胁迫前分别下降 45.57%和 28.60%；野生型和转基因植株的 *Pn* 值也分别比处理前下降 36%和 24%。SPAD 数值可直接反应叶绿素含量，其值越大，表明叶绿素含量越高。低温前野生型和转基因型植株 SPAD 值几乎相同，处理 24h 后，野生型和转基因型植株 SPAD 值均照处理前略有下降，差异不显著，分别比处理前降低 16.52%和 10.64%。这表明转基因植株在低温胁迫下仍然具有较高的光系统Ⅱ反应活性和较高的光合作用能力。

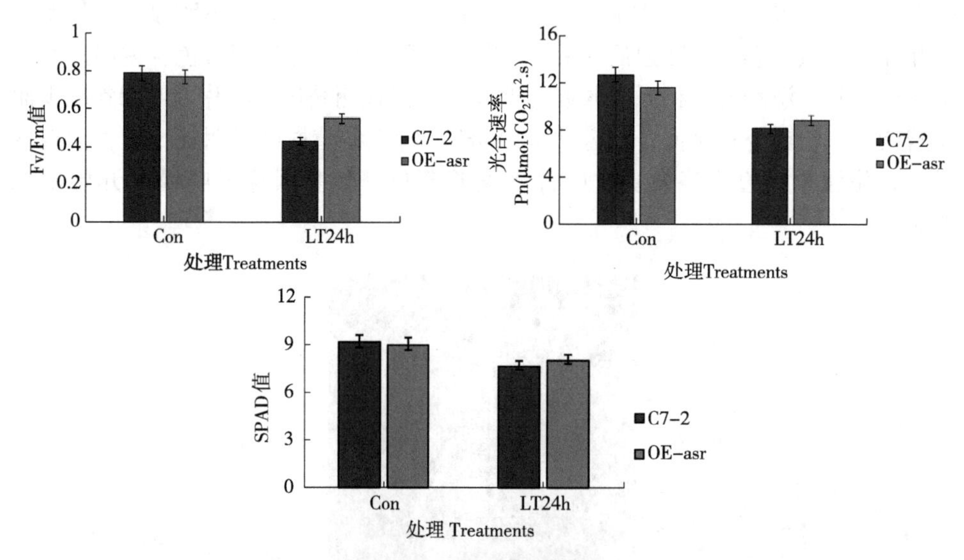

图 7-9　野生型和转基因株系在低温处理后 *Pn*、*Fv/Fm*、SPAD 变化

（三）转基因玉米幼苗保护酶系统活性分析

超氧化物歧化酶（SOD）是植物体内一种重要的抗氧化物质，它能将植物体内的 O_2^-还原为 H_2O_2，从而减少对细胞的氧化损伤。在低温处理前，野生植株和转基因植株的 SOD 值无明显差异，如图 7-10 所示，低温处理后，转基因植株的 SOD 值比处理前上升了 33.45μg/g，野生型植株上升 17.05μg/g，SOD 值升高较多表明更能加速有害氧化物质的还原，减少植株损伤。过氧化物酶（POD）和过氧化氢酶（CAT）主要存在于细胞的过氧化物酶体中，POD 起到消除过氧化氢、氧化酚类和胺类化合物毒性的作用，CAT 是过氧化物酶体的标志酶，起到催化过氧化氢分解的作用。如图 7-10 所示 POD 和 CAT 变化趋势与 SOD 相似，在处理前 2 种植株无显著差异，低温处理 24h 后转基因植株 POD、CAT 酶活性分别为野生型的 1.5 倍和 1.2 倍，这表明转基因植株比野生型更耐低温。

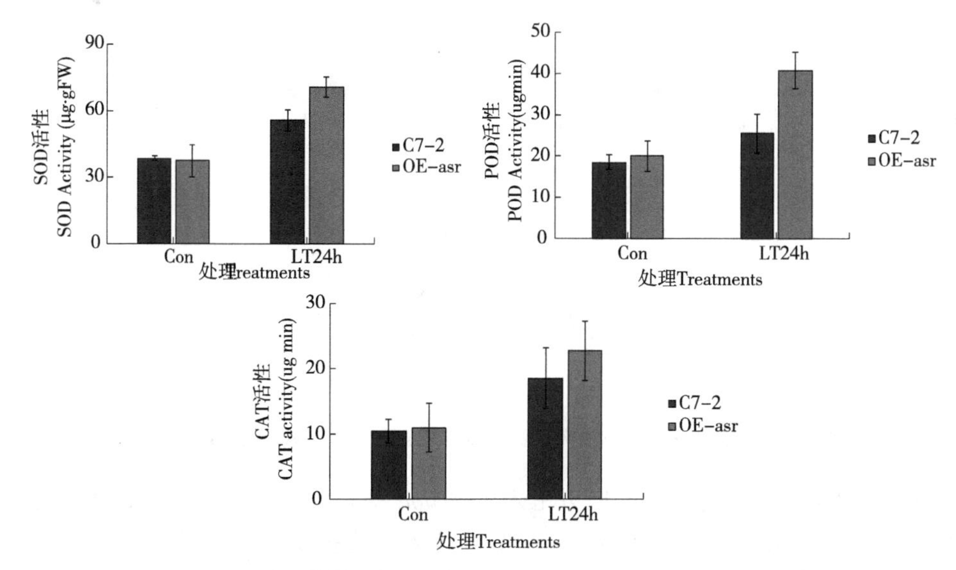

图 7-10　野生型和转基因株系在低温处理后 SOD、POD、CAT 活性变化

（四）转基因玉米幼苗膜损伤程度分析

植物在低温胁迫下胞间物质外渗，相对电导率（RE）增加。如图 7-11 所示，在低温处理前转基因和野生型拟南芥幼苗叶片相对电导率没有差异，处理 24h 后幼苗叶片的相对电导率显著增加，分别比处理前增加 1 倍和 3 倍，低温处理后转基因植株的相对电导率显著低于野生型，仅为野生型的 56.13%；植物细胞内的丙二醛（MDA）是膜脂过氧化的产物，过量积累会导致膜透性增加，损伤细胞膜功能。低温处理 24h 后野生型植株和转基因植株的 MDA 含量均表现为升高显著，分别比处理前升高 121.73%和 76.32%，低温处理后野生型植株 MDA 含量约为转基因植株的 1.3 倍；另外，脯氨酸（Pro）作物植物体内的渗透调节物质，在胁迫条件下会大量积累。在胁迫处理 24h 后野生植株和转基因植株的脯氨酸含量分别比处理前上升了 67.55%和 57.80%。以上数据表明，*ZmASR*1 提高了玉米幼苗的耐冷性。

（五）转基因玉米幼苗胁迫响应相关基因表达分析

为探究 *ZmASR*1 在玉米中的功能，选取生长至 3 叶期的野生型玉米幼苗 C7-2和转基因玉米幼苗的总 RNA，反转录合成 cDNA。利用 qRT-PCR 分析转 *ZmASR*1 基因玉米植株中胁迫响应相关基因的表达情况，包括 *SOD*4、

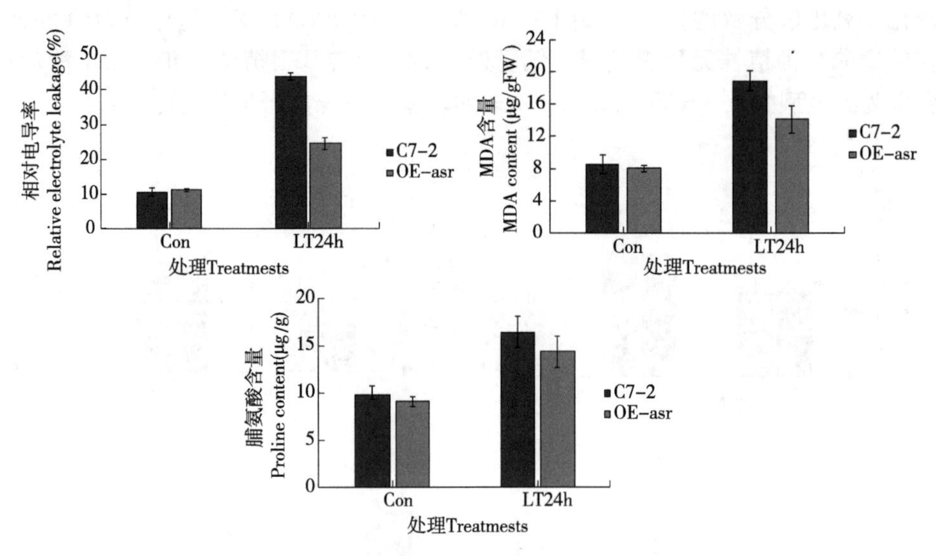

图 7-11 野生型和转基因株系在低温处理前后 EL、MDA、Pro 值变化

*CAT*1、*cAPX* 等抗氧化防护基因以玉米 *β-action* 基因为内参[194-198]。试验结果表明，转基因植株中 *SOD*4、*CAT*1、*cAPX* 等抗氧化防护基因表达量与野生型相比不同程度上调（图 7-12），表明 *ZmASR*1 基因能够诱导抗氧化酶保护系统来提高玉米幼苗抗氧化胁迫能力，缓解了细胞膜脂质过氧化、DNA 和蛋白质等降解，增强玉米幼苗植物机体在逆境胁迫的自身调节能力，这一试验结果也与保护酶系统生理指标测定结果相吻合。

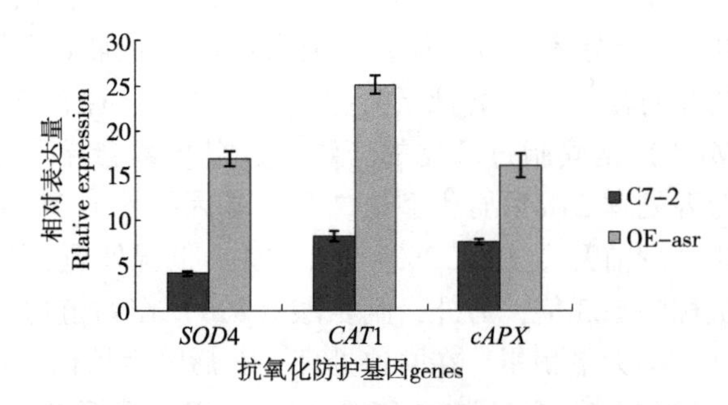

图 7-12 转基因玉米中胁迫相关基因的表达量分析

三、外源 ABA 调控玉米植株耐冷基因超表达

一些研究表明，低温下 ABA 与其他激素的动态平衡对植物的抗寒性有重要影响。将长至 3 叶一心幼苗，喷施浓度为 15mg/L 外源 ABA 处理后置于 4℃低温

下胁迫 72h，试验结果表明（图 7-13），随着低温胁迫时间的延长，转基因和野生型玉米幼苗叶片 ABA 含量均有不同程度的上升趋势。野生型玉米幼苗 ABA 含量在胁迫后 12h 内降低，随后逐渐升高。在低温胁迫期间转基因玉米幼苗内源 ABA 含量均显著高于野生型。试验结果说明，外源 ABA 处理增强了玉米幼苗内源 ABA 的合成能力，野生型拟南芥幼苗 ABA 含量低于转基因拟南芥幼苗，ABA 含量增加可以有效保护植物，降低低温造成的损伤。

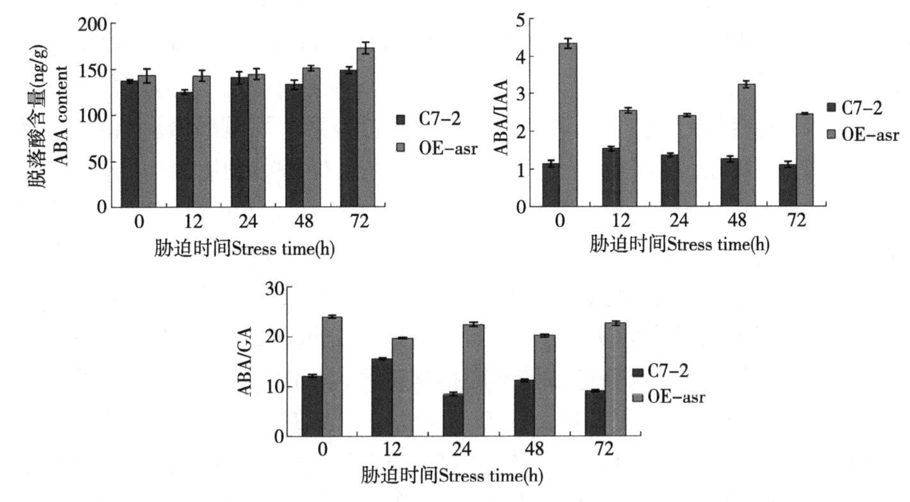

图 7-13　外源 ABA 对低温胁迫下玉米幼苗内源 ABA 含量，ABA/IAA、ABA/GA 比值的影响

在低温胁迫条件下，不同处理间 ABA/IAA 比值差异均达到显著水平。随着低温胁迫时间的延长，转基因型玉米幼苗 ABA/IAA 比值呈现先下降在 48h 升高而后又下降的趋势，野生型玉米幼苗 ABA/IAA 比值呈现先升高，12h 达到峰值而后又降低的趋势，在整个胁迫过程中转基因幼苗 ABA/IAA 比值均显著高于野生型。

ABA/GA 比值的增加与植物抗寒性增强密切相关，在胁迫过程中，转基因幼苗与野生型幼苗 ABA/GA 比值无显著规律，转基因幼苗显著高于野生型。这一结果也与前人研究结果相似，ABA/GA 和 ABA/IAA 的变化与品种抗寒性具有相关性，抗寒性强的品种 ABA/GA、ABA/IAA 均大于抗寒性差的品种，转基因玉米幼苗与野生型玉米幼苗相比具有较强的抗寒性，可能是体内较高的 ABA 水平和较低的 GA、IAA 水平是植物抗寒性增强的一个内在原因。

第三节 涝渍灾害的致灾机理

一、涝渍灾害对根系呼吸代谢的影响

植株在受到淹水胁迫后，使得土壤中的氧气含量大量降低，造成植株根系出现呼吸方式转变等生理障碍现象[47]。涝渍灾害导致根系呼吸代谢所利用的土壤孔隙中的氧气含量急剧减少，造成根系呼吸等生理障碍，正常的三羧酸循环受阻，促进了根系的无氧呼吸代谢，显著影响植株根系中无氧发酵酶的活性[48]。秦嗣军等[49]研究结果显示，淹水胁迫时樱桃幼苗根系中丙酮酸激酶（PK）活性保持较高水平。Yamanoshita 等[50]研究表明，淹水处理 8d 内，PK 活性高于对照。丙酮酸脱羧酶（PDC）作为无氧呼吸代谢途径中催化丙酮酸生成乙醛的关键酶，常春丽等[51]研究表明，淹水胁迫第四天，丁香幼苗根系的 PDC 显著高于正常生长的根系。乙醇脱氢酶（ADH）是无氧呼吸的主要参与酶，对 NADH 循环及糖酵解途径的持续非常关键[52]。当土壤中水分过多或土壤环境缺氧，会诱导根系中 ADH 的表达，水分过多使不同植株根系内 ADH 活性明显升高[53-55]。

涝渍胁迫造成植株在形态和生长等方面发生显著变化，影响根系进行正常的生理生化活动，进一步影响植株整体的生理和代谢过程[53]。前人研究结果表明，淹水环境将导致植物根系受到低氧胁迫，为增加植株体内糖的含量以增强耐低氧能力，植物将降低对碳水化合物的消耗[56]。此时，细胞中可溶性糖含量的增加，将有利于应对植物在受到低氧胁迫时而发生的糖酵解和乙醇发酵过程[57]；淹水胁迫严重削弱根系代谢通过三羧酸循环途径产生 ATP 的能力，为产生足够的 ATP 维持根系细胞功能运转，无氧发酵作为一种短期适应方式出现。PEP 在 PK 催化下，代谢为丙酮酸，而丙酮酸在 PDC、ADH 等的催化下进入无氧发酵途径转化为乙醛及乙醇[58]；同时，处于低氧甚至缺氧状态的根系合成 ADH，催化乙醇发酵过程，由于乙醇的过度积累造成对细胞的伤害，破坏了根系细胞膜，细胞中大量电解质外渗，限制根系正常的生长，植物生长受到抑制[59, 60]。

二、涝渍灾害对土壤理化特性的影响

土壤物理性质的改变，会导致土壤结构、通气、抗蚀等发生变化。研究表明，当土壤水分改变时，会导致土壤水势梯度以及土壤水分入渗特性改变，淹水后裸露的土壤可能变得紧实少孔，且淹水强度不同，土壤容重存在显著差异[61]。水分亏缺造成土壤中速效养分含量显著降低，主要是因为干旱胁迫后的玉米吸收了土壤中较多的 N、P 和 K 等养分，进而引起土壤中的速效钾、速效磷和碱解氮的含量下降[62]。土壤在渍涝条件下，质地变的黏重，土壤透气性降低，土壤结构破坏；三相比例失调，水多气少，固相率偏高，土壤氧化还原电势降低[63]。而且土壤的涝害持续时间与土壤的 pH 值，土壤的 P 、Ca 、Mn 、Zn 的浓聚物之间显著正相关[64]。土壤水分条件是影响氨挥发量的重要因素[65]，但前人的研究并没有得到一致的结论，一种观点认为氨挥发是淹水条件下尿素氮损失的主要途径，土壤较低的含水率会降低土壤脲酶活性不利于尿素的水解，因此，较高的含水率有利于氮素以氨挥发的形式产生氮损失[66]，但也有研究得出了相反的结论[67]。

三、涝渍灾害对土壤温室气体排放的影响

土壤是温室气体（如 CO_2、CH_4 和 N_2O）产生的重要源，土壤温室气体主要来自于微生物、植物根系和土壤动物等的呼吸。土壤温室气体排放机制及其影响因素是研究全球碳氮循环的重要组成部分。研究表明，影响土壤呼吸的因土壤的温度、含水量、有机质含量、pH 值、氧化还原电位（Eh）、土壤质地等因素均会造成对土壤微生物量和生理生化过程的影响，而土壤的微生物量和生理生化过程会影响温室气体的排放。土壤水分对温室气体的产生与排放主要是由于其改变了土壤中温室气体向大气扩散的速率、pH 值、氧化还原电位（Eh）、透气性和微生物活性等。研究表明，在一定的水分含量范围内，CO_2 释放量与水分含量呈极显著相关[68]。土壤中 CH_4 的排放量随土壤水分的含量增加而上升[69, 70]。土壤 N_2O 的主要排放机制、排放过程及排放通量都受土壤水分的强烈影响。研究表明，土壤含水量为饱和含水量 45%~75%时，由于硝化作用和反硝化作用，可产生较多的 N_2O[71]。土壤处于淹水条件下，N_2O 的排放量很少，而田间土壤在水分落干的过程中 N_2O 大量排放[72-73]。可见，水分含量对土壤的理化性质有一定的影响。

四、涝渍灾害对作物农艺性状的影响

水分是植物生长发育进程中必需因素之一，调控植物的形态表现和生理代谢进程，但是水分过多会严重影响植物的生长发育[74]。研究发现，在玉米的不同生育阶段对涝渍胁迫的敏感程度存在差异。总体上营养生长期对涝渍胁迫的响应更为敏感，其中，3 叶期最为敏感，其次是拔节期，开花期和乳熟期等生殖生长期玉米的耐涝能力显著高于生育前期[75-77]。侯春玲等[78]研究表明，玉米营养生长期淹水促进了次生根的生长，但对根条数没有影响；在雌小花分化期和开花期淹水促进了气生根的生长，分别较对照处理增加 74. 1%~67. 9%。在 3 叶期和拔节期淹水使得根系干重分别降低 19. 2%和 30. 0%，雌穗小花分化、开花和

乳熟期淹水后玉米幼苗根系干重有增加趋势，但差异不显著。在玉米不同生育时期淹水 6d 内，每株黄叶均不同程度高于对照处理，其中拔节期黄叶最多，达到了 2.8 片，3 叶期、小花分化期和开花期分别比对照处理增加 1.4 片、1.0 片和 0.7 片，而乳熟期淹水处理与对照之间差异不显著。玉米 3 叶期和拔节期淹水导致玉米抽雄和吐丝延迟 5d 和 2d，而小花分化期淹水是抽雄和吐丝均延迟，但开花期和乳熟期淹水对成熟期没有影响。

淹水条件改变了植物的生存环境，其中，最主要的变化是抑制根系正常呼吸作用。因此，根系是受非生物逆境直接损伤的器官，而茎叶的响应及其受伤程度归因于根系缺氧或厌氧损害导致的次级损伤。初始淹水易导致植物根系缺氧，诱导植物地上部的伸长生长，茎秆基部形成不定根，阻碍新叶形成，叶片颜色变红或发紫，生物量积累降低，植株生长缓慢，最终抑制其生长；如果将植株完全淹没，则缺氧胁迫进一步加剧，会对植物造成严重伤害，甚至导致死亡[79]。梁哲军等[72-80]研究表明，在淹水条件下，淹水 7d 使得玉米幼苗叶面积、叶片数和叶型指数显著减低；导致玉米幼苗根系的总长度、根体积和根表面积也显著下降。周新国等[81]对玉米进行淹水处理，结果表明，拔节期淹水 1~7d，玉米的株高较 CK 处理降低了 2.26%~11.36%，LAI 较对照处理下降了 13.04%~34.27%；拔节期淹水 1~3d，与对照相比，根系活性增加 15.44%~24.14%，淹水大于 5d 时，根系活力下降 13.41%~61.28%。任佰朝等[82]对玉米在苗期、拔节期和开花后 10d 进行淹水，研究显示，苗期淹水 6d 对郑单 958 和登海 605 的干物质积累和分配的影响最显著，与对照处理相比，郑单 958 和登海 605 的成熟期茎秆和叶片的干重分别下降了 25.93%、30.14% 和 43.39%、28.28%，拔节期和开花后 10d 淹水的影响较小。

干旱、寡照和低温等非生物胁迫条件下，使得植物生长发育不良，代谢水平失衡，茎秆性能减弱，最终导致茎秆倒伏风险增加[83-85]。王立新等[86]研究表明，植物的抗倒伏性与茎秆的相关性状有关，茎秆细而长、海绵组织松软、外皮机械组织脆弱、大小维管束数目少，进而使得植株的抗倒能力降低；同时，植物的倒伏率与茎秆基部第三节的皮层厚度、维管束的长宽和维管束厚壁组织厚度呈负相关关系。孙系巍等[87]对水稻进行涝渍胁迫，结果表明，抽雄期胁迫持续时间越久，程度越深，发生根倒伏的风险越大，且淹水大于 7d 时发生了全部倒伏现象。郝树荣等[88]研究结果表明，在拔节初期进行干旱胁迫后，超级稻的节间长度缩短、基部茎粗和壁厚均增加，且在轻旱和重旱条件下，超级稻南粳 5055 倒伏指数分别比浅水勤灌胁迫降低 24.49% 和 33.67%。王成雨等[89]研究发现，在夏玉米苗期进行淹水 68h 处理后，与不淹水处理相比，传统平作下玉米茎秆第三节间穿刺强度和弯折强度等抗性指标显著下降，分别下降 16.1% 和 20.0%。

任佰朝等[90]研究显示，淹水处理后夏玉米基部第三节茎秆穿刺强度下降，与对照处理相比，3叶期淹水6d条件下，郑单958和登海605的穿刺强度分别降了42.73%和32.53%；同时，淹水处理后，玉米茎秆内部的维管束数目减少、茎秆皮层厚度和维管束内部厚壁细胞厚度变薄，淹水时间越久，影响越严重，且3叶期和拔节期淹水对茎秆的影响大于开花后10d淹水处理。目前，关于渍水和淹水处理对玉米茎秆显微结构、茎秆力学特性的研究鲜有报道。

五、涝渍灾害对作物抗氧化系统的影响

涝渍胁迫对植物的生理影响是多方面的，其中，对植物的生物膜系统及其功能的影响是一项重要方面。在涝渍胁迫条件下，植物进行无氧呼吸能够产生大量的乙烯、硫化氢和酸类等有毒物质，进而对植物的代谢进程产生不良影响。同时，根系也会产生乙醛和乙酸等，破坏植物体内活性氧（ROS）代谢系统的平衡[91]。活性氧的大量产生，便会氧化蛋白质、脂类和核酸等，甚至导致突变。植物叶片中丙二醛（MDA）含量显著增加，叶片发生膜脂过氧化和脱脂化作用，导致细胞膜脂和酶严重损伤，膜电阻和膜脂流动性下降，最终导致细胞膜选择透过性下降和电解质渗漏。植物细胞膜的变化进而影响其他的生理生化活动，如引起叶片电导率增加、叶绿体降解和渗透调节物质积累等[92]。

为了防御涝渍胁迫条件下产生的活性氧自由基对植物的毒害作用，植物体在长期进化过程中形成了相应的抗氧化防御系统，包括抗氧化酶类（超氧化物歧化酶、过氧化物酶、过氧化氢酶和抗坏血酸过氧化物酶等）和非酶类系统（抗坏血酸、谷胱甘肽和类黄酮等），进而缓解涝渍胁迫下ROS积累对植物的损伤[93]。当植物遭到涝渍胁迫时，青冈栎和柑橘幼苗叶片中超氧化物歧化酶（SOD）和过氧化物酶（POD）活性均呈上升趋势，进而不同程度的清除细胞中自由基的积累[94, 95]。杨宝铭等[96]对寒富苹果进行淹水处理，结果表明，随着淹水胁迫时间的延长，幼苗叶片中SOD、POD和PAL活性呈先增加后降低趋势。对于可耐水淹的枫杨品种来说，在不同淹水深度和时间条件下，枫杨SOD、POD和CAT活性没有显著差异[94]。孙小艳等[98]研究表明，对北美鹅掌楸树种淹水6d后，幼苗叶片中SOD和POD活性呈下降趋势。

丙二醛（MDA）是衡量膜脂过氧化程度的重要指标，也是膜脂过氧化的产物，用于反映植物非生物胁迫反应的强弱。过氧化氢（H_2O_2）是植物细胞在正常和逆境条件下产生的一种稳定的活性氧化合物。常春丽等[99]研究发现，随着淹水胁迫处理时间的延长，小叶丁香幼苗叶片中MDA含量呈逐渐增加趋势，在淹水8d时，幼苗叶片MDA含量与对照处理增加109.85%，说明随着胁迫程度的加深，细胞膜受损后电解质外渗加快。Zhang等[100]对棉花进行淹水处理也发现，

在3年的试验中，淹水处理显著增加了棉花幼苗叶片的MDA含量和H_2O_2含量，MDA含量3年平均增加了22.2%，而H_2O_2含量显著增加，达到33.8倍。An等[101]研究表明，在淹水胁迫条件下，无花果幼苗叶片中MDA含量和O_2^-产生速率均不同程度高于对照处理，且随着淹水时间的延长，幼苗叶片中MDA含量和O_2^-产生速率均呈逐渐上升趋势，与对照处理相比，在淹水第六天时，幼苗叶片中MDA含量和O_2^-产生速率分别增加8.9倍和59.4%。

为了适应外界逆境环境的变化，植物可以通过自身进行调节。脯氨酸是在各种非生物胁迫下植物体中积累的一种氨基酸[102]。研究表明，在淹水条件下，植物体内脯氨酸含量呈指数增加，从而维持细胞膨压，保护酶系统和生物膜系统免受损伤[103]。可溶性蛋白可以调节细胞渗透势，维持细胞内水分平衡，保护细胞膜高级结构和正常功能[104]。连洪艳等[105]研究发现，随着淹水时间的延长，滁菊幼苗叶片的可溶性糖含量和脯氨酸含量呈先增加后降低的趋势，且均高于对照处理。Ou等[106]对五种辣椒进行淹水处理，结果显示，淹水处理显著增加了辣椒幼苗叶片的脯氨酸含量。吴海英等[107]对虉草幼苗进行淹水后，叶片中可溶性蛋白含量随着淹水时间的延长呈逐渐增加趋势。

六、涝渍灾害对作物光合特性的影响

光合作用为植物的干物质积累提供了重要的物质基础，它是在机体外部和内部条件的适当配合下进行的，内部和外部条件的变化在一定程度上会影响光合作用的效率和进程，最终在干物质积累及产量上表现出差异[108]。涝渍胁迫导致植物叶片的光合效率显著降低[109-110]，且随着涝渍胁迫时间的延长，植物幼苗叶片的净光合速率（P_n）、光合关键酶（RuBP和PEP羧化酶）活性逐渐下降，叶片SPAD值下降，加速了叶片的衰老和凋亡，导致同化物的积累和分配受到限制[111-113]。叶片的气孔是植物进行光合作用、蒸腾作用和呼吸作用的重要通道。涝渍胁迫导致叶片光合性能下降的主要原因是气孔关闭，CO_2扩散的气孔阻力提高；叶片MDA含量提高和保护酶系统损伤，引起叶绿素降解[114,-115]。在涝渍胁迫进程中，植物叶片的气孔导度（G_s）与蒸腾速率（T_r）和净光合速率的变化之间存在正相关关系。涝渍胁迫后，植物叶片气孔关闭，气孔导度下降，CO_2扩散受阻，蒸腾速率下降，导致光合速率降低。

胡旭光等[111]对小麦品种烟农19进行盆栽淹水胁迫后，研究发现拔节期淹水6d导致小麦幼苗叶片的SPAD值显著下降。随着淹水胁迫时间的延长，小麦幼苗叶片的P_n、G_s和胞间CO_2浓度（C_i）呈下降趋势，说明是由叶片气孔限制导致；当淹水时间大于9d后，幼苗叶片P_n持续下降，但是叶片C_i增加，说明涝害后期幼苗叶片P_n下降是由非气孔因素引起的。余卫东等[116]研究表明，在苗期对玉米进行淹水和渍水处理后，玉米幼苗叶片的 SPAD 值均先降低，且淹水对玉米的影响程度大于渍水处理，其中，淹水 7d 和渍水 7d，与对照处理相比，玉米幼苗叶片的 SPAD 值分别下降 37.9%和 3.3%。当涝渍胁迫时间小于 7d 时，玉米幼苗叶片的 P_n、G_s 和 T_r 均不同程度下降，淹水和渍水 7d 时，玉米幼苗叶片的 P_n 分别下降了 18.5%和 15.4%。Pociecha 等[117]研究显示，7d 的淹水处理降低了菜豆幼苗叶片中叶绿素 a 和叶绿素 b 的含量，P_n 和 G_s 也显著降低，且淹水对营养生长期的影响大于生殖生长期。贾志远等[118]采用盆栽试验对麻栎进行 1 个月的淹水试验，麻栎苗木未表现出死亡迹象，说明麻栎具有一定的耐淹能力，但是不同程度的淹水处理对麻栎苗木的生长和生理特性存在一定的差异，淹水处理后麻栎苗木叶片的叶绿素含量、叶片含水量和光合速率均不同程度低于对照处理。但是对朴树进行淹水初期，叶片便迅速关闭，G_s 下降，使得 C_i 也下降，最终导致叶片的 P_n 下降，光合同化物积累下降，朴树的生长发育受到抑制作用[119]。

七、涝渍灾害对作物氮代谢的影响

植物的氮代谢水平在植物体内的分配和调控决定着植物体营养和生长，也关系到植物自身对非生物胁迫环境的适应能力，因此，植物体的氮代谢水平很容易受到不良环境因子变化的影响。蛋白质作为氮代谢的最终产物，其在植物体的生理生化代谢进程中具有重要的作用。可溶性蛋白含量的变化是衡量非生物胁迫下植物体内较为敏感的代谢变化生理指标[120]。吴江等[121]研究结果表明，与对照处理相比，淹水条件下杨桐幼苗叶片可溶性蛋白质量分数增加 140.3%；陈敏旗等[122]探讨了淹水胁迫对山乌桕的影响，结果发现随着淹水持续时间的延长，山乌桕幼苗叶片的可溶性蛋白含量呈增加趋势。

硝酸还原酶（NR）是植物体内 NO_3^- 同化过程中的第一个氮代谢关键酶，在植物体氮代谢以及生长发育进程中具有十分重要的作用。NR 活性的大小体现了植物的氮代谢水平，且其还与作物的产量呈显著正相关。罗美娟等[123]对桐花树幼苗进行淹水处理，研究结果显示，随着淹水持续时间的延长，幼苗叶片 NR 活性不断增加，淹水 8h 后叶片中 NR 活性比 2h、4h 和 6h 的 NR 活性分别提升了 1.39 倍、1.09 倍和 1.12 倍。从器官分布看，不同淹水时间，NR 活性根大于叶，表明根部是桐花树幼苗硝酸还原的主要场所。在植物体内多数氨态氮（NH_4^+）都是通过谷氨酸合成酶（GOGAT）和谷氨酰胺合成酶（GS）的循环作用进行转化，且在植物的根和茎叶中均有分布。Wu 等[124]研究表明，淹水胁迫处理显著降低了冬小麦幼苗功能叶片的 NR 活性和 GS 活性。杨夕等[125]研究表明，随着水分胁迫程度的逐渐增加，葡萄幼苗的各个部位中 NR 活性提前达到峰值，抑制了 GS 和 GOGAT 活性。Ren 等[126]分析了淹水胁迫对夏玉米叶片氮代谢关键酶的影响，结果表明，淹水处理后玉米叶片的氮代谢关键酶活性均不同程度下降，与对照处理相比，苗期淹水后玉米 NR、GS 和 GOGAT 活性分别降低 60%、50%和 26%，但在拔节期淹水后，3 种酶活性分别降低 37%、47%和 20%，开花后 10d 淹水对酶活性的影响最小，表明淹水胁迫限制了氮代谢水平的进程，从而抑制了作物对氮素的吸收和利用。

八、涝渍灾害对作物灌浆特性的影响

籽粒质量是决定作物产量的重要因素之一，对作物产量的高低具有十分重要的作用。灌浆是影响籽粒质量的关键因子，籽粒“库”中营养物质的积累多少决定了籽粒质量的高低，从而影响产量的形成。淹水胁迫后，作物的籽粒体积增加速率下降，体积变小即籽粒“库”体积缩小，进而引起籽粒质量的降低。并且淹水胁迫还不同程度的抑制 Gmax、Gave、Wmax 和 P 等相关的籽粒灌浆参数，从而抑制了营养物质向籽粒中的转运和积累，扰乱了籽粒灌浆进程，最终导致籽粒产量的下降[90, 127]。周新国等[128]研究表明，在拔节期对玉米进行淹水处理后，在玉米的灌浆进程中，淹水 1~3d 与未淹水处理的玉米籽粒干物质没有差异，但淹水大于 5d 时籽粒的干物质质量下降，淹水 7d 的玉米籽粒干物质达到最低。不同生育时期对作物的灌浆进程影响不同，营养生长期渍水对灌浆进程的影响大于生殖生长期。苗期淹水延长了作物的生育进程，抑制了干物质的积累，导致在籽粒“库”形成时，没有足够的“源”物质进行供应；拔节期淹水抑制了作物营养生长和生殖生长并进的进程，从而限制了籽粒“库”的体积，而且没有足够的“源”供应；孕穗期淹水主要是影响作物籽粒的灌浆，导致果穗体积受限，“库”体积不足。因此，不同生育时期淹水和渍水均能不同程度的影响作物籽粒的灌浆进程，最终导致籽粒质量和产量下降[129, 130]。吴元奇等[131]研究结果显示，在小麦拔节期和孕穗期渍水显著降低了小麦的平均灌浆速率，但在开花期渍水显著增加了小麦达到最大灌浆速率的时间、活跃灌浆期和有效灌浆期。余卫东等[132]研究发现，在玉米拔节期和抽雄期进行淹水和渍水处理后，玉米“浚单20”的灌浆期天数降低，且表现为减少籽粒干重快速增长期和缓增期天数。淹水 3~5d 玉米灌浆天数缩短 0.2~18.9d，渍水 5~10d 灌浆天数缩短 2.2~7.6d。淹水 3d 玉米平均灌浆速率增加 8.2%~9.9%，淹水 5d 平均灌浆速率减低 10.8%~20.9%。渍水处理下，玉米的平均灌浆速率降低 0.4%~5.2%，且平均灌浆速率的下降幅度随着渍水天数延长呈增加趋势。Araki 等[133]对小麦拔节期和开花期进行淹水处理，结果表明，淹水后导致小麦的粒重降低，且灌浆期缩短 1~5d，灌浆后期籽粒生长速率也不同程度的降低。

九、涝渍灾害对作物产量及其构成因素的影响

水分过多是影响作物产量的主要因素之一，涝渍危害在很大程度上限制了作物的产量。涝渍胁迫对作物的影响体现在产量的降低，且作物在不同生育时期遭受淹水和渍水胁迫均会使产量不同程度的降低，产量的下降幅度与受到涝渍胁迫的生育时期、胁迫程度和持续时间有关。生育前期遭受涝害主要影响“源”的大小，生育后期遭受涝害主要影响“库”的大小[134]。唐薇等[135]分析了不同生育时期淹水对棉花产量的影响，结果表明，与对照处理相比，在盛蕾期、盛花期、盛铃期分别对棉花淹水处理10d，棉花籽棉产量分别降低50.8%、33.8%和19.4%，在棉花的盛蕾期淹水对产量影响最大、盛铃期淹水对产量影响最小。任佰朝等[136]对夏玉米苗期和拔节期淹水处理，研究结果表明，与不淹水处理相比，郑单958在苗期淹水3d、6d和拔节期淹水3d、6d的产量分别降低20.0%、35.7%、15.0%和27.1%；登海605的产量分别降低23.2%、35.9%、17.0%和22.7%。李香颜等[137]在不同生育时期对夏玉米进行淹水处理，发现拔节期和抽雄期淹水1d对产量影响不明显，淹水大于3d时玉米产量减产达到40%，拔节期淹水5~7d和抽雄期淹水7d导致夏玉米产量基本绝收，且淹水对夏玉米的穗长、穗粗、秃尖长和百粒重的影响明显。有研究报道，涝渍胁迫导致产量降低是产量构成因素交互作用的结果，主要表现为百粒重、穗粒数、秃尖长、结实率和穗数的降低[132, 138]。余卫东等[139]研究结果表明，苗期夏玉米淹水处理使得穗粗和穗粒数显著下降，但仅有渍水处理10~15d玉米穗粒数下降，穗粗与对照处理没有显著差异。苗期淹水3~7d，玉米的穗粒数减低65.9%~74.3%；渍水10~15d使得玉米穗粒数降低44.6%~52.7%；淹水3d和5d及渍水15d导致减产归因于穗粒数的减少，而淹水7d导致产量降低是由于穗粒数和千粒重共同作用的结果。宁金花等[140]对水稻在拔节期进行淹水处理，研究结果显示，与对照处理相比，淹水处理导致水稻的空壳率增加，千粒重和结实率降低，且淹水程度越深和持续时间越久对产量构成影响越严重。

参考文献

[1] 李锦树，王洪春，王文英，等. 干旱对玉米叶片细胞透性及膜脂的影响[J]. 植物生理学报，1983（03）：9-15.

[2] 葛体达，隋方功，白莉萍，等. 水分胁迫下夏玉米根叶保护酶活性变化及其对膜脂过氧化作用的影响［J］. 中国农业科学，2005，38（5）：922-928.

[3] Lawlor D W , Cornic G . Photosynthetic carbon assimilation and associated metabolism in relation to water deficits in higher plants [J]. Plant Cell and Environment, 2002, 25 (2): 275-294.

[4] Harb A, Krishnan A, Ambavaram MM, Pereira A, Molecular and physiological analysis of drought stress in Arabidopsis reveals early responses leading to acclimation in plant growth [J]. Plant Physiol, 2010, 154 (3): 1 254-71.

[5] Ashraf M , Harris P J C, Photosynthesis under stressful environments: An overview [J]. Photosynthetica, 2013, 51 (2): 163-190.

[6] Anjum S A , Xie X Y , Wang L C , et al. Morphological, physiological and biochemical responses of plants to drought stress [J]. African Journal of Agricultural Research, 2011, 6 (9): 2 026- 2 032.

[7] Din J , Khan S U , Ali I , et al. Physiological and agronomic response of canola varieties to drought stress [J]. Journal of Animal & Plant Sciences, 2011, 21 (1): 78-82.

[8] Harpaz-Saad S , Azoulay T , Arazi T , et al. Chlorohyllase Is a Rate-Limiting Enzyme in Chlorophyll Catabolism and Is Posttranslationally Regulated [J]. Plant Cell, 2007, 19 (3): 1 007- 1 022.

[9] Jaleel C A , Manivannan P , Wahid A , et al. Drought stress in plants: A review on morphological characteristics and pigments composition [J]. International Journal of Agriculture & Biology, 2009, 11 (1): 100-105.

[10] Zhang L T , Zhang Z S , Gao H Y , et al. Mitochondrial alternative oxidase pathway protects plants against photoinhibition by alleviating inhibition of the repair of photodamaged PSII through preventing formation of reactive oxygen species in Rumex K-1 leaves [J]. Physiologia Plantarum, 2011, 143 (4): 396-407.

[11] Kawakami Keisuke, Iwai Masako, Ikeuchi Masahiko, Kamiya Nobuo, Shen Jian-Ren. Location of PsbY in oxygen-evolving photosystem II revealed by mutagenesis and X-ray crystallography. [J]. Pubmed, 2007, 581 (25).

[12] Zlatev Z . Drought-Induced Changes in Chlorophyll Fluorescence of Young Wheat Plants [J]. biotechnology & biotechnological equipment, 2009, 23 (sup1): 438-441.

[13] Gill S S , Tuteja N . Reactive oxygen species and antioxidant machinery

in abiotic stress tolerance in crop plants [J]. Plant Physiology & Biochemistry, 2010, 48 (12): 909-930.

[14] Mozzo Milena, Dall'Osto Luca, Hienerwadel Rainer, Bassi Roberto, Croce Roberta. Photoprotection in the antenna complexes of photosystem II: role of individual xanthophylls in chlorophyll triplet quenching. [J]. The Journal of biological chemistry, 2008, 283 (10).

[15] Tezara W , Mitchell V J , Driscoll S D , et al. Water stress inhibits plant photosynthesis by decreasing coupling factor and ATP [J]. Nature, 1999, 401 (6756): págs. 914-917.

[16] Graham N , VELJOVIC - JOVANOVIC SONJA, Simon D , et al. Drought and Oxidative Load in the Leaves of C3 Plants: a Predominant Role for Photorespiration? [J]. Annals of Botany (7): 7.

[17] Noctor G , Mhamdi A , Foyer C H. The Roles of Reactive Oxygen Metabolism in Drought: Not So Cut and Dried [J]. Plant Physiology, 2014, 164 (4): 1 636- 1 648.

[18] Gill S S , Tuteja N. Reactive oxygen species and antioxidant machinery in abiotic stress tolerance in crop plants [J]. Plant Physiology & Biochemistry, 2010, 48 (12): 909-930.

[19] Couée Ivan, Sulmon Cécile, Gouesbet Gwenola, El Amrani Abdelhak. Involvement of soluble sugars in reactive oxygen species balance and responses to oxidative stress in plants. [J]. Journal of experimental botany, 2006, 57 (3).

[20] Liu Q , Zhang Y , Chen S. Plant protein kinase genes induced by drought, high salt and cold stresses [J]. Chinese ence Bulletin, 2000 (13): 3-7.

[21] Ding Hai-Dong, Zhang Xiao-Hua, Xu Shu-Cheng, Sun Li-Li, Jiang Ming-Yi, Zhang A-Ying, Jin Yin-Gen. Induction of protection against paraquat-induced oxidative damage by abscisic acid in maize leaves is mediated through mitogen - activated protein kinase. [J]. Journal of integrative plant biology, 2009, 51 (10).

[22] Cai, Guohua, Wang, Guodong, Wang, Li, etc. A maize mitogen-activated protein kinase kinase, ZmMKK1, positively regulated the salt and drought tolerance in transgenic Arabidopsis [J]. Journal of Plant Physiology, 2014, 171 (12): 1 003- 1 016.

[23] Ichimura K , Mizoguchi T , Irie K , et al. Isolation of ATMEKK1 (a MAP Kinase Kinase Kinase) - Interacting Proteins and Analysis of a MAP Kinase Cascade inArabidopsis [J]. Biochemical & Biophysical Research Communications, 1998, 253 (2): 0-543.

[24] Berberich T , Sano H , Kusano T . Involvement of a MAP kinase, ZmMPK5, in senescence and recovery from low - temperature stress in maize [J]. Mol Gen Genet, 1999, 262 (3): 534-542.

[25] Takatoshi Kiba, Toru Kudo, Mikiko Kojima, Hitoshi Sakakibara. Hormonal control of nitrogen acquisition: roles of auxin, abscisic acid, and cytokinin [J]. Journal of Experimental Botany, 2011, 62 (4).

[26] Response of plants to water stress [J]. Frontiers in Plant Science, 2014, 5.

[27] Zhu J K. Cell signaling under salt, water and cold stresses. [J]. Current opinion in plant biology, 2001, 4 (5).

[28] Fujita Y, Fujita M, Satoh R, Maruyama K, Parvez MM, Seki M, Hiratsu K, Ohme - Takagi M, Shinozaki K, Yamaguchi - Shinozaki K (2005) AREB1 is a transcription activator of novel ABRE-dependent ABA signaling that enhances drought stress tolerance in Arabidopsis. Plant Cell 17: 3 470- 3 488.

[29] Takuya, Yoshida, Yasunari, etc. AREB1, AREB2, and ABF3 are master transcription factors that cooperatively regulate ABRE - dependent ABA signaling involved in drought stress tolerance and require ABA for full activation [J]. Plant Journal, 2010.

[30] Yoshida T , Mogami J , Yamaguchi-Shinozaki K . ABA-dependent and ABA - independent signaling in response to osmotic stress in plants [J]. Current Opinion in Plant Biology, 2014, 21: 133-139.

[31] Tran L S P , Shinozaki K , Yamaguchi-Shinozaki K . Role of cytokinin responsive two-component system in ABA and osmotic stress signalings [J]. Plant Signaling & Behavior, 2010, 5 (2): 148-150.

[32] Nishiyama R , Watanabe Y , Fujita Y , et al. Analysis of Cytokinin Mutants and Regulation of Cytokinin Metabolic Genes Reveals Important Regulatory Roles of Cytokinins in Drought, Salt and Abscisic Acid Responses, and Abscisic Acid Biosynthesis [J]. Plant Cell, 2011, 23 (6): 2 169- 2 183.

[33] Nishiyama R , Le D T , Watanabe Y , et al. Transcriptome Analyses of a Salt-Tolerant Cytokinin-Deficient Mutant Reveal Differential Regulation of Salt Stress Response by Cytokinin Deficiency [J]. Plos One, 2012, 7.

[34] Peleg Z , Blumwald E . Hormone balance and abiotic stress tolerance in crop plants [J]. current opinion in plant biology, 2011, 14 (3): 290-295.

[35] J. Pospíšilová, H. Synková, J. Rulcová. Cytokinins and Water Stress [J]. Biologia Plantarum, 2000, 43 (3): 321-328.

[36] M, Hussain, M, etc. Improving Drought Tolerance by Exogenous Application of Glycinebetaine and Salicylic Acid in Sunflower [J]. Journal of Agronomy and Crop Science, 2008.

[37] Mahajan S , Tuteja N . Cold, salinity and drought stresses: An overview [J]. Archives of Biochemistry & Biophysics, 2005, 444 (2): 0-158.

[38] Sergi, Munné-BoschJosep, Peñuelas. Photo-and antioxidative protection, and a role for salicylic acid during drought and recovery in field-grown Phillyrea angustifolia plants [J]. Planta, 2003.

[39] Bandurska H , Ski A S . The effect of salicylic acid on barley response to water deficit [J]. Acta Physiologiae Plantarum, 2005, 27 (3): 379-386.

[40] Miura Kenji, Tada Yasuomi. Regulation of water, salinity, and cold stress responses by salicylic acid. [J]. Frontiers in plant science, 2014, 5.

[41] Melotto Maeli, Underwood William, Koczan Jessica, Nomura Kinya, He Sheng Yang, Plant stomata function in innate immunity against bacterial invasion. [J]. Cell, 2006, 126 (5).

[42] Dong F C , Wang P T , Zhang L , et al. The role of hydrogen peroxide in salicylic acid - induced stomatal closure in Vicia faba guard cells [J]. Acta Photophysiologica Sinica, 2001.

[43] Xin L , Fan-Xia M , Shu-Qiu Z , et al. Ca~ (2+) is Involved in the Signal Transduction During Stomatal Movement in Vicia faba L. Induced by Salicylic Acid [J]. Acta Photophysiologica Sinica, 2003, 29 (1): 59-64.

[44] Cheong J J , Choi Y D . Methyl jasmonate as a vital substance in plants [J]. Trends in Genetics, 2003, 19 (7): 409-413.

[45] Bao A K , Wang S M , Wu G Q , et al. Overexpression of the Arabidopsis H+-PPase enhanced resistance to salt and drought stress in transgenic al-

falfa (Medicago sativa L.) [J]. Plant Science, 2009, 176 (2): 232-240.

[46] Aimar D , Calafat M , Andrade A M , et al. Drought Tolerance and Stress Hormones: From Model Organisms to Forage Crops [M] // Plants and Environment. InTech, 2011.

[47] 李志霞，秦嗣军，吕德国，等. 植物根系呼吸代谢及影响根系呼吸的环境因子研究进展 [J]. 植物生理学报，2011，47 (10)：957-966.

[48] 康云艳，郭世荣，李娟，等. 24-表油菜素内酯对低氧胁迫下黄瓜幼苗根系抗氧化系统的影响 [J]. 中国农业科学，2008 (1)：153-161.

[49] 秦嗣军，吕德国，李志霞，等. 水分胁迫对东北山樱幼苗呼吸等生理代谢的影响 [J]. 中国农业科学，2011，44 (1)：201-209.

[50] Yamanoshita T, Masumori M, Yagi H, et al. Effects of flooding on downstream processes of glycolysis and fermentation in roots of Melaleuca cajuputi seedlings [J]. Journal of Forest Research. 2005, 10 (3): 199-204.

[51] 常春丽，王展，王晶英. 淹水胁迫对丁香幼苗形态及生理特性的影响 [J]. 北方园艺，2018 (17)：105-110.

[52] Johnson J, Drew B G C A. Hypoxic induction of anoxia tolerance in root tips of Zea mays [J]. Plant Physiology. 1989, 91 (3): 837-841.

[53] Rahman M, Grover A, James Peacock W, et al. Effects of manipulation of pyruvate decarboxylase and alcohol dehydrogenase levels on the submergence tolerance of rice [J]. Functional Plant Biology. 2001, 28 (12).

[54] 潘向艳，季孔庶，方彦. 淹水胁迫下杂交鹅掌楸无性系几种酶活性的变化 [J]. 西北林学院学报. 2007，22 (3)：43-46.

[55] 全瑞兰，玉永雄. 淹水对紫花苜蓿南北方品种抗氧化酶和无氧呼吸酶的影响 [J]. 草业学报，2015，24 (05)：84-90.

[56] Hook D D, Crawford R M M. Plant Life in Anaerobic Environments [J]. Biologia Plantarum. 1978, 21 (6): 480.

[57] 蔡金峰. 淹水胁迫对乌桕幼苗生长及生理特性的影响 [D]. 南京林业大学，2008.

[58] Kato-Noguchi H. Hypoxic induction of anoxia tolerance in rice coleoptiles [J]. Journal of Plant Physiology. 2002, 5 (3): 211-214.

[59] Chen H, Qualls R. Anaerobic metabolism in the roots of seedlings of the invasive exotic Lepidium latifolium [J]. Environmental and Experimental

Botany. 2003, 50 (1): 29-40.

[60] Phukan U J, Mishra S, Shukla R K. Waterlogging and submergence stress: affects and acclimation [J]. Critical Reviews in Biotechnology. 2015, 36 (5): 956-966.

[61] 常超，谢宗强，熊高明，等. 三峡水库蓄水对消落带土壤理化性质的影响 [J]. 自然资源学报，2011, 26 (07): 1 236- 1 244.

[62] Greenway H, Armstrong W, Colmer T D. Conditions leading to high CO_2 (>5kPa) in waterlogged-flooded soils and possible effects on root growth and metabolism [J]. Ann Bot. 2006, 98 (1): 9-32.

[63] 艾天成，程玲，李方敏，等. 四湖地区涝渍地土壤物理性质研究 [J]. 湖北农业科学. 2003 (6): 56-58.

[64] Matthew S, Tara V. Evaluating on-farm flooding impacts on soybean [J]. Crop Science. 2001, 41: 93-100.

[65] Tian G, Cai Z, Cao J, et al. Factors affecting ammonia volatilisation from a rice - wheat rotation system [J]. Chemosphere. 2001, 42 (2): 123-129.

[66] Sommer S G, Schjoerring J K, Denmead O T. Ammonia Emission from Mineral Fertilizers and Fertilized Crops [J]. Advances in Agronomy. 2004, 82 (3): 557-622.

[67] Liu G D, Li Y C, Alva A K. Moisture quotients for ammonia volatilization from four soils in potato production regions [J]. Water Air & Soil Pollution. 2007, 183 (1-4): 115-127.

[68] Chimner R A, Cooper D J. Influence of water table levels on CO_2 emissions in a Colorado subalpine fen: an in situ microcosm study [J]. Soil Biology & Biochemistry. 2003, 35 (3): 345-351.

[69] 黄国宏，肖笃宁，李玉祥，等. 芦苇湿地温室气体甲烷（CH_4）排放研究 [J]. 生态学报，2001, 21 (9): 1 494- 1 497.

[70] 陈全胜，李凌浩，韩兴国，等. 典型温带草原群落土壤呼吸温度敏感性与土壤水分的关系 [J]. 生态学报. 2004, 24 (4): 831-836.

[71] 齐玉春，董云社，章申. 华北平原典型农业区土壤甲烷通量研究 [J]. 生态与农村环境学报，2002, 18 (3): 56-58.

[72] Subke J A, Reichstein M, Tenhunen J D, Explaining temporal variation in soil CO_2 efflux in a mature spruce forest in Southern Germany [J]. Soil Biology & Biochemistry. 2003: 1 467- 1 483.

[73] 徐华，鹤田治雄. 土壤水分状况和质地对稻田 N_2O 排放的影响［J］. 土壤学报，2000，37（4）：499-505.
[74] 朱敏，史振声，李凤海. 玉米耐涝机理研究进展［J］. 玉米科学，2015，23（1）：122-127，133.
[75] 房稳静，武建华，陈松，等. 不同生育期积水对夏玉米生长和产量的影响试验［J］. 中国农业气象，2009，30（4）：616-618.
[76] Ren B Z, Zhang J W, Dong S T, et al. Effects of duration of waterlogging at different growth stages on grain growth of summer maize (Zea mays L.) under field conditions [J]. Journal of Agronomy and Crop Science. 2016, 202 (6): 564-575.
[77] Zaidi P H, Rafique S, Rai P K, et al. Tolerance to excess moisture in maize (Zea mays L.): susceptible crop stages and identification of tolerant genotypes [J]. Field Crops Research. 2004, 90 (2): 189-202.
[78] 侯春玲，刘晶. 涝害对玉米不同生育期的影响［J］. 民营科技，2013（5）：214.
[79] Phukan U J, Mishra S, Shukla R K. Waterlogging and submergence stress: affects and acclimation [J]. Critical Reviews in Biotechnology. 2015, 36 (5): 956.
[80] 梁哲军，陶洪斌，王璞. 淹水解除后玉米幼苗形态及光合生理特征恢复［J］. 生态学报，2009，29（7）：3 977- 3 986.
[81] 周新国，韩会玲，李彩霞，等. 拔节期淹水玉米的生理性状和产量形成［J］. 农业工程学报，2014，30（9）：119-125.
[82] 任佰朝，张吉旺，李霞，等. 大田淹水对夏玉米养分吸收与转运的影响［J］. 植物营养与肥料学报，2014，20（2）：298-308.
[83] 郝树荣，董博豪，周鹏，等. 水分胁迫对超级稻生长发育和抗倒伏能力的影响［J］. 灌溉排水学报，2018，37（9）：1-8.
[84] 罗晓峰，孟永杰，刘卫国，等. 大豆响应荫蔽胁迫的形态及生理机制研究［J］. 分子植物育种，2018，16（3）：979-988.
[85] 朱卫红，铁双贵，孙建军，等. 低温胁迫对甜玉米幼苗的影响［J］. 河南农业科学，2005（11）：35-36.
[86] 王立新，郭强，苏青. 玉米抗倒性与茎秆显微结构的关系［J］. 植物学通报，1990（3）：34-36.
[87] 孙系巍，宁金花，张艳桂，等. 乳熟期淹涝胁迫对水稻形态特性及产量的影响［J］. 湖南农业科学，2015（6）：27-30.

[88] 郝树荣，董博豪，周鹏，等. 水分胁迫对超级稻生长发育和抗倒伏能力的影响［J］. 灌溉排水学报，2018，37（9）：1-8.
[89] 王成雨，张丽琼，宋贺，等. 宽行垄作增强苗期淹水夏玉米光合和抗倒性提高产量［J］. 农业工程学报，2015，31（18）：129-135.
[90] 任佰朝，张吉旺，李霞，等. 大田淹水对高产夏玉米抗倒伏性能的影响［J］. 中国农业科学，2013，46（12）：2 440- 2 448.
[91] Irfan M, Hayat S, Hayat Q, et al. Physiological and biochemical changes in plants under waterlogging［J］. Protoplasma. 2010, 241（1-4）: 3-17.
[92] 闫臻，齐钊，徐敏，等. 淹水胁迫对火龙果植株形态和生理特性的影响［J］. 广东农业科学，2017，44（12）：39-44.
[93] Sharma P, Dubey R S. Involvement of oxidative stress and role of antioxidative defense system in growing rice seedlings exposed to toxic concentrations of aluminum［J］. Plant Cell Reports. 2007, 26（11）: 2 027- 2 038.
[94] 庞宏东，胡兴宜，胡文杰，等. 淹水胁迫对枫杨等 3 个树种生理生化特性的影响［J］. 中南林业科技大学学报，2018，38（10）：15-20.
[95] Hossain Z, López-Climent M F, Arbona V, et al. Modulation of the antioxidant system in citrus under waterlogging and subsequent drainage［J］. Journal of Plant Physiology. 2009, 166（13）: 1 391- 1 404.
[96] 杨宝铭，吕德国，秦嗣军，等. 持续淹水处理对寒富苹果抗逆性酶及光合作用影响初探［J］. 北方园艺，2007（8）：32-34.
[97] 庞宏东，胡兴宜，胡文杰，等. 淹水胁迫对枫杨等 3 个树种生理生化特性的影响［J］. 中南林业科技大学学报，2018，38（10）：15-20.
[98] 孙小艳，陈铭，李彦强，等. 淹水胁迫下北美鹅掌楸无性系生理生化响应差异［J］. 植物生理学报，2018，54（3）：473-482.
[99] 常春丽，王展，王晶英. 淹水胁迫对丁香幼苗形态及生理特性的影响［J］. 北方园艺，2018（17）：105-110.
[100] Zhang Y, Song X, Yang G, et al. Physiological and molecular adjustment of cotton to waterlogging at peak-flowering in relation to growth and yield［J］. Field Crops Research. 2015, 179: 164-172.
[101] An Y, Qi L, Wang L. ALA Pretreatment Improves Waterlogging Tolerance of Fig Plants［J］. Plos One. 2016, 11（1）: e147202.
[102] Verbruggen N, Hermans C. Proline accumulation in plants: a review

[J]. Amino Acids. 2008, 35 (4): 753-759.

[103] 汪贵斌，曹福亮，郭起荣. 淹水对银杏生长及生理的影响 [J]. 江西农业大学学报，1998 (2): 87-91.

[104] 王华，侯瑞贤，李晓锋，等. 淹水胁迫对不结球白菜渗透调节物质含量的影响 [J]. 植物生理学报，2013, 49 (1): 29-33.

[105] 连洪燕，王雪娟，吴燕. 淹水胁迫对滁菊形态及部分生理指标的影响 [J]. 安徽科技学院学报，2014, 28 (1): 32-36.

[106] Ou L J, Dai X Z, Zhang Z Q, et al. Responses of pepper to waterlogging stress [J]. Photosynthetica. 2011, 49 (3): 339-345.

[107] 吴海英，曹昀，国志昌，等. 淹水胁迫对虉草幼苗生长和生理的影响 [J]. 广西植物，2017, 37 (9): 1 161- 1 167.

[108] 姜玉萍，郝婷，邹宜静，等. 淹水对植物生长发育的影响及适应机理的研究进展 [J]. 上海农业学报，2013, 29 (6): 146-149.

[109] Jie K, Liu Z, Wang Y, et al. Waterlogging during flowering and boll forming stages affects sucrose metabolism in the leaves subtending the cotton boll and its relationship with boll weight [J]. Plant Science. 2014, 223 (2): 79-98.

[110] 张虎，姜文龙，武启飞，等. 淹水胁迫对湖北海棠生长及光合作用的影响 [J]. 东北林业大学学报，2017, 45 (12): 22-26.

[111] 胡旭光，杨兵兵，石磊，等. 小麦拔节期淹水对叶片光合特性的影响 [J]. 生态科学，2018, 37 (5): 72-76.

[112] Araki H, Hamada A, Hossain M A, et al. Waterlogging at jointing and/or after anthesis in wheat induces early leaf senescence and impairs grain filling [J]. Field Crops Research. 2012, 137 (3): 27-36.

[113] 田一丹，韩亮亮，周琴，等. 大豆对渍水的生理响应 I: 光合特性和糖代谢 [J]. 中国油料作物学报，2012, 34 (3): 262-267.

[114] 韩立亚，王艳杰，迟晓艳，等. 香根草对淹水胁迫生理响应的研究 [J]. 安徽农业科学，2008 (5): 1 755- 1 757.

[115] 魏凤珍，李金才，董琦. 孕穗期至抽穗期湿害对耐湿性不同品种冬小麦光合特性的影响（简报）[J]. 植物生理学报. 2000, 36 (2): 119-122.

[116] 余卫东，冯利平，胡程达. 涝渍胁迫下玉米苗期不同叶龄叶片光合特性 [J]. 玉米科学，2018, 26 (6): 1-11.

[117] Pociecha E, Kościelniak J, Filek W. Effects of root flooding and stage of

development on the growth and photosynthesis of field bean (Vicia faba L. minor) [J]. Acta Physiologiae Plantarum. 2008, 30 (4): 529-535.

[118] 贾志远, 葛晓敏, 唐罗忠, 等. 淹水胁迫对麻栎苗木生长和生理的影响 [J]. 江苏林业科技, 2015, 42 (4): 1-4.

[119] 王哲宇, 童丽丽, 汤庚国. 淹水胁迫对朴树幼苗形态及生理特性的影响 [J]. 林业科技开发, 2013, 27 (4): 44-47.

[120] 高洪波, 陈贵林. 钙调素拮抗剂与 Ca^2+对茄子幼苗抗冷性的影响 [J]. 园艺学报, 2002, 29 (3): 243-246.

[121] 吴江, 吴家胜. 淹水胁迫对杨桐幼苗生理生化性质的影响 [J]. 东北林业大学学报, 2015, 43 (4): 34-36.

[122] 陈敏旗, 王小德. 山乌桕对淹水胁迫的生理响应 [J]. 浙江农业科学, 2017, 58 (5): 829-832.

[123] 罗美娟. 淹水胁迫对桐花树幼苗氮代谢的影响 [J]. 福建林业, 2017 (6): 29-32.

[124] Wu J D, Li J C, Wang C Y, et al. Effects of spraying foliar nitrogen on activities of key regulatory enzymes involved in protein formation in winter wheat suffered post-anthesis high temperature and waterlogging [J]. Journal of Food Agriculture & Environment. 2013, 11 (2): 668-673.

[125] 杨夕, 郁松林, 赵丰云, 等. 水分胁迫下硝酸钠对葡萄幼苗氮代谢酶活性的影响 [J]. 北方园艺. 2018 (12): 27-35.

[126] Ren B, Dong S, Zhao B, et al. Responses of Nitrogen Metabolism, Uptake and Translocation of Maize to Waterlogging at Different Growth Stages [J]. Frontiers in Plant Science. 2017, 8: 1 216.

[127] 甄博, 周新国, 陆红飞, 等. 冬小麦不同生育期受涝对其生长和产量的影响 [J]. 灌溉排水学报, 2017, 36 (10): 46-50.

[128] 周新国, 韩会玲, 李彩霞, 等. 拔节期淹水玉米的生理性状和产量形成 [J]. 农业工程学报, 2014, 30 (9): 119-125.

[129] Ren B I, Zhang J W, Li X, et al. Effects of waterlogging on the yield and growth of summer maize under field conditions [J]. CANADIAN JOURNAL OF PLANT SCIENCE. 2014, 94 (1): 23-31.

[130] 甄博, 周新国, 陆红飞, 等. 冬小麦不同生育期受涝对其生长和产量的影响 [J]. 灌溉排水学报, 2017, 36 (10): 46-50.

[131] 吴元奇, 李朝苏, 樊高琼, 等. 渍水对四川小麦生理性状及产量的影响 [J]. 应用生态学报, 2015, 26 (4): 1 162-1 170.

[132] 余卫东，冯利平，盛绍学，等. 涝渍胁迫下夏玉米的灌浆特征及其动态模拟［J］. 中国生态农业学报，2015，23（9）：1 142- 1 149.

[133] Araki H, Hamada A, Hossain M A, et al. Waterlogging at jointing and/or after anthesis in wheat induces early leaf senescence and impairs grain filling [J]. Field Crops Research. 2012, 137 (3): 27-36.

[134] 陈国平，赵仕孝，刘志文. 玉米的涝害及其防御措施的研究：Ⅱ玉米在不同生育期对涝害的反应［J］. 华北农学报，1989，4（1）：16-22.

[135] 唐薇，张艳军，张冬梅，等. 不同时期淹水对棉花主要养分代谢及产量的影响［J］. 中国棉花，2017，44（7）：7-10.

[136] 任佰朝，张吉旺，董树亭，等. 生育前期淹水对夏玉米冠层结构和光合特性的影响［J］. 中国农业科学，2017，50（11）：2 093- 2 103.

[137] 李香颜，刘忠阳，李彤宵. 淹水对夏玉米性状及产量的影响试验研究［J］. 气象科学，2011，31（1）：79-82.

[138] Kato Y, Collard B C Y, Septiningsih E M, et al. Physiological analyses of traits associated with tolerance of long-term partial submergence in rice [J]. AoB Plants. 2014, 6: 1-11.

[139] 余卫东，冯利平，胡程达，等. 苗期涝渍对黄淮地区夏玉米生长和产量的影响［J］. 生态学杂志，2015，34（8）：2 161- 2 166.

[140] 宁金花，陆魁东，霍治国，等. 拔节期淹涝胁迫对水稻形态和产量构成因素的影响［J］. 生态学杂志，2014，33（7）：1 818- 1 825.

第八章　玉米主要农业气象灾害的预防及应对措施

第一节　干旱灾害的预防及应对措施

针对干旱灾害，在加强干旱灾害预警预报的同时，在易发生干旱区从耕作栽培方面采取措施，主要措施有选用抗旱玉米品种、应用抗旱播种措施、免耕种植、平衡施肥、增施有机肥、施用土壤保水剂、适时深松、农田覆盖、节水灌溉等。

一、选用抗旱品种

玉米品种对抵御干旱灾害是非常重要的，筛选应用抗旱品种是防御和应对干旱最有效的措施。一般选用通过审定的在当地高产、稳产、抗旱、抗逆性强的玉米品种，以中晚熟品种为主；对于高肥力且具备灌溉条件的地块可以选用耐密、高抗品种。玉米种子纯度、净度、发芽率要分别大于95.0%、98.0%、95.0%，且籽粒含水量要求小于16.0%。播种密度根据地力和栽培条件而定，一般为5.5万~7.5万株/hm^2。

一般可以通过花间隔期（ASI）进行玉米品种抗旱能力的评价，花间隔期越短，则抗旱能力越强，一般玉米的ASI在3~7d[1]；也可通过玉米授粉封尖好坏来判断玉米抗旱能力，一般封尖好、根系发达、叶片上冲的品种有较好的抗旱能力。

二、应用抗旱播种措施

玉米的出苗情况受玉米的播种技术的影响。齐、全、壮苗对保证产量至关重要。生产实践中，一般抗旱播种措施有抢墒播种、提墒播种、找墒播种和造墒播种等。

（一）适时播种

播期会影响玉米的生育进程，播种期推迟，玉米各生育期加快，吐丝期提前，最终会影响玉米产量[2]。适当早播，玉米种子出苗率高、出叶速度快[3]。

影响种子发芽的主要因素是土壤水分和温度。易春旱区，适时播种可充分利用土壤原有墒情，给小苗提供相对低温的条件，以蹲苗，培养壮苗。东北地区适宜播种期是在春季5~10cm土层温度稳定通过8~10℃时，一般在4月20—30日。土壤墒情好，土壤回暖快的年份，可以利用返浆水抢墒播种，可以在4月18日播种；不晚于5月7日。

（二）种子处理

购买种子后马上进行种子发芽率试验；播种作业前5~7d进行种子处理，先将种子在阳光下暴晒1d，然后用药剂进行包衣，选择通过国家审定登记的含有丁硫克百威、三唑酮醇等成分的低毒种衣剂，根据说明书的要求进行种子包衣。为了提高出苗率，也可用抗旱剂进行种子处理。

（三）抢墒播种

在干旱半干旱地区，抓住早春提温回升，土壤解冻后水分含量相对充足，墒情好，尽快进行播种，以利于保全苗。一般情况下在土壤10cm土层温度稳定通过7~8℃，土壤含水量达到16%~18%即可播种，农民称为顶凌播种。

（四）造墒播种

造墒播种就是利用人工浇水使土壤墒情达到播种的要求的播种方法。生产中常用的方法是坐水种植，该方法也是一种节水型的灌溉技术，在干旱半干旱区，是有效解决播种期水分不足的措施。1955年前后，吉林省西部春玉米区推行刨埯坐水种，1963年该方法播种面积达到该区总面积的36.1%。随着科技发展，研发了播种机，形成了机械化一条龙坐水播种技术体系。生产实践证明该项技术适合东北干旱半干旱区玉米种植[4]。坐水种植节水效果明显，一般大水漫灌需水量600~900m^3/hm^2，喷灌需水量270~375m^3/hm^2，微灌需水180~225m^3/hm^2，而坐水机械播种只需要60~90m^3/hm^2[5]。在此基础上，我们进行了原垄坐水播种试验，原垄坐水种植需水量更低，仅有12.5~25m^3/hm^2。该方法进一步提高了水分利用效率；提高了出苗率、增加了苗的整齐度，达到了保苗的目的（表8-1和表8-2）。

表8-1　原垄坐水处理的玉米出苗率和产量

处理	出苗率（%）	苗期植株整齐度	籽粒含水量（%）	产量（kg/hm^2）	增产幅度（%）
常规种植	88.3b	16.2b	32.12a	9 272.85a	—
原垄坐水	93.9a	17.7a	30.76a	10 117.65a	9.11

表 8-2　原垄坐水处理的水分利用率

处理	播前土壤贮水量（mm）	收获土壤贮水量（mm）	产量（kg/hm^2）	生育期降水量（mm）	灌溉补水量（mm）	水分利用率（$kg/hm^2/mm$）	与常规比提高（%）
常规种植	65.67	86.73	9 272.85	485.1	7.5	20.11	—
原垄坐水	65.17	85.41	10 117.65	485.1	1.25	21.78	8.3

三、采用抗旱耕作措施

土壤耕作作为农业生产中重要的一项措施，与土壤水分状况、土壤结构、土壤养分有效性、土壤生物特性以及作物生长发育状况密切相关[6]。耕作措施合理与否对土壤中的水、肥、气、热之间关系的协调有着重要的作用。耕作措施可以调节土壤物理性状，提高作物吸收土壤水分和养分的能力，协调作物和土壤环境之间的矛盾，为作物创造适宜的生长环境，促进作物持续高产和稳产[7]。针对干旱地区，免耕、深松耕作是较好的耕作措施，通过该项耕作措施的应用，可达到保墒蓄墒的目标，提高作物的抗旱能力[8]。

（一）免耕种植

免耕是保护性耕作的一种耕作类型，是指作物播种前不用犁、耙等农机具整理土地，直接在作物原茬上进行播种，作物生育期内均不使用农具进行土壤管理的一种耕作方法[9]。它是蓄水保墒的核心技术之一，在有秸秆残茬覆盖的地表实现开沟、施肥、播种、覆土镇压等复式作业。作用效果主要包括以下几点。

1. 免耕种植可以改善土壤水分和温度状况

作物生长发育所需水分主要来自土壤水，因此，土壤水分状况对作物的生长发育至关重要。

（1）免耕可以有效控制土壤水分蒸发，保持土壤水分含量。一方面，由于免耕很少扰动土壤，减少了土壤水分蒸发，保持了土壤水分含量；另一方面，免耕能减缓有机质分解速度，增加有机质积累，有利于蓄墒，提高土壤的田间持水量和饱和含水量[10]。

图 8-1 至图 8-5 是不同耕作方式下玉米生育期土壤水分的变化情况。土壤水分含量随着玉米生育期的延长发生着变化。苗期到抽雄吐丝期土壤水分含量均表现为表层土壤水分含量低于下层土壤水分含量，随着深度的增加土壤水分含量增加；灌浆期和成熟期不同耕作方式的土壤水分含量变化不同，免耕秸秆覆盖处理苗期土壤含水量最高，但拔节期和灌浆期表层土壤中农民习惯的土壤含水量高，抽雄吐丝期表层土壤的含水量表现为免耕处理高于农民习惯，在成熟期则表

现为免耕处理低于农民习惯。

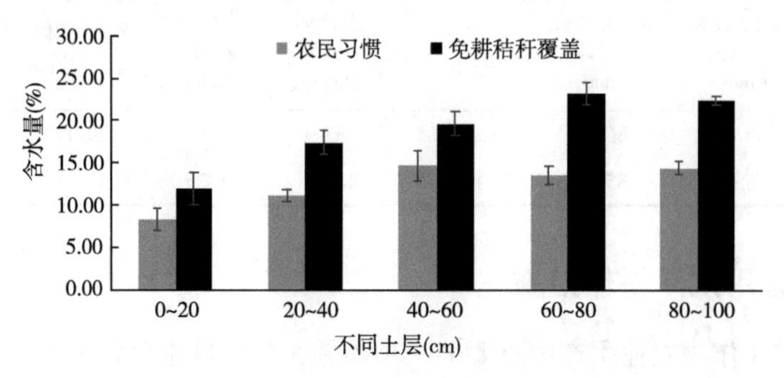

图 8-1 耕作方式对土壤含水量的影响（苗期）

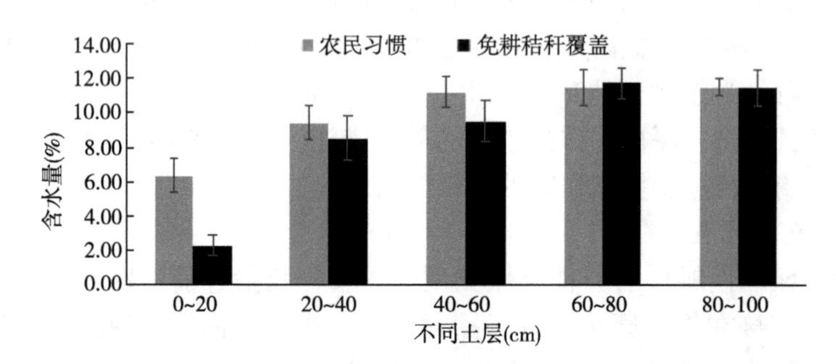

图 8-2 耕作方式对土壤含水量的影响（拔节期）

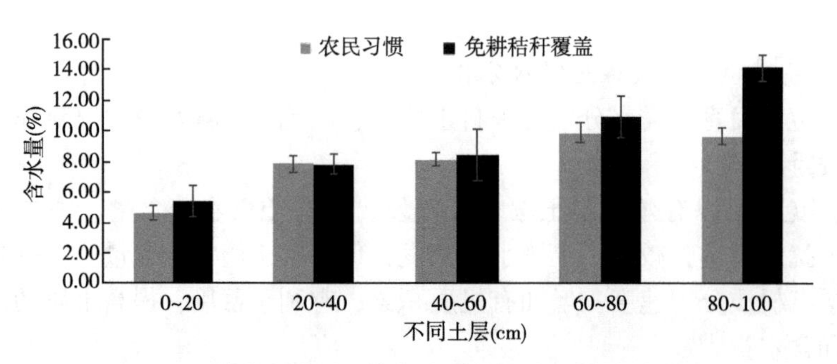

图 8-3 耕作方式对土壤含水量的影响（抽雄吐丝期）

由表 8-3 可知，免耕秸秆覆盖条件下，土壤田间持水量和饱和含水量均有所提高，与农民习惯相比分别增加了 2.4%和 2.9%。免耕处理还提高了水分利用效率，与农民习惯相比增加了 6.73%，播前贮水量增加了 13.1%（表 8-4）。

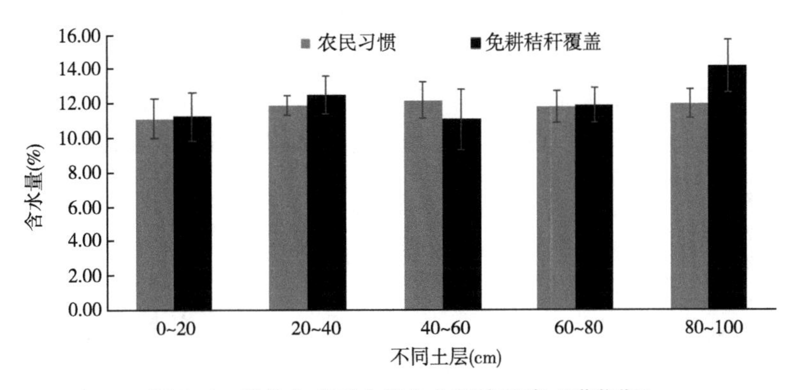

图 8-4　耕作方式对土壤含水量的影响（灌浆期）

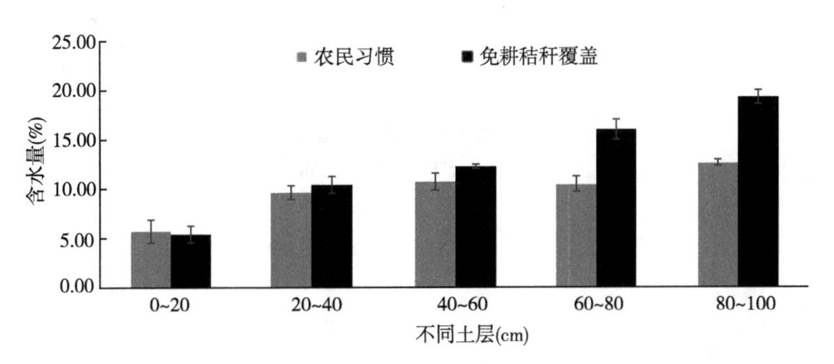

图 8-5　耕作方式对土壤含水量的影响（成熟期）

表 8-3　不同耕作方式下土壤田间持水量的变化

处理	田间持水量（%）	饱和含水量（%）	容重（mg/cm^3）
农民习惯	25. 95±0. 05b	31. 11±1. 08a	1. 43±0. 05a
免耕秸秆覆盖	26. 57±2. 22 ab	32. 01±0. 95 a	1. 26±0. 2a

表 8-4　不同耕作方式下水分利用效率的变化

处理	播前土壤贮水量（mm）	收获土壤贮水量（mm）	产量 kg/hm^2	生育期降水量（mm）	灌溉补水量（mm）	水分利用效率（$kg/hm^2/mm$）	与常规比提高（%）
农民习惯	140. 92	173. 61	9 264	353	56	20. 97	0
免耕秸秆覆盖	159. 41	280. 4	10 476	353	56	22. 38	6. 73

（2）免耕增加了土壤水分渗透率，增加土体贮水量。免耕能保持土壤结构，增加土壤有效持水孔隙比例，使降雨的入渗量增加，提高土壤含水量，增加土壤中水分储存，具有较好的蓄墒效果[11]。免耕还可以提高土壤水分有效性，不同

耕作方式中耕层土壤差异明显，但随着土层深度加深，差别逐渐变小[7]。

图8-6和图8-7是耕作方式对土壤渗透量和渗透率的影响。不同耕作方式中，免耕方式下的土壤渗透率、累积渗透量高，达到稳渗时，可达秋翻的1.35和1.44倍。可见，免耕处理可促进土壤水分的入渗，增加土壤的贮水量[12-13]。

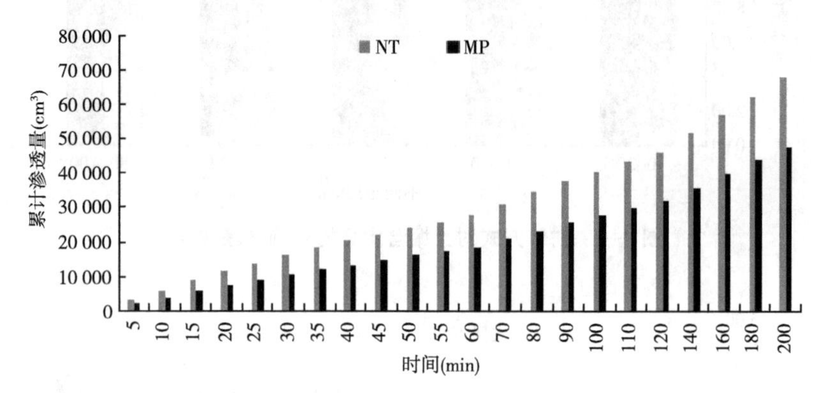

图8-6　免耕对土壤渗透量的影响

（数据来源于李文凤，2008）

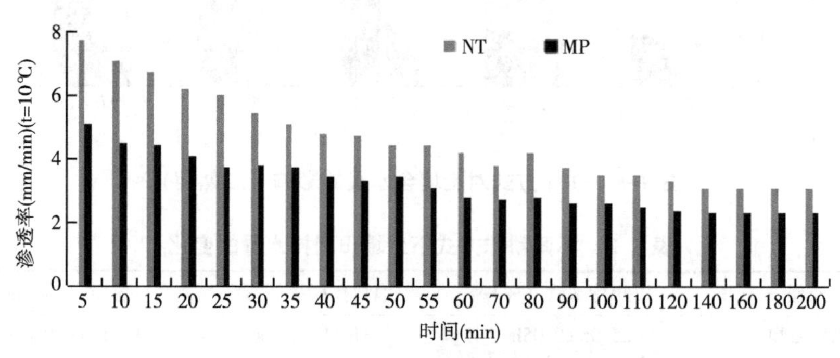

图8-7　免耕对土壤渗透率的影响

（数据来源于李文凤，2008）

（3）免耕可以减缓土壤温度昼夜变化。免耕处理影响土壤水分变化的同时，对土壤温度也存在一定的影响。与传统耕作相比，免耕处理可以降低昼夜温差，使土壤温度呈现稳定状态。通常情况下免耕秸秆覆盖土壤温度白天升温较慢，夜间降温也慢[14]。张晓平等[15]通过田间定位试验研究也证明了这一点。作物播种后，由于免耕引起了土壤水分含量的变化，增加了土壤热容量，缓解了降温的影响。因此，除了5cm层次土壤的地温略低于秋翻外，10cm和15cm土层温度均略高于秋翻的（图8-8）。

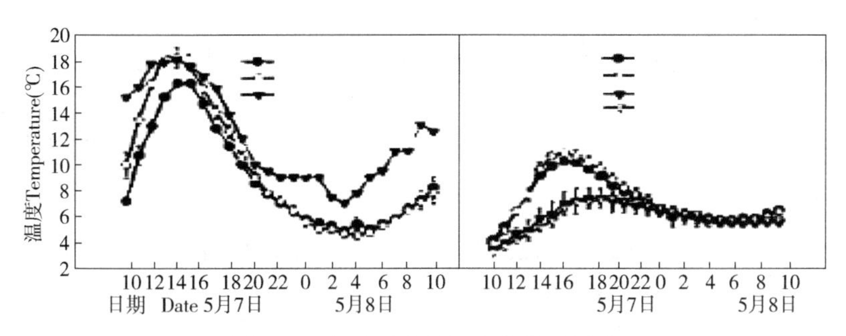

图 8-8 免耕对土壤温度变化的影响

（引自张小平，2005）

2. 免耕种植提高玉米出苗率，降低了籽粒含水量，增加产量

通过作物生长及产量的变化可以评价和判定耕作措施在生产中的作用效果[16]。与农民习惯耕作措施相比，免耕秸秆覆盖早出苗 14d，出苗率提高 2.8%~4.2%，使玉米果穗秃尖长减少 0.44~0.67cm，百粒重增加 5.9%~9.9%；降低籽粒含水量 0.6~1.2 个百分点，增加产量 13.1%~23.1%（表 8-5）。这主要是免耕使土壤的理化性状得到了改善（表 8-6），为作物生长提供了良好的土壤条件。

表 8-5 不同耕作方式对玉米出苗率及产量的影响

处理	播种日期	出苗时间	出苗率（%）	穗长（cm）	穗粗（cm）	穗行数	行粒数	秃尖长（cm）	百粒重（g）	籽粒含水量（%）	产量（kg/hm^2）	增产（%）
农民习惯	5、7	5、7	91.5	18.19	3.32	17.11	36.43	2.16	37.23	6.4	9 264	0
免耕秸秆覆盖	5、7	5、3	94.3	16.59	3.51	13.97	36.23	1.72	40.91	5.8	10 476	13.08

表 8-6 不同耕作方式下土壤理化性状的变化

处理	有机质（g/kg）	pH 值（H_2O 1∶2.5）	碱解氮（mg/kg）	速效磷（mg/kg）	速效钾（mg/kg）	容重（mg/cm^3）
农民习惯	12.96±1.43a	8.92±0.08a	22.35±1.71c	55.99±4.74c	97.00±22.00b	1.43±0.05a
免耕秸秆覆盖	15.33±3.90a	8.80±.0.05a	38.51±2.36a	72.68±5.36b	265.67±79.15a	1.26±0.2a

（二）适时深松

深松是指施用深松犁或凿形铲等农具疏松土壤而不翻乱土层的耕作方法，适合干旱地区应用的又一个较好的耕作措施。深松通过打破犁底层、使耕作层增厚疏松、有利于土壤蓄水保肥，一般在作物收获后至冬天来临前，或第二年苗期降雨前进行较为适宜[17]。当前较为常用的几种深松形式包括间隔深松、灭茬深松、垄作深松等[18]。

1. 适宜深松可以降低土壤容重，改善土壤理化性状

深松影响土壤容重（表 8-7）。尤其是对 0~20cm 土层土壤影响较大，与不深松土壤相比，土壤容重在 0~10cm 土层降低 7.46%~14.57%，在 10~20cm 土层降低 11.61%~16.45%；对 20~40cm 土层影响相对小些，各处理的土壤容重无明显差异。

表 8-7　深松对播种前和收获后的土壤容重　（单位：g/cm^3）

处理	播前土壤容重				成熟期土壤容重			
	0~10cm	10~20cm	20~30cm	30~40cm	0~10cm	10~20cm	20~30cm	30~40cm
秋深松覆盖	1.24	1.27	1.35	1.41	1.26	1.29	1.37	1.44
苗后深松覆盖	1.30	1.41	1.43	1.43	1.30	1.37	1.37	1.44
免耕无秸秆 CK	1.34	1.52	1.51	1.44	1.36	1.51	1.55	1.47

2. 适宜深松可以提高土壤含水量和水分利用率

在播种前，与免耕无秸秆 CK 对比，苗后深松覆盖处理提高了土壤含水量 1.04%（表 8-8）。苗期，苗后深松覆盖和秋深松覆盖处理均提高了土壤含水量，分别提高了 6.24%和 21.29%。在抽穗期，秋深松覆盖处理提高了土壤含水量 1.67%和 0.59%。在成熟期，秋深松覆盖和苗后深松覆盖提高了土壤含水量 3.12%和 2.73%。全生育期的土壤含水量均为秋深松和苗后深松高于免耕无秸秆 CK。

表 8-8　深松对土壤含水量的影响　（单位：%）

处理	播种前	苗期	拔节期	抽穗期	成熟期
秋深松覆盖	19.23	23.65	27.79	34.60	21.16
苗后深松覆盖	20.33	27.00	26.90	34.23	21.08
免耕无秸秆 CK	20.12	22.26	27.87	34.03	20.52

不同深松方式对水分利用率的影响，见表 8-9。深松覆盖处理有助于提高水分利用率。与免耕无秸秆 CK 相比，秋深松覆盖处理，提高了 8.97%，苗后深松覆盖提高水分利用率 5.1%。

表 8-9　深松下作物水分利用率的变化

处理	播前土壤贮水量（mm）	收时土壤贮水量（mm）	产量（kg/hm^2）	生育期降水量（mm）	灌溉补水量（mm）	水分利用率（$kg/hm^2/mm$）	与常规比提高（%）
秋深松覆盖	101.3	113.4	13 637	539.8	35	24.23	8.97a
苗后深松覆盖	113.2	115.5	13 385	539.8	35	23.11	5.1a
免耕无秸秆 CK	116.9	120.9	12 694	539.8	35	22.24	—

3. 适宜深松可以提高玉米产量

对比秋旋耕后深松、春季苗前行间深松对作物产量的影响（表 8-10）。秋深松产量和春深松产量均可增加玉米产量，且秋深松增产明显[19]。

表 8-10　深松下玉米产量的变化

处理	平均产量（kg/hm²）	差异显著性		比对照增加（%）
		5%水平	1%水平	
秋季深松	11 133	a	A	11.15
春季深松	10 743	b	AB	7.26
常规表层旋耕（CK）	10 016	c	C	—

注：表中 a、b、c、A、B、C 代表处理间差异性

由表 8-11，与免耕无秸秆 CK 相比，出苗率都有所提高，秋深松覆盖处理提高 0.73%，苗后深松覆盖处理提高 1.79%。秋深松覆盖处理产量提高 7.43%，苗后深松覆盖处理产量提高 5.45%差异显著，这与王宇先和刘玉涛等研究结果一致[20-21]。

表 8-11　秸秆覆盖深松对玉米产量的影响

处理	出苗率（%）	穗长（cm）	穗粗（cm）	行数	粒数	籽含水量（%）	产量（kg /hm²）	增产（%）
秋深松覆盖	90.40	18.50	5.23	16.00	38.75	25.10	13 637	7.43a
苗后深松覆盖	91.36	19.00	5.13	16.00	38.67	28.27	13 385	5.45a
免耕无秸秆 CK	89.75	19.17	5.00	17.33	38.33	25.27	12 694	—

四、应用合理施肥技术

合理的施肥技术是保证玉米正常生长发育的必要手段。在干旱半干旱区，根据土壤肥力情况，进行配方施肥，合理施用化肥，增施有机肥，进行秸秆还田，以满足玉米生长发育需要，增强根系对深层水分的吸收，提高玉米的抗性。

（一）肥料用量的确定

根据玉米的目标产量和当地土壤肥力状况来确定肥料的用量。氮肥要控制总量，分期调控，磷肥要衡量监控，中微量元素要因缺补缺。氮肥的基追比为 1∶2,磷肥或钾肥的少部分作为种肥施用，施入深度为种侧下 5~8cm，追肥在 6 月中下旬，采用机械深施，深度为 10~15cm（表 8-12 至表 8-15）。

表 8-12　西部碱解氮分级及氮肥推荐总量

肥力等级	碱解氮（mg/kg）	目标产量（kg/hm^2）	氮肥总用量（kg/hm^2）
极低	<60	<7 500	170~190
		7 500~9 000	190~220
低	60~90	<7 500	160~180
		7 500~9 000	180~200
		9 000~10 500	200~230
中	90~120	<7 500	150~160
		7 500~9 000	160~180
		9 000~10 500	180~200
		10 500~12 000	200~230
高	120~150	<7 500	140~150
		7 500~9 000	150~170
		9 000~10 500	170~190
		10 500~12 000	190~220
极高	>150	<7 500	130~140
		7 500~9 000	140~160
		9 000~10 500	160~180
		10 500~12 000	180~210

表 8-13　西部速效磷分级及磷肥推荐总量　（单位：kg/hm^2）

肥力等级	有效磷（mg/kg）	目标产量（kg/hm^2）	磷肥用量（kg/hm^2）
低	<20	<7 500	70~80
		7 500~9 000	80~90
		9 000~10 500	90~100
		10 500~12 000	100~120
中	20~60	<7 500	50~60
		7 500~9 000	60~70
		9 000~10 500	70~80
		10 500~12 000	80~100
高	60~110	<7 500	35~45
		7 500~9 000	45~55
		9 000~10 500	55~65
		10 500~12 000	65~85
极高	>110	<7 500	25~35
		7 500~9 000	35~45
		9 000~10 500	45~55
		10 500~12 000	55~75

表 8-14　西部速效钾分级及钾肥推荐总量　（单位：kg/hm^2）

肥力等级	速效钾（mg/kg）	目标产量（kg/hm^2）	钾肥用量（kg/hm^2）
低	<70	<7 500	55~65
		7 500~9 000	65~75
		9 000~10 500	75~85
		10 500~12 000	85~105
中	70~150	<7 500	40~50
		7 500~9 000	50~60
		9 000~10 500	60~70
		10 500~12 000	70~90
高	150~190	<7 500	0
		7 500~9 000	15~25
		9 000~10 500	25~35
		10 500~12 000	35~55
极高	>190	<7 500	0
		7 500~9 000	5~15
		9 000~10 500	15~25
		10 500~12 000	25~45

表 8-15　西部有效锌分级及锌肥施用量（单位：kg/hm^2）

级别	很低	低	中等	高	很高
范围	<0. 50	0. 50~1. 00	1. 01~2. 00	2. 01~4. 00	>4. 00
推荐量	45	30	15	0	0

（二）施肥的效果

施肥与作物抗旱性密切相关，营养元素均衡有利于提高作物的抗旱能力[22]。营养元素对作物抗旱性的影响不同：如氮的抗旱作用随土壤干旱程度的加剧而降低，磷肥对植物的抗旱性一直表现为良好的正效应[23]。农田土壤施肥是提高土壤综合生产力的关键，施肥能够改善土壤的基础理化性质，提高土壤含水量，改善玉米光合指标，促进玉米生长发育，影响玉米产量构成因素，进而提高玉米产量。

1. 施肥可以改善玉米的生理指标

由图 8-9 可知，同一生育期内，玉米在不同施肥处理条件下的净光合速率不同，大体上表现为 NPK+M >NPK+S>S>CK，除了抽雄期 NPK+S 略低于 CK 与 S；不同施肥处理中，净光合速率呈现出相似的变化趋势，净光合速率均表现为抽雄期>灌浆期；抽雄期不同施肥处理的蒸腾速率表现为 CK>NPK+M>NPK+S>

S；灌浆期不同施肥处理表现为 CK> NPK+S>NPK+M>S；各个施肥处理的玉米生理指标均表现为抽雄期大于灌浆期；在同一生育期内，玉米叶片气孔导度呈现相同的变化趋势，均表现为 NPK+M>NPK+S>S>CK，在不同生育期不同施肥处理中无机肥配施有机肥处理下玉米叶片气孔导度最高，可达 0.44mmol/m²/s，农民习惯最低，为 0.095mmol/m²/s；随着生育期的延长，玉米叶片中叶绿素的含量在增加，不同处理间无明显差异，无机肥有机肥混施处理数值最高，为 66.47mg/dm²；其次是无机肥配施秸秆，然后是农民习惯，单施用秸秆最低，为 38.07mg/dm²。

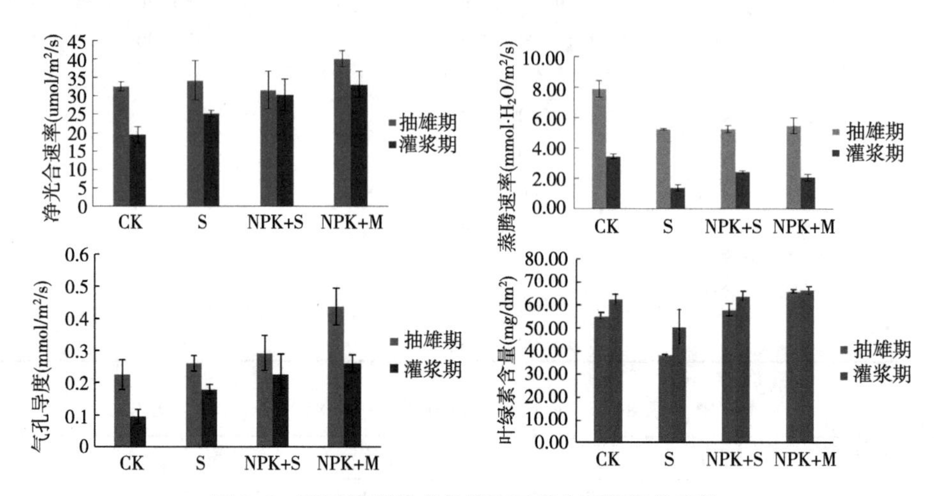

图 8-9　不同施肥技术条件下玉米生理指标的变化

2. 施肥可以降低玉米耗水量，提高水分利用效率

不同施肥处理下玉米的耗水量和水分利用效率不同（表 8-16），施肥处理玉米的耗水量低于不施肥处理，水分利用效率高于不施肥处理，不同施肥处理间有机无机肥配施的效果明显。

表 8-16　不同处理下玉米耗水量及水分利用效率

处理	玉米耗水量（mm）	水分利用效率（kg/hm²/mm）
CK	366.1	22.14
NPK	360.6	32.4
NPK+M	344.8	36.66
NPK+S	362.7	33.46

3. 施肥可以调节土壤水分含量

土壤水分含量随着玉米生育期的延长而发生变化（图 8-10）。玉米生育期不同，土壤水分含量不同，苗期和成熟期的土壤水分含量均表现为表层低于下层，且随着深度的增加而增加；拔节期和灌浆期的土壤水分含量不同层次间变化不大；不同施肥处理间土壤水分含量差异不明显，从数值上看无机有机肥配施的处理土壤水分含量略高。

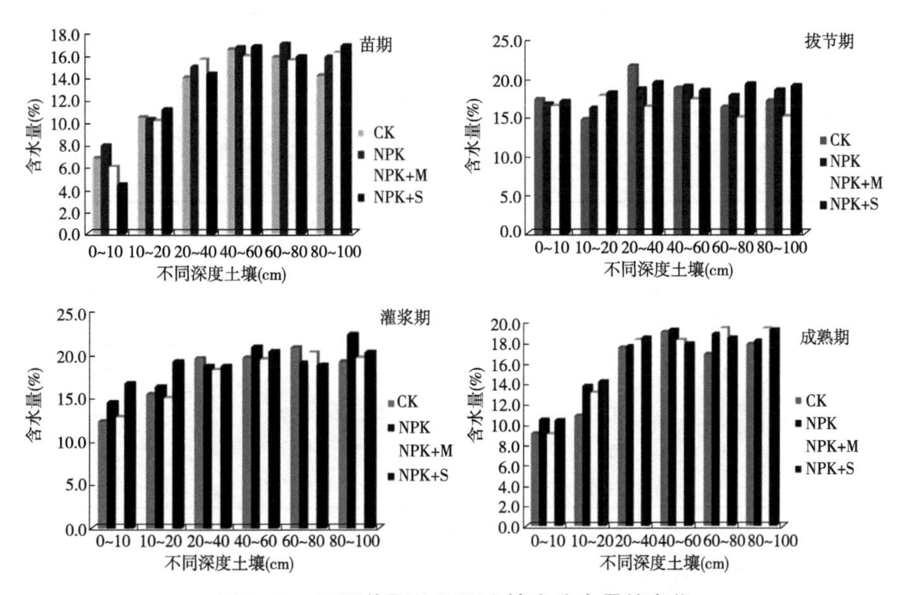

图 8-10　不同施肥处理下土壤水分含量的变化

4. 施肥可以提高玉米产量

施肥有利于改善土壤产量性状，提高玉米产量（表 8-17），与不施肥处理相比，单施化肥、有机肥与化肥配施、有机肥与秸秆配施的处理均使玉米产量有不同程度的增加，效果最好的处理是有机肥与化肥配施。

表 8-17　不同处理下玉米的产量性状

处理	穗长度（cm）	穗粗（cm）	行数	果穗重（g）	轴重（g）	千粒重（g）	产量（kg/hm^2）
CK	20. 04	3. 42	16	299. 67	60	470	8 106
NPK	20. 28	3. 3	16	315. 67	63	456. 67	11 682
NPK+M	20. 54	3. 29	16	312. 33	60	476. 67	12 642
NPK+S	19. 4	3. 27	15	287. 67	60	473. 3	12 137

5. 施肥改善土壤养分状况

施肥可以增加土壤中养分的含量（表 8-18）。施肥使土壤中有机质、碱解氮、速效磷和速效钾含量有一定的增加，使土壤 pH 值略有降低。同时，施肥土壤中的田间持水量和饱和含水量呈现出增加的趋势，土壤容重降低（表 8-19）。

表 8-18 不同处理下土壤养分含量

处理	有机质 (g/kg)	pH 值 (H_2O 1：2.5)	碱解氮 (mg/kg)	速效磷 (mg/kg)	速效钾 (mg/kg)
基础土样	1.16	8.29	75.5	14.7	96
CK	1.06	8.31	74.5	12.1	95.3
NPK	1.29	8.24	81.7	18	104.9
NPK+M	1.49	8.21	89.5	20.4	116.3
NPK+S	1.45	8.22	87.6	20.7	122.4

表 8-19 不同处理下土壤容重及含水量变化

处理	田间持水量（%）	饱和含水量（%）	容重（mg/cm^3）
基础土样	20.7	42.1	1.31
CK	20.5	42	1.32
NPK	20.7	41.7	1.29
NPK+M	21	43.9	1.28
NPK+S	21.2	44.2	1.28

五、应用增墒保水措施

（一）秸秆覆盖

秸秆覆盖是将农业废弃物秸秆（麦秸、玉米秸和水稻秸秆等）覆盖地表的方法。主要有整秆覆盖、粉碎覆盖、留高茬覆盖等方法，根据地面覆盖率还可分为全覆盖和归行覆盖，归行覆盖是近几年兴起的方法。通过秸秆覆盖，可以改善土壤的理化性质、抑制农田棵间蒸发、改善土壤水分状况[23-25]。

1. 秸秆覆盖可以培肥土壤，改善土壤理化性状，协调养分供应

秸秆覆盖在促进土壤团聚体的形成，改善土壤的物理性状方面具有较好的作用。有研究表明[26]，在 0~40cm 土层，随着土层深度的加深，大团聚体（>5mm 径级）含量在逐渐增加，小团聚体（<5mm 径级）含量在逐渐减小；水稳性团聚体和机械稳定性团聚体（>0.25mm 径级）含量均比对照大，增加量可达 13.0%~45%，且不同处理间差异显著。

秸秆覆盖过程中会产生一定量的腐解物质，这些腐解物对可促进土壤团粒结构的形成，降低土壤容重[27]，还可以影响土壤中有机碳等含量的变化，不同覆盖措施作用效果不同。其中，秸秆粉碎覆盖措施长期实施后可增加秸秆有机碳的还田量，增加土壤水溶性有机碳含量，使土壤水热状况得到改善，土壤养分的供

应更协调[28-29]。

秸秆覆盖还可以改善土壤氮素水平[30]。秸秆覆盖可以提高土壤全氮含量，但全氮含量增加幅度不受秸秆覆盖量的影响，两者间并非正的相关关系[31]。

2. 秸秆覆盖还田可改善土壤水分状况，提高农田水分利用效率

秸秆覆盖后通过降低和抑制土壤中水分的蒸发，达到保持水分的效果。地表覆盖的秸秆后，会提高土壤的反射率和降低热传导性，从而降低地表温度，减少水分蒸发[25]。不仅如此，秸秆覆盖还可降低雨水对地表的破坏，减少地表径流，增加入渗水分，并通过改变土壤理化性质，能有效减缓水土流失[32]。在干旱地区，秸秆覆盖的蓄水保墒效果明显。通过覆盖土壤含水量可增加 2%~5%，水分利用率提高 25%左右，并且增加耕层土壤含水量。

通过玉米秸秆覆盖玉米不同生育期的土壤含水量研究发现（表 8-20），秸秆覆盖土壤的含水量均高于对照处理，农田土壤的蓄水保墒能力得到提高。主要原因是通过秸秆覆盖地表，田间水分蒸发降低了，保存了，并且减少了风沙侵蚀的影响。秸秆覆盖处理在生育期内土壤 0~20mm 含水量提高 7. 12%~16. 21%。秸秆覆盖处理全生育期的土壤含水量均高于对照。

表 8-20　秸秆覆盖下土壤含水量的变化　　（单位:%）

处理	播种前	苗期	拔节期	抽穗期	成熟期
秸秆覆盖	21. 56	22. 55	28. 61	34. 74	22. 32
对照	20. 12	22. 26	27. 87	34. 03	20. 52

秸秆覆盖对提高水分利用率有积极作用。与对照相比，水分利用率提高了 0. 36%（表 8-21），但差异不显著。

表 8-21　秸秆覆盖对水分利用率的影响

处理	播前土壤贮水量（mm）	收时土壤贮水量（mm）	产量（kg/hm²）	生育期降水量（mm）	灌溉补水量（mm）	水分利用率（kg/hm²/mm）	与常规比提高（%）
秸秆覆盖	117. 9	128. 3	12 596	539. 8	35	22. 32	0. 36
对照	116. 9	120. 9	12 694	539. 8	35	22. 24	——

3. 秸秆覆盖影响作物生长发育和产量

秸秆覆盖起到改善土壤性质作用的同时对农作物产量有较大的影响，可提高产量，增加的经济效益。尤其对于干旱地区，秸秆覆盖有效保证干旱胁迫下农作物的稳产和高产[29]。秸秆覆盖通过控制和调节作物的株型来调控作物的供肥速率以改善作物的光合特性控制和调节，调节土壤的供肥速率，改善作物的光合

特性[33]。

目前，秸秆覆盖在我国一些地区有了较多的应用，作物增产幅度在1.7%~145.8%。尽管它的作用受地区以及作物等影响，增产幅度差异较大，但总体上秸秆覆盖仍表现出较明显增产效果，尤其是在旱区，可有效保证农作物的稳产和高产。通过不同种类秸秆覆盖对玉米产量的影响研究，春深松覆盖和秋深松覆盖的穗长增加1.4%和4.1%，籽粒含水量也分别降低4.7%和4.3%，不同覆盖还田处理的穗粗也大于无秸秆覆盖的对照组。由表8-22可知，与免耕无秸秆CK相比，其他处理的出苗率都有所提高，翻埋还田处理提高2.80%，碎混还田提高了1.55%，覆盖还田提高了2.95%，秋深松覆盖提高了0.73%，苗后深松覆盖提高了1.79%。与免耕无秸秆CK相比，翻埋还田、覆盖还田、秋深松覆盖还田和苗后深松覆盖处理的产量也有所提高，翻埋还田产量提高了11.56%，达到差异显著，碎混还田产量提高了0.93%，差异不显著，秋深松覆盖处理产量提高7.43%，苗后深松覆盖处理产量提高5.45%，差异显著，覆盖还田处理产量比对照降低0.77%。

表8-22 秸秆覆盖还田下玉米产量的变化

处理	出苗率（%）	穗长（cm）	穗粗（cm）	穗行数	行粒数	籽粒含水量（%）	产量（hm^2/kg）	增产（%）
覆盖免耕	90.9	18.93c	5.03b	15.33a	38a	25.28a	9 816.73b	0.2
春深松覆盖	91.7	19.95b	5.35a	14b	38.5a	24b	11 264.6a	15.02
秋深松覆盖	91.9	20.5a	5.1b	15a	41a	24.1b	11 477.6a	17.2
免耕无秸秆	93.2	19.67b	5.03b	14b	40a	25.13a	9 793.52b	——

（二）地膜覆盖

地膜覆盖措施是在作物播种时，选择一定厚度的塑料薄膜在农田表面进行覆盖的一种方式。对于干旱地区土壤的保墒、增产具有重要作用，也是一种有效的措施之一。地膜覆盖影响土壤温度的原因是地膜减少了地表的长波辐射，影响了土壤与大气的热交换，并且降低了土壤导热率，使热量损失大大减少[34]。在夜间，当气温下降时，覆膜可弥补露地积温的不足，补偿热量，保持较高的温度[35]。温度变化还对土壤中有机碳分解产生不同影响[36]。有研究表明，地膜覆盖能够明显的增加玉米生育初期土壤温度，促进了根系的生长发育[37]。

一般地膜覆盖采用常规的聚乙烯薄膜直接铺盖于地面以上；中国农业科学院烟草研究所发明的一种新型的覆膜方式—立体覆膜方式，该方式是在底部构建一个框架，框架外部套上白色塑料薄膜[38]（图8-11）。根据种植植物的时期不同铺设地膜，分为定植前地膜覆和后期覆膜[39]。

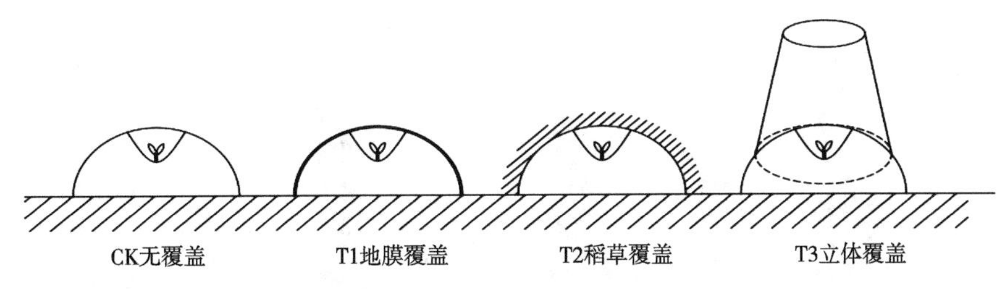

图 8-11　不同覆盖方式示意图

（引自郑梅迎，2020）

1. 覆膜可以改善玉米的生理指标

覆膜对玉米净光合速率、蒸腾速率、气孔导度和叶片的叶绿素含量有一定的影响。拔节期，玉米光合指标大致表现为覆膜高于不覆膜处理，在施肥量为中等时，覆膜的低于不覆膜处理（图 8-12）。不仅如此，拔节期玉米净光合速率、蒸腾速率、气孔导度和叶片的叶绿素含量在不同肥料处理中，表现出不同规律，其中，不施肥和高量施肥处理中，表现为不覆膜高于覆膜处理，而在中等肥料用量时，均表现为覆膜处理高于不覆膜处理（图 8-13）。

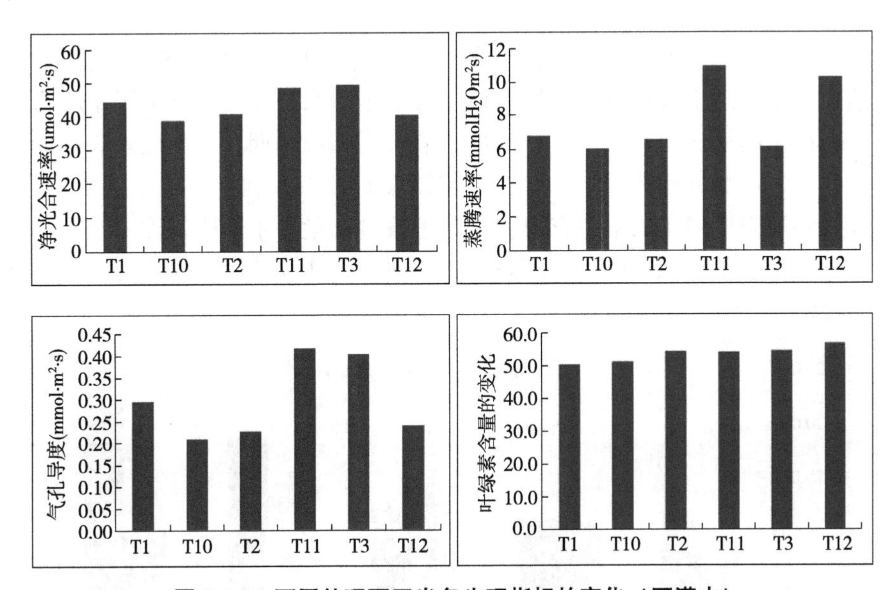

图 8-12　不同处理下玉米各生理指标的变化（不灌水）

2. 覆膜可以改善土壤水分状况，起到保墒作用

在北方干旱区，通过覆盖地膜可增温保墒、防止水土流失以及防虫灭草，促进了玉米稳产、高产[40]。

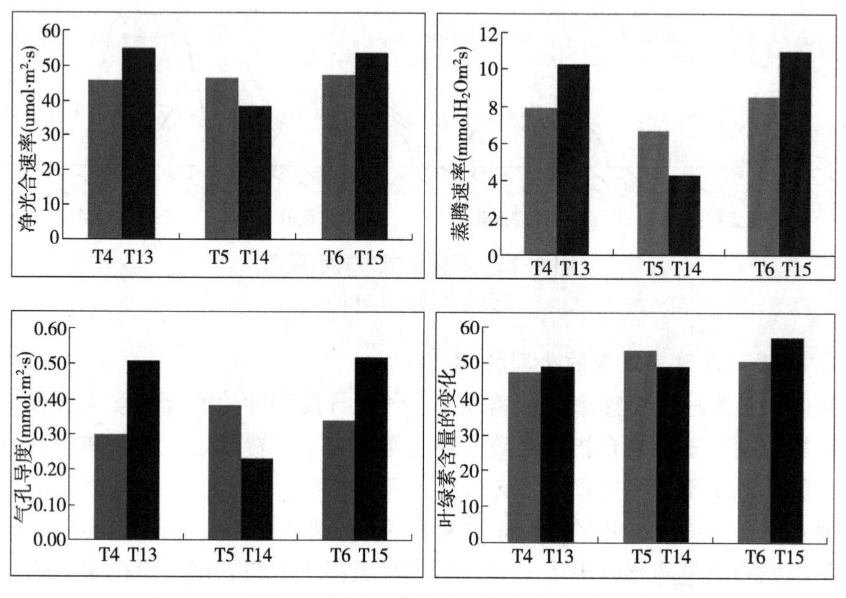

图 8-13 不同处理下玉米各生理指标的变化（灌水）

覆膜对玉米生育期土壤水分含量有影响（图 8-14 至图 8-18）。苗期到抽雄吐丝期，覆膜处理土壤水分含量均表现为表层土壤水分含量低于下层土壤水分含量，随着深度的增加土壤水分含量增加；灌浆期和成熟期，覆膜处理表现为先增加后降低，又增加的趋势；同一层次，苗期覆膜处理有利于增加土壤水分含量。但拔节期和灌浆期表层土壤中农民习惯的土壤含水量高于覆膜处理。抽雄吐丝期表层土壤的含水量表现为覆膜处理高于农民习惯，在成熟期则表现为覆膜处理高于农民习惯。

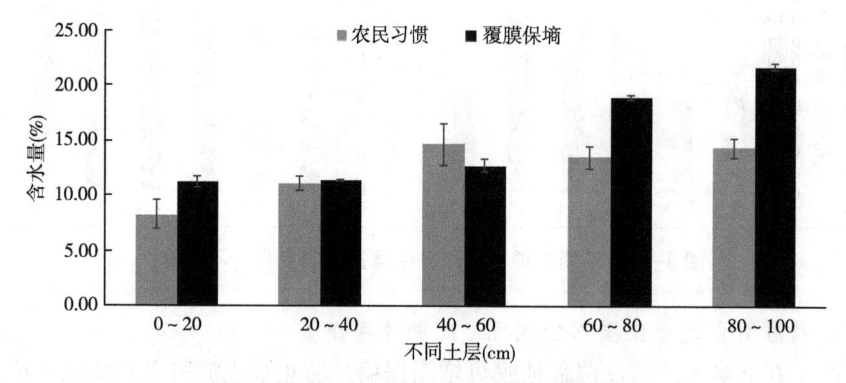

图 8-14 覆膜条件下土壤水分含量（苗期）

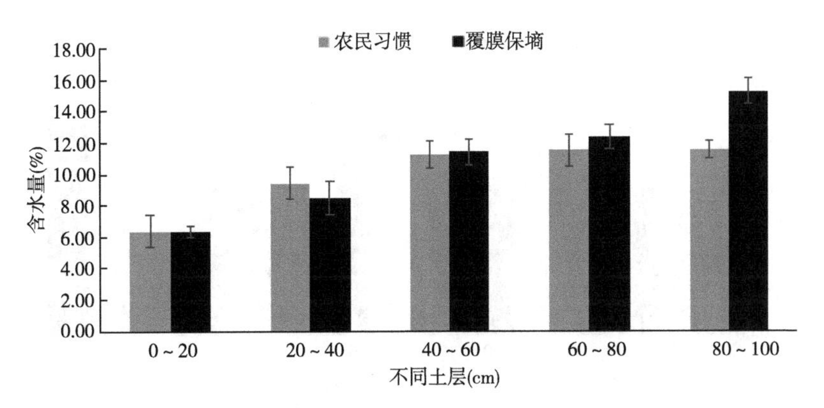

图 8-15　覆膜条件下土壤水分含量（拔节期）

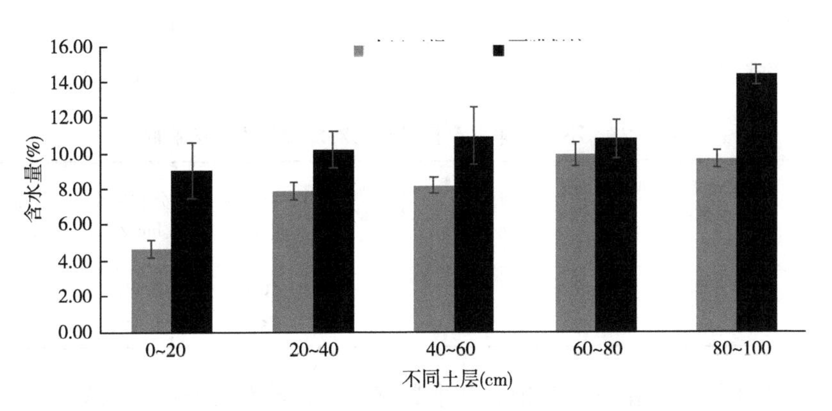

图 8-16　覆膜条件下土壤水分含量（抽雄吐丝期）

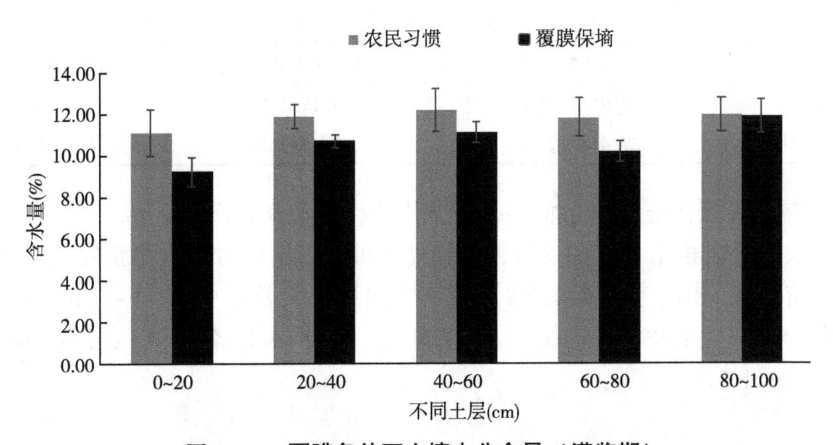

图 8-17　覆膜条件下土壤水分含量（灌浆期）

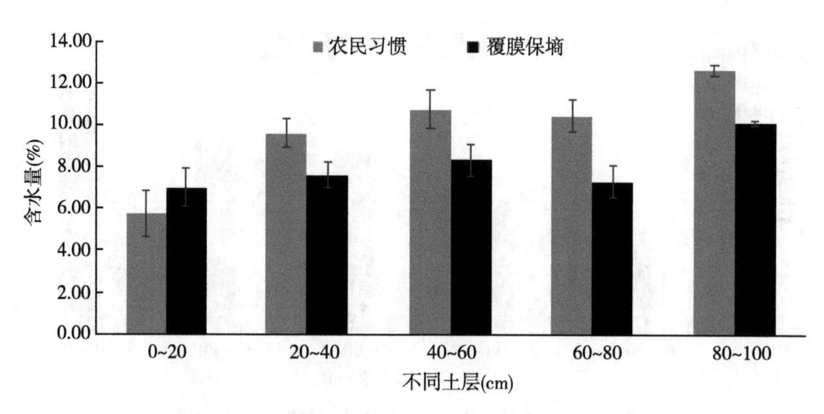

图 8-18 覆膜条件下土壤水分含量（成熟期）

覆膜有助于提高水分利用率。与农民习惯相比，覆膜提高水分利用率7.51%。收获时土壤贮水量增加，而覆膜处理增加量大于农民习惯（表 8-23）。

表 8-23 不同抗旱保产技术模式对水分利用率的影响

处理	播前土壤贮水量（mm）	收获土壤贮水量（mm）	产量（kg/hm^2）	生育期降雨量（mm）	灌溉补水量（mm）	水分利用率（kg/hm^2/mm）	与常规比提高（%）
农民习惯	140.92	173.61	9 264	353	56	20.97	0
覆膜保墒	106.66	223.55	11 408	353	56	22.55	7.51

覆膜对土壤田间持水量和饱和含水量有影响，与农民习惯相比覆膜土壤田间持水量和饱和含水量均有所增加，可达 29.43%和 40.48%（表 8-24）。

表 8-24 不同抗旱保产技术模式对土壤容重及田间持水量影响

处理	田间持水量（%）	饱和含水量（%）	容重（mg/cm^3）
农民习惯	25.95±0.05b	31.11±1.08a	1.43±0.05a
覆膜保墒	29.43±1.29 a	40.48±1.51 b	1.32±0.12a

3. 覆膜可以促进玉米出苗，提高苗质量，增加作物产量

与农民习惯相比（表 8-25），覆膜处理可缩短出苗时间，覆膜处理比农民习惯早出苗 14d，出苗率提高 4.2%，使玉米果穗秃尖长减少 0.44~0.67cm，百粒重增加 5.9%~9.9%；籽粒含水量降低 0.6~1.2 个百分点，产量增加 13.1%~23.1%。

表 8-25 覆膜下玉米产量性状的变化

处理	播种日期	出苗时间	出苗率（%）	穗长（cm）	穗粗（cm）	穗行数	行粒数	秃尖长（cm）	百粒重（g）	籽粒含水量（%）	产量（hm²/kg）	增产（%）
农民习惯	5、7	5、27	91.5	18.19	3.32	17.11	36.43	2.16	37.23	6.4	9 264	0
覆膜保墒	5、7	5、13	95.7	17.33	3.63	13.83	36.85	1.49	39.41	5.2	11 408	23.13

（三）施用保水剂

保水剂又称高吸水性树脂（Superabsorbent Polymers，SAPs），是一种具有新型功能高分子材料，具有三维网络结构，含有羟基、羧基、酰胺基等强亲水性基团，具有一定交联度，能够吸收自身重量几百倍甚至几千倍水，保水性能良好，可以反复吸水释水，在农业上人们将其比喻成“微型水库”。目前广泛应用于土地荒漠化防治、农林抗旱保水等方面[41]。

保水剂具有较强的保水、保肥、供水特性以及改善土壤结构的作用，可在农业上的应用[42]。

1. 保水剂施用方法

（1）种子包衣。种子包衣是常用的使用方法。通常是保水剂水凝胶涂在待播种的种子表面，形成一层保护膜。保水剂最佳的百分比浓度一般为 0.5%～2%，即保水剂：水＝（1∶50～1∶200）[43-44]。

（2）根部涂层。蘸根处理称作根部涂层，一般用于苗木或蔬菜幼苗的移栽。其保水剂浓度一般为保水剂：水＝（1∶50）～（1∶100），通过蘸根处理后使保水剂凝胶在植株根部形成一层保护膜，以减少植物根系的水分流失，从而延长植物耐旱时间，在一定程度上能够提高幼苗成活率[45]。

（3）土壤直施。还可直接施用在土壤中。一般可在地表散施，也可开沟（穴）进行施用。地表撒施是将保水剂均匀撒在土壤表面，使土壤表面形成保护膜，抑制土壤水分蒸发。沟施或穴施是指在开沟或开穴后根据不同作物选择最佳保水剂施用量，直接施入沟或穴中，施完保水剂后即可播种或移栽[46]。

2. 施用保水剂可提高土壤保水能力

保水剂在农业上的应用机理主要是在于它具有较强的保水、保肥、供水特性以及改善土壤结构[42]。保水剂可提高土壤持水力，增加土壤热容量，降低土壤水分蒸发量[47]。同时，保水剂能有效降低土壤水分渗透速度[44]。在萎蔫试验条件下施用保水剂可以提高土壤的含水量（图 8-19），在玉米幼苗完全萎蔫的 13d 内，随着水分胁迫时间的增加，不同处理土壤含水量均呈现下降的趋势。玉米幼苗完全萎蔫时 CK、TA、TB_1、TB_2、TB_3、TB_4和 TB_5 土壤含水量分别为 7.20%、8.27%、7.73%、8.26%、9.34%、10.45%和 10.93%。在施用保水剂处理中，随着保水剂施用量的增加，土壤含水量也随之增加。

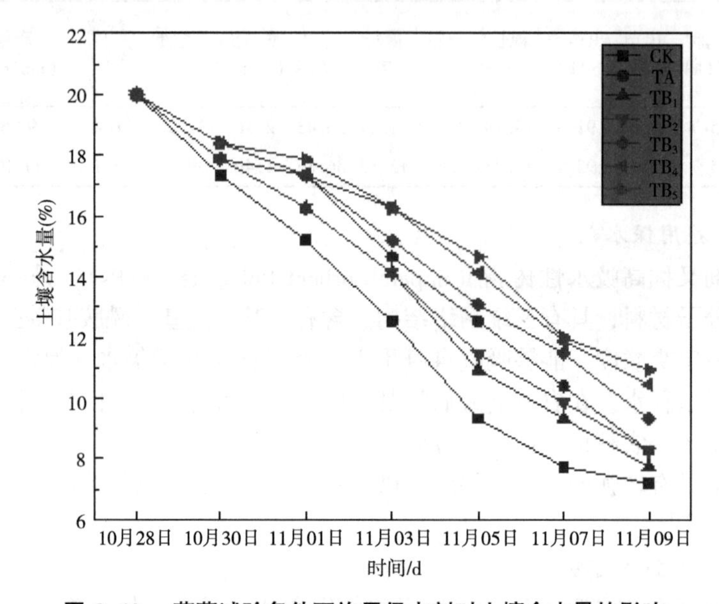

图 8-19　萎蔫试验条件下施用保水剂对土壤含水量的影响

（注：其中，TA、TB_1、TB_2、TB_3、TB_4和 TB_5 为保水剂，CK 为无保水剂对照组）

3. 保水剂施用可以增加土壤保肥能力

保水剂通过分子表面的离子吸附和交换，实现养分的固定和释放，即减少了养分的淋溶损失，又可提高肥料的利用率[48]。保水剂的吸水率受化学肥料浓度的影响，肥料浓度越大，保水剂的吸水率越低。不同化学肥料种类性质不同，其对保水剂吸水率的影响程度不同，肥料对保水剂的影响程度按尿素、磷酸二氢钾、氯化钾、氯化铵依次递增[49]。

4. 保水剂的施用可改善土壤结构

保水剂吸水后会形成凝胶，土壤形成的凝胶可以把分散的土壤颗粒黏结在一起，形成团块状，增加土壤的疏松度，也可以降低土壤容重。保水剂具有促进土壤团粒结构形成的作用，影响较大的是土壤中 0.5~5 mm 粒径的团粒。保水剂浓度促进土壤团聚体形成的效果不同，在 0.005%~0.01%浓度范围内，作用最为明显[50]。

5. 保水剂的施用可促进作物生长

保水剂对肥料起到增效剂作用，可促进农作物对肥料中养分的吸收，提高作物产量[51]。尤其在干旱胁迫的条件下，效果更加明显。在水分胁迫下，植株的形态会发生改变[52]。

种子活力的高低与植物的生产潜力密切相关[53]，而种子出苗率能够直接反映出种子活力，在播种期正常供水的情况下，施用适宜用量的保水剂能有效提高玉米出苗率（图 8-20）。然而，当保水剂用量过高时反而会对玉米种子的萌发产生抑制作用，这可能是由于过多的保水剂在吸水后膨胀，减小了土壤孔隙度，从而导致玉米出苗率下降。

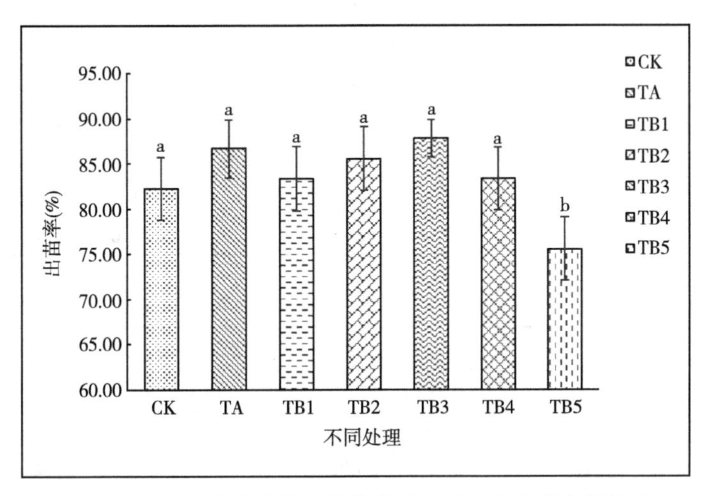

图 8-20　不同水分条件下施用保水剂对玉米出苗率的影响

（注：其中，TA、TB_1、TB_2、TB_3、TB_4和 TB_5 为保水剂，CK 为无保水剂对照组）

在水分胁迫下，植株的形态会发生改变。这种变化可以比较直观地反映出植株所受胁迫程度的大小，而植株高度和茎粗是能够直接反应植株形态特性的参数。玉米株高及茎粗与水分胁迫程度有关，胁迫程度越大，株高与茎粗越低。不同水分处理条件下，施用保水剂处理均能提高玉米株高及茎粗（表 8-26）。水分胁迫会降低玉米苗期干物质重，不同水分处理条件下，施用保水剂处理均能提高玉米株高及茎粗。水分胁迫会降低玉米苗期干物质重，施用保水剂在不同水分处理条件下均会对玉米苗期干物质重的积累产生明显的促进作用（表 8-27），但高用量的保水剂反而会产生抑制作用，这可能与保水剂用量过高后的膨胀程度有关。

表 8-26　不同水分条件下施用保水剂对玉米苗期株高和茎粗的影响

水分条件	处理	株高（cm）	茎粗（cm）
+W	CK	65. 50+1. 76cA	1. 20+0. 03cA
	TA	68. 37+0. 90abA	1. 28+0. 07abA
	TB_1	66. 23+1. 12bcA	1. 22+0. 04bcA
	TB_2	67. 50+0. 85abcA	1. 23+0. 04abcA

（续表）

水分条件	处理	株高（cm）	茎粗（cm）
+W	TB_3	69.10+2.04aA	1.30+0.02aA
	TB_4	66.73+0.76abcA	1.27+0.02abcA
	TB_5	66.80+0.70abcA	1.26+0.01abcA
-W	CK	51.60+1.18dB	0.78+0.04cB
	TA	56.30+0.66abB	1.13+0.07aB
	TB_1	55.53+0.86bcB	1.08+0.06abB
	TB_2	57.13+0.70abB	1.11+0.02aB
	TB_3	57.97+0.95aB	1.14+0.02aB
	TB_4	55.57+1.42bcB	1.12+0.01aB
	TB_5	54.03+0.74cB	1.02+0.08bB

表 8-27　不同水分条件下施用保水剂对玉米苗期干物质重的影响

水分条件	处理	干物质重（g）	
		地上	地下
+W	CK	1.87+0.02dA	0.75+0.04cdA
	TA	2.31+0.09aA	0.83+0.02aA
	TB_1	2.07+0.05cA	0.77+0.04bcA
	TB_2	2.14+0.04bcA	0.80+0.01abA
	TB_3	2.31+0.06aA	0.84+0.02aA
	TB_4	2.18+0.01bA	0.78+0.03bcA
	TB_5	1.81+0.03dA	0.72+0.01dA
-W	CK	0.92+0.15dB	0.50+0.03dB
	TA	1.35+0.09aB	0.66+0.04aB
	TB_1	1.21+0.08bcB	0.56+0.03cB
	TB_2	1.24+0.09bB	0.59+0.02bcB
	TB_3	1.38+0.10aB	0.68+0.01aB
	TB_4	1.25+0.06bB	0.61+0.02bB
	TB_5	1.16+0.02cB	0.49+0.01dB

注：表中数据为平均值±标准差，不同大写字母表示不同水分处理条件下的显著性的（$P<0.05$）对比；不同小写字母表示同一水分处理条件下的显著性（$P<0.05$）的对比。其中，TA、TB_1、TB_2、TB_3、TB_4和 TB_5 为保水剂，CK 为无保水剂对照组

六、采用节水灌溉措施

（一）原垄坐水种植

原垄坐水种植技术是西部半干旱区为应对春旱研发的一项有效的保苗措施，

也是结合播种进行灌水的一种节水灌溉技术。一方面，播种和灌溉同时进行，将适量水灌入播种穴，使种子层的含水量达到田间持水量的 90%以上，在种子周围形成直径为 25~30cm 的椭圆球形湿土体，使玉米种子处于湿土团或近似横向湿土柱中，满足种子发芽、出苗所需水分，为种子发芽出苗创造适宜的土壤水分小环境[54]；另一方面，水分可提高种子周围养分有效性，满足苗期养分需求，有利于种苗出土和苗期生长。该技术实现了节水保苗的目的[55]。

传统的漫灌和沟灌利用水分灌地，一般灌溉量需要达到 75t/hm²，而原垄坐水利用有限水分进行润芽或润根，用水量仅为 12.5t/hm²，可以节水 83.3%，节水效果非常显著。

（二）免耕淋水

1. 免耕淋水可以提高土壤含水量

由表 8-28 可知，播种前免耕淋水处理土壤含水量较常规种植高 17.0%，差异显著，苗期、拔节期、抽穗期、成熟期免耕淋水处理土壤含水量较常规种植分别高 8.96%、8.23%、0.45%、1.43%。

表 8-28 免耕淋水对土壤含水量的影响

处理	播种前（%）	苗期（%）	拔节期（%）	抽穗期（%）	成熟期（%）
常规种植	16.11	23.78	31.08	33.59	17.50
免耕淋水	18.85	25.91	33.64	33.74	17.75

2. 免耕淋水可以提高水分利用率

常规种植处理和免耕淋水处理水分利用率的比较分析表明（表 8-29），不同处理水分利用效率不同，免耕淋水处理促进了水分利用率提高，与对照相比，提高了 3.61%。

表 8-29 免耕淋水的水分利用率

处理	播前土壤贮水量（mm）	收获土壤贮水量（mm）	产量（kg/mh²）	生育期降雨量（mm）	灌溉补水量（mm）	水分利用率（kg/hm²/mm）	与常规比提高（%）
常规种植	79.42	97.3	9 849	438.1	7.5	23.03	—
免耕淋水	95.56	98.87	10 439	438.1	1.25	23.94	3.97

3. 免耕淋水可以保证出苗，提高玉米产量

不同处理对玉米出苗率、苗期出苗整齐度和产量的影响不同（表 8-30）。免耕淋水处理比常规种植出苗率提高 1.82%，苗期植株整齐度增加 5.59%；产量增幅为 6.00%。

表 8-30 不同处理下玉米出苗率及产量的变化

处理	出苗率（%）	苗期植株整齐度	籽粒含水量（%）	产量（kg/hm^2）	增产幅度（%）
常规种植	93.2	16.1	35.9	9 849	-
免耕淋水	94.9	17.0	30.9	10 439	6.00

（三）膜下滴灌

膜下滴灌是将农田覆膜与滴灌施肥结合在一起的新型农业技术。该技术集合了农田覆膜与滴灌施肥的优点，可减少水分无效蒸发和减少土壤侵蚀，提高玉米生育前期的土壤温度，从而提高农作物产量与水分利用效率，同时，滴灌施肥能够将灌水与肥料溶于一起，直接施入到作物根部。滴灌施肥可以精确地控制施肥量、灌水量及施用时间，实时满足作物不同时期对水分及养分的需求[56]。

膜下滴灌的优势[56]：一是可以显著提高水分及养分利用效率；二是提高作物产量，改善产品品质；三是操作简单，容易实现自动化，减少田间作业用工费用；四是可以减轻因为过量施肥造成的地下水污染及土壤板结等问题。

膜下滴灌技术在我国西北半干旱地区应用较为广泛，它可降低了单棵植株的水分蒸发，水肥一体化实现了精确合理的灌溉，从而实现节水、节肥、节能、节劳、节地、提高水和土地的利用率的作用，可达到节水增产的目的[57-58]。

1. 膜下滴灌对玉米产量形成的影响

在东北的干旱地区，采用膜下滴灌和水肥结合的一体化模式种植玉米，通过对玉米水氮耦合效应研究确定，水氮互作显现出明显的正交互作用，灌水施肥对玉米的产量、穗粒数、百粒重均有显著影响，显著提高了干旱胁迫下的玉米产量[59-60]。

2. 膜下滴灌对玉米干物质积累的影响

玉米干物质积累可以作为判断玉米营养状况指标，也是衡量玉米氮素营养的重要指标。作物地上生物量与灌水量和施氮量之间呈正相关效应[61]。在干旱胁迫条件下，膜下滴灌的灌水量和施肥量对干物质累积有显著的影响，可有效提高作物的水分利用效率，促进农作物的生长发育（图 8-21）。玉米在干旱胁迫下的生育后期，增加地膜滴灌和施用氮肥的作用下，可以提高光合作用强度，增加玉米的干物质量和氮素吸收量，促进作物的根系发育[62-63]。

3. 膜下滴灌对养分吸收利用的影响

膜下滴灌可以对土壤增温，又减少水分蒸发，以精准的滴灌模式将肥料施入到根系，促进植株根系的生长，根系活力旺盛会提高养分吸收能力，增加作物光合作用，并在灌浆期提高各器官向籽粒的转运与积累，从而提高作物产量[64]。干旱胁迫下的玉米对各类养分十分敏感，不同灌水量与施肥量配比，稳定的水肥

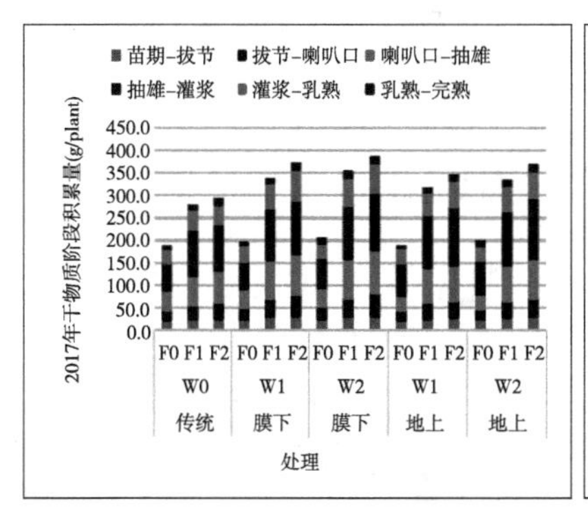

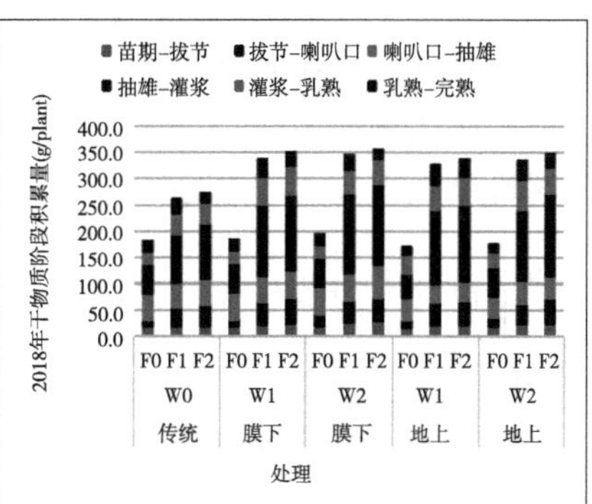

图 8-21　灌水量及施肥量对玉米植株干物质积累量的动态变化的影响（2017 和 2018 年）（g/plant）

（引自黄金鑫，2019）

配施能够降低下夏玉米对水分的需求量，更能提高水分的利用效率，促进玉米对养分的吸收和积累[65]（图 8-22）。

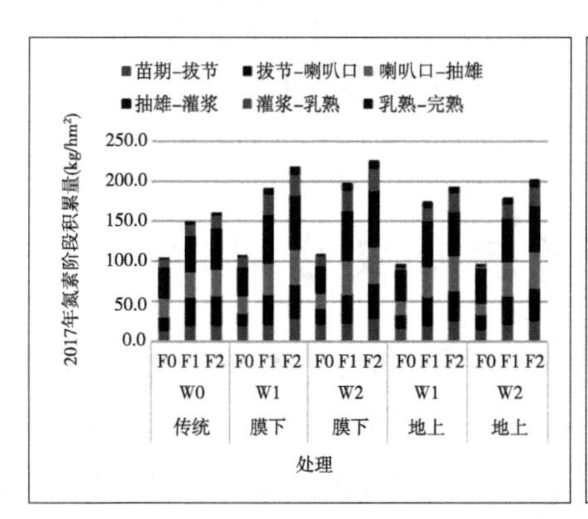

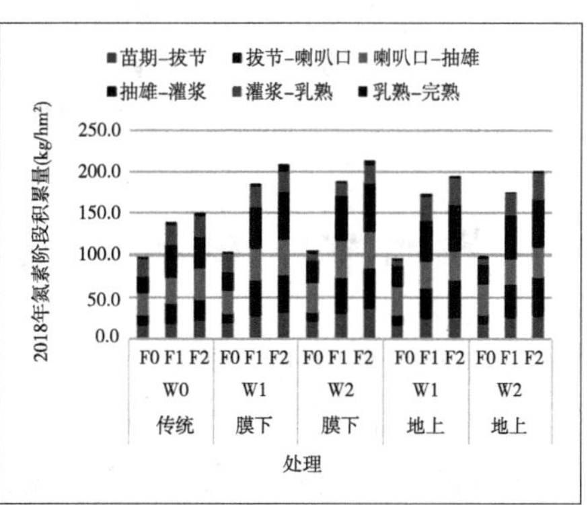

图 8-22　2017 和 2018 年氮素阶段积累量（kg/hm^2）

（引自黄金鑫，2019）

4. 膜下滴灌对水分利用效率的影响

水分是农作物生长发育的必要因素，适宜的水分条件对玉米产量呈现正效应，反之，水分胁迫会影响作物的生长，作物对水分的需求存在一定界限，过高或者过低都会表现出不同的正负效应。土壤含水量的高低影响着土壤营养元素的有效性，在灌溉量与土壤性质相同的情况下，土壤中的含水量越高，越能提高根部的活性[65]。因此，干旱胁迫下，灌溉定额促进玉米的水分利用效率，虽然持续增大灌溉定额对玉米的产量没有明显的影响，但是降低灌溉定额会使玉米生长发育受到限制[66-68]。图 8-23 是玉米需水量及水分利用效率的变化。3 年的田间试验中，年际降水存在明显的差异。根区土壤水分状况和作物生长不同，水分利用效率受土壤水分的影响。当膜下滴灌灌水下限达到-30kPa，在不显著降低产量的同时可以获得最大的水分利用效率[69]（图 8-23）。

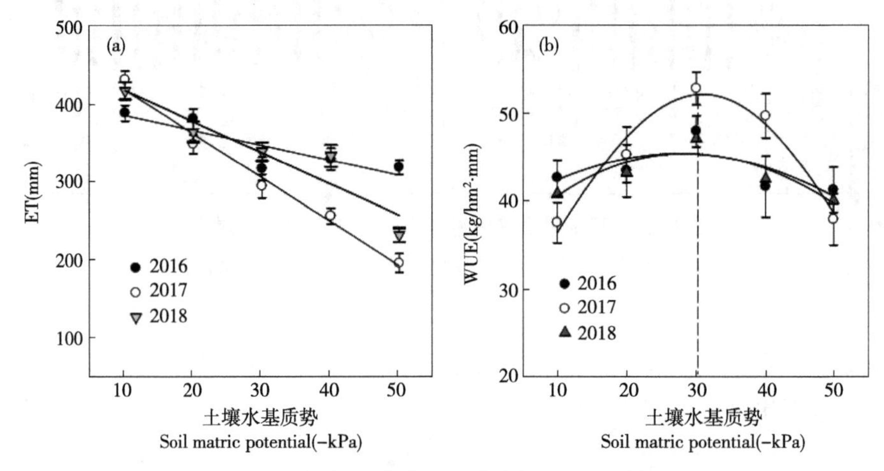

图 8-23　不同基质势下玉米需水量与水分利用效率

（引自姬祥祥，2014）

第二节　低温冷害的预防及应对措施

东北地区自然灾害主要有：旱灾、冷害、涝渍、风害、雹害，其中，冷害为第二大灾害，仅次于旱灾，其特点是发生的频率较高、受害面积广，减产幅度大，严重威胁玉米稳产、高产。玉米是喜温作物，当冷害发生时，当年减产幅度大。东北地区平均三至五年就发生一次低温冷害[70]，20 世纪 50—70 年代严重低温冷害频繁发生，致使东北大部分区域玉米单产下降超 10%，其他农作物平均减产超过 15%[71]。过去 50 年东北 3 省玉米冷害发生频率整体呈降低趋势，地区之间存在明显差异。由于东北地区极端低温事件的波动性导致冷害发生不确定性增加，因此，低温冷害仍是东北春玉米生产中应及时和重点关注的主要自然灾害。在全球气候变化背景下，应提高对低温冷害的科学认知，结合冷害发生的特点和频率，做好灾害预警，通过田间调控措施进行防灾、减灾，减小冷害对玉米产量和品质的影响[72-74]，灾后及时提出补救方案，尽最大可能减少损失。

一、选用适宜品种

低温冷害对作物生长发育及产量和品质有强烈的影响，在低温胁迫发生时，玉米植株体内发生一系列生理生化反应来应对和适应低温，不同品种玉米表现出的抗低温能力也不同[75]。近年来，东北地区春玉米“一穴单粒”播种面积剧增，加之春季气温波动大，“倒春寒”频发，导致部分玉米不能正常拱土萌芽，造成部分区域缺苗现象严重。为此，合理选用抗逆玉米品种，预防低温冷害，是实现东北春玉米保产、稳产的关键。

目前主推的玉米品种的种子发芽率均能达到国家标准，但在低温逆境下，不同品种间发芽率表现出差异。了解生育期对温度的反应，根据有效积温选用抗逆品种，才能更好提高种子发芽率，降低低温冷害的危害。

（1）黑龙江省农业科学院的研究表明[76]，不同品种对温度反应敏感性不同，发芽的下限温度有差异。苏俊等研究人员从 80 份玉米材料中，确定了玉米发芽下限温度有 8 份为 6℃、32 份为 7℃、6 份为 8℃、7 份为 10℃。玉米发芽最低温度为 6~7℃，为抗低温玉米品种（表 8-31），播种时应根据当地的土壤墒情并结合天气预报选种播期，当地温稳定通 6℃以上可以播种，过早播种易毁种，毁种后再补种不仅增加成本，还造成积温浪费。玉米不同生长发育阶段，对温度要求有明显的差异，发芽至出苗最低温度为 7℃；出苗至拔节最低温度为 10℃；拔节至抽雄最低温度 15℃；灌浆至成熟最低温度为 6℃。

表 8-31　不同品种玉米发芽最低温度

品种（系）	下限温度（℃）	品种（系）	下限温度（℃）	品种（系）	下限温度（℃）
147N	6	桦 94	6	103×单 423	7
CO158	6	日 309×海矮	6	长马 10	6
11544X550	6	423-12-12B×海矮	6	17V458×早大黄 5-2	7
75-107×北 711	6	早 23-321A×甸 11	6	长美 11 * 早 44	7
海玉 3 号	7	熊掌	7	10 嫩单系列	7
BuP44B×桦 94	7	和 39×MV458/海矮	7	3-2-11-2	7
8 黄牙	7	早大黄×44A-13	7	黑玉 71	7
长美 15X 早 4	7	绥玉 1 号	7	嫩单 1 号	7
103-31-2	7	44A-131A-5A	7	火 76A×852A	7
团 44-333A	7	458A-2	7	海塔 9F-1×还 44	7
423-11-1A	7	无名	7	合玉 11	7
意牛	7	长 16	7	合玉 12	7
长马 10 号	6	南 80	7		

(2) 苏义臣[77]在吉林地区研究不同玉米品种，发现多数品种在低温条件下仍然能保持较高的发芽率（表8-32），试验62个品种整体对低温耐受力强，郑单958等46份种子经冷浸处理后，出苗率在90%以上，省原80等8个品种出苗率在85.0%～89.9%，稽稼107、银河165、五谷704和吉单631出苗率在80.0%～84.9%，金园15、禾育203、银河33和银河32出苗率在70.0%～79.9%。在低温条件下种子发芽率低于85%的8个品种，耐低温活力差，容易受春季低温等逆境影响，在今后的推广和生产中，应注意避开春季气候变化复杂的区域。

表8-32　不同玉米品种低温条件下的发芽率　（单位:%）

序号	品种	常温发芽			低温发芽			常温发芽率高于低温发芽率
		重复Ⅰ	重复Ⅱ	平均	重复Ⅰ	重复Ⅱ	平均	
1	金园15	99	100	99.5	72	76.2	74.1	25.4
2	禾育203	99.1	100	99.6	74	76	75	24.6
3	银河33	99.1	96.1	97.6	80.2	77.2	78.7	18.9
4	银河32	97.1	92.2	94.7	82.1	74.1	78.1	16.6
5	稽稼107	97	99.1	98.1	80.2	85.2	82.7	15.4
6	银河165	93.2	98	95.6	79	84.3	81.7	13.9
7	五谷704	97	93	95	79.5	85.4	82.5	12.5
8	吉单631	93.2	95.3	94.3	81.1	85.4	83.3	11
9	省原80	99	97.1	98.1	80.1	97.2	88.7	9.3
10	利民3	98.1	96.2	97.2	90.3	87.2	88.8	8.4
11	美玉339	97.1	96.2	96.7	89.4	87.2	88.3	8.4
12	郑单958	97	100	98.5	91	89.4	90.2	8.3
13	吉第67	95.3	97.2	96.3	87.2	90.1	88.7	7.6
14	金凯7	98	99	98.5	94.2	88.3	91.3	7.2
15	银河160	93.2	92.2	92.7	86.1	85	85.6	7.1
16	九单318	96.2	99	97.6	94	87	90.5	7.1
17	穗育85	96	93	94.5	87	89	88	6.5
18	吉农大678	96.1	100	98.1	89.2	94.1	91.7	6.3
19	迪卡159	97.1	99.1	98.1	91.3	92.4	91.9	6.2
20	金园130	100	99	99.5	93.2	94	93.6	5.9
21	吉第57	91.3	92.2	91.8	88.6	83.2	85.9	5.8
22	华农206	96.1	98.1	97.1	97.2	85.4	91.3	5.8
23	华科3A2000	96.1	96	97.6	94	90.2	92.1	5.5
24	良科1008	95.3	96.2	95.8	90.2	90.3	90.3	5.5

（续表）

序号	品种	常温发芽			低温发芽			常温发芽率高于低温发芽率
		重复Ⅰ	重复Ⅱ	平均	重复Ⅰ	重复Ⅱ	平均	
25	吉单558	98.1	97	97.6	94.2	90.3	92.3	5.5
26	大民899	98.2	95.3	96.8	90.5	93.3	91.9	5.3
27	良玉208	99	100	99.5	97	94.1	95.6	4.8
28	东润188	100	98	99	94.1	96	95.1	3.9
29	恒育598	94.1	94.3	94.2	87.3	93.5	90.4	3.9
30	吉第816	95.2	96.1	95.7	93	91.3	92.2	3.8
31	迪卡516	93.2	100	96.6	99.1	87.3	93.2	3.5
32	平安169	97.2	98.1	97.7	95.3	93.3	94.3	3.4
33	奥邦818	98	100	99	95.2	96.1	95.7	3.4
34	天农九	99.1	99.1	99.1	98.2	93.5	95.9	3.3
35	中良916	98.1	98.1	98.1	92	98	95	3.2
36	平安186	93.4	96.1	94.8	89.3	94.2	91.8	3.1
37	先玉335	100	97.1	97.2	95.2	93.3	94.3	3.0
38	莱科818	97	100	100	96.2	99.1	97.7	2.9
39	美玉99	91.9	96	96.5	93.5	95.2	94.4	2.3
40	吉农大935	100	62.3	92.1	91.1	89.1	90.1	2.1
41	吉农玉898	100	96	98	97.1	95	96.1	1.9
42	禾育35	94.1	96.9	95.5	94	93.2	93.6	1.9
43	恒育218	93.1	95.2	94.2	91.4	93.1	92.3	1.9
44	禾育89	98.1	97.1	97.6	98	94	96	1.6
45	先玉1111	97	95	96	97.2	91.6	94.4	1.6
46	利民33	96.1	98.1	97.1	92.4	99	95.7	1.4
47	云玉66	97.3	96.3	96.8	96	95.1	95.6	1.2
48	京科968	92	90.1	91.1	86.6	93.2	89.9	1.1
49	吉农大889	95.2	95.4	95.3	93.1	95.2	94.2	1.1
50	良玉66	97.2	96.2	96.7	95.2	96.1	95.7	1.0
51	吉育88	99.1	96.2	97.7	95.3	98.1	96.7	1.0
52	宏兴1号	95.2	99.1	97.2	98.2	94.2	96.2	1.0
53	禾育47	98	96.1	97.1	97	95.2	96.1	1.0
54	良玉918	98	96	97	96.2	96.1	96.2	0.8
55	德育919	99.1	99.1	99.1	99	98	98.5	0.6
56	银河158	91.6	91	91.3	91.2	90.2	90.7	0.6
57	雄玉581	92.4	92.1	92.3	93.1	90.2	91.7	0.5
58	兴农86	97.2	98.2	97.7	96.2	98.2	97.2	0.5

（续表）

序号	品种	常温发芽			低温发芽			常温发芽率高于低温发芽率
		重复Ⅰ	重复Ⅱ	平均	重复Ⅰ	重复Ⅱ	平均	
59	华科 425	97.2	97	97.1	95.1	98	96.6	0.5
60	农华 101	99.1	99	99.1	98.1	99	98.6	0.5
61	良玉 99	96.4	96.9	96.7	96.3	96.3	96.3	0.4
62	飞天 358	98.1	98.2	98.2	98.1	98	98.1	0.1

（3）东北农业大学李晶根据玉米发芽指标，筛选出 12 个抗低温的玉米品种，绥玉 23、克玉 17、先玉 696、德美亚 1 号、东农 259、先达 203、禾田 4 号、丰禾 7 号、合玉 23、绿单 2 号、鑫鑫 1 号和鑫鑫 2 号，建议在低温出现年要侧重选种。将萌发期玉米种子进行低温胁迫处理（浸种后的种子进行低温胁迫处理，设置 6 个温度（昼/夜）处理即 0℃、2℃、4℃、6℃、8℃、10℃，每个温度水平分别处理 0d、3d、6d、9d、12d、15d），回温至 10℃。24 小时后通过对各处理玉米种子发芽势、发芽率和发芽指数进行聚类分析，将 28 个玉米品种分为 5 类：强耐低温型（Ⅰ），此类型只有一个品种，绥玉 23；耐低温型（Ⅱ）包含 11 个品种，占全部品种的 39.3%，具体包括克玉 17、先玉 696、德美亚 1 号、东农 259、先达 203、禾田 4 号、丰禾 7 号、合玉 23、绿单 2 号、鑫鑫 1 号和鑫鑫 2 号；中间型（Ⅲ）包含 4 个品种，东农 254、鑫科玉 1 号、京农科 728 和庆单 6 号；不耐低温型（Ⅳ），共 8 个品种，占全部样品的 28.6%，包括大民 3307、克玉 16、龙辐玉 9 号、德美亚 3 号、先玉 335、鑫科玉 2 号、龙单 59 号及嫩单 18 号；极不耐低温型（Ⅴ），共 4 个品种，德美亚 1 号、天和 1 号、南北 5 号、龙单 38 号。结果表明，不同品种低温发芽表现差异显著，0℃条件下 12d 以上、2℃处理 15d 以上种子吸涨萌动，但无胚根伸出，种子发生霉烂，半数品种发芽率未达到 50%。

（4）低温条件下，光合速率降低幅度较小、电导率增加幅度较低、脯氨酸浓度提高显著的品种，具有较强的抗低温能力[78]，王迎春通过试验证实中国北方 5 个玉米品种抗低温的能力：沈单 10 号 > 中单 306 > 农大 108 > 晋单 32 > 陕单 902。

根据上述玉米不同生长发育阶段对温度要求，结合当地历年温度波动情况和天气预报，确定主栽品种。选择玉米品种时，应注意一定选育主推抗逆、抗大斑病、灰斑病（表 8-33）[79]、抗黑穗病、抗青枯病的品种。根据东北地区生产水平，玉米主产区、高产区，当地生产水平高、投入高、科学种玉米水平高、抗灾能力强，所以，选择品种时应以晚熟且产量潜力大的品种为主。自然条件差，冷害时有发生的地区，且当地投入水平不高，选择品种时应选择熟期适中、抗逆性强的品种。

表 8-33 东北春玉米种抗大斑病、灰斑病品种

品种名称	大斑病抗性评价	灰斑病抗性评价	品种名称	大斑病抗性评价	灰斑病抗性评价	品种名称	大斑病抗性评价	灰斑病抗性评价
巴单 3 号	MR	R	吉单 519	MR	MR	龙育 9 号	MR	MR
北单 2 号	MR	MR	吉单 536	R	MR	绿育 9918	R	MR
北育 288	R	MR	吉东 10 号	MR	MR	绿育 9928	MR	HR
边单 1 号	MR	R	吉东 16 号	R	MR	美育 99	MR	HR
边三 1 号	MR	R	吉东 2	MR	MR	嫩单 10	R	MR
边三 2 号	MR	MR	吉东 20 号	MR	MR	嫩单 13	MR	MR
宾玉 4	MR	R	吉东 22 号	MR	R	嫩单 14	MR	R
长城 799	MR	MR	吉东 23 号	R	R	农大 84	R	R
长单 512	R	R	吉东 26 号	MR	R	农大 95	MR	R
赤单 661	R	R	吉东 28 号	R	R	华农 101	R	HR
春育 8	MR	R	吉锋 2 号	MR	R	平安 18	MR	R
大龙 160	MR	R	吉农大 115	MR	R	平安 31	R	R
大民 707	R	MR	吉农大 578	MR	MR	平安 54	MR	MR
丹玉 77	MR	R	吉农大 588	MR	MR	平全 9	MR	R
丹玉 79	R	MR	吉农大 688	R	R	强盛	R	R
德美亚 1 号	MR	R	吉农大 935	R	R	秦龙 9	MR	MR
登海 20	MR	MR	吉农玉 898	R	MR	庆单 8	MR	R
东裕 108	MR	MR	吉兴 218	R	R	瑞秋 24	R	MR
丰单 1	R	MR	稷秾 11	R	R	三璞 9794	MR	MR
丰单 5	MR	MR	稷秾 18	R	R	沈玉 21	MR	R
丰禾 10 号	R	MR	佳玉 538	MR	MR	西单 19	R	HR
丰禾 1 号	R	MR	金山 27	R	MR	绥玉 12	MR	MR
丰田 6 号	MR	R	久龙 1 号	MR	R	通科 1	R	R
丰田 9 号	R	R	久龙 5 号	MR	MR	屯玉 58	R	R
丰田 12 号	MR	MR	军单 8	R	HR	先锋 32D22	R	R
凤田 9	R	MR	科河 8 号	R	R	先玉 252	MR	MR
富友十	MR	MR	克单 10	MR	MR	先玉 420	R	HR
甘玉 2 号	R	MR	克单 14	R	MR	先玉 508	MR	HR
禾玉 18	R	MR	克单 27	MR	R	先玉 696	R	HR
亨达 29	R	MR	克单 9	R	MR	鑫鑫 1 号	R	R
宏育 29	R	R	雷奥 150	MR	MR	兴垦 10	MR	R

（续表）

品种名称	大斑病抗性评价	灰斑病抗性评价	品种名称	大斑病抗性评价	灰斑病抗性评价	品种名称	大斑病抗性评价	灰斑病抗性评价
宏育 416	MR	R	利合 16	MR	R	兴垦 3	MR	MR
厚德 198	R	MR	辽单 565	MR	R	伊单 2	R	MR
吉大 101	R	MR	龙单 38	R	MR	银河 101	MR	MR
吉单 261	R	MR	龙单 39	MR	MR	银河 32	MR	MR
吉单 27	R	MR	龙单 43	MR	MR	银河 33	R	MR
吉单 35	MR	MR	龙丰 2 号	R	MR	泽玉 16	R	R
吉单 38	R	R	龙丰 7 号	MR	R	哲单 37	MR	MR
吉单 415	R	MR	龙高 L2	MR	MR	郑单 958	R	MR
吉单 50	MR	R	龙育 4 号	MR	R	吉单 517	R	MR

注：R：抗大斑病，MR：中抗大斑病，HR：高抗大斑病
（李红，2012）

二、适期早播，缩短播期

播期的不同会影响玉米生育期资源分配的不同，因此，会直接影响玉米生长[80]。玉米的不同播期会导致后面生育期的提前或推迟，抽雄期的提前和推迟能影响单天积温值[81]，对玉米灌浆期产生影响。播种期的提前，可使玉米在生长发育过程中充分利用光、热、肥和水资源。“适期早播”经过许多年实践早已被证明：早播有利于培育出健壮的幼苗和植株，保证了后期的正常生长发育，其自身的抗冻抗病能力强。相反，人为延误农时，推迟播种，就必然使可利用的生长期更加缩短，作物就不能按期成熟，遇到早霜冻危害，其损失是不言而喻的。适期早播是一项趋利避害，增加产量的有效技术措施。东北春季升温明显，这就为玉米提前播种提供了热量资源保障，特别是黑龙江北部温度较低的地区，同时，温度升高、热量资源增加、玉米潜在生长季延长。因此，可以通过调整播期和更换品种适应气候变化。当土壤温度稳定通过 6℃时，为玉米适宜播种期[82]。适期早播，缩短播期，是玉米抢积温促早熟的有效措施。杨晓光等利用 27 年农业气象观测站对玉米实际生育期及生育阶段长度的多年平均值及变化趋势进行分析（表 8-34）。由表可以看出，1981—2007 年青网、勃利、泰来和本溪玉米播期每 10 年分别提前 1.4d、0.6d、6.6d 和 1.9d，这与 4-5 月温度升高有着密切关系。抽雄吐丝期的变化趋势各站点间表现不一致，而成熟期呈现显著延后的趋势，每 10 年延后 1.4~7.6d。因此，营养生长阶段变化较小且不显著，而生殖生长阶段显著延长，每 10 年延长 2.7~6.9d[83]。由此可以得出玉米生育期的变化趋势，播种期提前，而成熟期延后，玉米全生育期呈现延长的趋势。对于早期

冷害，播种延后，生育期相对变短，应选择中、早熟玉米品种。

表 8-34　1981—2007 年玉米实际生育期变化

项目		青岗	勃利	泰来	四平	新民	本溪
播期	变化趋势(d/10a)	125	128	125	114	117	120
	平均值(日序)	-1.4	-0.6	-6.6	4.8**	3.0	-1.9
抽雄吐丝期	变化趋势(d/10a)	211	210	209	205	203	205
	平均值(日序)	-0.5	-1.5	0.7	2.6**	0.1	-0.9
成熟期	变化趋势(d/10a)	268	262	265	256	260	259
	平均值(日序)	5.3**	5.2*	7.6**	5.3**	1.4**	3.5**
营养生长阶段长度	变化趋势(d/10a)	87	83	84	92	87	86
	平均值(日序)	0.9	-0.9	7.3**	-2.2	-2.9	1.0
生殖生长阶段长度	变化趋势(d/10a)	57	53	57	51	56	53
	平均值(日序)	5.8**	6.7**	6.9**	2.7**	4.3**	4.4**
全生育期长度	变化趋势(d/10a)	144	136	141	143	143	139
	平均值(日序)	6.7**	5.8**	14.2**	0.6	1.4	5.4**

注：* * 表示通过 a=0,05 显著性检验：* 表示通过 a=0.01 显著性检验

不同播期玉米地上部干物质积累量差异较大。如表 8-35 所示，早播（1980 年 4 月 10 日）较晚播（1980 年 5 月 31 日）玉米生育期积温 214℃/d，早播的玉米地上部全干重、叶干重和叶面积指数都远比晚播的大，产量也明显偏高。出苗至成熟期间的积温越多，植株生物量越大，叶面积也越大，产量越高，但玉米生育前期温度高低对地上部生物量的影响程度不如中、后期的明显，即积温对玉米干物质积累过程的影响在一定程度上有前后互补的作用，但主要表现在后期热量充足可以对前期有补偿作用，而反过来补偿作用不明显。

表 8-35　不同播种期的玉米主要生育期气温和地上部干物质重量的比较[84]

	主要生育期									
	出苗至 15 叶		15 叶至乳熟			乳熟至蜡熟		出苗至成熟		
	T1 (℃)	G1 (g)	T2 (℃)	G2 (g)	T3 (℃)	G3 (g)	GL (g)	L	T (℃/d)	Y (kg/hm²)
4-10 播期	20.1	1 459.5	23.7	8 220	23.3	21 067.5	3 384.0	3.6	2 210.6	7 647.0
5-31 播期	23.4	2 251.5	23.6	7 567.5	21.7	14 467.5	2 383.5	3.1	1 996.2	6 554.3
差值	3.3	792.0	-0.1	-652.5	-1.6	-6 600.0	-1 000.5	0.5	-214.4	-1 092.7

注：T1、T2 和 T3 分别是对应时期的平均气温，G1、G2 和 G3 分别是 15 叶、乳熟和蜡熟时的地上部干物重，GL 是蜡熟时地上叶干重，L 是蜡熟时叶面积指数，T 是活动积温，Y 是经济单产

（马树庆，2008）

付华等[85]研究认为，在没有遇到高温的情况下，适时早播对玉米产量的提高将更有利。研究不同播期对京农科728、登海618、郑单958和先玉335品种生长发育和产量的影响（表8-36），4个品种的早播处理成熟期穗和籽粒干物质积累量比晚播处理大，因早播处理本时段温度高于晚播处理；4个品种均在播期为6月5日的积累量最大，但4个品种积累量最小却不一致，郑单958在播期为6月15日的积累量最小，京农科728、郑单958和先玉335在播期为6月25日的积累量最小，成熟期穗和籽粒干物质积累量相差较为明显。4个品种籽粒和穗干物质积累量早播处理比晚播处理积累量大，可能是因为早播处理比晚播处理时段的温度要高。

表8-36　不同播期对干物质量的影响[85]

品种	播种日期	干物质量/（g/hm^2）	
		成熟期穗	成熟期籽粒
登海618	6月5日	24.23	35.02
	6月15日	18.51	27.23
	6月25日	17.62	26.87
京农科728	6月5日	18.77	29.67
	6月15日	19.34	29.41
	6月25日	15.89	24.06
郑单958	6月5日	24.06	37.56
	6月15日	13.8	18.67
	6月25日	19.76	26.77
先玉335	6月5日	21.82	34.58
	6月15日	18.79	27.89
	6月25日	17.83	25.11

（付华，2020）

在玉米穗粒数、百粒重和产量上，品种和播期处理对其影响达极显著水平。品种和播期处理对穗粒数、百粒质量和产量表现出极显著的交互作用[86]。因此，玉米生育期及各生育阶段受播期及温度的影响较大，避开高温，能够有效提高玉米穗粒数、百粒质量，从而提高玉米产量。大量研究表明，随播期推迟，产量呈逐渐下降的趋势[87]。不同播期，玉米产量有显著差异，晚播会使穗粒数、百粒质量显著降低，秃尖长和秃尖率增大，导致产量降低[88]。由此可见，高温对玉米生长发育和产量形成的影响较大。在没有遇到高温的情况下，适时早播，对玉米产量的提高将更有利。

三、耕作措施防御低温冷害效果

土壤系统与外界主要是通过太阳辐射和地面的反射辐射、感应热交换、水分交换进行热量交换[89]。地膜是透光的，对太阳辐射的反射作用小，土壤能有效地接收太阳辐射的热量，同时，由于膜下存在着大量的凝结水珠及膜下空气湿度高，阻隔了土壤向大气中的长波辐射，加热了膜下的水汽和水滴，使膜下地面温度高于无覆盖地面温度[90]。失热时，由于地膜隔断了土壤表面与大气之间的乱流热交换和减少了蒸发失热，地膜下土壤温度的下降速度要慢于无覆盖地面温度的下降速度，降温过程滞后，低温段温度高于无覆盖地面[91]。覆膜的阻隔作用减少了膜内外平行和垂直热对流对土壤热量的消耗，减少了土壤中热量在大气中扩散[92-93]。使膜内土壤温度在较长时期内保持稳定，覆膜玉米比露地玉米全生育期约增加有效积温 300～400℃/d[94]。地膜覆膜减少土壤水分的蒸发，有良好的保墒、提墒及稳定土壤水分的效果，即覆膜技术具有增温保墒的作用，可有效解决光热资源不足的问题，加快了作物的生长发育进程，能有效地提高土地资源利用，调节作物生长季节，提高产量，在国内外已得到较为广泛的应用[95]。

（一）地膜覆盖对土壤温度的影响

通过覆膜处理，玉米出苗期至拔节期（4 月 24 日至 5 月 22 日），土壤表层温度平均提高了 6.43℃，增温幅度 62.48%，底层温度平均提高了 3.48℃，增温幅度 38.66%。玉米拔节期至抽雄期（5 月 27 日至 7 月 8 日），土壤表层温度平均提高 3.01℃，增温幅度 16.9%，底层温度平均提高 2.21℃，增温幅度 12.83%。玉米吐丝期至灌浆期（7 月 13 日至 8 月 23 日），土壤表层温度平均提高 1.36℃，增温幅度 6.88%，底层温度平均提高 1.49℃，增温幅度 7.62%（图 8-24、图 8-25、图 8-26）。

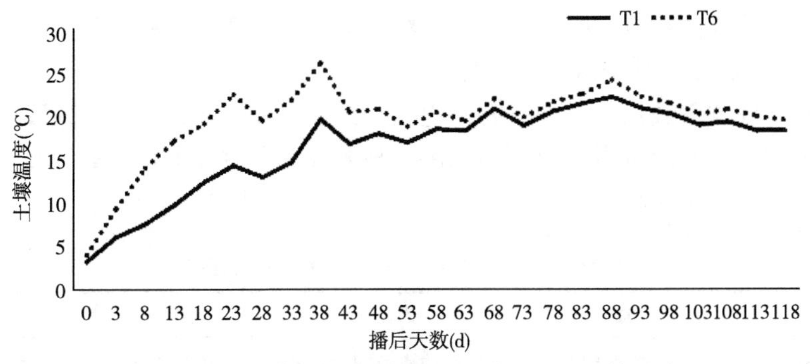

图 8-24　地膜覆盖对土壤表层温度（8cm）的影响

T1：对照（露地直播），T6：地膜覆盖

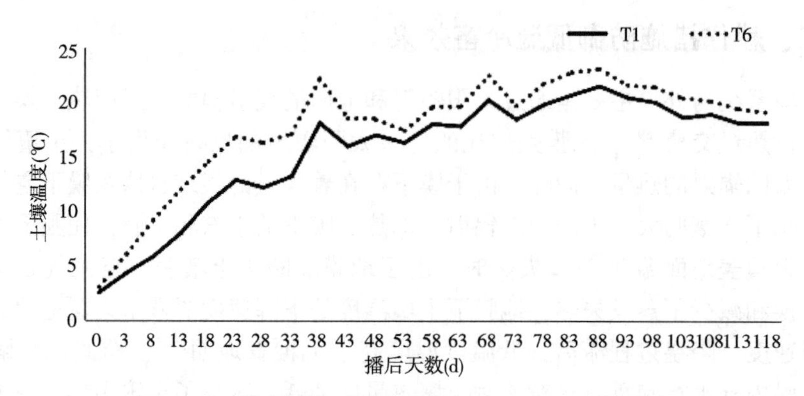

图 8-25 地膜覆盖对土壤底层温度（20cm）的影响

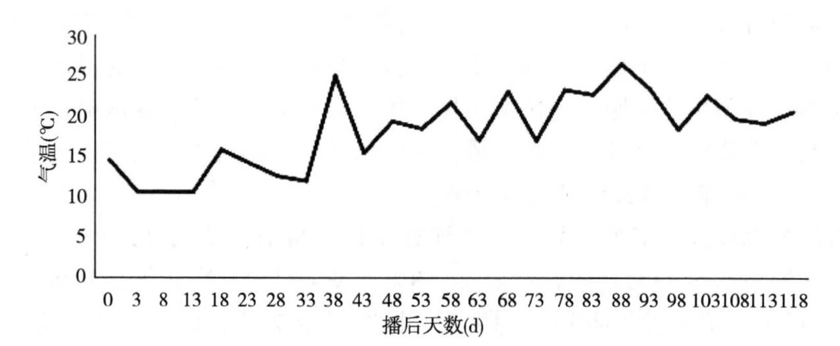

图 8-26 2018 年逐日气温图

覆膜处理和对照的土壤温度差呈先升高后降低的趋势，在模拟冷害条件下，温度是影响玉米苗期生长发育的关键因素，覆膜处理能够大幅度提升土壤温度，给玉米提供适宜的温度环境；生育后期二者的土壤温度差变小，这是由于地膜逐渐降解，土壤直接暴露在空气中，导致覆膜处理的土壤温度和对照接近。

（二）地膜覆盖对玉米生育期的影响

采用地膜覆盖栽培，增加了有效积温。与露地直播方式相比，地膜覆盖的玉米出苗期提前了 6d，抽雄期提前了 10d，成熟期提前了 8d（表 8-37）。说明地膜覆盖有效避免了烂种、死苗、“卡脖子旱”等生产中难题的出现[96]。

表 8-37 地膜覆盖与露地直播生育期差异

	播种期	出苗期	抽雄期	成熟期
地膜覆盖	4 月 20 日	4 月 24 日	7 月 8 日	9 月 29 日
露地直播	4 月 20 日	4 月 30 日	7 月 18 日	10 月 7 日

（三）地膜覆盖对玉米产量及其构成因素的影响

覆膜玉米产量显著高于露地直播，覆膜条件下金产 5 产量最高，可达 11 571 kg/hm^2，相对于露地直播增产 39.1%；其次是志合 411，产量达 11 254kg/hm^2，比露地直播增产 33.0%；新合 916 覆膜产量达 10 685kg/hm^2，比露地直播增产 39.9%，3 个品种平均增产 37.4%[97]。产量构成因素中，穗行数和穗粒数在覆膜和露地直播之间差异不显著（表 8-38）。

表 8-38　地膜覆盖与露地直播玉米产量差异

品种	种植方式	穗行数	穗粒数	百粒重（g）	产量（kg/hm^2）
新合 916	地膜覆盖	15.0a	573.0a	28.1a	10 685a
	露地直播	14.0a	573.1a	24.3b	7 638b
志合 411	地膜覆盖	15.3a	586.7a	28.8a	11 254a
	露地直播	14.2a	565.5a	23.3b	8 459b
金产 5	地膜覆盖	15.6a	551.0a	31.2a	11 571a
	露地直播	15.3a	576.4a	24.3b	8 317b

（四）地膜覆盖对玉米灌浆特性的影响

1. 玉米籽粒百粒重与灌浆速率动态变化

胡宇等[97]研究指出，覆膜玉米灌浆开始的时间早于裸地将近 14d，并且百粒重和灌浆速率均高于裸地，说明覆膜明显加快了玉米的生育进程（图 8-27）。其中，3 个玉米品种在覆膜条件下的百粒重增加均呈现出慢—快—慢的“S”形生长曲线；裸地条件下百粒重虽然一直呈上升趋势，但增加速度明显慢于覆膜，导致成熟期裸地条件下的百粒重显著低于覆膜。在灌浆速率方面，不同种植方式下各品种的灌浆速率均呈现单峰曲线变化趋势，且覆膜条件下的灌浆持续时间长于裸地，其中，新合 916 在覆膜和裸地条件下均于 9 月 9 日左右达到最大灌浆速率；志合 411 和金产 5 在覆膜条件下的最大灌浆速率明显快于裸地。

2. 玉米籽粒灌浆参数分析

Logistic 方程拟合不同种植方式下玉米品种的灌浆过程，3 个品种的决定系数都在 0.99 以上，说明此方程能较好拟合玉米的灌浆过程（表 8-39）。不同种植方式下，Wmax、Rmax、Rmean 和 T 均为覆膜>露地直播。由于玉米品种不同，导致玉米品种间的 Tmax 也有差异，新合 916 和金产 5 表现为覆膜>露地直播，志合 411 表现为露地直播>覆膜。

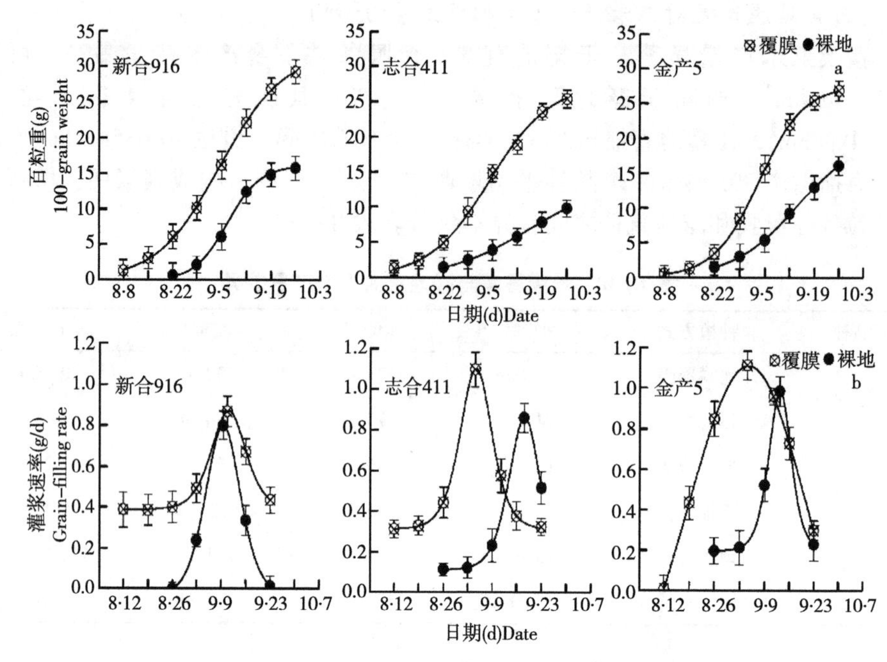

图 8-27　地膜覆盖下各玉米品种百粒重和灌浆速率的动态变化

表 8-39　地膜覆盖下各玉米品种的灌浆参数

品种 种植方式		新合 916		志合 411		金产 5	
		覆膜	露地直播	覆膜	露地直播	覆膜	露地直播
方程参数	A	33.42	16.25	26.56	18.52	27.46	19.75
	B	40.65	80.54	60.78	150.10	219.37	211.69
	K	0.10	0.19	0.16	0.18	0.17	0.20
	T1	9.27	2.49	4.09	2.18	2.58	1.29
	T2	7.41	8.78	8.21	10.02	10.78	10.71
	T3	32.30	17.12	20.40	17.90	19.84	16.55
决定系数		0.991	0.992	0.994	0.990	0.994	0.990
灌浆参数	Tmax	36.51	22.92	25.56	27.36	32.63	27.03
	Wmax	16.71	8.12	13.28	9.26	13.73	9.88
	Rmax	0.85	0.78	1.07	0.85	1.13	0.98
	Rmean	0.58	0.57	0.81	0.62	0.83	0.69
	T	48.98	28.38	32.71	30.10	33.21	28.55

四、施肥技术防御低温冷害

（一）施肥技术对玉米株高和生物量的影响

各优化施肥处理的玉米株高均高于对照（图8-28）。优化施肥技术能够提高玉米株高和生物产量，在拔节期、大喇叭口期、灌浆期，优化施肥处理生物量分别比对照增加了9.48%~20.48%、21.11%~26.20%、17.12%~20.36%（图8-29）。

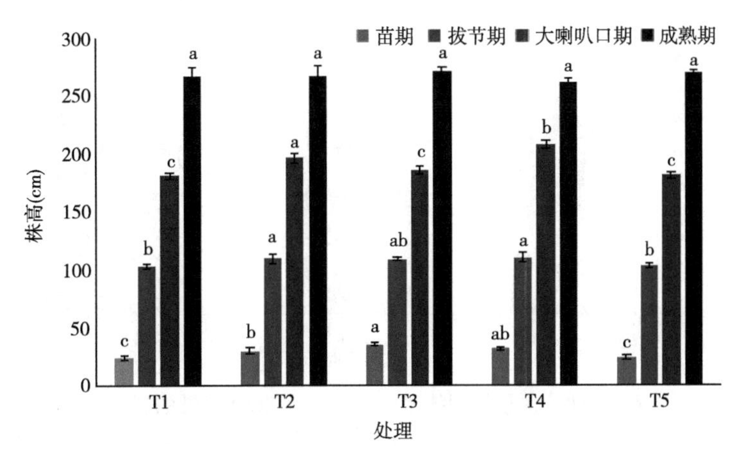

图8-28　优化施肥技术对玉米株高的影响

注：T1：对照（露地直播）；T2：减量生物有机肥（300kg/hm^2）；T3：全量生物有机肥（450kg/hm^2）；T4：硅钙肥+锌肥（硅钙肥300kg/hm^2+农用硫酸锌22.5kg/hm^2）；T5：促熟剂。试验用生物肥为木真菌生物有机肥；硅钙肥料含CaO 4%，SiO_2 20%，用量为300kg/hm^2。促熟剂采用聚康奈水剂，喷洒时间为玉米灌浆期

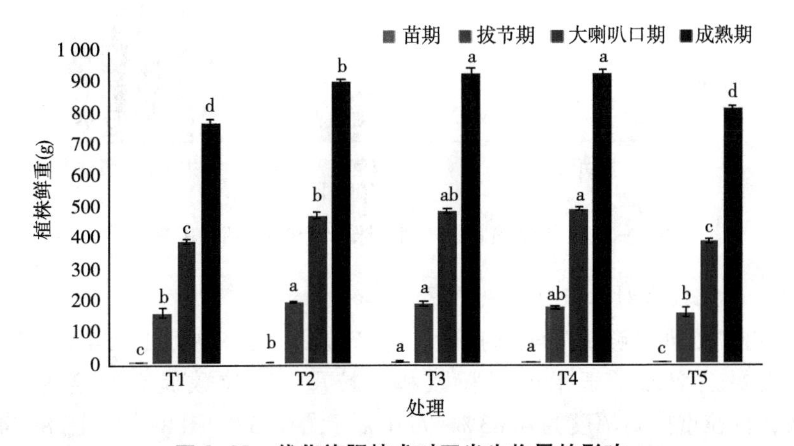

图8-29　优化施肥技术对玉米生物量的影响

（二）施肥技术对玉米抗氧化酶活性的影响

与对照比，T2、T3 和 T4 处理可提高玉米苗期、拔节期和大喇叭口期 SOD、POD 酶活性，其中，T3 处理显著提高苗期和拔节期 SOD 酶和大喇叭口期 POD 酶活性，说明优化施肥处理可以提高玉米叶片的抗氧化酶活性，减少活性氧的积累（图 8-30、图 8-31）。

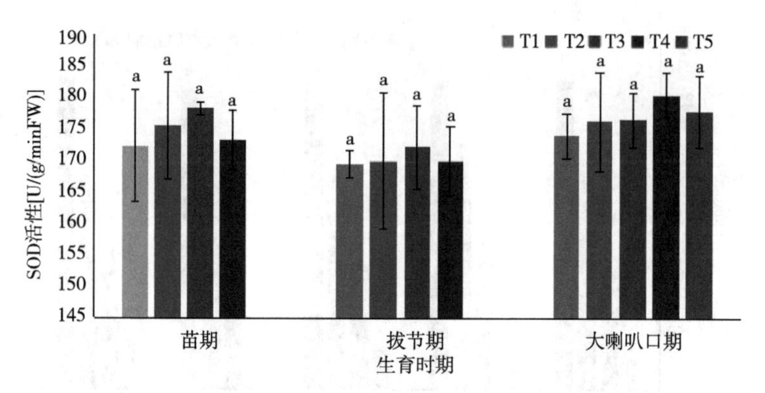

图 8-30　优化施肥技术对玉米叶片 SOD 活性的影响

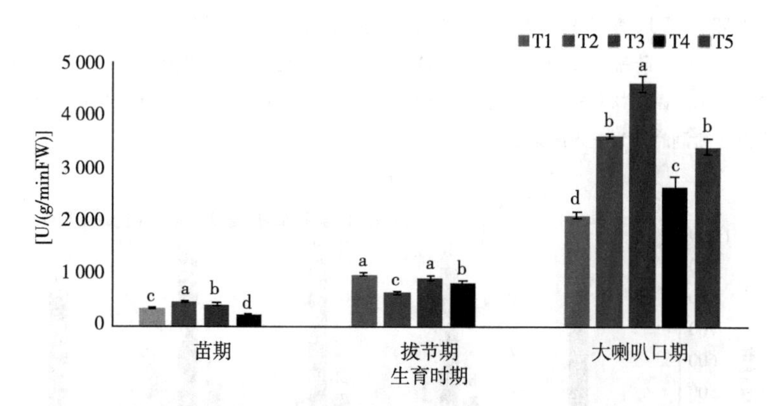

图 8-31　优化施肥技术对玉米叶片 POD 活性的影响

（三）施肥技术对玉米产量及产量性状的影响

优化施肥处理能够提高玉米产量，增产幅度为 5.89%～11.34%；产量增加的原因主要是增加了玉米的行粒数和百粒重，行粒数提高幅度为 3.22%～14.52%，百粒重提高幅度为 4.83%～7.10%（图 8-32、图 8-33、图 8-34）。

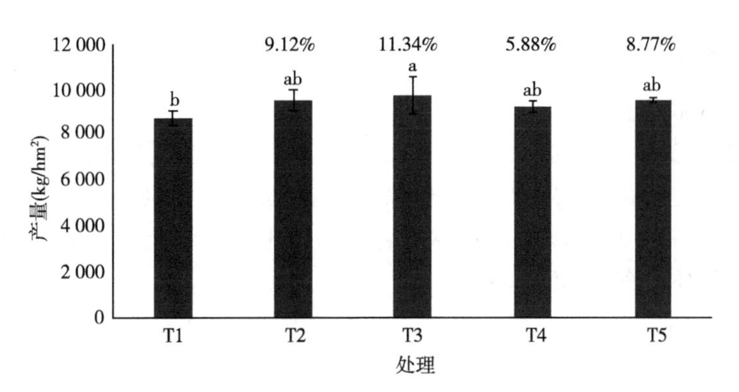

图 8-32　优化施肥技术对玉米产量的影响

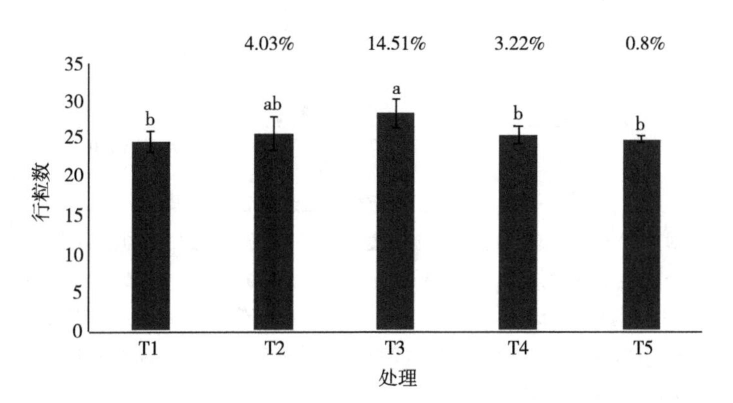

图 8-33　优化施肥技术对玉米行粒数的影响

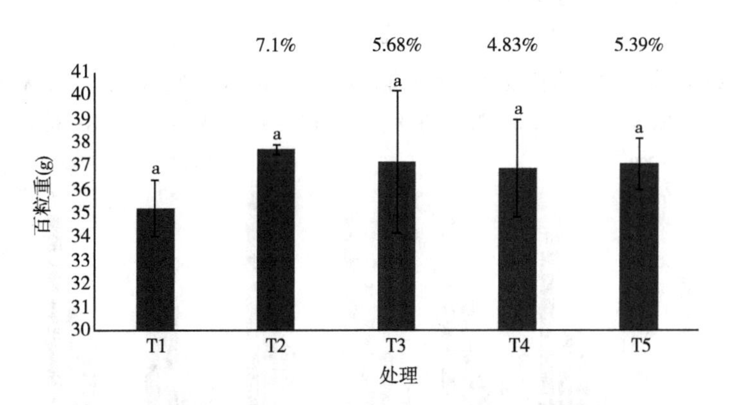

图 8-34　优化施肥技术对玉米百粒重的影响

五、增温保产技术防御低温冷害

（一）地膜覆盖配合施肥对玉米出苗率的影响

温度的提高促进了玉米出苗，与对照露地直播相比，覆膜处理出苗率提高了14.45%。在覆膜基础上采取优化施肥的措施可进一步提高玉米出苗率，地膜覆盖配合全量生物有机肥和地膜覆盖配合硅钙锌肥的玉米出苗率较地膜覆盖提高2.4%和0.76%（图8-35）。

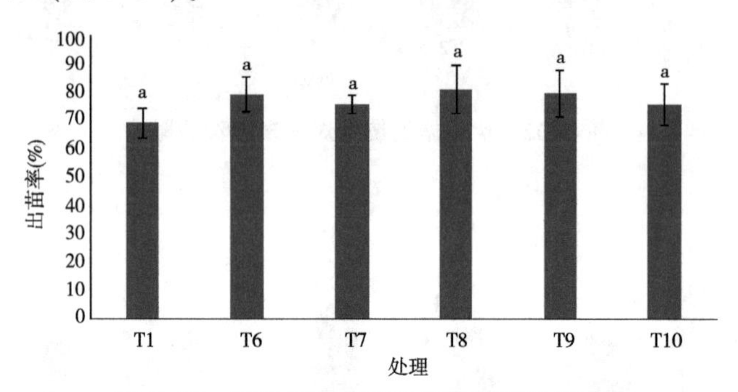

图 8-35　增温保产技术对玉米出苗率的影响

注：T1：对照；T6：地膜覆盖；T7：地膜覆盖+减量生物有机肥（300kg/hm²）；T8：地膜覆盖+全量生物有机肥（450kg/hm²）；T9：地膜覆盖+硅钙肥+锌肥（硅钙肥300kg/hm²+农用硫酸锌22.5kg/hm²）；T10：地膜覆盖+促熟剂。试验用生物肥为木真菌生物有机肥；硅钙肥料含CaO 4%，SiO_2 20%，用量为300kg/hm²。促熟剂采用聚康奈水剂，喷洒时间为玉米灌浆期

（二）地膜覆盖配合施肥对玉米生物量的影响

在覆膜基础上采取优化施肥的措施可进一步促进玉米生长。在拔节期、大喇叭口期、成熟期，地膜覆盖配合施肥处理的玉米生物量分别比对照增加了61.44%~109.61%、42.49%~61.83%、22.57%~33.33%（图8-36）。

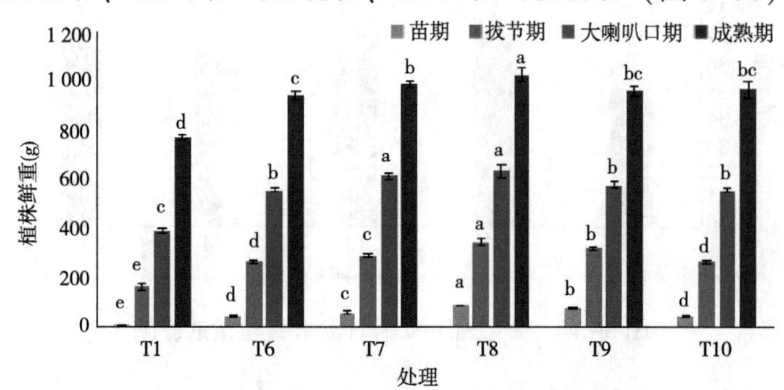

图 8-36　增温保产技术对玉米生物量的影响

（三）地膜覆盖配合施肥对玉米抗氧化酶活性的影响

地膜覆盖配合施肥可提高玉米 SOD、POD 酶活性，与对照相比，覆膜处理提高了 SOD、POD 酶活性；与 T6 比，T7、T8、T9 处理可提高玉米苗期、拔节期和大喇叭口期 SOD 酶活性，T10 处理可提高大喇叭口期 SOD、POD 酶活性（图 8-37、图 8-38）。

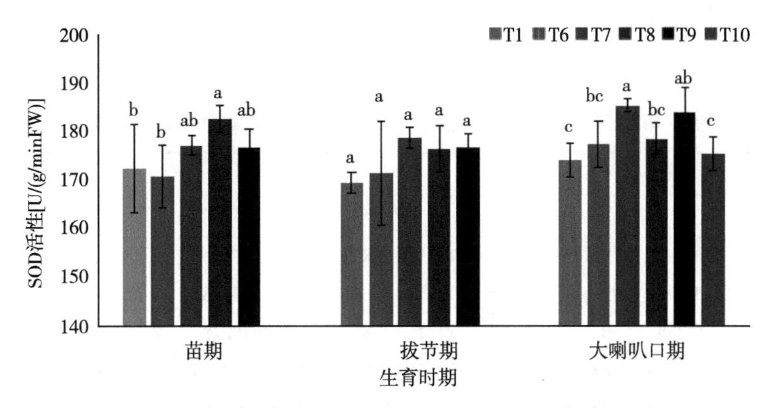

图 8-37 增温保产技术对玉米叶片 SOD 活性的影响

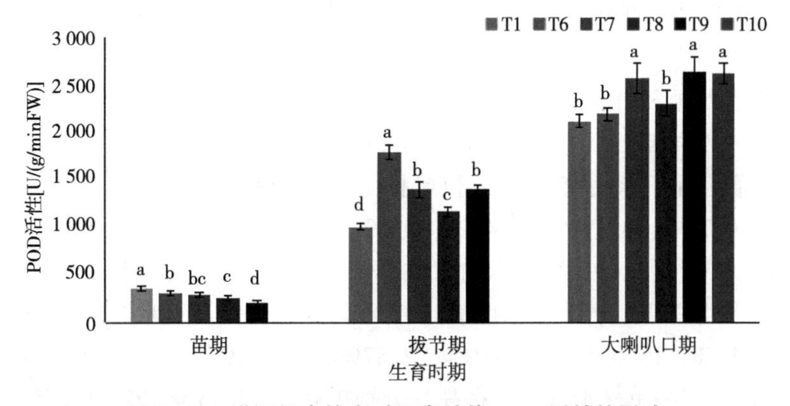

图 8-38 增温保产技术对玉米叶片 POD 活性的影响

六、种子处理防御低温冷害

（一）24-表油菜素内酯（EBR）浸种对玉米幼苗的影响

1. 低温胁迫下 EBR 对玉米种子萌发的影响

闫慧萍[98]研究指出，低温 15℃ 下，与 CK 相比，以下 5 个质量浓度 EBR 处理不能显著提高玉米种子的发芽势，各处理对发芽势影响无明显的规律性（表

8-40)。各质量浓度 EBR 处理可显著提高其发芽率。随 EBR 质量浓度的升高，其发芽率逐渐提高，15℃ 下，在 EBR 浓度为 0. 100mg/L 时发芽率达到最高，为 42. 22%，比 CK 高 97. 92%，当浓度大于 0. 100mg/L 时，呈下降趋势；25℃ 下，浓度在 0. 100mg/L 时发芽率达到最高，为 77. 78%，当浓度大于 0. 100mg/L 时，呈下降趋势。25℃下各 EBR 质量浓度处理玉米种子，其发芽势和发芽率均高于 15℃下玉米种子的发芽势和发芽率，不同浓度 EBR 对 2 种温度下玉米发芽指数没有明显的影响。

表 8-40　不同质量浓度 EBR 对不同温度下玉米种子萌发的影响

处理	发芽率（%）		发芽势（%）		发芽指数	
	15℃	25℃	15℃	25℃	15℃	25℃
CK	21. 11±10. 18c	53. 33±11. 55b	11. 11±3. 85a	40. 00±17. 64b	1. 28±0. 48b	0. 42±0. 17b
P1	32. 22±16. 87b	60. 00±17. 64ab	13. 78±6. 67a	51. 11±16. 78a	1. 38±0. 09b	0. 31±0. 12c
P2	38. 89±13. 88ab	66. 67±11. 55ab	11. 11±3. 85a	51. 11±10. 18a	2. 00±0. 30a	0. 51±0. 14ab
P3	41. 78±10. 18a	68. 89±3. 85ab	15. 56±3. 84a	46. 67±11. 55a	1. 88±0. 36a	0. 68±0. 27a
P4	42. 22±3. 88a	77. 78±16. 78a	13. 33±6. 67a	48. 89±3. 85a	2. 06±0. 17a	0. 79±0. 45a
P5	36. 67±6. 67ab	66. 67±6. 67ab	11. 11±7. 69a	51. 11±15. 40a	2. 10±0. 12a	0. 47±0. 61b

注：CK：蒸馏水；P1：0001mg/L EBR；P2：0. 010mg/L EBR；P3：0. 050mg/L EBR；P4：0. 100mg/L EBR；P5：1. 000mg/L EBR

2. 低温胁迫下 EBR 对玉米幼苗质量的影响

由表 8-41 可知，低温 15℃ 下，与 CK 相比，0. 001～1. 000mg/L 的 EBR 处理均能显著提高玉米幼苗的株高和单株鲜重，分别提高了 43. 03%、34. 04%、41. 75%、59. 73%、45. 79%和 74. 21%、60. 53%、90. 52%、114. 22%、67. 37%，在 0. 100mg/L 时可显著提高玉米幼苗的根长和单株干重，分别提高了 71. 40% 和 90. 91%下。25℃ 下，各质量浓度 EBR 处理均能显著提高玉米幼苗的株高，分别提高了 17. 10%、15. 07%、22. 33%、22. 87%和 18. 80%，只有在 0. 100mg/L 时，根长、单株鲜重和单株干重显著提高，分别提高了 57. 83%、72. 59%和 66. 67%。

表 8-41　不同质量浓度 EBR 对不同温度下玉米幼苗的影响

处理	株高（cm）		根长（cm）		单株鲜重（g）		单株干重（g）	
	15℃	25℃	15℃	25℃	15℃	25℃	15℃	25℃
CK	15. 57± 1. 27b	31. 17± 1. 19b	19. 37± 0. 90b	20. 30± 2. 79b	1. 90± 0. 45c	2. 59± 0. 44b	0. 22± 0. 05b	0. 27 ±0. 03b
P1	22. 27± 4. 45a	36. 50± 2. 52a	22. 00± 9. 14b	26. 27± 6. 54ab	3. 31± 0. 27ab	3. 47± 0. 88b	0. 28± 0. 09ab	0. 32± 0. 09b

（续表）

处理	株高（cm）		根长（cm）		单株鲜重（g）		单株干重（g）	
	15℃	25℃	15℃	25℃	15℃	25℃	15℃	25℃
P2	20.87±2.47a	35.87±3.06a	28.20±3.65ab	20.70±12.66b	3.05±0.72ab	3.60±0.55ab	0.26±0.03b	0.32±0.04b
P3	22.07±1.46a	38.13±4.35a	23.17±4.01b	25.57±1.54ab	3.62±1.15ab	3.74±0.28ab	0.33±0.08a	0.35±0.04b
P4	24.87±0.70a	38.30±1.21a	33.20±2.51a	34.07±1.40a	4.07±0.47a	4.47±0.06a	0.42±0.06a	0.45±0.02a
P5	22.70±0.46a	37.03±1.07a	27.27±3.06ab	28.13±5.16ab	3.18±0.32ab	3.38±0.38b	0.27±0.02b	0.32±0.03b

3. 低温胁迫下 EBR 对玉米幼苗叶片丙二醛（MDA）含量、相对电导率的影响

由图 8-39 可知，在温度 15℃下，除 1.000mg/L 的 EBR 对 MDA 积累的缓解作用不显著外，其他浓度的 EBR 处理均可以显著降低 MDA 的含量，与 CK 相比，0.100mg/L 的降低幅度最大，降低了 27.57%。25℃下，与 CK 相比，0.100mg/L 对 MDA 积累的缓解作用最好，显著降低了 28.26%。在 15℃下，各质量浓度的 EBR 均可以降低叶片的相对电导率，0.100mg/L 的处理效果最好，与 CK 相比，降低了 20.81%，在 15℃和 25℃下，当 EBR 浓度为 1.000mg/L，玉米幼苗体内 MDA 累积量和相对电导率上升，说明高浓度的 EBR 不能缓解低温对植物的伤害。

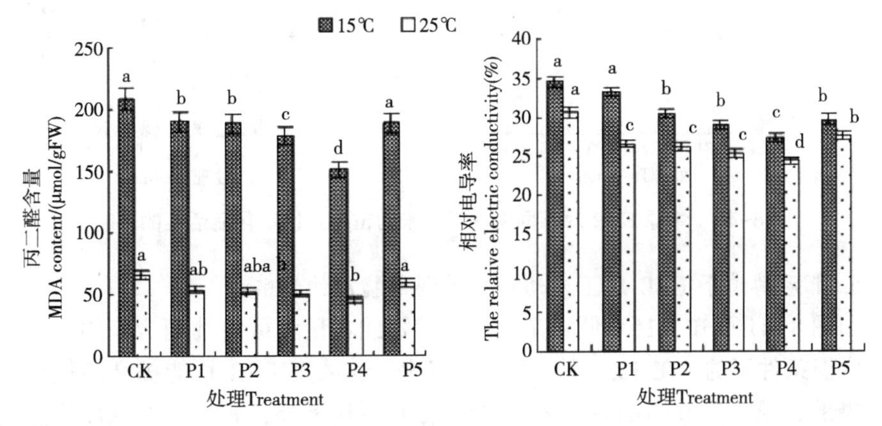

图 8-39　外源 EBR 对不同温度下玉米幼苗叶片 MDA 含量和相对电导率的影响

4. 低温胁迫下 EBR 对玉米幼苗抗氧化酶活性的影响

由图 8-40 可知，15℃ 低温条件下，POD、CAT、SOD 和 APX 的含量均显著

高于25℃常温下的，低温15℃下，与CK相比，0.001~1.000mg/L的EBR处理均能提高玉米幼苗的POD、CAT、SOD和APX活性，0.100mg/L时效果最好，与CK相比，POD、CAT、SOD和APX分别提高了53.93%、45.10%、92.27%、44.21%。25℃下，添加EBR也能提高POD、CAT、SOD和APX活性，0.100mg/L的效果最显著，说明在正常温度条件下，外施EBR也可以提高幼苗体内抗氧化酶活性，但整体效果不明显。

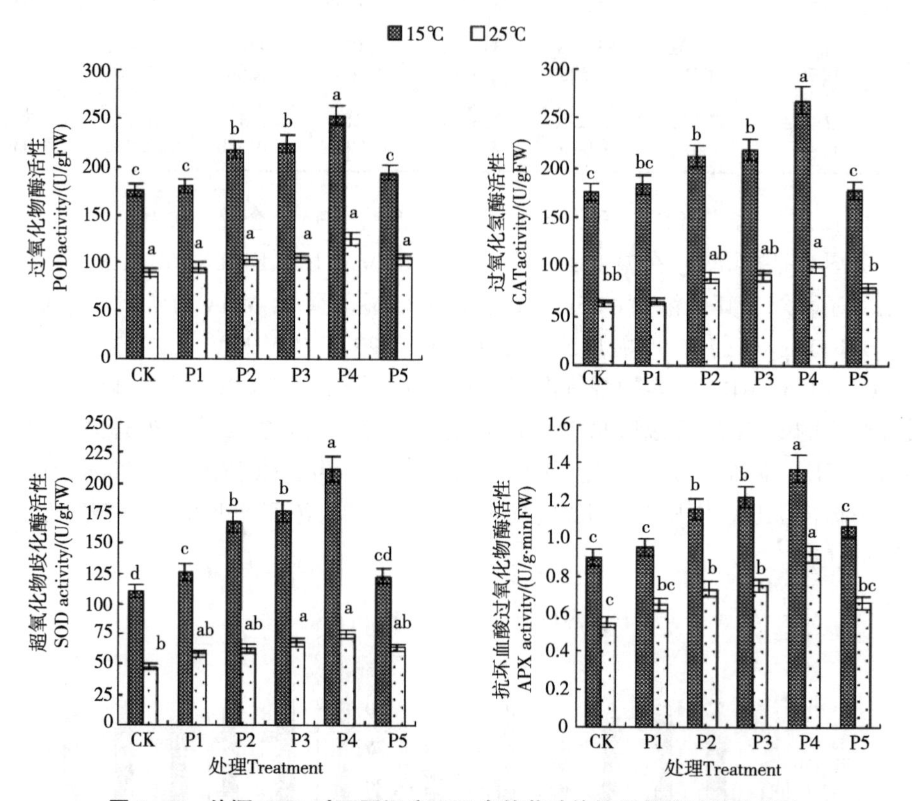

图8-40 外源EBR对不同温度下玉米幼苗叶片抗氧化酶活性的影响

5. 低温胁迫下EBR对玉米幼苗渗透调节物质的影响

由图8-41可知，15℃低温条件下，脯氨酸含量和可溶性糖含量均显著高于25℃常温条件下的。在15℃下，与CK相比，各浓度EBR均能提高脯氨酸和可溶性糖的含量，除0.001mg/L和1.000mg/L不显著外，其他3个浓度均达到显著，其中，0.100mg/L的处理效果最好，脯氨酸含量和可溶性糖含量分别增加了60.31%和74.77%；在25℃下，0.100mg/L的EBR也能显著提高可溶性糖和脯氨酸的含量，其他浓度有促进作用，但总体效果不明显。

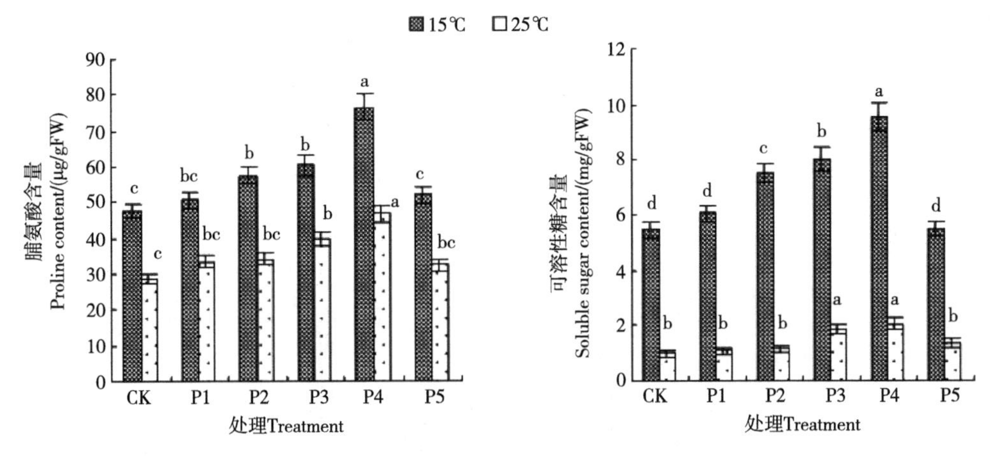

图 8-41 外源 EBR 对不同温度下玉米幼苗渗透调节物质的影响

（二）外源 $CaCl_2$ 浸种对玉米幼苗的影响

1. $CaCl_2$ 浸种对低温胁迫下玉米种子萌发的影响

发芽率、发芽势和发芽指数是衡量植物种子萌发情况的重要指标。杨德光等[99]研究中，由表 8-42 可知，种子在低温胁迫下发芽指数显著降低，发芽率降低 14%。随着外源 $CaCl_2$ 浓度增加，发芽率呈上升趋势；当 $CaCl_2$ 浓度为 160mmol/L 时产生抑制效果。80mmol/L $CaCl_2$ 处理对种子萌发的影响最大，发芽率比对照提高 8%，发芽势比对照提高 24.6%，发芽指数比对照提高 33.2%。160mmol/L$CaCl_2$ 浸种的发芽率比对照降低 10.9%，发芽势降低 8.7%，发芽指数降低 16.1%。说明低浓度外源钙处理能够降低低温对玉米种子萌发的抑制程度。

表 8-42 不同 Ca_2^+ 浓度对低温条件下玉米芽期指标的影响

$CaCl_2$ 浓度（mmol/L）	发芽率（%）	相对发芽率	发芽势（%）	发芽指数
0（25℃）	98.7a	—	92a	46.84a
0（8℃）	84.7b	85.5b	69c	29.21c
10	84.5b	85.7b	76b	31.43bc
20	85.9b	86.8b	78b	32.39bc
40	87.3bc	88.7ab	84ab	34.62b
80	91.5c	92.8a	86ab	38.92b
160	75.5d	76.6c	63c	24.52c

2. $CaCl_2$ 浸种对低温胁迫下玉米幼苗相对电导率的影响

电解质泄露导致电导率升高是细胞膜遭到破坏的重要症状。钙离子在修复细胞膜构造和功能上担任重要角色。由图 8-42 可知，随低温胁迫时间的延长，各处理玉米幼苗的细胞膜透性在第十天达最大值，整体呈上升趋势。$CaCl_2$ 浸种处理玉米幼苗的相对电导率低于对照，表明外源 $CaCl_2$ 可抑制低温胁迫下玉米幼苗细胞膜透性速率的升高。80mmol/L $CaCl_2$ 处理的玉米幼苗的相对电导率降低最多，与对照相比，浸种处理分别降低 15.1%、29.7%、40.9%、51.8%。

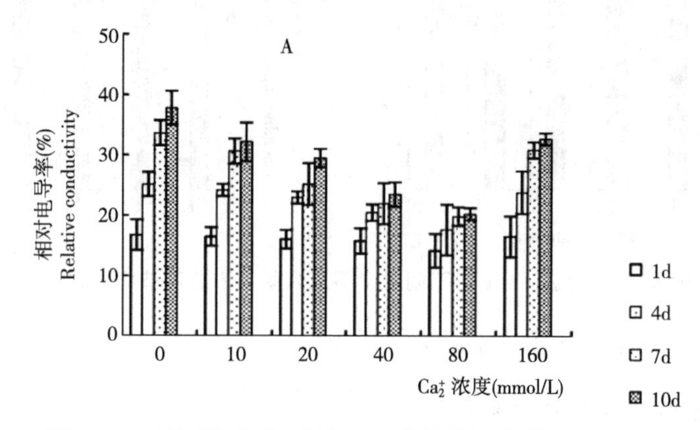

图 8-42　低温胁迫对不同处理玉米幼苗细胞膜透性的影响

3. $CaCl_2$ 浸种对低温胁迫下玉米幼苗可溶性蛋白的影响

由图 8-43 可知，随着胁迫时间的延长，叶片可溶性蛋白的含量大致呈先升高后降低的趋势，在低温胁迫 4d 时达最大值，在第十天达最小值。可溶性蛋白含量随处理的 Ca_2^+浓度升高而升高，160mmol/L $CaCl_2$ 处理的玉米幼苗的可溶性蛋白含量最高，与对照相比，$CaCl_2$ 浸种分别提高 27.8%、43%、72.3%、76.3%。在低温胁迫第 7d，Ca_2^+浓度为 10mmol/L、20mmol/L、40mmol/L 可溶性蛋白含量降至低于对照，Ca_2^+浓度达 80mmol/L、160mmol/L 时可溶性蛋白含量高于对照。说明 Ca_2^+浓度为 80mmol/L、160mmol/L 处理对低温耐受力>Ca_2^+浓度为 10mmol/L、20mmol/L、40mmol/L 的处理。

4. $CaCl_2$ 浸种对低温胁迫下玉米幼苗净光合速率的影响

随着低温胁迫时间的推移，Pn 呈下降趋势，且下降速率很快，在低温胁迫第十天达最小值。随着处理浓度的提升可减少 Pn 值的降低，其中，80mmol/L $CaCl_2$ 处理的玉米幼苗的 Pn 达最大值，与对照相比，$CaCl_2$ 浸种 Pn 值分别提高 8.5%、6.4%、28.4%、26.5%（图 8-44）。

5. $CaCl_2$ 浸种对低温胁迫下玉米幼苗 *Fv/Fm* 的影响

由图 8-45 可知，Fv/Fm 值随着低温胁迫时间的延长呈降低趋势，在第十天达最低值。不同浓度处理间，Ca_2^+浓度为 10~80mmol/L 的 *Fv/Fm* 值随浓度升高

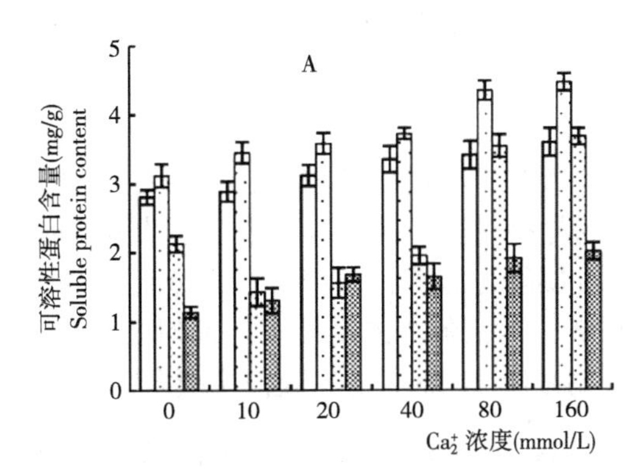

图 8-43　低温胁迫对不同处理玉米幼苗叶片可溶性蛋白含量的影响

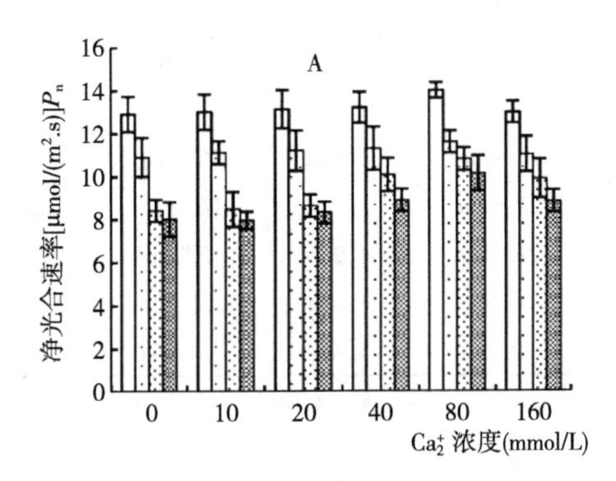

图 8-44　低温胁迫对不同处理玉米幼苗叶片净光合速率的影响

而增大，其中，80mmol/L $CaCl_2$ 处理玉米幼苗的 Fv/Fm 最大，与对照相比，浸种分别提高 12. 9%、13. 6%、14. 1%、12. 3%。

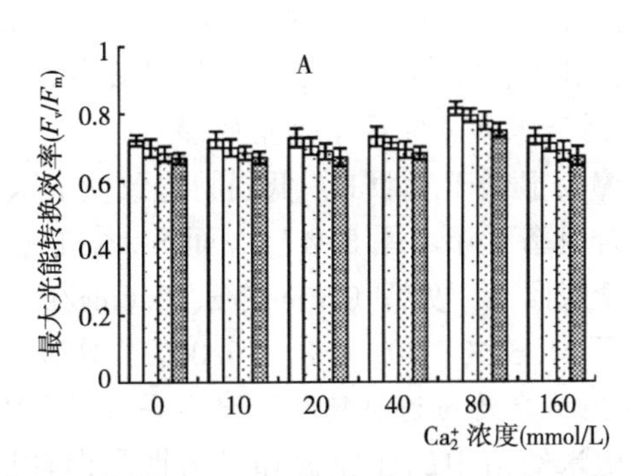

图 8-45　低温胁迫对不同处理玉米幼苗叶片 Fv/Fm 的影响

（三）S-诱抗素拌种对玉米幼苗的影响

1. S-诱抗素拌种对玉米幼苗生长量的影响

邢则森等[100]研究中，在低温胁迫下，各浓度拌种处理株高、茎粗、主根长和地上地下鲜重较对照 A 均有不同程度增加，且随着 S-诱抗素拌种浓度的增加呈现出先上升后下降的趋势（表 8-43）。其中浓度为 0.6mg/kg 处理对株高、主根长和地上地下鲜重增加最为显著，作用明显，分别比对照 A 增加了 20.71%、36.62%、53.46%和 39.33%；各个浓度处理之间对茎粗没有显著性差异，但与对照 A 差异显著；较高浓度 1.0mg/kg 增效作用减弱，但仍好于对照 A。

表 8-43 S-诱抗素拌种对玉米幼苗生长量的影响

处理	有效成分剂量（mg/kg）	株高（cm）	茎粗（mm）	主根长（cm）	地上鲜重（g）	地下鲜重（g）
S-诱抗素悬浮种衣剂	0.2	21.09de	4.90b	14.36bc	1.85cd	0.93de
	0.4	22.63cd	5.05b	15.88b	1.99c	1.04cd
	0.6	25.18b	4.92b	16.75ab	2.44ab	1.24b
	0.8	23.84bc	5.22ab	14.96b	2.24bc	1.14bc
	1.0	22.78cd	4.96b	15.78b	2.19bc	1.11bc
对照 A	—	20.86e	4.48c	12.26c	1.59d	0.89e
对照 B	—	27.21a	5.46a	18.66a	2.67a	1.42a

注：对照 A 为低温 10℃下不含药剂空白对照处理，对照 B 为常温 26℃下不含药剂空白对照处理

2. S-诱抗素拌种对玉米幼苗根系活力的影响

由图 8-46 可知，玉米幼苗在遭受较长时间低温胁迫后，根系活力会大幅下降，对照 A 比对照 B 降低了 28.21%，而使用 S-诱抗素拌种处理的玉米幼苗根系活力均高于对照 A，结果呈显著性差异，各处理分别比对照 A 根系活力增加了 11.19%、23.93%、21.78%、31.43%和 19.03%，S-诱抗素拌种处理能提高玉米幼苗的根系活力，其中，0.8mg/kg 处理下效果最为显著。

3. S-诱抗素拌种对玉米幼苗叶绿素含量的影响

对照 A 叶绿素含量明显低于对照 B，低温胁迫致使玉米幼苗叶片中叶绿素合成减少，玉米幼苗光合速率下降（图 8-47）。而 S-诱抗素处理浓度范围内叶片中的叶绿素含量均高于对照 A，处理 0.4mg/kg、0.6mg/kg、0.8mg/kg 较对照 A 叶绿素含量分别增加了 41.67%、49.58%、36.00%，作物光合能力得到保证。

4. S-诱抗素拌种对玉米幼苗还原糖和可溶性蛋白含量的影响

低温胁迫可影响玉米幼苗中的还原糖和可溶性蛋白含量，如图 8-48 所示，对照 A 的还原糖含量明显高于对照 B，比对照 B 增加了 46.48%，说明玉米幼苗在遭受低温胁迫后会依靠自身的防御机制增加渗透调节物质还原糖的含量。使用

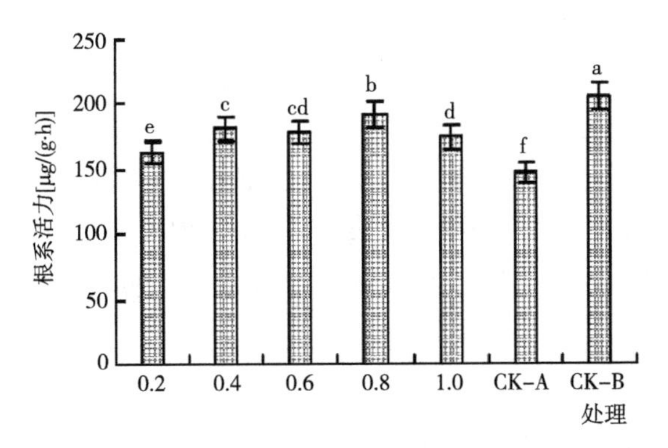

图 8-46　S-诱抗素拌种对玉米幼苗根系活力的影响

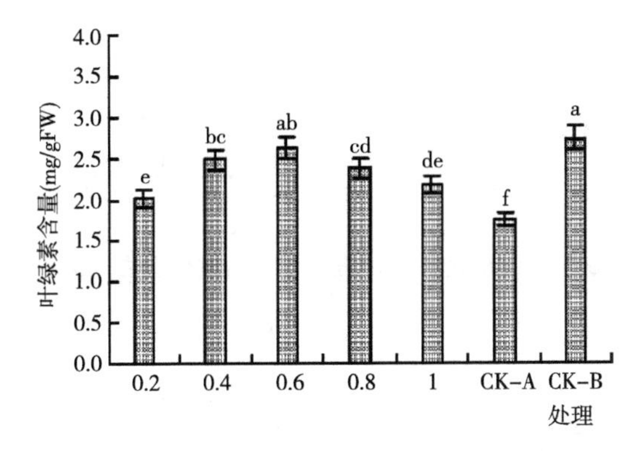

图 8-47　S-诱抗素拌种对玉米幼苗叶绿素含量的影响

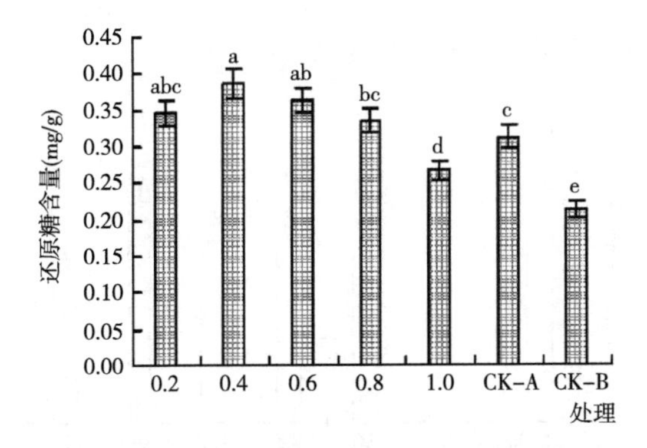

图 8-48　S-诱抗素拌种对玉米幼苗还原糖含量的影响

S-诱抗素拌种处理的玉米幼苗中还原糖的含量呈现出先上升后下降的趋势，其中，0.4mg/kg 处理下的玉米幼苗叶片中还原糖含量较对照 A 提高最大，与对照 A 相比较增加了 23.72%，但是较高浓度 1.0mg/kg 处理下还原糖含量明显低于对照 A，说明较高浓度下产生了抑制作用，降低了玉米幼苗叶片中还原糖的含量。各个浓度 S-诱抗素悬浮剂处理玉米幼苗都能不同程度提高玉米幼苗中的可溶性蛋白含量，其中，0.4mg/kg 处理达到最大值 0.002 43mg/kg，比对照 A 0.00147mg/kg 增加了 65.27%，但除 0.2mg/kg 和 1.0mg/kg，其余处理间无显著性差异（图 8-49）。

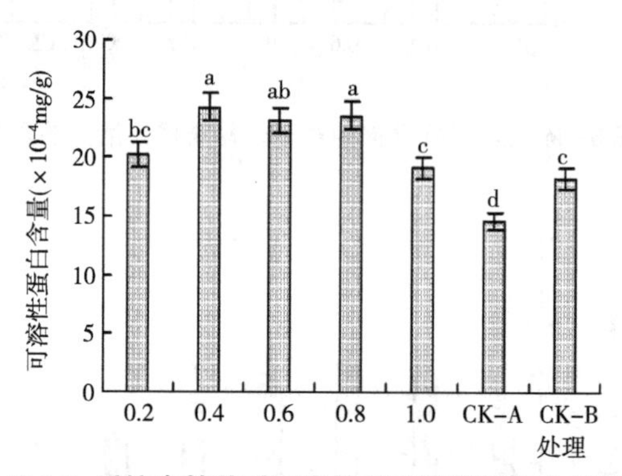

图 8-49　S-诱抗素拌种对玉米幼苗可溶性蛋白含量的影响

5. S-诱抗素拌种对玉米幼苗叶片丙二醛的影响

植物在受到逆境胁迫时膜脂发生过氧化反应产生过氧化产物丙二醛（MDA），其含量在药剂处理与对照之间的变化量可以作为衡量玉米抗寒性强弱的一个重要生理指标。如图 8-50 所示，S-诱抗素拌种处理能非常有效降低叶片中膜脂过氧化产物 MDA 含量，其中，0.4mg/kg 和 0.6mg/kg 处理下效果最为显著，较对照 A 分别下降了 30.85%和 28.78%。

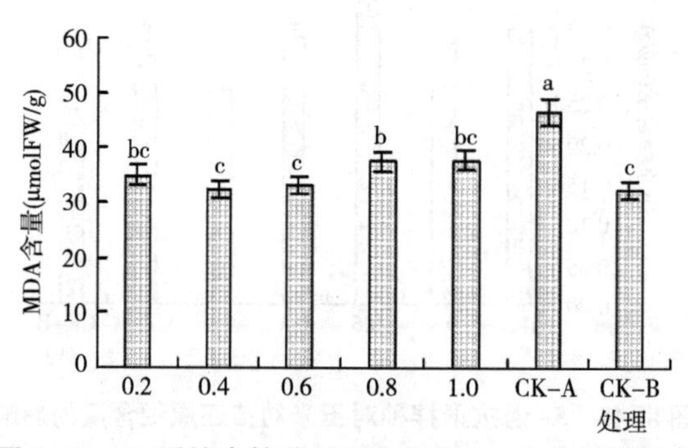

图 8-50　S-诱抗素拌种对玉米幼苗 MDA 含量的影响

6. S-诱抗素拌种对玉米幼苗叶片抗氧化酶活性的影响

由图 8-51，在低温胁迫下，不同剂量的 S-诱抗素拌种处理均能显著提高玉米幼苗叶片中的保护酶活性。其中，0.6mg/kg 浓度下对 SOD 和 CAT 活性增加最为明显，分别比对照 A 提高了 78.96%和 36.34%；POD 的活性在 0.8mg/kg 下达到最大值 150.38U/（gFW · min），比对照 A 增加了 51.84%，但与 0.6mg/kg 浓度处理下差异不显著。

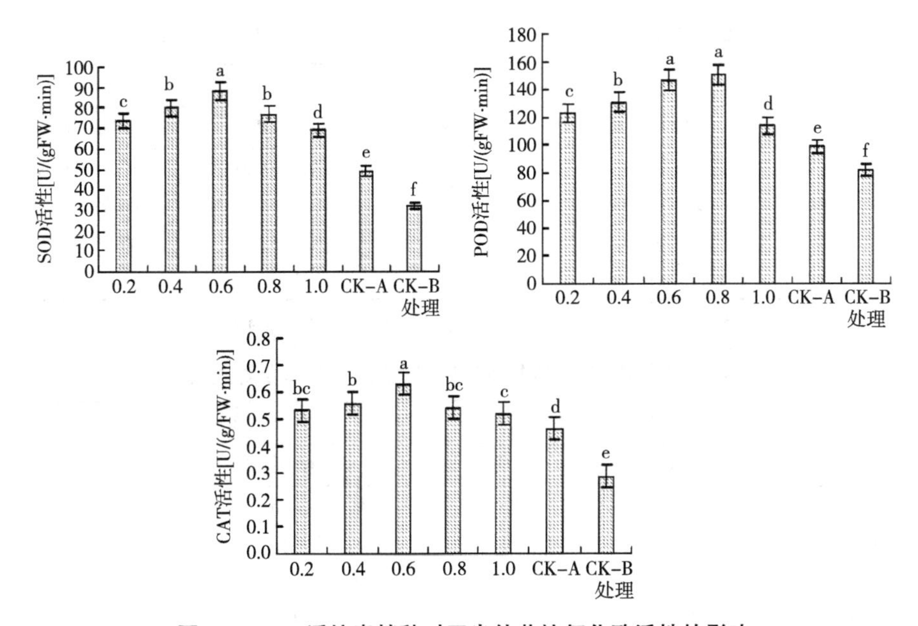

图 8-51　S-诱抗素拌种对玉米幼苗抗氧化酶活性的影响

（四）氟唑环菌胺和戊唑醇种子包衣对玉米幼苗的影响

1. 2 种药剂包衣对玉米出苗率和出苗势的影响

李庆等[101]研究指出，低温胁迫下经氟唑环菌胺和戊唑醇包衣玉米的出苗势均会降低，且随着剂量的升高而降低，但氟唑环菌胺包衣玉米的出苗势接近或达到 90%，与空白对照无显著性差异，戊唑醇包衣则显著降低玉米的出苗势，降幅为 26.7%～50%。由表 8-44 可知，低温胁迫下，氟唑环菌胺包衣各处理出苗率均超过 90%，对玉米出苗率无显著影响；但戊唑醇包衣各处理出苗率均显著低于空白对照，降幅为 13.3%～30%，高剂量的戊唑醇（1∶250）包衣出苗率降幅达 30%。

2. 2 种药剂包衣对玉米幼苗生长发育的影响

从表 8-45 中各处理的玉米的株高、苗鲜重的变化可以看出氟唑环菌胺包衣对玉米的生长有一定的促进作用，尤其在药种比 1∶1 000 和 1∶500 的包衣剂量下对株高的促进超过 7%，对苗鲜重的促进超过 20%，药种比为 1∶250 的包衣剂量对株高和苗鲜重的促进作用不明显；戊唑醇包衣对玉米的株高表现出显著的抑制作用，且随剂量的增加而增强；但对苗鲜重的影响较小，低剂量（药种比 1∶1 000,下同）的戊唑醇包衣对苗鲜重有微弱的促进作用，药种比 1∶250 和 1∶500 的包衣剂量会降低苗鲜重。

表 8-44　低温胁迫下 2 种药剂包衣对玉米出苗率和出苗势的影响

药种比	出苗势（%）		出苗率（%）	
	氟唑环菌胺	戊唑醇	氟唑环菌胺	戊唑醇
CK	100.0±0.0a	100.0±0.0a	100.0±0.0a	100.0±0.0a
1∶1 000	96.7±5.8a	73.3±5.8b	96.7±5.8a	86.7±5.8ab
1∶500	93.3±5.8a	56.7±5.8c	96.7±5.8a	80.0±10.0b
1∶250	86.7±15.3a	50.0±0.0c	93.3±5.8a	70.0±0.0c

注：氟唑环菌胺：44%氟唑环菌胺悬浮种衣剂，戊唑醇：60g/L 戊唑醇悬浮种衣剂

表 8-45　低温胁迫下 2 种药剂包衣对玉米株高和苗鲜重的影响

药种比	株高（cm）		苗鲜重（g）	
	氟唑环菌胺	戊唑醇	氟唑环菌胺	戊唑醇
CK	11.50b	11.50a	0.38b	0.38a
1∶1 000	12.34a	10.56b	0.47a	0.39a
1∶500	12.33a	9.02c	0.47a	0.34b
1∶250	11.53b	8.04d	0.41b	0.33b

3. 2 种药剂包衣对玉米幼苗电解质外渗情况的影响

电导率是衡量细胞内电解质扩散到细胞外情况的一项生理指标。通常的情况下，电解质在细胞质内，当细胞膜遭受某种伤害时，电解质则大量涌向细胞外，导致细胞外电解质激增[102]。低温胁迫对低温敏感型植物的膜脂质产生破坏，导致细胞内电解质外渗。玉米是喜温作物，对温度敏感，低温胁迫会引起玉米细胞电解质的外渗。相对电导率可以用来表征细胞内电解质的外渗程度，相对电导率越高，细胞内电解质的外渗情况越严重，植物组织细胞的膜系统受到的伤害越严重。玉米出苗期更容易遭受“倒春寒”低温的影响，苗期也是玉米对低温最敏感的时期，选择玉米的幼根测其相对电导率反映低温胁迫下氟唑环菌胺和戊唑醇包衣对玉米的作用。由图 8-52 可以看出，在低温条件下，两种药剂包衣均会增加玉米根系电导率，根系细胞结构受到伤害。其中，戊唑醇包衣各处理的电导率相对于空白对照增加 57.7%～149.7%；但氟唑环菌胺包衣处理玉米电导率增加

不显著，药种比为 1：500 时，电导率仅增加 1.7%，相对于空白对照差异不显著。表明戊唑醇处理加剧低温导致的植物细胞组织的电解质外渗，而氟唑环菌胺处理不会显著加剧低温导致的植物组织细胞的电解质外渗。

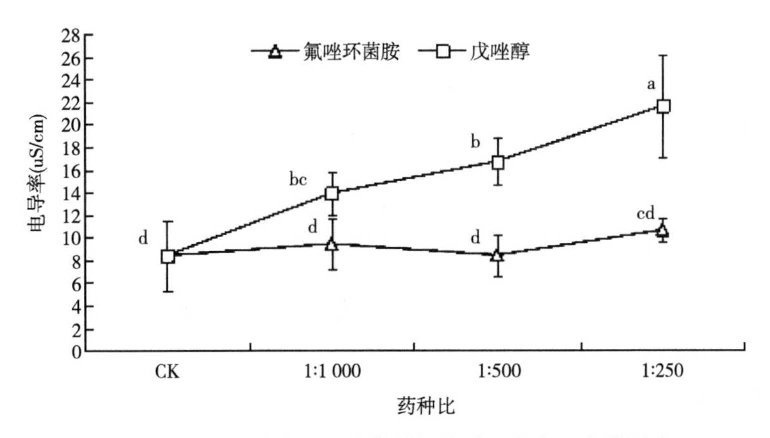

图 8-52　低温胁迫下两种药剂包衣对玉米电导率的影响

4. 2 种药剂包衣对玉米幼苗脯氨酸的影响

脯氨酸是植物蛋白质的组分之一，以游离状态广泛存在于植物体中。在逆境条件下（旱、盐碱、热、冷、冻），植物体内脯氨酸的含量显著增加。脯氨酸除了作为植物细胞质内渗透调节物质外，还具有稳定生物大分子结构、降低细胞酸性、解除氨毒以及作为能量库调节细胞氧化还原势等重要作用。由于脯氨酸亲水性极强，能稳定原生质胶体及组织内的代谢过程，因而能降低凝固点，有防止细胞脱水的作用。在低温条件下，植物组织中脯氨酸增加，可通过调节细胞渗透和稳定细胞结构来提高植物的抗寒性[103]。在一定程度范围内，受到的逆境胁迫越严重，脯氨酸的积累量越多。选择玉米的幼苗测其脯氨酸含量，反映低温胁迫下氟唑环菌胺和戊唑醇包衣对玉米的作用。由图看出，在低温条件下，氟唑环菌胺和戊唑醇包衣各处理玉米幼芽的脯氨酸的含量均有所上升，且随着包衣剂量的增大呈上升趋势。图 8-53 中，戊唑醇包衣处理玉米幼芽脯氨酸含量相对于空白对照均有显著增加，包衣剂量药种比 1：1 000 时即可使玉米幼芽中脯氨酸的含量提高 32.3%，药种比 1：500 和 1：250 剂量的戊唑醇包衣则脯氨酸增加量更高；氟唑环菌胺包衣处理玉米幼芽脯氨酸含量相对于空白对照仅增加 0.9%~15.6%，显著低于戊唑醇包衣处理玉米幼芽中脯氨酸的含量，说明在低温胁迫下，氟唑环菌胺包衣会轻微加剧低温对玉米幼苗的胁迫，而戊唑醇包衣会更大程度加重低温对玉米幼苗的胁迫。

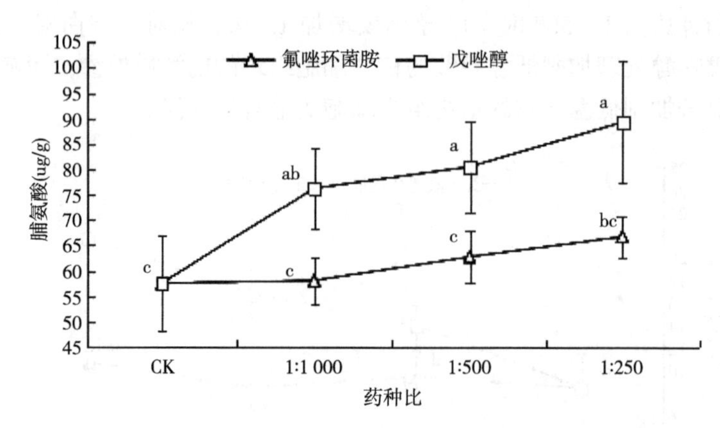

图 8-53　低温胁迫下两种药剂包衣对玉米脯氨酸含量的影响

小结

地膜覆盖能够大幅度提高土壤温度，其中，表层土壤（8cm）升温幅度高于底层土壤（20cm）。覆膜处理和对照的土壤温度差随生育期呈先升高后降低的趋势，这是由于生育后期地膜开始降解，土壤直接暴露在空气中，导致覆膜处理的土壤温度和对照接近。地膜覆盖直接增加了有效积温，玉米出苗早，灌浆进程开始时间早且持续时间长，说明覆膜明显促进了玉米的生育进程，玉米提前成熟，且产量增加。

各施肥技术对低温条件下玉米生长发育和生理特性有明显作用。施用生物有机肥、硅钙锌肥和促熟剂均可以明显提高低温条件下玉米的株高、生物量、SOD酶活性、POD酶活性。各施肥技术能够有效提高产量，产量增加的原因主要是增加了玉米的行粒数和百粒重。综合比较，减量生物有机肥（300kg/hm^2）提高玉米抗冷性效果更好。在覆膜基础上采取优化施肥的措施可进一步提高玉米出苗率和植株生物量。地膜覆盖配合施肥技术能提高玉米抗氧化酶活性。

24-表油菜素内酯（EBR）浸种对玉米种子萌发和玉米幼苗生长有显著影响。不同质量浓度EBR处理对玉米种子的发芽势没有显著的影响。随EBR质量浓度的升高，其发芽率逐渐提高，15℃下和25℃下，均是在0.100mg/L时发芽率达到最高，当浓度大于0.100mg/L时，呈下降趋势。25℃下各EBR质量浓度处理玉米种子，其发芽势和发芽率均高于15℃下玉米种子的发芽势和发芽率。

低温15℃下，各浓度EBR处理均能显著提高玉米幼苗的株高和单株鲜重。25℃下，各质量浓度EBR处理均能显著提高玉米幼苗的株高，只有在0.100mg/L时，根长、单株鲜重和单株干重显著提高。在温度15℃下，除1.000mg/L的

EBR 对 MDA 积累的缓解作用不显著外，其他浓度的 EBR 处理均可以显著降低 MDA 的含量；25℃下，与 CK 相比，0.100mg/L 对 MDA 积累的缓解作用最好。在 15℃下，各质量浓度的 EBR 均可以降低叶片的相对电导率，0.100mg/L 的处理效果最好。低温 15℃下，与 CK 相比，0.001~1.000mg/L 的 EBR 处理均能提高玉米幼苗的 POD、CAT、SOD 和 APX 活 性，0.100mg/L 时效果最好。25℃下，添加 EBR 也能提高 POD、CAT、SOD 和 APX 活性，0.100mg/L 的效果最显著。15℃下，与 CK 相比，各浓度 EBR 均能提高脯氨酸和可溶性糖的含量，除 0.001mg/L 和 1.000mg/L 不显著外，其他 3 个浓度均达到显著。在 25℃下，0.100mg/L 的 EBR 也能显著提高可溶性糖和脯氨酸的含量，其他浓度有促进作用，但总体效果不明显。综合，0.100mg/L 的 24-表油菜素内酯能有效改善低温对玉米幼苗的影响。

外源 $CaCl_2$ 浸种对玉米种子萌发和玉米幼苗生长有显著影响。随着外源 $CaCl_2$ 浓度增加，发芽率呈上升趋势，80mmol/L $CaCl_2$ 处理玉米发芽率、发芽势和发芽指数最高，当 $CaCl_2$ 浓度上升为 160mmol/L 时产生抑制效果。$CaCl_2$ 浸种处理玉米幼苗的相对电导率低于对照，表明外源 $CaCl_2$ 可抑制低温胁迫下玉米幼苗细胞膜透性速率的升高，80mmol/L $CaCl_2$ 处理的玉米幼苗的相对电导率降低最多。可溶性蛋白含量随处理的 Ca2+浓度升高而升高，160mmol/L $CaCl_2$ 处理的玉米幼苗的可溶性蛋白含量最高。随着低温胁迫时间的推移，Pn 呈下降趋势，随着 $CaCl_2$ 处理浓度的提升可减少 Pn 值的降低。综合，随着外源 $CaCl_2$ 浓度的增加，对低温条件下玉米萌发和生长的作用为先上升后下降，80mmol/L $CaCl_2$ 外源处理效果最好。

S-诱抗素拌种对玉米幼苗生长发育有明显作用。在低温胁迫下，各浓度拌种处理株高、茎粗、主根长和地上地下鲜重较对照均有不同程度增加，且随着 S-诱抗素拌种浓度的增加呈现出先上升后下降的趋势。其中，浓度为 0.6mg/kg 处理对株高、主根长和地上地下鲜重增加最为显著，作用明显。S-诱抗素拌种处理能提高低温下玉米幼苗的根系活力，其中，0.8mg/kg 处理下效果最为显著。S-诱抗素处理浓度范围内叶片中的叶绿素含量均高于对照。使用 S-诱抗素拌种处理的玉米幼苗中还原糖的含量呈现出先上升后下降的趋势，其中，0.4mg/kg 处理下的玉米幼苗叶片中还原糖含量较对照提高最大，但是较高浓度 1.0mg/kg 处理下还原糖含量明显低于对照，说明较高浓度下产生了抑制作用。各个浓度 S-诱抗素悬浮剂处理玉米幼苗都能不同程度提高玉米幼苗中的可溶性蛋白含量，其中，0.4mg/kg 处理达到最大值。S-诱抗素拌种处理能非常有效降低叶片中膜脂过氧化产物 MDA 含量，其中，0.4mg/kg 和 0.6mg/kg 处理下效果最为显著。综合，0.4mg/kg S-诱抗素拌种处理在低温下促进玉米幼苗生长的效果最好。

低温胁迫下经氟唑环菌胺和戊唑醇包衣玉米的出苗情况均会受到一定影响，发芽率和发芽势随着剂量的升高而降低。氟唑环菌胺包衣对玉米的生长有一定的正向作用；戊唑醇包衣对玉米的株高表现出显著的抑制作用，且随剂量的增加而增强；但对苗鲜重的影响较小，低剂量的戊唑醇包衣对苗鲜重有一定的促进作用。戊唑醇处理加剧低温导致的植物细胞组织的电解质外渗，而氟唑环菌胺处理不会显著加剧低温导致的植物组织细胞的电解质外渗。氟唑环菌胺和戊唑醇包衣处理玉米幼芽的脯氨酸的含量均有所上升，且随着包衣剂量的增大呈上升趋势，其中，戊唑醇导致玉米幼芽脯氨酸含量大幅提高。因此，在低温胁迫下氟唑环菌胺作为种衣剂比戊唑醇具有更高的安全性和保障性。

第三节　涝渍灾害的预防及应对措施

水分是影响玉米生长的重要环境因子之一，决定着玉米形态、生理生化代谢及区域分布，适量的水分是保证植物生长健壮的先决条件。然而，由于自然降雨持续、集中，导致土壤过湿或土壤水饱和，水势升高，土壤排水不良，易产生涝渍灾害。涝渍地是以涝渍危害为主要限制因素的一类土地资源，我国共有 3 207 万 hm^2 涝渍地[104]，涝渍是严重制约我国农业发展的重要因素之一。我国人口众多、粮食安全压力巨大，但现阶段我国农业生产条件落后、农田水利工程薄弱、中低产田还占较大比重。涝渍灾害在农业生产上时有发生，玉米是需水量大却不耐涝的作物，土壤湿度超过最大持水量 80%以上时，生长发育就会受阻，尤其在苗期表现更为明显。涝渍导致玉米生长受抑，产量下降，淹水严重时，长时间无氧呼吸根系溃烂，甚至导致玉米死亡，特别是在我国东北地区，涝渍灾害已成为东北地区农业的主要灾害之一。东北是典型的大陆季风气候区，降水量多集中于 7—8 月，涝害时有发生，对玉米产量产生影响，在自然灾害中仅次于干旱、冷害，居第三位。研究表明，受涝渍灾害玉米生长发育受阻，养分的吸收、光合功能下降，生育推迟，植株矮小，秃尖增长，百粒重下降，产量降幅大，严重地块绝收。其危害程度与整地水平、品种、播期、施肥水平、受涝时间、淹水深度等诸多因素有关。因此，在东北的松嫩、辽河平原地区，挖掘单位耕地面积的生产潜力，首先选择抗涝品种，并适时早播，适当提高施肥水平，作物长势良好，抵御涝渍的能力强；应用深松犁、鼠洞犁、秸秆深翻、筑造大垄高台，增强土壤的通透性能，受涝时间短，淹水层浅，受涝害就轻；受涝害及时排涝，排水降涝，中耕深松，早施和增施速效肥料和有机肥等技术措施，均能减轻涝害程度，甚至杜绝涝害的危害，可获得玉米的高产。针对涝渍灾害开展不同耕作措施及培肥措施对东北春玉米涝渍防御效果的研究，同时，选用抗涝渍品种。通过鼠洞犁、筑造大垄高台技术、超深松及深浅翻秸秆粉碎还田技术、生物培肥技术及灾中追施氮肥和促熟剂等综合技术，提高东北春玉米防御和抵抗涝渍灾害的能力。

一、选用适宜的品种

涝和渍是危害农业的主要灾害，且相互紧密伴生[105]。由于涝渍在时间与空间上的相随性和连续性，给农业造成的危害不能单独看待和分割处理，必须统筹防御、连续控制，采用综合手段实行涝渍兼治。由于东北地域辽阔，各地气候、地形地貌、水文地质、土壤、社会发展和农业生产状况等条件存在很大差异，形成了不同的涝渍灾害类型。对于涝渍灾害的治理应针对各种类型的具体情况，因地制宜采取相应的预防和应对措施。首先要选育抗涝性强的品种，是保证玉米粮食稳产的关键。黑龙江省农科院研究和生产实践表明，玉米品种间抗涝耐涝的能力存在明显差异。见表 8-46、表 8-47 现有的品种中，四单 19、吉单 27 等品种抗涝耐涝能力强。白单 9 号、白单 31 品种抗涝耐涝能力差。

表 8-46 涝渍对不同品种生长发育的影响[76]

品种	苗高（cm）	可见叶数	展开叶数	次生根		死黄叶数	考查时间
				层数	条数		
四单 19	31.7	6	3	1	8.9	2.7	6 叶期
吉单 27	30.9	6	3	2	10.0	2.0	
白单 31	29.1	5	2	1	6.2	2.7	
白单 9 号	28.4	5	2	1	7.0	3.0	

（数据来源苏俊主编“黑龙江省玉米”）

表 8-47 不同品种受渍对产量性状及产量的影响

品种	处理	株高（cm）	穗长（mm）	茎粗（cm）	穗位（cm）	秃尖（cm）	粒数	千粒重（g）	实产（kg/hm²）
四单 19	CK	256.2	106.8	2.3	23	1	493.5	312.3	7 323
	受涝	230.3	89.2	2.13	19.7	1.9	417.1	308.8	6 395
白单 31	CK	254.4	100.2	2.34	24.1	0.9	472	314.7	8 283
	受涝	228.2	85.3	2.08	22.1	2.9	315	309.1	6 177

（数据来源苏俊主编“黑龙江省玉米”）

东北农业大学李晶根据涝渍胁迫下不同玉米品种的 SPAD 值、地上部干重、地下部干重和株高表现，对 21 个玉米品种进行聚类分析[106]。经聚类分析将玉米品种划分为 3 个耐涝级别如下。

（1）不耐涝型。有 6 个品种，分别为丰禾 7、德美亚 3 号、龙单 59、鑫科玉 2 号、龙福玉 9 号和克玉 16。

（2）中间型。有12个品种，分别为绥玉23、鑫科玉1绿单2号、合玉23、鑫鑫1号、龙单38、南北5、东农254、东农259、禾田4、先达203和克玉17。

（3）耐涝型。有3个品种，分别为瑞福尔1号、德美亚1号和天和1号。

玉米是一种耐涝性较差，而生育期需水量又大的旱生作物，需要对玉米耐涝性进行培训改良，但玉米经长期人工驯化栽培和定向选择后，其遗传基础日益狭窄，已经基本丧失耐涝性，因此，改良栽培耐涝性的玉米需要外源基因的导入。新研究发现野生的玉米近缘种——尼加拉瓜大刍草具有优良的耐涝性，其与现有的栽培玉米杂交能正常结实，可作为改良栽培玉米耐涝性的重要种质资源。魏全福[107]研究含有尼加拉瓜大刍草血缘的人工合成新型耐涝玉米，与其轮回亲本玉米自交系08-641（对照）进行14d淹水处理的耐涝性，初步认为含有尼加拉瓜大刍草血缘的人工合成新型耐涝玉米材料具有优良的耐涝性。

2个试验材料的株高和叶面积在淹水后均表现出生长受抑制（表8-48），总体变化趋势接近，其中自交系08-641受影响幅度较大，伤害产生时间较早。随淹水时间的延长，新型耐涝材料的株高缓慢增加，14d开始降低；自交系08-641第七天株高就开始降低。根系扫描结果表明两个材料的植株根系总长度、表面积和体积表现趋势一致，表现出先升高后下降，最后又升高的“S”形变化趋势，新型耐涝材料总体增长幅度显著大于对照自交系08-641。

表8-48　新型耐涝材料和自交系08-641不同淹水时间植株株高和叶面积

材料		淹水时间（d）							
		0	1	2	3	5	7	10	14
株高（cm）	新型耐涝材料	33.9	35.5	34.3	37.4	37.4	39.1	39.9	38.9
	自交系08-641	35.8	36.8	38.7	42.4	41.5	42.7	40.9	40.4
叶面积（cm^2）	新型耐涝材料	44.5	42.8	44.2	52.9	48.5	51.4	52.2	61.4
	自交系08-641	50.3	46.7	43.3	59.2	61.7	64.4	67.8	51.0

（魏全福，2016）

与自交系08-641比较，新型耐涝材料的通气组织和不透水层生成速度更快，发育程度更完整。通气组织最初产生部位是根系中距离根尖3~5cm处，随淹水时间的推移向上下两端延伸。根系切片结果表明（图8-54），新型耐涝材料在淹水1d时已经形成少量通气组织，3d时就已经拥有了完整通气组织。而自交系08-641根中通气组织形成缓慢，淹水1d时完全没有开始形成通气组织，3d时才开始产生，到10d时才在根系中形成较为完整通气组织。由此表明，新型耐涝材料在对水涝胁迫的反应速度和调控能力上，表现均强于自交系08-641，能够更快的形成通气组织，减少或避免根系进行无氧呼吸。

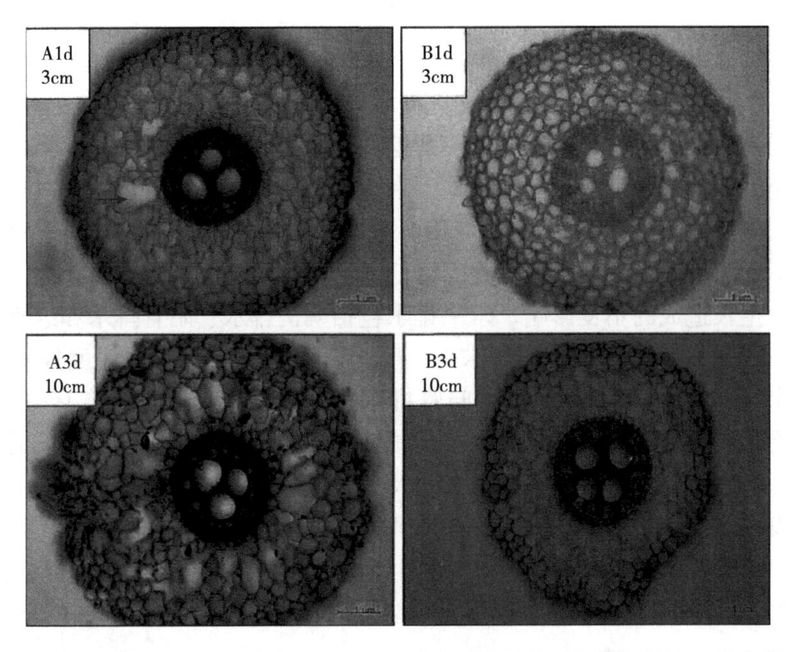

图 8-54　新型耐涝材料（A）和自交系（B）淹水不同时间后根系切片图（魏全福，2016）

二、适时早播

在易涝地区，播种期应尽量避开当地雨涝汛期[108]。玉米苗期最怕涝，拔节后抗涝能力逐步增强，通过调整播期，使最怕涝的生育阶段错开多雨易涝季节[101]。因播期不同，受涝害危害程度也不尽相同，随着播期的推迟受涝害危害程度加重。播期早，苗龄大而健壮，抗涝能力强，受涝害轻。播期晚，玉米苗小而弱，抗涝能力差，受涝害重。见表 8-49，在 4 月 30 日、5 月 5 日和 5 月 10 日播种的玉米同样受涝害，4 月 30 日播种的玉米要比 5 月 5 日和 5 月 10 日播种的玉米成熟期株高分别增加 13cm 和 18.7cm，穗位分别增加 7.2cm 和 14.7cm，穗长分别增加 0.35cm 和 0.85cm，秃尖减少 0.165cm 和 0.655cm，千粒重分别增加 9g 和 15g，公顷产量分别增加 452.3kg 和 503.3kg，分别增产 5.9%和 14.1%。

表 8-49　玉米不同播期与涝渍的关系

播期	受涝叶龄	株高（cm）	穗位（cm）	茎粗（cm）	穗长（cm）	秃尖（cm）	粒数	千粒重（g）	实产（kg/hm^2）
4 月 30 日	9 叶期	256.5	102.5	11.2	20.05	0.87	429.4	324	8 125.5
5 月 5 日	7~8 叶期	234.5	95.3	10.7	19.7	1.03	413.0	315	7 674.8
5 月 10 日	5~6 叶期	237.8	87.6	9.8	19.2	1.52	318.5	309	7 119.0

三、采取工程措施排水

通过采取工程措施排除地下水的空间状态和方式，来改善作物受涝害情况，是作物受涝后最及时的补救措施。一是挖浅井泵排，降低地下水位，增加降雨入渗，防止因田面积水形成淹涝和因地下水位过高造成的土壤过湿，及时排除暴雨所产生的多余水量[109]。二是建立农田集水网，形成一套完整的排水系统，将地面、地下和土壤中的多余水分排走，降低地下水位和土壤水分，防止因土壤过湿对农作物生长造成的不良影响。水平排水包括明沟排水、暗管排水和近年发展起来的适应于两茬平播的线缝沟排水等。明沟排水的特点是排水速度快（尤其是排地面水）、排水效果较好。其中暗管排水投资较高，大面积推广有一定难度。玉米遭受雨涝后及时开沟排出明水，是减轻渍害促进玉米尽快恢复生长的关键措施。在暴雨后及时开沟排水降渍较未排水受渍玉米直接改善受涝玉米的植株性状和生长发育。及时排涝降渍较未排水而让积水自然耗干的玉米田，株高增加50.5cm，绿叶数增加3.1片，穗长增加4.9cm，秃尖减少2.1cm，穗粒数增加109.7粒，千粒重增加26.2g，公顷产量增加1 017.8kg，增产38.02%（表8-50）。

表8-50　及时采取排涝措施对玉米产量的效果

类型	密度 株/hm^2	株高（cm）	绿叶数 片/株	穗长（cm）	秃尖（cm）	穗粒数	千粒重（g）	测产（kg/hm^2）	实际产量（kg/hm^2）
暴雨后及时排涝降渍	58 980	248.2	8.5	19.7	1.9	466.8	466.8	8 441.3	7 389
暴雨后未排水、玉米受渍害	56 895	197.7	5.4	14.8	4.0	357.1	357.1	5 697.0	5 353.5

四、耕作措施防御涝渍灾害效果

受涝玉米田土壤板结，透气透水性差，加之根系吸收能力减弱，不利于灾后早发。为了促苗尽快转化，在排水降渍后及时进行中耕松土，破除土壤板结，可以降低土壤湿度，提高土壤的通透性，促进土壤养分转化，改善土壤供肥条件，提高根系活力，增强吸收功能，促使玉米尽快恢复正常生长。不同耕作措施进行改土，首先改变的土壤的物理性质，降低土壤容重、硬度，使土壤透水性增强，三相比更趋于合理化，为作物根系生长创造优良环境，并与作物一起抵御恶劣的天气，是保证作物高产、稳产的必要举措。

（一）不同耕作措施对土壤硬度的影响

2018年春整地，不同耕作措施对土壤硬度的影响，如图8-55所示，耕作层表层 0~10cm 土壤硬度较小，因为机械作业时，各处理对表层土壤进行较大扰动，处理间差异不明显，但不同耕作措施对下层 10~30cm 的土壤影响较大，改土后土壤硬度降低 27.3%~56.3%。硬度表现：深翻+秸秆<深翻<鼠洞<深松<对照，土层 30cm 以下更为明显。耕作措施所采取的深耕改土，改善耕层土壤构造，使土壤硬度变小，利于作物根系生长。

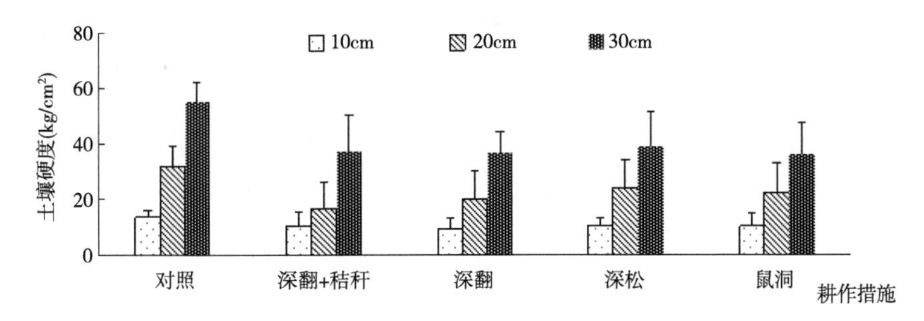

图 8-55　不同耕作措施对土壤硬度的影响（2018-6-17）

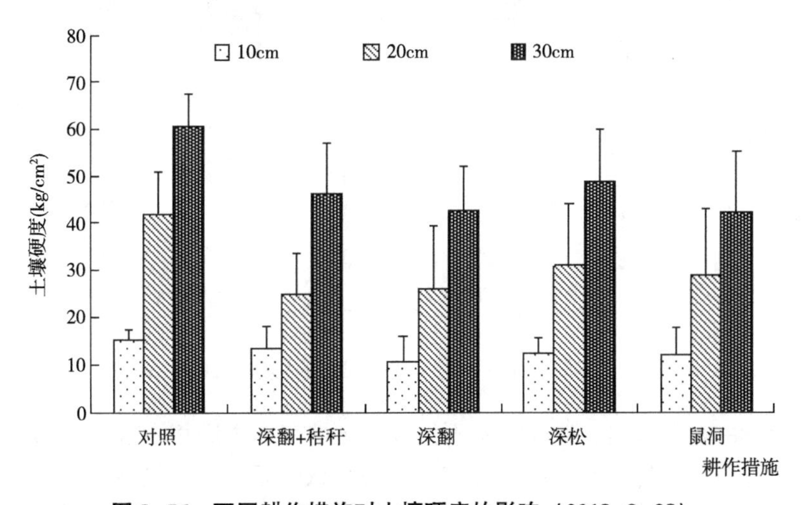

图 8-56　不同耕作措施对土壤硬度的影响（2018-9-28）

经过一个作物生长季，耕作措施对土壤硬度的影响，如图 8-56 所示，其变化趋势与春季相一致，耕层土壤硬度降低 21.7%~38.5%，但不同的是土壤经过一年的沉降和复原，耕作土壤硬度呈现增加趋势，但较对照还是都有所降低。耕层具体硬度大小顺序为：深翻<深翻+秸秆<鼠洞<深松<对照。耕作改土其后效有待今后进一步证明。

（二）对土壤三相比的影响

土壤通透性能的优劣主要取主于土壤的三相比，三相比当中，固相占有率大，液相、汽相相对减少，通透性就差。合理的耕作措施使土壤三相重新再分配，固相率降低，使之三相比更加合理化。耕作措施对耕层土壤三相比的影响如图 8-57 所示，从图中可以得出：对照即常规耕作固相所占的比例大，约为 48.1%，是由于常规耕作，机械功率小，作业深度浅（一般不超过 20cm），既土壤中存在障碍层，就所为的犁底层，影响到土壤水分的下渗及作物根系的下扎，此类土壤经深耕改土后相对于对照，土壤的固相、液相率分别降低 12.9%～26.2%，0.9%～20.1%、气相率增加 38.2%～108.8%。其中，深翻+秸秆及深翻的处理优于鼠洞、深松的处理，都好于对照，其中，深翻与深翻+秸秆的处理、鼠洞与深松的处理差异较小。

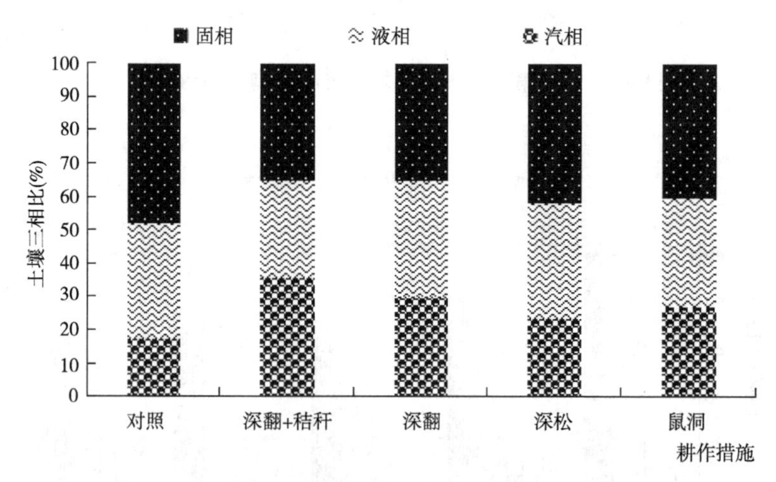

图 8-57 不同耕作措施对土壤三相比的影响（2018-6-17）

从图 8-58 中看出，耕作措施不仅改变土壤三相中固相占有率，同时也使液相、汽相重新再分配，起到扩库增容的效果。秋收后，土壤墒情变化小，变幅不超过 2%，但气相变化差异大，变幅 4.6%～16.2%，进一步说明土壤孔隙增加即增加土壤通透性能。经过一个生产季，对土壤三相影响，其变化规律同于春季。

在玉米抽雄期时对试验地块进行人为的灌溉，使土壤处于超饱和态，致使玉米产生涝害症状，此时期，不同耕作处理对土壤三相的影响，如图 8-59 所示，不同耕作措施对土壤三相比影响差异较大，经人为灌溉后，各处理的汽相所占比例急剧减少，液相有所增加，固相率变化较小。

（三）对土壤水分及透水系数的影响

耕作措施主要改变土壤物理性质，间接的影响土壤生物化学性质和土壤生物

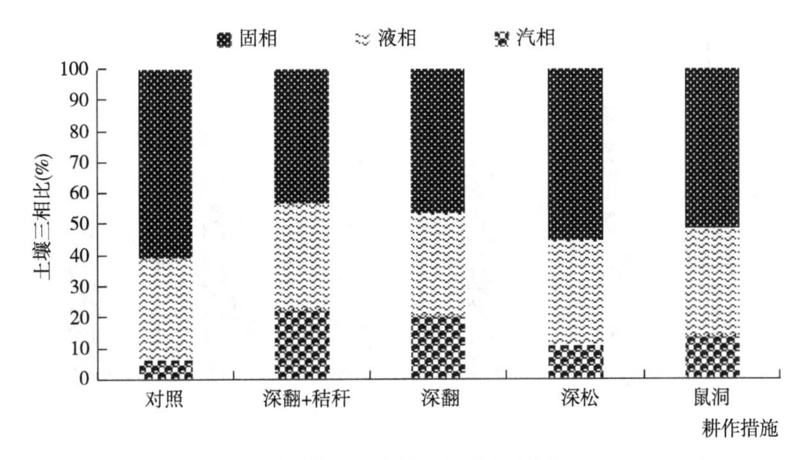

图 8-58 不同耕作措施对土壤三相比的影响（2018-9-28）

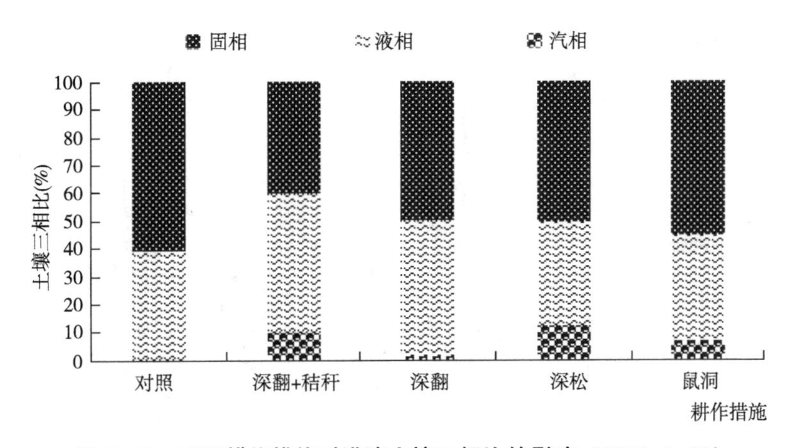

图 8-59 不同耕作措施对涝渍土壤三相比的影响（2018-9-28）

活性，进而影响到作物产量。不同耕作措施对土壤水分影响，如图 8-60；透水系数的影响，如图 8-61 所示。因为试验为春整地，且春季旱，此时整地对土壤墒情影响较大，其中，深翻+秸秆处理，土壤体积含水量为 29.1%，低于对照 5.8 个百分点，其他各处理也略低于对照，但差异不明显。秋季时，耕作处理的土壤体积含水量变幅小于 2%，但经过人为灌水制涝的处理，土壤体积含水量：对照处理为 49.9%，深翻+秸秆处理为 38.3%，深翻处理为鼠洞为 43.4%，深松处理为 42.3%，分别比对照高 23.2%、16.5%、13.1%、15.3%。进一步证明耕作措施有利于散墒，特别是易涝地区，效果更为明显。

透水系数的大小反映土壤透水能力的强弱，透水系数越大，土壤透水能力强，即土壤排涝效果越好。不同耕作措施对土壤透水系数的影响，耕作措施明显

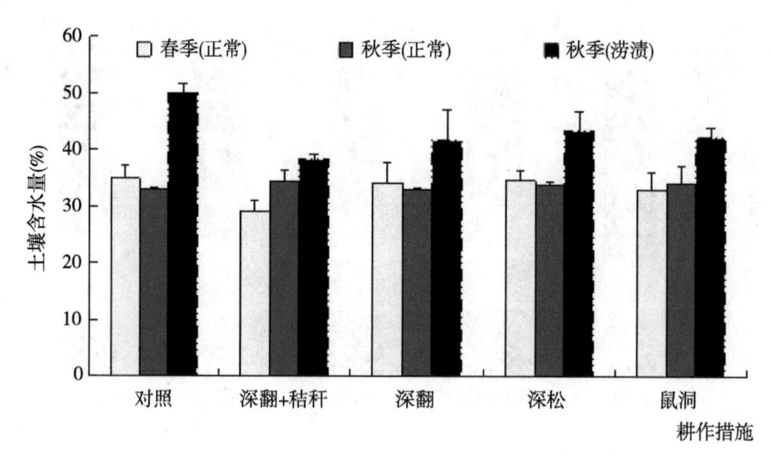

图 8-60　不同耕作措施对土壤水分的影响

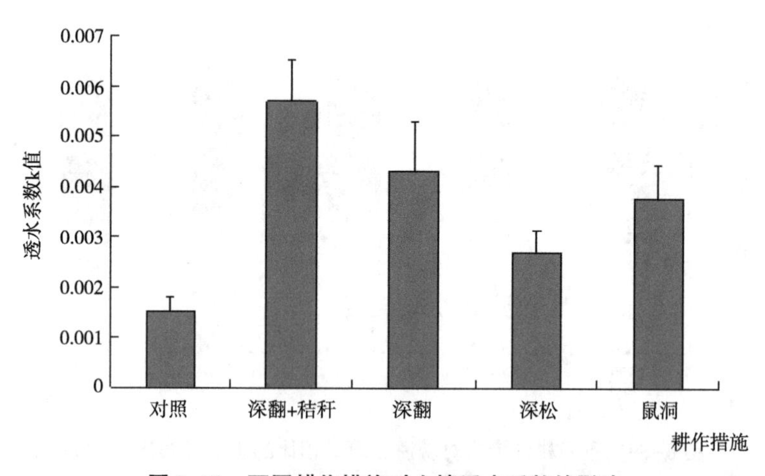

图 8-61　不同耕作措施对土壤透水系数的影响

改善土壤的透水性能，与对照相比提高了 43.0%～73.1%。各耕作处理透水系数值表现为：深翻+秸秆>深翻>鼠洞>深松>对照。

（四）不同耕作措施对玉米生长发育的影响

1. 不同耕作措施对玉米根系指标的影响

耕作措施改变土壤物理性质，促进玉米根系生长。从表 8-51 得出，不同耕作措施对玉米苗期的干物质积累影响较小，随着生育期进展，耕作对根系干物质影响，其效果得以体现。拔节期：鼠洞>深松>深翻>深翻+秸秆>对照；抽雄期进对干物质的影响同拔节期；但涝渍区，干物质变化与前期略有不同，鼠洞>深翻>深松>深翻+秸秆>对照。但是相对抗灾效果：深翻>深翻+秸秆>鼠洞>深松>对照。

表 8-51　不同耕作措施对玉米根干物质的影响　（单位：g/株）

项目	苗期	拔节期	抽雄期（正常）	抽雄期（涝渍）	相对减少量（%）
CK	0.23±0.04	15.77±1.56	21.99±1.93	17.00±1.23	22.70
深翻+秸秆	0.20±0.03	15.90±1.83	26.15±2.64	22.87±2.31	12.54
深翻	0.25±0.06	17.20±1.71	28.44±2.86	26.13±2.64	8.13
深松	0.21±0.05	17.97±2.16	31.65±3.35	24.87±2.25	21.41
鼠洞	0.21±0.13	18.55±1.50	33.40±3.92	28.35±2.84	15.11

注：相对减少量为同处理涝渍后结果/正常情况下的结果

2. 对根系形态指标的影响

不同耕作措施对玉米根系指标：根长、根表面积、根体积的影响，如图 8-62所示，耕作措施对三者的影响及其变化规律较一致。耕作措施促进根系生长发育，利于根长、根表面积及根体积的增加，其中鼠洞犁、深翻的处理大于

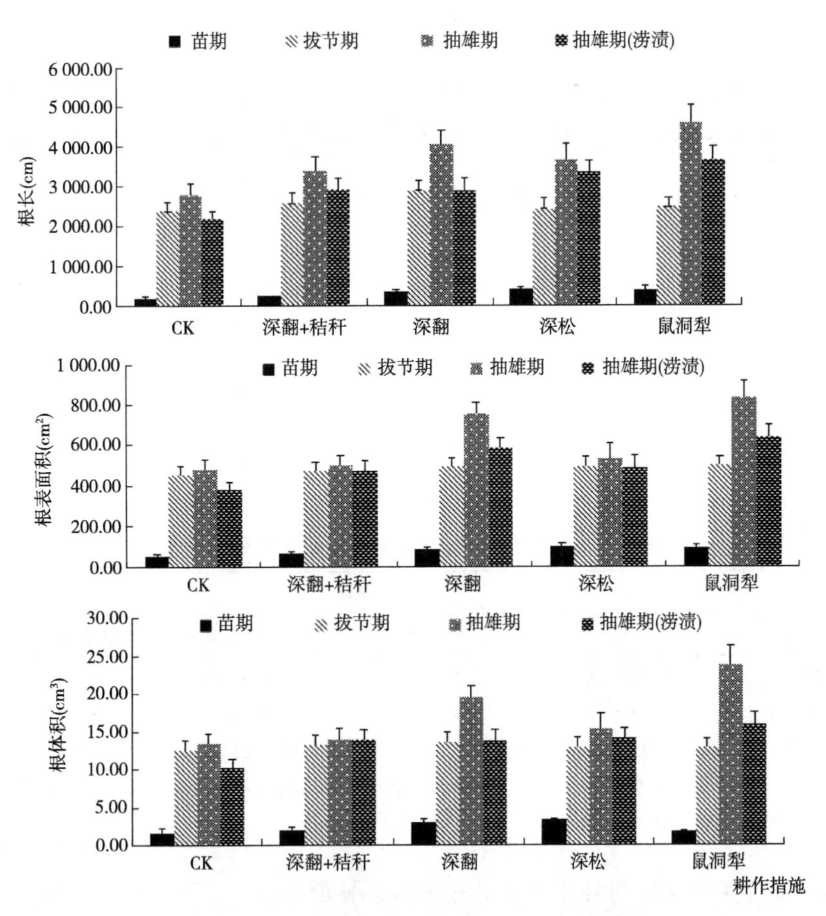

图 8-62　不同耕作措施对根系指标的影响

深松、深翻+秸秆的处理，但都高于对照。涝渍危害后，根系的各项指标都有所减少，但与对照相比-根长的变化：根长增长 31.8%~66.3%，效果为鼠洞犁>深松>深翻>深翻+秸秆>对照；根表面积的变化：根表面积增加 25.1%~68.7%，效果为鼠洞犁>深翻>深松>深翻+秸秆>对照；根体积的变化：根体积增加 34.8~54.3，效果为鼠洞犁>深翻>深松>深翻+秸秆>对照 。

3. 不同耕作措施对玉米生育指标的影响

耕作措施主要通过改变土壤物理性质进而影响到根系对养分的吸收，从而影响到作物的产量。不同耕作措施对作物株高及生物量的影响，如表 8-52 和表 8-53 所示，玉米苗期时表现，耕作措施促进株高的生长，其中，深松、鼠洞犁>深翻、深翻+秸秆>对照；但到拔节期时，玉米的株高：深翻+秸秆的处理低于对照，其他各处理仍高于对照；抽雄期时各处理间对株高的影响较小，但经人为灌水产生涝渍后，抑制了作物生长，株高低于对照，但差异不明显。苗期时表现：各处理生物量都有所增加，其变化趋势略同株高。抽雄期：灌水前后对生物量影响较大，产生涝渍后严重影响到生物量的积累，生物量的变化灾后较正常生长情况下降低 8.5%~31.2%。相对抗涝效果：深翻+秸秆>深翻>深松>鼠洞>对照。

表 8-52　耕作措施对玉米生育期的株高影响

项目	株高（cm）			
	苗期	拔节期	抽雄期（正常）	抽雄期（涝渍）
对照	28.8±5.25	153.3±8.50	231.7±7.57	229.0±2.00
深翻+秸秆	35.1±1.99	145.7±4.58	227.7±5.50	226.3±3.21
深翻	35.6±0.90	158.0±1.73	233.0±1.00	228.0±6.55
深松	41.2±6.59	148.3±3.51	229.7±6.11	231.0±2.65
鼠洞	41±5.72	158±3.46	236.7±1.53	229.0±4.58

表 8-53　耕作措施对玉米生育期的生物量的影响

项目	生物量（g/株）			
	苗期	拔节期	抽雄期（正常）	抽雄期（涝渍）
对照	6.4±0.57	327.5±42.33	891.9±47.07	613.8±33.11
深翻+秸秆	6.9±0.62	361.8±4.58	839.3±32.35	768.0±35.38
深翻	7.7±0.85	403.1±12.39	1 039.1±54.87	924.5±48.78
深松	10.5±6.17	303.8±45.42	1 017.5±54.17	897.2±20.46
鼠洞	12.3±4.35	317.6±13.51	1 030.3±60.58	855.2±24.11

4. 涝渍条件下不同耕作措施对玉米酶活性的影响

作物在淹水的条件下，APS、POD、SOD 等生理指标增加，从而有效缓解淹水对玉米叶片光合、根系生理及产量的影响。在不同耕作措施条件下，玉米发生涝渍灾害时，其中，APS 较对照提高 16.2%～34.5%；POD 较对照提高 2.8%～9.1%；SOD 较对照提高 8.9%～16.2%；变化幅度：深翻>鼠洞>深翻+秸秆>深松>对照（表 8-54）。

表 8-54　耕作措施对植株体酶的活性影响

项目		APS U/(g. min) FW	POD U/(g. min) FW	SOD U/(g. min) FW
涝渍	CK	32.34±0.59	2 530.83±281.89	162.75±5.73
	深翻+秸秆	39.25±1.58	2 611.67±72.56	174.27±4.55
	深翻	43.51±0.79	2 760.00±188.29	189.04±4.54
	深松	37.57±2.18	2 601.67±169.21	181.75±7.51
	鼠洞	38.74±0.88	2 546.67±134.68	187.96±2.78

5. 不同耕作措施对玉米产量指标及产量的影响

（1）对产量的影响。不同耕作措施对玉米产量的影响，如图 8-63 所示，耕作措施提高了玉米的产量，在正常气候条件下，深翻、鼠洞处理的效果最好，玉米产量增加 7.5%～9.8%，其次为深翻的处理，玉米增产 4.0%；但深翻+秸秆的处理，玉米略微减产，其效果不明显。在玉米抽雄期时，人为制涝渍情况下，耕作措施的产量比常规（对照）增加 30.8%～44.3%，其中，深翻>鼠洞>深松>深翻+秸秆>对照。耕作措施提高了玉米抵抗涝灾害，是粮食安全生产的稳压器。

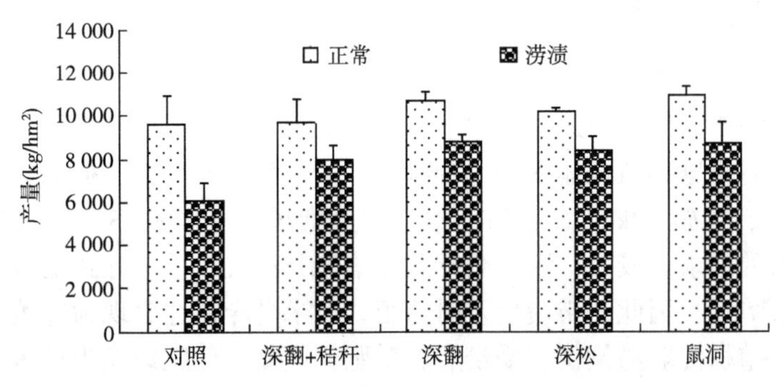

图 8-63　不同耕作耕作措施对玉米产量的影响

（2）对产量指标的影响。不同耕作措施对玉米产量（均值）指标的影响如表 8-55 所示，从表 8-55 中看出，耕作措施使玉米株高比对照增高 1.4%～3.2%，穗长增长 0.2%～8.3%，穗茎增粗 0.2%～5.4%，秃尖变短 25.4%～84.5%，百粒重增大 0.4%～13.2%；在玉米抽雄期采取涝渍处理的不同耕作措施，对玉米产量指标影响如表8-56所示，其规律同正常条件下产量各指标变化的趋势。耕作措施与对照相比：玉米株高增高0.9%~1.0%，穗长增长6.9%~14.1%，穗茎增粗4.0%~13.8%，秃尖变短4.5%~51.5%，百粒重增大2.4%~7.6%。

表8-55 不同耕作措施对玉米产量（均值）指标的影响（正常）

处理	株高（m）	穗长（cm）	穗粗（cm）	秃尖长（cm）	百粒重（g）
对照	2.21	17.37	4.29	12.22	26.86
深翻+秸秆	2.24	17.06	4.30	9.12	26.97
深翻	2.27	18.81	4.43	8.49	30.12
深松	2.26	17.58	4.52	4.65	30.40
鼠洞	2.28	17.97	4.51	1.89	29.33

表8-56 不同耕作措施对玉米产量（均值）指标的影响（涝渍）

处理	株高（m）	穗长（cm）	穗粗（cm）	秃尖长（cm）	百粒重（g）
对照	2.09	16.21	4.00	20.73	25.19
深翻+秸秆	2.15	17.62	4.16	19.84	24.01
深翻	2.13	17.33	3.32	14.86	26.49
深松	2.31	17.60	4.31	10.52	27.07
鼠洞	2.26	18.49	4.55	14.47	27.10

五、优化施肥及培肥技术抗涝渍效果

（一）优化施肥抗涝效果

在苗期增施氮肥可促进玉米地上、地下部的生长，为壮秆大穗奠定基础，并能改善涝渍时土壤和植株体内的养分状况，减少涝渍的危害。据试验，苗期每亩施尿素15kg，比施10kg、5kg和不施肥的分别增产9.8%、8.3%和31.1%[110]。玉米对肥料的需求量较大，涝渍会导致土壤养分流失严重，导致玉米苗因吸收肥料不足而长势弱，因此，涝渍后及时追肥。玉米受涝往往表现为叶黄、秆红，迟迟不发苗，植株瘦弱易倒伏，受涝后施氮肥促恢复，低肥地尤为显著，可加速植株恢复，减轻涝灾损失。适当加大磷、钾肥用量，可促进根系再次生长发育和对养分的吸收能力，增强茎秆抗倒伏能力，减轻涝害损失。对受淹时间长，涝渍严重的田块，在土壤施肥的同时喷施高效叶面肥（1%尿素+0.2%磷酸二氢钾）和促根剂，促进恢复生长[111]。

玉米苗期受到涝渍害后，在及时排水降渍的基础上，适量追施速效氮肥，是促进苗转化恢复、减轻损失、促进受渍玉米生长发育和提高产量的一项重要措施。在玉米受渍后，追肥与不追肥、追肥种类、追肥多少、追肥时间的早晚对玉米生长发育、生理活动及产量都有较大的影响。排涝降渍后每公顷及时追施碳铵487.5kg，较不追肥处理的株高增加16.5cm，穗位提高11cm，茎粗0.17cm，总叶片数增加0.5片，千粒重增加5g，单产增加1 215kg/hm^2，增产26.3%[112]。玉米受涝后追肥数量试验表明，追肥数量不同对受涝玉米促苗转化的效果不同，随着追肥数量的增加，受涝玉米促苗转化的效果越好。在受渍后，每公顷追碳铵750kg、1 125kg、1 500kg和1 875kg的4个处理较不追肥的处理株高分别增加36.7cm、43.4cm、46.4cm和51.1cm。玉米受渍后越早追肥对促苗转化的效果越好，玉米苗能越早恢复。在追肥量相同的情况下，随着追肥时间的拖延，促苗转化的效果降低，植株性状及产量随之下降。在受渍排水后3d追肥要比受渍后第六天、第八天追肥的株高分别增加26cm和33cm，茎粗分别增加0.2cm和0.25cm，总叶片数均增加1片，穗粒数分别增加14粒和32粒，千粒重分别增加19g和25g，产量分别增加10.6%和18.6%。

（二）不同培肥措施防御涝渍效果

不同培肥措施，首先改变土壤的理化性质，降低土壤容重、硬度，增强土壤通气透水性能，三相比更趋于合理化，同时提高地力，为作物生长创造高效环境，是抵御涝渍，保证作物高产、稳产的必要措施。

1. 不同培肥措施对土壤物理化性质影响

（1）对土壤硬度的影响。不同培肥措施对土壤硬度的影响如图8-64所示，有机培肥及生物碳处理，降低了耕层土壤硬度与对照相比分别降低8.6%、9.0%，特别是10~20cm土层效果更为明显。

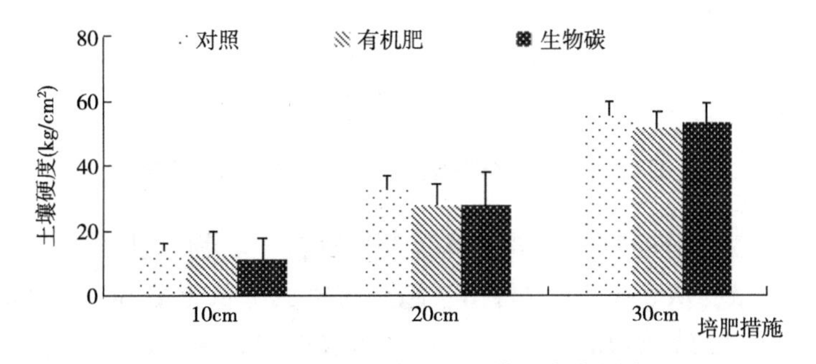

图8-64　不同培肥措施对土壤硬度的影响

（2）对三相比例的影响。培肥后对三相影响如图8-65所示，有机肥、生物碳固相率为45.5%、44.2%，分别比对照降低5.4%、8.2%；液相率31.1%、32.3%，分别比对照降低11.0%、8.2%；汽相率为23.4%、23.5%，分别比对照升高38.0%、38.5%。培肥措施也能降低土壤耕层的硬度，还改变土壤三相比。

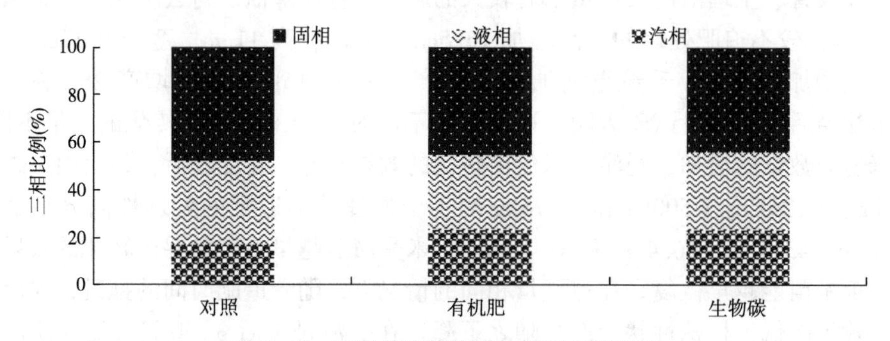

图 8-65 不同培肥措施对土壤三相的影响

(3) 对透水系数的影响。透水系数的大小反应土壤透水性的强弱，土壤中施有生物碳、有机肥，不但增加土壤的养分，还改变土壤的透水性能。如图 8-66所示，不同培肥措施土壤的透水系数表现为，有机肥、生物碳处理分别比对照提高 33. 9%、90. 5%。

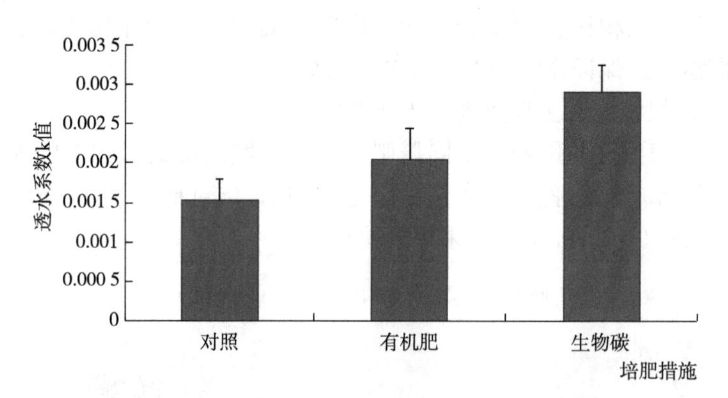

图 8-66 不同培肥措施对土壤透水系数的影响

(4) 对土壤养分的影响。培肥措施不但改善土壤物理性质，还提高耕层土壤速效养分含量，从表 8-57 中得出，施用有机肥降低土壤 pH 值，而生物碳与其相反。2 种培肥措施增加土壤速效氮、速效钾的含量。速效磷的变化略有不同，有机肥处理有所提高，而生物碳处理略有降低。有机肥处理土壤养分值比对照：速效氮提高 17. 1%、速效钾 4. 9%、速效磷 19. 3%；生物碳处理比对照：速效氮提高 8. 4%、速效钾 15. 3%、速效磷降低 6. 6%。

2. 不同培肥措施对玉米生育的影响

(1) 对根系的影响。培肥措施不但改善土壤物理性质，还增加土壤外源养分，促进玉米根系的生长，其中，不同培肥措施对干物质的影响如图 8-67 所示：有机肥>生物碳>对照。培肥利于干物质的积累，特别是在玉米生育后期，效果更为明显。有机肥、生物碳处理与对照相比，干物质积累量分别比对照增加 51.0%、22.8%。

表 8-57　培肥措施对土壤养分的影响

处理	pH 值	碱解氮（N）（mg/kg）	有效磷（P）（mg/kg）	速效钾（K_2O）（mg/kg）
ck	5.42	189.6	33.2	221
有机肥	5.36	222.1	39.6	232
生物炭	5.51	205.5	31.0	253

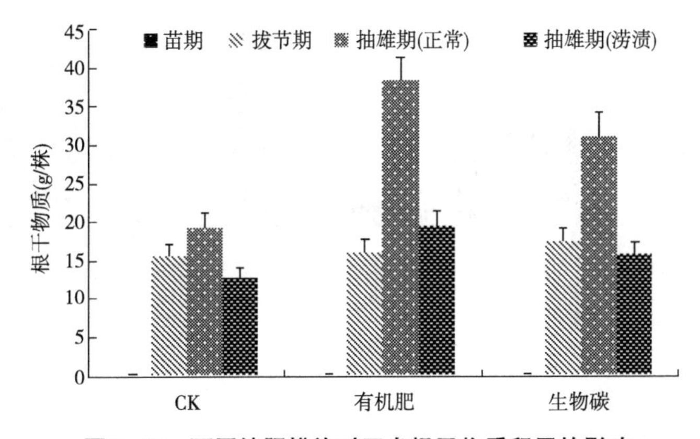

图 8-67　不同培肥措施对玉米根干物质积累的影响

不同培肥措施对玉米根系形态指标的影响如图 8-68 所示，有机肥促进根系全面生长，特别是在玉米生育期后期（抽雄期），优势更为明显。培育良好的根系为作物后期抵御涝渍灾害打下坚实的基础。培肥效果：有机肥>生物碳>CK。

（2）不同培肥措施对玉米产量及产量指标的影响。

① 对产量的影响：不同培肥措施对玉米产量的影响如图 8-69 所示，在正常气候条件下，培肥措施比对照增产 5.5%～14.4%，增产效果为：有机肥>追氮>促熟剂>生物碳>对照；在产生涝渍的情况下，各种措施都有所减产，但与对照相比，增产 15.2%～29.6%，效果更为明显，即证明培肥措施具有抵御涝渍灾害的能力。抵御涝渍灾害的效果：有机肥>追氮>促熟剂>生物碳>对照。

②对产量指标的影响：各种培肥措施对玉米产量指标的影响如表 8-58 所示，培肥后玉米产量指标变化为：株高增高 1.0%～3.6%，穗长增长 0.2%～

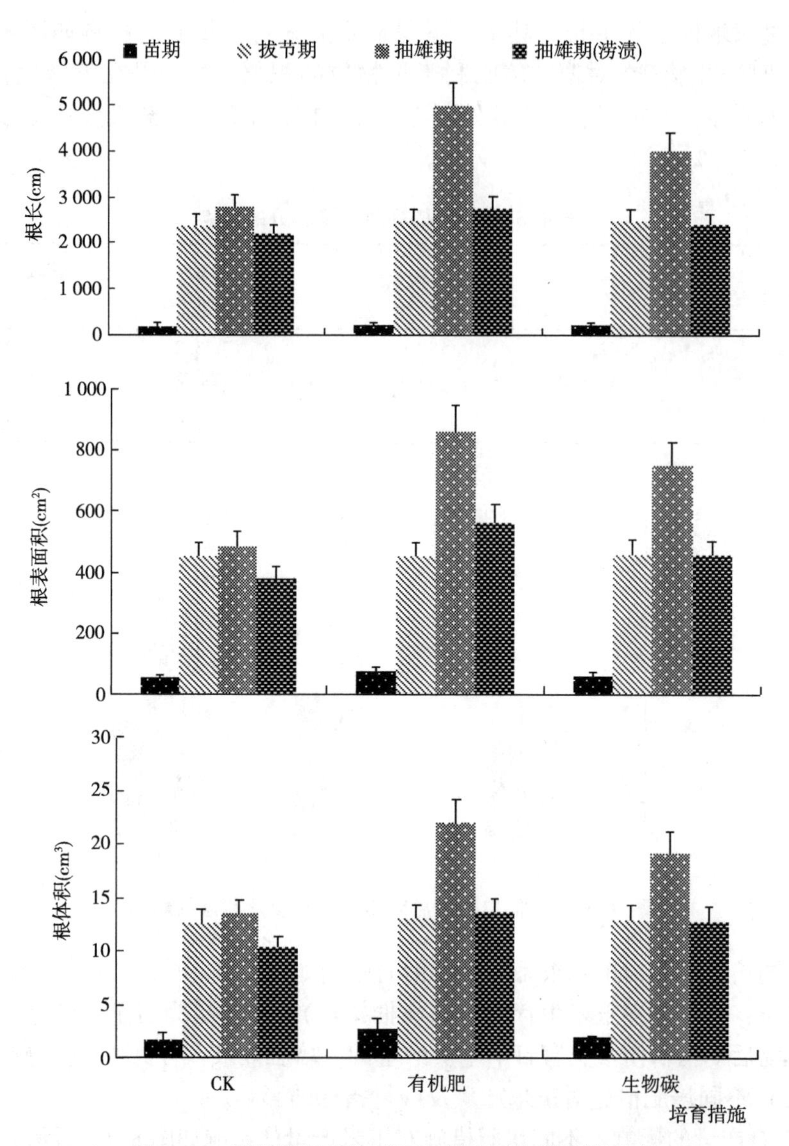

图 8-68　不同培肥措施对玉米根系形态指标的影响

6.9%，穗粗增粗 1.2%～5.1%，百粒重增重 1.4%～13.8%，秃尖数变短 24.1%～62.4%；有机肥最佳，其次为追氮、促熟剂，再次为生物碳的处理。产生涝渍后对玉米产量指标都有所抑制，但相对于对照还是有所提高，特别是百粒重增加、秃尖数变短较为明显。抗涝效果：有机肥>追氮>促熟剂>生物碳>对照。

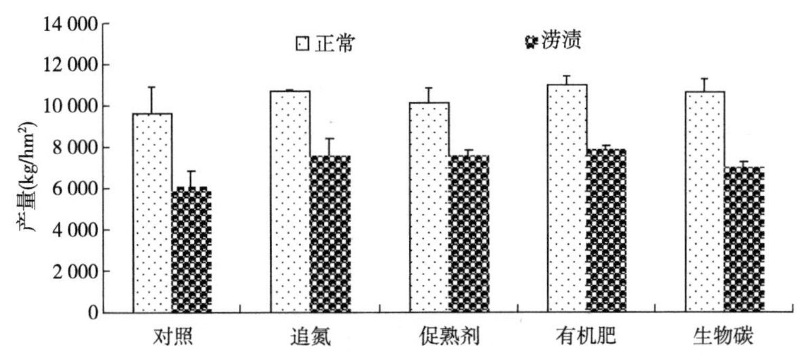

图 8-69　不同培肥措施对玉米产量的影响

表 8-58　不同培肥措施对玉米产量指标（均值）的影响

项目		株高（m）	穗长（cm）	穗粗（cm）	秃尖长（cm）	百粒重（g）
正常	对照	2.21	17.37	4.29	12.22	26.86
	处熟剂	2.23	17.40	4.36	9	28.1
	追氮	2.24	17.55	4.34	8.87	30.57
	有机肥	2.29	18.57	4.51	4.63	30.40
	生物碳	2.25	17.62	4.41	7.69	27.23
涝渍	对照	2.17	16.21	4.00	20.73	25.19
	处熟剂	2.19	16.85	4.29	13.47	26.91
	追氮	2.19	17.2	4.21	9.18	27.51
	有机肥	2.25	17.93	4.34	11.76	30.07
	生物碳	2.21	17.05	4.26	10.62	26.71

六、外源物质处理防御涝渍灾害

（一）外源多胺拌种

1. 外源多胺拌种对玉米可溶性蛋白的影响

当植株遭遇逆境胁迫时，体内的渗透调节物质增多，可溶性蛋白质量分数升高，以增强其抗逆境能力，且在短时间胁迫内，可溶性蛋白质量分数与胁迫程度呈负相关相关，即胁迫越严重，可溶性蛋白质量分数越高，故将可溶性蛋白质量分数的高低用来判断植株遭受涝渍胁迫程度的大小。刘冰[113]研究中，由图 8-70 可知，淹水处理植株可溶性蛋白质量分数均远高于不淹水植株，验证了“胁迫越严重，可溶性蛋白质量分数越高”的研究结论。淹水结束后，SP 组可溶性蛋白质量分数均低于 S 组，且淹水 3d 时差异达到显著水平；SP5、SP7 和 SP9 处理分别较 S5、S7 和 S9 低 7.2%、8.6%和 10.3%。可溶性蛋白质量分数随着淹水时间的延长而呈先升高后下降的趋势。其原因可能是在一定胁迫范围内，可溶性蛋白质量分数与胁迫程度呈正相关关系。因此，在淹水 7d 之前，可溶性蛋白质量分数整体呈现升高趋势；淹水 9d 时，2 组植株可溶性蛋白质量分数均下降，其原因可能是随着胁迫时间的延长，玉米生命力降低，合成蛋白质的能力下降，进而导致可溶性蛋白质量分数降低。

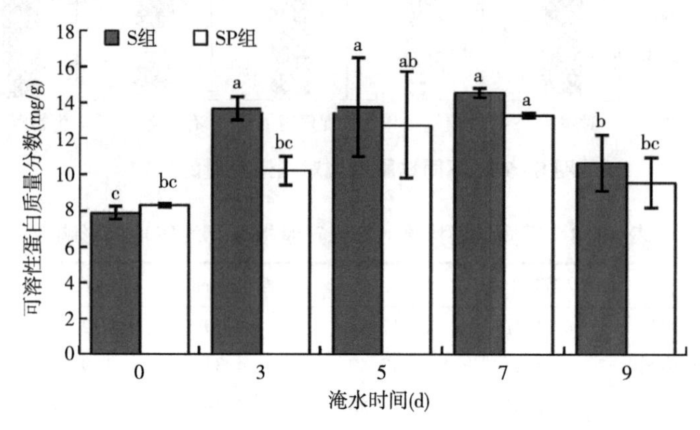

图 8-70　不同淹水时间可溶性蛋白质量分数的变化

淹水处理时间分别为 0d、3d、5d、7d、9d，相应的无多胺拌种处理（S 组）分别记为 S0、S3、S5、S7、S9 处理，相应的多胺拌种处理（SP 组）分别记为 SP0、SP3、SP5、SP7 和 SP9

2. 外源多胺拌种对玉米丙二醛（MDA）的影响

S3、SP3 处理植株在淹水结束后丙二醛物质的量浓度的变化，如图 8-71 所示。淹水结束 1d 后，S3、SP3 植株丙二醛物质的量浓度都升高，之后开始下降。在淹水结束后 3d，S3 处理植株丙二醛物质的量浓度又呈上升趋势，而 SP3 处理则持续降低，这说明外源多胺对丙二醛的影响是后于植株自身调节能力而起作用的。在淹水结束后 5d，S3 处理植株的丙二醛仍维持较高水平，而 SP3 处理植株丙二醛物质的量浓度已基本降到正常水准。

3. 外源多胺拌种对玉米还原糖的影响

淹水处理的多胺拌种植株可溶性糖质量分数均低于不拌种植株。随着淹水时间增加，两组处理可溶性糖质量分数都呈先增后减的变化趋势，区别是多胺拌种植株淹水 0~3d 可溶性糖质量分数剧增，基本达到最高值，而不拌种植株淹水 3~5d 可溶性糖质量大幅度增加，在淹水 5d 时达到最高值，表明多胺拌种具有延长玉米耐淹时间，增强其抗涝性的作用。淹水 7d 和 9d 可溶性糖质量分数下降，主要是因为随着淹水时间的延长，植株自身受到伤害较大，合成可溶性糖的能力下降，导致可溶性糖质量分数下降。

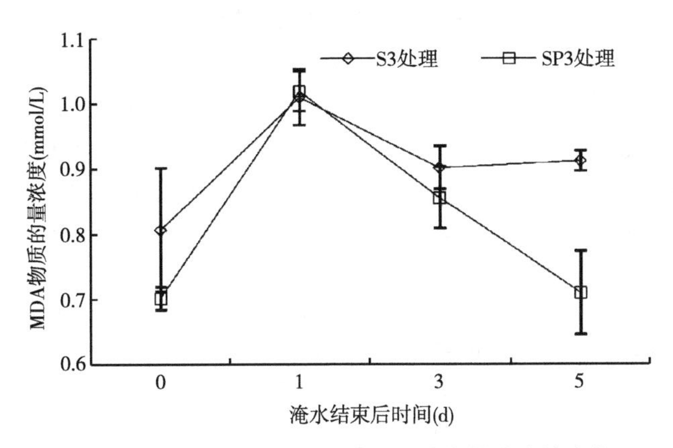

图 8-71　不同淹水时间 MDA 物质的量浓度的变化

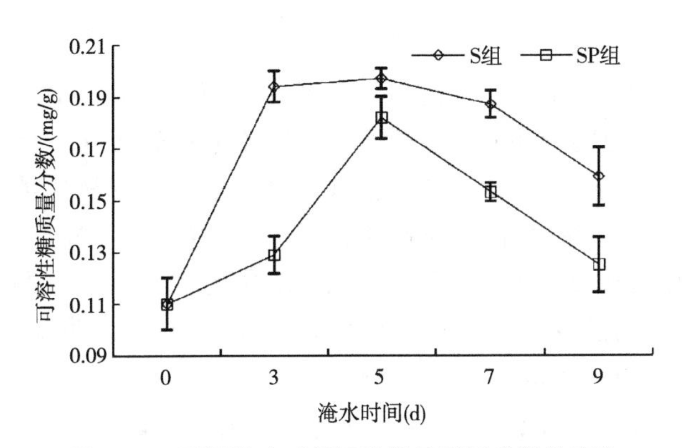

图 8-72　不同淹水时间可溶性糖质量分数的变化

4. 外源多胺拌种对玉米产量及产量性状的影响

由表 8-59 可知，SP 组植株百粒重均高于 S 组，其中，SP3 处理与 S3 处理，SP9 处理与 S9 处理之间差异均达到显著水平。随着淹水时间的延长，2 种处理玉米的百粒重呈持续下降趋势。SP 组、S 组百粒重最高降幅分别为 22.11%、27.99%。百粒重降幅随着淹水时间增长而持续升高，但 SP 组百粒重降幅均低于 S 组。表明多胺拌种能够缓解淹水胁迫造成的百粒重大幅降低，尤其是在短期淹水时（3d）最为显著（减少 13.30%）。各淹水处理下，多胺拌种降幅均低无多胺拌种，淹水 3d、5d、7d、9d 时，多胺拌种能够提高的产量分别为 384.52kg/hm^2、565.19kg/hm^2、624.44kg/hm^2 和 625.11kg/hm^2。说明植株经多胺拌种后能有效缓解因长时间淹水胁迫而造成的产量降低。

表 8-59　不同处理的产量及构成

处理	百粒重（g）	降低幅度（%）	穗粒重（g）	产量/（kg/hm²）	降低幅度（%）
S0	29.62a	0	190.33a	12 688.89a	0
S3	24.81b	16.24	123.47b	8 231.04b	35.13
S5	24.2bc	18.30	99.63cd	6 642.22cd	47.65
S7	22.04c	25.59	88.19e	5 879.26e	53.67
S9	21.33d	27.99	97.33de	6 488.89de	48.86
SP3	28.75a	2.94	129.23b	8 615.56b	32.10
SP5	25.35b	14.42	108.11c	7 207.41cd	43.20
SP7	23.14c	21.88	97.56de	6 503.7de	48.74
SP9	23.07c	22.11	106.71cd	7 114cd	43.94

（二）外源活性氧清除剂

1. 活性氧清除剂对受渍叶片叶绿素含量的影响

晏斌[114]研究中，淹水后无论是下部老叶（第二叶）还是上部幼叶（第四叶），叶绿素含量均明显下降。老叶的下降幅度大于幼叶，处理早期（第三天）大于后期（第五天），喷施5种活性氧清除剂都可减缓这种下降。从图8-73还看到喷活性氧清除剂后3d的叶绿素含量不仅高于淹水处理，而且略大于或相当于对照。在喷施第五天，各清除剂能够使受渍叶片第二叶的叶绿素含量增加45%~55%，并达到极显著水平，第四叶增加9%~14%。说明各种活性氧清除剂在单独作用时，对涝害的缓解效应大体相似。

2. 活性氧清除剂对受渍叶片O_2^-产生速率和H_2O_2含量的影响

图8-74表明，淹水导致玉米第二叶O_2^-产生速率上升，处理第五天的增幅显著大于处理第三天。在喷施活性氧清除剂后，受渍叶片的O_2^-产生速率被降低，喷施效果随时间的延长而增大。到处理第五天，以8HQ最为明显，O_2^-产生速率下降30.5%，达到显著水平（$P<0.05$），而其他清除剂使O_2^-产生速率也下降13%~20%。

与O_2^-产生速率一样，淹水也引起了玉米第二叶H_2O_2含量的显著增高，但增加幅度不及O_2^-。喷施活性氧清除剂之后，受渍叶片H_2O_2含量的变化也与O_2^-相似，直到第五天才见H_2O_2浓度明显降低，各类清除剂之间效果相差较小（图8-75）。

3. 活性氧清除剂对受渍叶片AsA和GSH含量的影响

由图8-76和图8-77知，AsA和GSH为植物体内存在的2种非酶促活性氧清除物质，淹水可导致玉米第二叶这2种物质含量下降。但喷施活性氧清除剂使

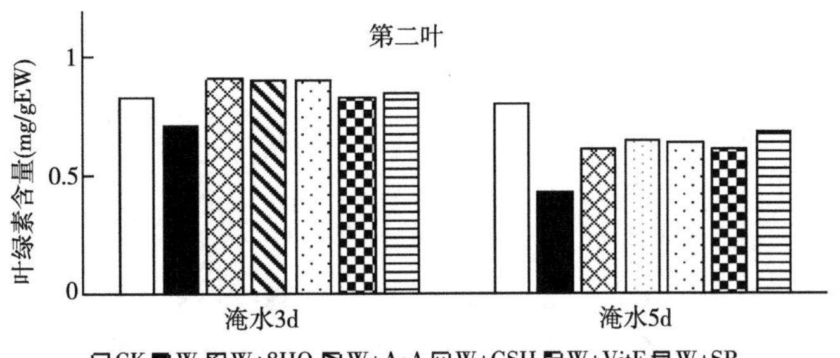

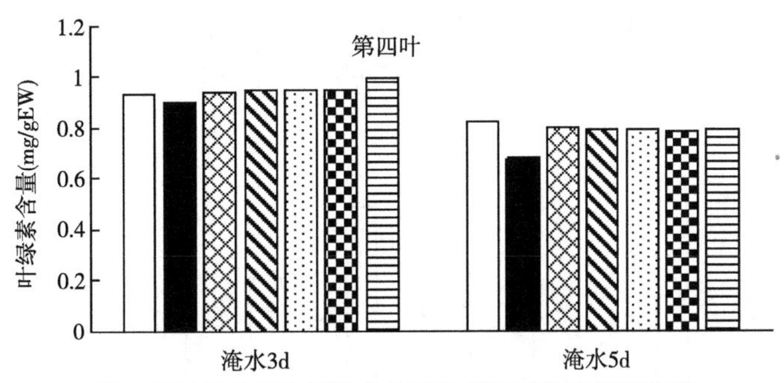

图 8-73　外源活性氧清除剂对受渍玉米叶片叶绿素含量的影响

CK：对照不淹水；W：淹水；W+8HQ：淹水，喷药 8-羟基喹啉；W+AsA：淹水，喷药抗坏血酸；W+GSH：淹水，喷药还原谷胱甘肽；W+VitE：淹水，喷药生育酚；W+SB：淹水，喷药苯甲酸钠

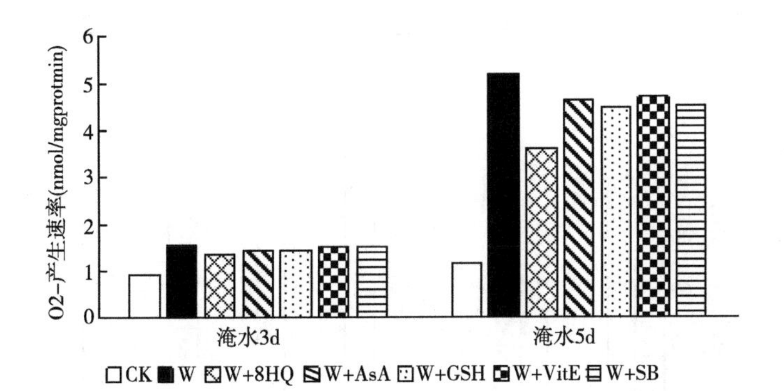

图 8-74　外源活性氧清除剂对受渍玉米叶片第二叶 O_2^-产生速率影响

受渍叶片的 AsA 含量和 GsH 含量均提高，其中，喷施 AsA 和 GsH 之后，体内的 AsA 和 GsH 含量还高于各自的对照。而其他清除剂之间相差不明显，与未喷的受渍叶片相比，AsA 上升幅度在 11%~19%，GsH 的上升幅度则为 10%~13%。

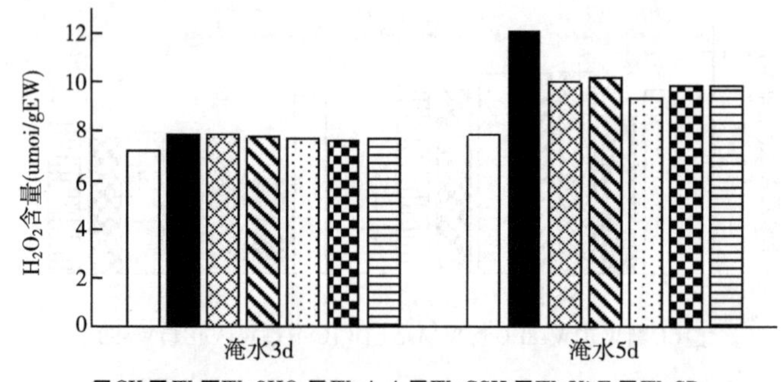

图 8-75 外源活性氧清除剂对受渍玉米叶片第二叶 H_2O_2 含量影响

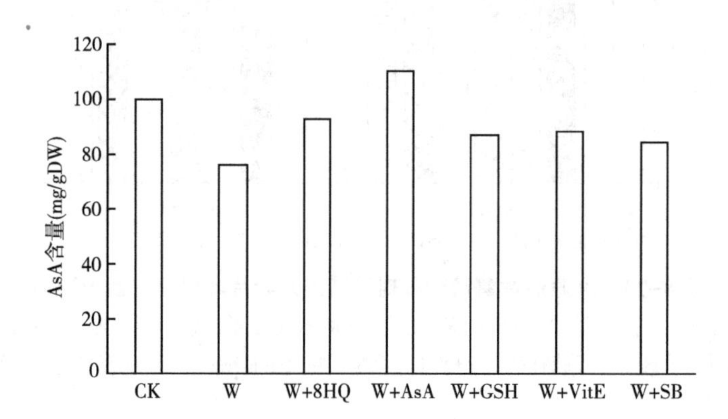

图 8-76 外源活性氧清除剂对受渍玉米叶片第二叶 AsA 含量影响

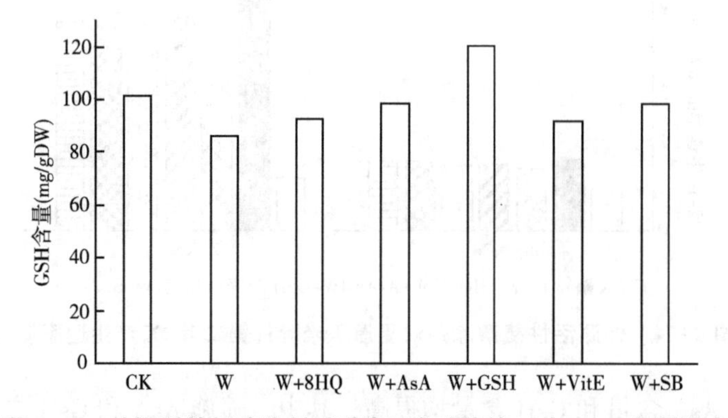

图 8-77 外源活性氧清除剂对受渍玉米叶片第二叶 GSH 含量影响

小结

各耕作措施均较对照降低土壤硬度。经人为灌溉的土壤汽相所占比例急剧减少，液相有所增加。各耕作措施能改善涝渍土壤的三相比，使气相增加，固相减少，其中，深翻配合秸秆和鼠洞处理效果更好。各耕作措施均能降低涝渍土壤的含水量和提高透水系数，有利于散墒，深翻配合秸秆效果好。

未人为灌水抽雄期各耕作措施的根系干物质表现为，鼠洞>深松>深翻>深翻+秸秆>对照，涝渍区根系干物质为鼠洞>深翻>深松>深翻+秸秆>对照，相对抗灾效果：深翻>深翻+秸秆>鼠洞>深松>对照。涝渍会降低玉米根长、根表面积和根体积，配合各耕作措施可以减少玉米根长、根表面积和根体积的降低。涝渍会降低玉米株高和生物量，各耕作措施中深松和深翻的株高和生物量降低幅度减少，可以缓解涝渍对玉米的伤害。人为制涝渍会降低玉米产量，使用各耕作措施可以改善涝渍造成的玉米减产。各耕作措施的玉米产量比对照（涝渍）增产30.8%~44.3%，效果表现为：深翻>鼠洞>深松>深翻+秸秆。

有机肥及生物碳2种土壤培肥处理降低了耕层土壤硬度，土壤固相和液相降低，气相增加，改变了土壤透水性能。有机肥及生物碳处理改善了土壤养分含量，pH值降低，速效氮和速效钾含量升高。

人为制涝使玉米秃尖增长，穗长、穗粗和百粒重降低，导致减产。促熟剂、追氮、有机肥和生物碳处理都起到改善效果，与涝渍对照相比，穗长、穗粗和百粒重均增加，产量增加15.2%~29.6%，有机肥效果更好。

淹水条件下，多胺拌种植株的可溶性蛋白和可溶性糖质量分数在处理时期均较不拌种植株低，淹水后均升高，且表现出先升后降的趋势。多胺拌种植株的丙二醛物质的量浓度均低于不拌种植株，且在恢复期内基本能下降到不淹水的正常水平。淹水处理的多胺拌种植株可溶性糖质量分数均低于不拌种植株且随着淹水时间增加，可溶性糖质量分数呈先增后减的变化趋势。多胺拌种玉米植株在淹水5d时达到最高值，表明多胺拌种具有延长玉米耐淹时间，增强其抗涝性的作用。淹水条件下，百粒重和产量均大幅度下降，多胺拌种百粒重降幅低于不拌种。持续淹水条件下，多胺拌种产量比不拌种产量最高可提高625.11kg/hm^2。

5种活性氧清除剂均使受渍玉米叶片的叶绿素含量显著提高，基本和不淹水时相当。在喷施活性氧清除剂后，O_2^-产生速率和H_2O_2浓度明显下降，喷施效果随时间的延长而增大。喷施活性氧清除剂使受渍叶片的谷胱甘肽和抗坏血酸含量增加。这种效应以处理后期（第五天）和老叶（第二叶）较为明显，但各清除剂之间的差异较小。表明各种活性氧清除剂单独使用皆能缓解受渍玉米的涝害，对增强玉米的抗涝性有很好的效果。试验结果为活性氧参与玉米的涝渍伤害过程提供了证据，也为应用化学调控手段减轻玉米涝害的可能性提供了理论依据。

参考文献

[1] 闫伟平，边少锋，张丽华，等. 半干旱区抗旱丰产玉米品种的评价及筛选 [J]. 东北农业科学，2017，42（3）：1-5.

[2] 闫振辉. 播期对春玉米苗期生理特性及产量的影响 [D]. 吉林大学，2015.

[3] 王功化玉米不同播种期对产量和性状的影响 [J]. 现代农村科化，2013（7）：50-51.

[4] 秦海生. 机械化抗旱播种技术 [J]. 农业机械，2006（6）：130.

[5] 王立春等. 吉林玉米高产理论与实践 [M]. 科学出版社，2014.

[6] 郑洪兵. 耕作方式对土壤环境及玉米生长发育的影响 [D]. 沈阳农业大学，2018.

[7] 陈军胜，苑丽娟，呼格·吉乐图. 免耕技术研究进展 [J]. 中国农学通报，2005（05）：184-90.

[8] 张文超. 耕作方式对土壤主要理化性状及玉米产量形成的影响 [D]. 黑龙江八一农垦大学，2017.

[9] 贾洪雷. 东北垄作蓄水保墒耕作技术及其配套的联合少耕机具研究 [D]. 吉林大学，2005.

[10] 陈聪聪. 深松耕作对夏玉米根系生长发育和产量的影响 [J]. 种子科技，2018，36（02）：99+102.

[11] 董智. 秸秆覆盖免耕对土壤有机质转化积累及玉米生长的影响 [D]. 沈阳农业大学，2013.

[12] 李文凤，张晓平，梁爱珍，等. 不同耕作方式下黑土的渗透特性和优先流特征 [J]. 应用生态学报，2018，19（7）：1 506- 1 510.

[13] FAN Ruqin，ZHANG Xiaoping，YANG Xueming，etc. Effects of Tillage Management on Infiltration and Preferential Flow in a Black Soil, Northeast China [J]. Chin. Geogra. Sci. 2013. 23. 3：312-320.

[14] 黄高宝，罗珠珠，辛平，等. 耕作方式对黄土旱地土壤渗透性能的影响 [J]. 水土保持通报，2017，27（6）：5-6，66.

[15] 张晓平，方华军，杨学明，等. 免耕对黑土春夏季节温度和水分的影响 [J]. 土壤通报，2005，36（3）：313-316.

[16] 郭晓霞，刘景辉，张星杰，等. 免耕对土壤物理性质及作物产量的影

响 [J]. 干 旱 地 区 农 业 研 究, 2010, 28 (5): 38-42.
[17] 陈聪聪, 深松耕作对夏玉米根系生长发育和产量的影响 [J]. 种子科技, 2018, 36 (2): 99-102.
[18] 华庆, 农机深松深翻方法研究 [J]. 南方农机, 2020, 51 (08): 30.
[19] 刘玉涛, 王宇先, 张树权, 等. 深松垄作对土壤物理性状及玉米产量的影响 [J]. 黑龙江农业科学, 2014 (03): 37-40+167.
[20] 王宇先, 王俊河, 刘玉涛, 等. 不同深松年限处理对黑龙江省西部地区盐碱土耕层结构及玉米产量的影响 [J]. 黑龙江农业科学, 2018 (08): 15-8.
[21] 刘玉涛, 王宇先, 张树权, 等. 不同深松模式对玉米生长和土壤水分的影响 [J]. 黑龙江农业科学, 2012, (05): 20-4.
[22] 吕金岭, 吴儒刚, 范业泉, 等. 干旱条件下施肥与作物抗旱性的关系 [J]. 江西农业学报, 2012, 24 (02): 6-10.
[23] 卢宪菊. 垄作集水和秸秆覆盖对东北玉米带黑土区玉米生长和水氮利用的影响 [M]. 中国农业大学, 2014.
[24] 张瑞庆, 郝明德. 不同耕作覆盖措施对春玉米光合特性的影响 [J]. 西部大开发 (土地开发工程研究), 2017, 2 (01): 13-7.
[25] 牟鸿燕, 黄方圆, 张超, 等. 半干旱区不同秋覆盖方式对农田土壤水温效应及玉米水分利用效率的影响 [J]. 玉米科学, 2018, 26 (06): 86-93.
[26] 王海霞, 孙红霞, 韩清芳, 等. 免耕条件下秸秆覆盖对旱地小麦田土壤团聚体的影响 [J]. 应用生态学报, 2012, 23 (04): 1 025-30.
[27] 谢梦薇. 设施水田土表稻秸秆的覆盖量对其腐解规律及蔬菜产量品质的影响 [D]. 扬州大学, 2019.
[28] 董文旭, 胡春胜, 陈素英, 等. 免耕条件下不同秸秆覆盖对土壤有机碳特性和 CO_2 排放的影响 [J]. 中国农作制度研究进展, 2010, 320-321.
[29] 付鑫. 旱作冬小麦农田秸秆覆盖的土壤生态效应及对作物产量形成的影响 [D]. 西北大学, 2019.
[30] 卜玉山, 苗果园, 周乃健, 等. 地膜和秸秆覆盖土壤肥力效应分析与比较 [J]. 中国农业科学, 2006, 39 (05): 1 069- 1 075.
[31] 贾会娟. 西南丘陵区保护性耕作下旱作农田土壤有机碳、氮相关组分的研究 [D]. 西南大学, 2015.
[32] 付鑫. 旱作冬小麦农田秸秆覆盖的土壤生态效应及对作物产量形成的

影响［D］. 西北大学，2019.

［33］ 刘义国，林琪，房清龙. 旱地秸秆还田对小麦花后光合特性及产量的影响［J］. 华北农学报，2013，28（04）：110-4.

［34］ 马建辉，叶旭红，韩冰，等. 膜下滴灌不同灌水控制下限对设施土壤团聚体分布特征的影响［J］. 中国农业科学，2017，50（18）：3 561-71.

［35］ 李森，刘淑慧，郭建忠. 滴灌控制土壤基质势对土壤水分分布和苜蓿生长的影响［J］. 节水灌溉，2017，（04）：6-10.

［36］ 宋金鑫. 秸秆还田和氮肥施用量对膜下滴灌玉米生长发育及产量的影响［M］. 吉林农业大学，2019.

［37］ TIAN F，YANG P，HU H，LIU H，Energy balance and canopy conductance for a cotton field under film mulched drip irrigation in an arid region of northwestern China［J］. Agricultural Water Management，2017，179：110-21.

［38］ 郑梅迎，张继光，程森，等. 不同覆盖方式对土壤温湿度及烟草生长发育的影响［J］. 中国农学通报，2020，36（16）：13-21.

［39］ 李瑞珍，聂园军，杨三维，等. 不同地膜覆盖种植方式和施肥对草莓生产的影响［J］. 农业与技术，2020，40（08）：92-4.

［40］ 殷涛. 地膜覆盖对旱作春玉米田碳平衡影响的研究［D］. 中国农业科学院，2019.

［41］ 吕金岭，吴儒刚，范业泉，等. 干旱条件下施肥与作物抗旱性的关系［J］. 江西农业学报，2012，24（02）：6-10.

［42］ 李云开，杨培岭，刘洪禄. 保水剂农业应用及其效应研究进展［J］. 农业工程学报，2002（02）：201-206.

［43］ Li-Qiang S U，Jia-Guo L I，Xue H，et al. Super absorbent polymer seed coatings promote seed germination and seedling growth of Caragana korshinskii in drought［J］. Journal of Zhejiang University-Science B（Biomedicine & Biotechnology），2017（08）：47-57.

［44］ 李加国，郎思睿，汪晓峰. 保水剂包衣对柠条种子萌发及幼苗生长的影响［J］. 干旱区研究，2014，31（2）：307-312.

［45］ 左永忠，刘春兰，陆贵巧，等. 保水剂蘸根对苗木保湿效果的影响［J］. 北京林业大学学报，1994（1）：106-109.

［46］ 杜社妮，耿桂俊，于健，等. 保水剂施用方式对河套灌区土壤水热条件及玉米生长的影响［J］. 水土保持通报，2012（05）：276-282.

[47] 杨永辉，李宗军，武继承，等. 不同水分条件下保水剂对土壤持水与供水能力的影响 [J]. 中国水土保持科学，2012，10（6）：58-63.

[48] 王猛，陈士超，汪季，等. 不同覆沙厚度下保水剂对沙质土壤水分垂直分布的影响 [J]. 水土保持学报，2015（3）.

[49] Sojka R E，James A E Jeffry J F，The influence of high application rates of polyacrylamide on microbial metabolic potential in an agricultural soil [J]. Applied Soil Ecology，2006（32）：243-252.

[50] 李林，陶旭晨. 淀粉基吸水树脂的制备与性能分析 [J]. 化工新型材料，2019，10（21）：59-61.

[51] 杨永辉，李宗军，武继承，等. 不同水分条件下保水剂对土壤持水与供水能力的影响 [J]. 中国水土保持科学，2012，10（6）：58-63.

[52] 岑宇，刘美珍. 凝结水对干旱胁迫下羊草和冰草生理生态特征及叶片形态的影响 [J]. 植物生态学报，2017，41（11）：419-426.

[53] 田茜，王栋，张文兰，等. 老化处理对大豆种子活力及线粒体抗坏血酸-谷胱甘肽循环的影响 [J]. 植物生理学报，2016，v. 52；No. 338（04）：168-175.

[54] 高盼，刘玉涛，王宇先，等. 齐齐哈尔半干旱区春玉米节水旱作技术模式研究 [J]. 黑龙江农业科学，2019（05）：16-8.

[55] 孙宇光. 振动深松和坐水种对土壤水分动态及增产效果影响试验研究 [D]. 东北农业大学，2009.

[56] 王蒙. 吉林半干旱区春玉米膜下滴灌条件下水肥高效利用研究 [D]. 中国农业大学，2017.

[57] 宋金鑫. 秸秆还田和氮肥施用量对膜下滴灌玉米生长发育及产量的影响 [D]. 吉林农业大学，2019.

[58] TIAN F，YANG P，HU H，LIU H，Energy balance and canopy conductance for a cotton field under film mulched drip irrigation in an arid region of northwestern China [J]. Agricultural Water Management，2017，179：110-21.

[59] 徐泰森，孙扬，刘彦萱，等. 膜下滴灌水肥耦合对半干旱区玉米生长发育及产量的影响 [J]. 玉米科学，2016，24（05）：118-22.

[60] 孙扬，郭占全，吴春胜. 地膜覆盖对玉米产量及干物质特性的影响 [J]. 灌溉排水学报，2016，35（06）：72-5.

[61] 李媛媛，杨恒山，张瑞富，等. 浅埋滴灌条件下不同灌水量对春玉米干物质积累与转运的影响 [J]. 浙江农业学报，2017，29（08）：

1 234-42.
[62] 张富仓，严富来，范兴科，等. 滴灌施肥水平对宁夏春玉米产量和水肥利用效率的影响［J］. 农业工程学报，2018，34（22）：111-20.
[63] 刘洋，栗岩峰，李久生. 东北黑土区膜下滴灌施氮管理对玉米生长和产量的影响［J］. 水利学报，2014，45（05）：529-36.
[64] 黄金鑫. 吉林省半干旱区膜下滴灌玉米水分养分吸收利用效应研究［D］. 吉林农业大学，2019.
[65] 尚文彬，张忠学，郑恩楠，等. 水氮耦合对膜下滴灌玉米产量和水氮利用的影响［J］. 灌溉排水学报，2019，38（01）：49-55.
[66] 胡建强，赵经华，马英杰，等. 不同灌水定额对膜下滴灌玉米的生长、产量及水分利用效率的影响［J］. 水资源与水工程学报，2018，29（05）：249-54.
[67] 李文惠，尹光华，谷健，等. 膜下滴灌水氮耦合对春玉米产量和水分利用效率的影响［J］. 生态学杂志，2015，34（12）：3 397-401.
[68] 赵楠，黄兴法，任夏楠，等. 宁夏引黄灌区膜下滴灌春玉米需水规律试验研究［J］. 灌溉排水学报，2014，33（Z1）：31-34.
[69] 姬祥祥. 不同土壤水基质势水平下河套灌区玉米膜下滴灌土壤水盐运移特征及其模拟［D］. 西北农林科技大学，2019.
[70] 李帅，陈莉，王晾晾，等. 黑龙江延迟型低温冷害气候指标研究［J］. 气象与环境科学，2014，36（4）：79-83.
[71] 张养才. 近 10 年来我国冷冻灾害研究进展［J］. 贵州气象，1995，（1）：41-46.
[72] 马树庆. 气候变化对东北区粮食产量的影响及其适应性对策［J］. 气象学报，1996，14（4）：9.
[73] 马树庆，王春乙，等. 我国农业气象业务的现状、问题及发展趋势［J］. 气象科技，2009，（1）：29-34.
[74] 王玉莹. 2002—2009 年东北早熟春玉米生育期及产量变化［J］. 中国农业科学，2012，45（24）：4 959- 4 966.
[75] 王迎春，孙忠富，郭尚，等. 雁北地区不同品种玉米的抗霜冻能力比较［J］. 中国农业气象，2005，26（4）：233-235.
[76] 苏俊. 黑龙江玉米［M］，北京：中国农业出版社，2011.
[77] 苏义臣，苏桂华，郑艳，等. 吉林省玉米主推品种种子耐低温能力评价［J］. 安徽农学通报，2016（18）：37-39.
[78] 王迎春，褚金翔，孙忠富，等. 玉米对低温胁迫的生理响应及不同品

种间耐低温能力比较［J］. 中国农学通报，2006（9）：210-212.
［79］ 李红，晋齐鸣，孟灵敏，等. 东北春玉米主推玉米品种抗玉米叶斑病鉴定与评价［J］. 吉林农业科学，2012（6）：39-41.
［80］ 蒋文瑛. 播期和品种对冀东地区春玉米倒伏及产量的影响［D］. 秦皇岛：河北科技师范学院，2019.
［81］ 李树岩，马玮，彭记永，等. 大喇叭口及灌浆期倒伏对夏玉米产量损失的研究［J］. 中国农业大学，2015，48（19）：3 952- 3 964.
［82］ 李玉明. 寒地玉米早播高产栽培技术初探［J］. 农业科技通讯，2018（2），188-189.
［83］ 张镇涛，杨晓光，高继卿，等. 气候变化背景下华北平原夏玉米适宜播期分析［J］. 中国农业科学，2018，51（17）：3 258- 3 274.
［84］ 马树庆，王琪，罗新兰. 基于分期播种的气候变化对东北地区玉米（Zea mavs）生长发育和产量的影响［J］. 生态学报，2008，28（5）：2 131- 2 139.
［85］ 付华，张建，窦乐，等. 播期对不同玉米品种生长发育及产量的影响［J］. 农业工程，2020（4）：101-105.
［86］ 魏雯雯，胡楠，胡文河，等. 播期对吉林省不同品种玉米生长发育及产量的影响［J］. 玉米科学，2017，25（6）：95-100.
［87］ 李俊杰，杨照东，杨芳. 播期和播量对半冬性小麦泛麦 11 生长发育的影响［J］. 种子，2019，38（9）：135-137.
［88］ 王文琼，卓名旭，邹康平，等. 播期对不同玉米品种形态特征与产量的影响［J］. 湖南农业科学，2018（3）：13-17.
［89］ 马儒军. 大棚膜下滴灌土壤温度变化规律的研究［J］. 新疆农垦科技，2013（5）：58-59.
［90］ 刘艳，宋玉民，陈怀梁，等. 覆膜方式对 4 种林木直播造林出苗率的影响［J］. 中国水土保持科学，2009（2）：113-117.
［91］ 杨智超. 不同基因型大豆行间覆膜土壤生态效应研究［D］. 哈尔滨：东北农业大学，2008.
［92］ 王永珍，刘润堂，张剑国. 地膜覆盖导致番茄早衰的生理机制研究［J］. 山西农业大学学报，2004，24（1）：60-62.
［93］ 牛一川，姚天明，安建平，等. 地膜覆盖栽培对冬小麦衰老进程的影响［J］. 麦类作物学报，2004，24（3）：90-92.
［94］ 李子梅，魏延宏. 覆膜类型对不同品种玉米资源利用率和经济效益的影响［J］. 青海农林科技，2020（2）：12-15，96.

[95] Paponov I A Sambo P, Erley GS A M, et al. Grain yield and kernel weight of two maize genotypes differing in nitrogen use efficiency at various levels of nitrogen and carbohydrate availability during flow-ering and grain filling [J]. Plant & Soil. 2005. 272 (1/2): 111-112

[96] 曹昌明，艾刚华，李叙斌. 玉米地膜覆盖与露地直播栽培比较试验 [J]. 中国农技推广，2017 (12): 23-24.

[97] 胡宇，梁烜赫，赵鑫，等. 低温冷凉区覆膜玉米子粒灌浆速率和产量特征分析 [J]. 玉米科学，2019，27 (5): 95-100.

[98] 闫慧萍，彭云玲，赵小强，等. 外源24-表油菜素内酯对逆境胁迫下玉米种子萌发和幼苗生长的影响 [J]. 核农学报，2016，30 (5): 0988-0996.

[99] 杨德光，马月，刘永玺，等. 低温胁迫下外源 $CaCl_2$ 对玉米种子萌发及幼苗生长的影响 [J]. 玉米科学，2018，26 (3): 83-88.

[100] 邢则森，姜兴印，孙石昂，等. 低温胁迫下S-诱抗素拌种对玉米生理指标的影响 [J]. 中国农学通报，2018，34 (16): 1-6.

[101] 李庆，袁会珠，闫晓静，等. 低温胁迫下氟唑环菌胺和戊唑醇包衣对玉米种子出苗和幼苗的影响 [J]. 农药科学与管理，2017，38 (11): 52-56.

[102] 李合生等. 植物生理生化实验原理和技术 [M]. 北京：高等教育出版社，2000.

[103] 王小华，庄南生. 脯氨酸与植物抗寒性的研究进展 [J]. 中国农学通报，2008，11: 398-402.

[104] 朱建强，黄智敏，臧波，等. 江汉平原的涝渍地及其开发利用 [J]. 湖北农学院学报，2004 (4): 248-252.

[105] 郭冬冬. 易涝易渍农田治理措施研究 [D]. 西安：西安理工大学，2009.

[106] 田礼欣. 涝渍胁迫对玉米农艺性状、生理特性及产量的影响 [D]. 哈尔滨：东北农业大学，2019.

[107] 魏全福. 一份新型耐涝玉米材料的人工创制和耐涝机理初探 [D]. 雅安：四川农业大学，2016.

[108] 许春霞. 陕西农业主导产业重大灾害防治措施 [M]. 咸阳：西北农林科技大学出版社，2012.

[109] 李乡状. 农田水利建设与相关法律 [M]. 哈尔滨：黑龙江教育出版社，2009.

[110] 何永梅. 涝渍对玉米的危害与防治 [J]. 科学种养，2016（8）：16-17.
[111] 吴荣生，姜承光，宋祖武. 涝渍对夏玉米的危害及其防御途径 [J]. 江苏农业科学，1986（5）：12-14.
[112] 席远顺，曹明，仝德旺. 夏玉米的渍害及防御对策 [J]. 作物杂志，1993（4）：22-24.
[113] 刘冰，周新国，李彩霞，等. 外源多胺拌种对夏玉米抗涝性的影响 [J]. 灌溉排水学报，2016，35（1）：63-66.
[114] 晏斌，戴秋杰. 外源活性氧清除剂对玉米植株涝害的缓解 [J]. 华北农学报，1995，10（1）：51-55.